普通高等教育土建学科专业"十二五"规划教材
国家示范性高职院校工学结合系列教材

基础工程施工

（建筑工程技术专业）

王 玮 孙 武 主编

中国建筑工业出版社

图书在版编目（CIP）数据

基础工程施工/王玮，孙武主编．—北京：中国建筑工业出版社，2010.8

普通高等教育土建学科专业"十二五"规划教材．国家示范性高职院校工学结合系列教材（建筑工程技术专业）

ISBN 978-7-112-12428-2

Ⅰ.①基… Ⅱ.①王…②孙… Ⅲ.①基础（工程）-工程施工-高等学校：技术学校-教材 Ⅳ.①TU753

中国版本图书馆CIP数据核字（2010）第180650号

本书是徐州建筑职业技术学院国家示范性高职院校建设项目成果之一。本书主要内容包括工程地质勘察报告的识读、塔吊基础安全计算、基坑工程施工、基础工程施工、桩基础施工、地基处理和地基基础分部工程验收等内容。本书可作为高职高专建筑工程技术专业相关课程教材，也可供相关专业工程技术人员参考。

责任编辑：朱首明　李　明
责任设计：陈　旭
责任校对：张艳侠　赵　颖

普通高等教育土建学科专业"十二五"规划教材
国家示范性高职院校工学结合系列教材

基础工程施工

（建筑工程技术专业）

王　玮　孙　武　主编

*

中国建筑工业出版社出版、发行（北京西郊百万庄）
各地新华书店、建筑书店经销
北京嘉泰利德公司制版
北京云浩印刷有限责任公司印刷

*

开本：787×1092毫米　1/16　印张：26　字数：650千字
2010年9月第一版　2012年12月第四次印刷
定价：55.00元
ISBN 978-7-112-12428-2
（19689）

版权所有　翻印必究
如有印装质量问题，可寄本社退换
（邮政编码100037）

本系列教材编委会

主　任： 袁洪志

副主任： 季　翔

编　委： 沈士德　王作兴　韩成标　陈年和　孙亚峰
　　　　　　陈益武　张　魁　郭起剑　刘海波

序

20世纪90年代起，我国高等职业教育进入快速发展时期，高等职业教育占据了高等教育的半壁江山，职业教育迎来了前所未有的发展机遇，特别是国家启动示范性高职院校建设项目计划，促使高职院校更加注重办学特色与办学质量、深化内涵、彰显特色。我校自2008年成为国家示范性高职院校建设单位以来，在课程体系与教学内容、教学实验实训条件、师资队伍、专业及专业群、社会服务能力等方面进行了深化改革，探索建设具有示范特色的教育教学体制。

本系列教材是在工学结合思想指导下，结合"工作过程系统化"课程建设思路，突出"实用、适用、够用"特点，遵循高职教育的规律编写的。本系列教材的编者大部分具有丰富的工程实践经验和较为深厚的教学理论水平。

本系列教材的主要特点有：(1) 突出工学结合特色。邀请施工企业技术人员参与教材的编写，教材内容大多采用情境教学设计和项目教学方法，所采用案例多来源于工程实践，工学结合特色显著，以培养学生的实践能力。(2) 突出实用、适用、够用特点。传统教材多采用学科体系，将知识切割为点。本系列教材以工作过程或工程项目为主线，将知识点串联，把实用的理论知识和实践技能在仿真情境中融会贯通，使学生既能掌握扎实的理论知识，又能学以致用。(3) 融入职业岗位标准、工作流程，体现职业特色。在本系列教材编写中根据行业或者岗位要求，把国家标准、行业标准、职业标准及工作流程引入教材中，指导学生了解、掌握相关标准及流程。学生掌握最新的知识、熟知最新的工作流程，具备了实践能力，毕业后就能够迅速上岗。

根据国家示范性建设项目计划，学校开展了教材编写工作。在编写工程中得到了中国建筑工业出版社的大力支持，在此，谨向支持或参与教材编写工作的有关单位、部门及个人表示衷心感谢。

本系列教材的付梓出版也是学校示范性建设项目成果之一，欢迎提出宝贵意见，以便在以后的修订中进一步完善。

徐州建筑职业技术学院

2010.9

前 言

《基础工程施工》是建筑工程技术专业的岗位核心课程，它主要培养学生独立分析和解决地基基础施工中问题的能力，对达到建筑工程技术专业学生的培养目标起关键性的作用。

本书根据职业教育和建筑工程技术专业的培养目标要求，参照最新的建筑标准和施工规范，在对岗位职业能力调查的基础上，确定岗位任务，分析工作过程，结合阶段性建筑产品特点，按照岗位职业能力要求，确定课程及课程内容编写而成，主要面向施工第一线的应用型人才培养，可作为高等专科学校、高等职业技术教育学校的土木工程专业的教科书，也可作为有关工程技术人员及自学人员的学习参考用书。

本书由徐州建筑职业技术学院王玮、孙武主编，编写人员如下：王玮（绪论、单元一、单元二、单元四、附录A、附录B、附录C）；其中单元四基础施工方案编制案例内容由中煤五建公司杨长春工程师提供；徐州建筑职业技术学院陈年和（单元三、单元七）；徐州建筑职业技术学院孙武（单元五），徐州建筑职业技术学院安沁丽（单元六）。全书由王玮负责统稿、整理。

在本书编写过程中，得到中国矿业大学建筑设计研究院易金文工程师的大力帮助，在此表示感谢。

由于业务水平有限，书中不妥之处在所难免，恳请读者批评指正。

目 录

0 绪 论
- 0.1 本课程能力目标、知识目标与学习要求 ······ 002
- 0.2 地基基础的概念 ······ 003
- 0.3 地基与基础的重要性 ······ 004
- 0.4 本课程的内容和特色 ······ 006

单元1 工程地质勘察报告的识读
- 1.1 建筑场地与地基土 ······ 010
- 1.2 工程地质勘察报告 ······ 045
- 单元小结 ······ 062
- 思考与练习 ······ 063
- 单元课业 ······ 064

单元2 塔吊基础安全计算
- 2.1 塔吊基础安全计算 ······ 068
- 2.2 塔吊浅基础计算工程案例 ······ 092
- 单元小结 ······ 096
- 思考与练习 ······ 097
- 单元课业 ······ 098

单元3 基坑工程施工
- 3.1 土方工程量计算 ······ 102
- 3.2 基坑降水设计与施工 ······ 110
- 3.3 基坑工程施工 ······ 129
- 3.4 深基坑施工案例 ······ 148
- 单元小结 ······ 160
- 思考与练习 ······ 162

单元课业 162

单元 4　基础工程施工
4.1　独立基础工程施工 166
4.2　条形基础工程施工 205
4.3　筏形基础工程施工 222
4.4　箱形基础施工 249
4.5　基础施工方案编制案例 268
单元小结 296
思考与练习 297
单元课业 300

单元 5　桩基础施工
5.1　钢筋混凝土预制桩施工 313
5.2　混凝土灌注桩施工 327
单元小结 342
思考与练习 343

单元 6　地基处理
6.1　换填垫层法 349
6.2　强夯法 357
6.3　水泥土搅拌桩 363
6.4　高压喷射注浆地基 368
单元小结 372
思考与练习 373

单元 7　地基基础分部工程验收
7.1　分项工程质量验收 376
7.2　分部工程质量验收 379
单元小结 382
思考与练习 382

附录 A　土工试验指导书 383

附录 B　钢筋弯曲调整值和弯钩增加长度证明 399

附录 C　箍筋下料长度证明 405

主要参考文献 408

0 绪论

0.1 本课程能力目标、知识目标与学习要求

《基础工程施工》是一门理论性和实践性较强的土建类专业课程；是高职高专院校土建类专业学生以及从事工程设计、生产第一线的技术、质量管理和工程监理等岗位所必备的知识。

《基础工程施工》课程主要培养建筑工程施工技术人员从事地基基础施工管理、处理地基基础一般问题的能力，课程主要讲授工程地质勘察报告的识读、基坑工程施工、浅基础工程施工、塔吊浅基础安全计算、桩基工程施工、地基处理等内容。

学生通过《基础工程施工》课程的学习，具备基础工程施工图和地质勘察报告识读的能力，确定地基基础工程施工工艺流程和质量检查的能力，运用所学知识正确编制基坑工程、基础工程施工方案的能力，进行塔吊浅基础安全计算的能力，具有地基处理方式和处理工艺的选择和施工能力；能够在国家规范、法律、行业标准的范围内，完成地基基础施工和管理、处理地基基础一般问题的工作，具备从事本专业岗位需求的基础工程施工技能。

0.1.1 能力目标

(1) 具有读懂地质勘察报告和根据地质勘察报告指导土方施工的能力；

(2) 具有编制基坑工程施工方案的能力，并依据施工方案组织和指导施工的能力；

(3) 能根据基础施工图纸和有关图集正确进行独立基础、条形基础、筏形基础、箱形基础的图纸交底，并具有对基础工程钢筋配料进行计算、审查的能力；

(4) 能够编制常见浅基础类型各分项工程施工方案，并具有组织和指导施工的能力；

(5) 具有对浅基础施工各分项工程的检查、验收能力；

(6) 具有对塔吊基础设计和指导施工的能力；

(7) 具有一定的桩基础和地基处理的施工能力；

(8) 具有较强的职业道德和职业素养。

0.1.2 知识目标

(1) 掌握土的工程性质指标的物理意义以及工程应用，能够通过试验确定土的工程性质指标，能够正确识读地质勘察报告；

(2) 掌握常见基础的平法表达和施工构造;

(3) 掌握钢筋下料长度、基坑土方量计算方法;

(4) 掌握基础钢筋工程、模板工程、混凝土工程施工要点和质量检查;

(5) 掌握基坑降水、边坡支护、土方开挖、土方回填和基坑施工方案的编制等内容;

(6) 掌握塔吊基础、地基承载力、地基变形、基础底面积、基础截面高度和配筋安全计算等内容;

(7) 初步掌握桩基础施工工艺顺序和质量检查;

(8) 初步了解地基处理方法和适用范围及施工要点。

0.1.3 学习要求

由于地基与基础课程内容具有较强的理论性和实践性,因此,要求在学习的过程中,应注意本课程与其他课程的联系,如建筑力学、建筑识图与绘图、建筑结构基础、建筑材料检测与管理等相关知识。注重理论与试验相结合、理论与工程实践相结合,以提高分析问题与解决问题的能力,提高独立工作与实践能力。

0.2 地基基础的概念

所有建筑物都要建造在地层上,建筑物荷载都是通过基础向地基土中传播扩散。因此,当地层承受建筑物荷载后,地层在一定范围内会改变原有的应力状态,产生附加应力和变形。我们将承受建筑物荷载并受其影响的该部分地层,称为地基。将直接与基础底面接触的土层称为持力层;在地基范围内持力层以下的土层统称为下卧层(图0-1)。

一般建筑物由两部分组成,地面以上的结构称为建筑物的上部结构;地面以下的部分结构称为建筑物的下部结构;工程中通常将建筑物的下部结构称为基础,它位于建筑物上部结构与地基之间。基础的作用是承受建筑物荷载将其荷载合理地传给地基。

基础都有一定的埋置深度,如图0-1所示。图中 d 表示基础底面至设计地面的

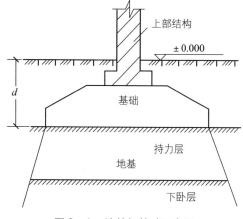

图0-1 地基与基础示意图

竖向距离，称为基础埋置深度。基础根据埋置深度不同，可分为两类：一般将埋置深度不大（$d \leqslant 5\text{m}$）且采用一般方法与设备施工的基础，称为浅基础，如条形基础、独立基础、筏板基础等。如果基础埋置深度较大（$d > 5\text{m}$）并需用特殊的施工方法和机械设备建造的基础，称为深基础，如桩基础、墩基础、沉井和地下连续墙基础等。

为了保证建筑物的安全和正常使用，地基应满足两项基本要求：

（1）承载力要求：作用在基础底面的压力不得超过地基承载力特征值，以保证地基不至于因承载力不足而失去稳定破坏；

（2）变形要求：地基的变形（地基沉降量）不得超过建筑物的允许变形值，以保证建筑物不因地基变形过大而产生开裂、损坏而影响正常使用。

此外，要求基础结构本身应具有足够的强度和刚度，在地基反力作用下不会发生强度破坏，并且对地基变形具有一定的调整能力。

良好的地基应该具有较高的承载力及较低的压缩性。如果地基土软弱，工程性质较差，而且建筑物荷载较大，地基承载力和变形都不能满足上述两项要求时，需对地基进行人工加固处理后才能作为建筑地基，称为人工地基。而未经过加固处理，直接建筑基础的地基，称为天然地基。由于基础工程的费用一般约占建筑总费用的10%～30%，因此，建筑物应尽量采用天然地基，以减少基础工程造价。

0.3 地基与基础的重要性

随着我国经济持续快速增长，城市化建设发展的步伐加快，基础工程的比重逐渐增大，特别是深基坑工程越来越多，施工的条件与环境越来越复杂，工程难度越来越大，工程事故发生的几率也就越来越高，尽管绝大多数工程的技术人员严格按规范要求进行设计施工，但仍出现不少工程事故，究其原因主要有工程勘察失误、基坑设计失误、地下水处理不当、支撑锚固结构失稳、施工方法错误、工程监测和管理不当、相邻施工影响、盲目降低造价等。

地基和基础位于地面以下，属于隐蔽工程，一旦出现事故，轻则上部结构开裂、倾斜，重则建筑物倒塌；而且进行补强修复、加固处理极其困难。

【工程案例0-1】加拿大特郎斯康谷仓，因地基承载力不足而发生严重的整体倾斜。谷仓建筑面积$59.4\text{m} \times 23\text{m}$，高31m，自重$2 \times 10^5\text{kN}$，谷仓由65个钢筋混凝土圆形筒仓组成，基础采用2m厚筏形基础、埋置深度3.6m。首次装载后1h谷仓下沉达30.5cm，装载24h后倾倒，西端下沉8.8m，东端抬高1.5m，整体倾斜$26°53'$，如图0-2所示。事故发生后经勘察发现，地表3m以下埋藏约15m厚的高塑性淤泥质软黏土，加载后谷仓基底压力达330kPa，而实际地基极限承载力为277kPa。显然事故的原因是由于地基软弱下卧层承载力不足而造成整体失稳倾倒，地基强度虽破坏但钢筋混凝土筒体却安然无恙。后用388个50t千斤顶、70多个混凝土墩支承在16m深的基岩上，纠正修复后继续使用，但谷仓的位置较原来下降了4m，如图0-2右下方示意图。

图0-2 加拿大特郎斯康谷仓倾斜

【工程案例0-2】 在建筑施工时，必须考虑相邻施工影响，以防发生事故。

深圳某区一大厦地基基础深4.5m。该大厦深基坑开挖后，虽然基坑坡面混凝土护壁尚好，边坡稳定，但2.0m的大直径人工挖孔桩深达43m，由于长时间连续掏土，抽水影响，造成相邻另一14层大厦发生不均匀沉降，最大日沉降达2.0mm，累计沉降10.50cm，桩间差异沉降3.5cm，且已有裂缝出现，大楼整体结构发生倾斜，并有加快的趋势。主要原因是在建大厦43m深人工挖孔桩超过邻近大厦25m长的预应力桩基础。而且长达3个多月的挖土、抽水使周围的地下水急剧下降，形成一定规模的降落漏斗，地下水大量流失，基坑挖孔桩内地下水埋深18.00m，砂土失水后，松散收缩，产生负摩擦，造成邻近大厦局部下沉；另一原因是两大厦基础接近，基坑开挖而积土，大口径人工挖孔桩多，掏出的土也多，施工时间长，加之上半年降水量大，使地层结构中的软土（淤泥）进一步软化。在邻近大厦正应力的作用下，由于基坑和挖孔桩群掏空，原始土应力平衡状态被打破，软土产生侧向移动。因此相邻工程施工时，必须认识到其相互影响的严重性，要设立一个强有力的指挥中心，采取切实可行的防范措施。

【工程案例0-3】 有些施工单位认为基坑工程是一个临时工程，安全储备较大，因此随意取消连梁，边角支撑，加大桩间距，减少桩径和配筋，采用喷锚技术代替止水、挡土结构等，盲目降低工程造价结果造成严重后患。

位于海口市海甸岛的宏威大厦与海口海事法院综合楼毗邻。宏威大厦基坑深8.65m，采用坑内井点降水；放坡开挖（坡度57°），边坡喷锚支护，其中在靠近海事法院综合楼的基坑布置了4排非预应力锚杆，锚杆长8～9m；法院综合楼一侧布置35口降水井，于1994年10月23日进行全面的不间断的基坑降水，11月6日开挖基坑，大约在11月20日，发现法院综合楼南台阶开裂；当时海事法院正式要求宏威大厦基坑暂停施工；1995年1月4日，经北京测绘院的测量表明，法院综合楼已向基坑方向倾斜28cm，基坑停止降水后综合楼又稳定下来。一段时间后，基坑北侧边坡大面积坍塌。该事故主要是施工单位缺乏基坑工程经验，片面地追求节省资金，忽略了深基坑工程的复杂性，在既有建筑物附近采用简单的边坡喷锚、坑内降水的基坑支护方案，不做止水帷幕而进行大规模深层降水和开挖等均是造成基坑事故的主要原因。

【工程案例0-4】深基坑施工监测是指导正确施工避免事故发生的必要措施。有的工程为了节约，基坑施工没有安排施工监测，或不合理削减监测内容，从而使监测工作不力，不能及时判断与处理险情，从而造成事故。此外，对监测数据分析不够，报警不及时或数据错误都将会导致严重的工程事故。

上海某大厦工程基坑支护第一道为钢筋混凝土支撑，第二、三、四道为直径小于600mm的钢管支撑。施工过程中，该大厦广东路一侧约40m长基坑围护结构支撑破坏，地下连续墙突然倒塌，广东路路面下的地下管线，包括电力、电缆、燃气管道、自来水管道、雨水管道等遭到严重损坏，燃气大量外溢，大面积停电、停气和停水，交通中断，事故的发生造成重大的经济损失和不良的社会影响。基坑围护结构发生破坏前已有种种迹象，如地面沉降量已达15mm，从沉降—时间曲线可知，这是基坑围护结构破坏前的预兆。而且曾有工人发现涌土现象，表明地下连续墙背后有流土，可惜都未引起有关人员重视，也没有及时采取措施。

0.4 本课程的内容和特色

0.4.1 课程的内容

本课程遵循学生职业能力培养的基本规律，基于职业岗位分析和具体工作过程的课程设计理念，以真实的工作项目——地质勘察报告、独立基础、条形基础、筏形基础、箱形基础实际工程项目为载体组织教学内容，对教材进行再加工。按照基础工程施工典型工作任务分为工程地质勘察报告的识读、塔吊浅基础安全计算、土方工程施工、浅基础工程施工、桩基础施工、地基处理、地基基础分部工程验收七个教学单元。每个单元的教学内容注重突出实训操作、施工案例分析、质量标准及质量验收等内容，在教学中增加学生参与实际操作、团结合作的职业活动训练。

0.4.2 课程的特色

（1）本课程以基础施工过程为导向，按照施工技术人员典型任务设计教学内容，按照履行岗位职责应具备的基本素质和基本技能整合优化课程，设计相应的教学单元，构建以岗位技能为核心的课程体系，课程内容体现实用性、适用性、前沿性。

（2）突出职业能力培养，"教、学、做"合一，注重以实际工程项目为载体组织教学，以真实教学环境进行实践教学、以虚拟工作场景进行模拟训练、教学中采用案例分析、分组讨论等灵活多样的教学方式和教学手段，教学中充分体现教师为主导、学生为主体的精神，充分发挥学生教学主体的作用，充分调动学生的学习主动性和能动性。

单元1
工程地质勘察报告的识读

引 言

土木工程设计、施工与监理的技术人员，应对岩土工程勘察的任务、内容和方法有所掌握，以便向勘察单位正确提出勘察任务的技术要求；能够熟练阅读理解、全面分析和正确应用岩土工程勘察资料；结合工程实践经验，使建筑地基基础设计方案、施工组织设计和监理规划建立在科学的基础之上。

学习目标

通过本单元学习，你将能够：

1. 判断工程中常见土的性质和类别。
2. 通过试验确定土的工程性质指标。
3. 根据地下水位埋藏条件判断地下水类别，并在土方施工中制定合理的降水方案。
4. 根据不良地质现象的描述，采取合理的施工措施防止地基工程事故的发生。
5. 正确识读工程地质勘察报告。
6. 根据工程地质勘察报告指导土方施工。

本学习单元旨在培养学生识读地质勘察报告和指导土方施工的基本能力，通过课程讲解使学生掌握地质勘察报告中常见专业术语表达及其物理意义，土的性质指标对工程土的影响等知识；通过参观、录像、土工试验等强化学生对工程土的认识，提高识读地质勘察报告的能力。

1.1 建筑场地与地基土

学习目标

1. 正确理解地质年代和建筑场地类别对工程土的影响
2. 正确识读地质勘察报告中潜水、承压水和上层滞水概念，并根据地下水对工程影响做好预防和处理措施
3. 正确理解土的基本物理性质指标和物理状态指标对工程土的影响，能够测定土的密度、天然含水量、土粒相对密度等指标
4. 正确理解土的力学性质指标对工程土的影响，能够测定土的压缩性指标和抗剪强度指标
5. 正确理解地基承载力物理意义并能确定地基承载力
6. 掌握土的基本分类和工程分类，正确理解地质勘察报告中土层划分的命名

关键概念

地基沉降、流砂、浮托、基坑突涌、密度、含水量、孔隙比、密实度、液限、塑限、液性指数、塑性指数、压缩性、抗剪强度、地基承载力、岩石土、碎石土、砂土、粉土、黏性土、人工填土

1.1.1 建筑场地相关知识

1.1.1.1 地质年代划分

在漫长的地球演化历史中，地壳经历了种种地质作用和"地质事件"，如地壳运动、岩浆活动、海陆变迁等等。错综复杂的地质作用，形成了各种成因的地形，不同成因的地形称为地貌。

地质年代是各种地质事件发生的时代。地质学家和古生物学家根据地层自然形成的先后顺序，把地质相对年代划分为 5 大代，代下分纪、世、期等。从古至今，地质年代划分简表见表 1-1。

提　示

不同的岩土的性质与其生成的地质年代有关。生成年代越久，岩土的工程性质越好。

地质年代简表　　　　　　　　　表 1-1

代	纪	世	距今年代
太古代			1800 百万～2700 百万年
元古代	早元古代		600 百万～1800 百万年
元古代	晚元古代	长城纪 蓟县纪 青白口纪 震旦纪	600 百万～1800 百万年
古生代	早古生代	寒武纪　上、中、下寒武世 奥陶纪　上、中、下奥陶世 志留纪　上、中、下志留世	400 百万～600 百万年
古生代	晚古生代	泥盆纪　上、中、下泥盆世 古炭纪　上、中、下古炭世 二叠纪　上、下二叠世	225 百万～400 百万年
中生代	三叠纪	上、中、下三叠世	70 百万～225 百万年
中生代	侏罗纪	上、中、下侏罗世	70 百万～225 百万年
中生代	白垩纪	上、下白垩世	70 百万～225 百万年
新生代	早第三纪	古新世 E_1 始新世 E_2 渐新世 E_3	25 百万～70 百万年
新生代	晚第三纪	中新世 N_1 上新世 N_2	2 百万～25 百万年
新生代	第四纪 Q	全新世 Q_4 更新世上 Q_3 更新世中 Q_2 更新世下 Q_1	12000 年～2 百万年

目前地表存在的土一般为新生代第四纪沉积土，一般更新世上 Q_3 及其以前沉积的土成为老沉积土，第四纪全新世 Q_4 中近期沉积的土称为新沉积土。第四纪 Q 沉积土由于沉积时间不长，通常为松散软弱的多孔体。根据地质成因不同，第四纪 Q 主要的沉积物有残积物、坡积物、洪积物、冲积物、海洋沉积物、湖泊沉积物、冰川沉积物及风积物。

1.1.1.2　建筑场地类别划分

1. 建筑场地的选择

建筑场地一般指建造建筑物的地方。建筑场地的地形、地貌和岩土的成分、分布、厚度与工程特性，都与地质作用有关。同样的建筑物在不同地质条件的场地上，在地震时的破坏程度明显不同。因此，为最大程度减轻地震的灾害，在建造建筑物时，应选择对抗震有利和避开不利的建筑场地进行建设。

现行《建筑抗震设计规范》GB 50011（以下简称《抗震规范》）按照场地上建筑物震害程度把建筑场地划分为抗震有利、不利和危险地段（表1-2）。

提 示

选择建筑场地时，对不利地段要提出避开要求；当无法避开时应采取有效措施；不应在危险地段建造除抗震次要建筑外的其他建筑。

各类地段的划分　　　　表1-2

地段类别	地质、地形、地貌
有利地段	稳定基岩，坚硬土，开阔、平坦、密实、均匀的中硬土等
不利地段	软弱土、易液化土、突出的山嘴、孤立的山丘、非岩质的陡坡、河岸和边坡的边缘，平面分布上成因岩性、状态明显不均匀的土层（如故河道、疏松的断层破碎带、暗埋的塘宾沟谷和半填半挖地基）等
危险地段	地震时可能发生滑坡、崩塌（如溶洞、陡峭的山区）、地陷（如地下煤矿的大面积采空区）、地裂、泥石流等地段，以及发震断裂带在地震时可能发生地表错位的部位

2. 建筑场地类别分类

建筑场地类别的划分是进行抗震设计，确定地震加速度值的依据。建筑的场地类别，根据土层等效剪切波速 v_{se} 和场地覆盖层厚度按表1-3划分为四类。当有可靠的剪切波速 v_{se} 和覆盖层厚度且其值处于表1-3所列场地类别的分界线附近时，在计算地震作用时可按插值法确定有关参数。

各类建筑的覆盖层厚度（m）　　　　表1-3

等效剪切波速 (m/s)	场地类别			
	I	II	III	IV
$v_{se} > 500$	0			
$500 \geqslant v_{se} > 250$	<5	≥5		
$250 \geqslant v_{se} > 140$	<3	3~50	>50	
$v_{se} \leqslant 140$	<3	3~15	>15~80	>80

计算深度范围内土层的等效剪切波速应按下列公式计算：

$$v_{se} = d_0/t \tag{1-1}$$

$$t = \sum_{i=1}^{n}(d_i/v_{si}) \tag{1-2}$$

式中　v_{se}——土层等效剪切波速（m/s）；

d_0——计算深度（m），取建筑场地覆盖层厚度和20m二者的较小值；建筑场地覆盖层厚度的确定应符合下列要求：①一般情况下，应按地面至剪切波速大于500m/s的土层顶面的距离确定；②当地面5m以下存在剪切波速大于相邻上层土剪切波速 2.5 倍的土层，且其下卧岩土的剪切波速均不小于 400m/s 时，可按地面至该土层顶面的距离确定；③剪切波速大于 500m/s 的孤石、透镜体，应视同周围土层；④土层中的火山岩硬夹层应视为刚体其厚度，应从覆盖土层中扣除；

t——剪切波在地面至计算深度之间的传播时间（s）；

d_i——计算深度范围内第 i 土层的厚度（m）；

v_{si}——计算深度范围内第 i 土层的剪切波速（m/s）；应根据现行《抗震规范》的要求进行实地测量，但对于抗震次要建筑及层数不超过 10 层且高度不超过 30m 的一般建筑，当无实测资料时，可根据岩土名称，按照表 1-4 划分土的类型，再利用当地经验在表 1-4 的剪切波速范围内估计各土层的剪切波速；

n——计算深度范围内土层的分层数。

土的类型划分　　　　　　　　　　　　　　表 1-4

土的类型	岩土名称和性状	土层剪切波速范围（m/s）
坚硬土或岩石	稳定岩石，密实的碎石土	$v_s > 500$
中硬土	中密、稍密的碎石土，密实、中密的砾、粗、中砂，$f_{ak} > 200kPa$ 的黏性土和粉土，坚硬黄土	$500 \geq v_s > 250$
中软土	稍密的砾、粗、中砂，除松散外的细、粉砂，$f_{ak} \leq 200kPa$ 的黏性土和粉土，$f_{ak} > 130kPa$ 的填土，可塑黄土	$250 \geq v_s > 140$
软弱土	淤泥和淤泥质土，松散的砂，新近沉积的黏性土和粉土，$f_{ak} \leq 130kPa$ 的填土，流塑黄土	$v_s \leq 140$

注：f_{ak} 为由荷载实验等方法得到的地基承载力特征值（kPa）。

提　示

坚硬场地土是抗震最理想的地基，在地震时震害最轻微；中硬场地土震害较小；软弱场地土尤其是覆盖层厚度大时，震害最严重。

【工程案例 1-1】 连云港一汽丰田 4S 店岩土工程详细勘察报告 C12 号钻孔资料如表 1-5，建筑场地覆盖层厚度接近 60m，试根据该资料确定场地土类型，建筑场地的类别并判断为何建筑地段。

C12 号钻孔资料　　　　　　　　　　　　　　表 1-5

土层底部深度（m）	土层厚度 d_i（m）	岩土名称	土层剪切波速 v_{si}（m/s）
2.64	2.64	杂填土	115
5.42	2.78	黏土	120
12.72	7.30	淤泥	90
25.21	12.49	淤泥质土	95
40.91	15.70	黏土	210
59.21	18.30	粉质黏土	230

解：（1）确定地面下20m土层的等效剪切波速

由题可知，覆盖层厚度大于20m，故取计算深度$d_0=20$m。

计算深度范围内土层厚度和相应剪切波速，由公式（1-2）得：

$$t = \sum_{i=1}^{n}(d_i/v_{si}) = \frac{2.64}{115} + \frac{2.78}{120} + \frac{7.3}{90} + \frac{7.28}{95} = 0.204\text{s}$$

由公式（1-1）得等效剪切波速：$v_{se} = \dfrac{d_0}{t} = \dfrac{20}{0.204} = 98$m/s

（2）确定场地土类别

场地内覆盖土层的等效剪切波速为98m/s，查表1-3，确定场地土类型为软弱土，根据地质资料场地覆盖层厚度小于60m，查表1-3划分建筑场地类别为Ⅲ类。由表1-5可知，本场地内下覆厚层淤泥及淤泥质土，为对建筑抗震不利地段。

1.1.1.3 不良地质现象

由于地质作用形成建筑场地，良好的地质条件对建筑工程是有利的，不良的地质条件则往往导致建筑物地基基础的事故，应当特别加以注意。建筑工程中常见的不良地质现象有以下几种：

1. 断层

岩层在地应力作用下发生破裂，断裂面两侧的岩体显著发生相对位移，称为断层。断层显示地壳大范围错断，如图1-1所示。

一般中小断层数量多，断层形成的年代越新，断层的活动可能性越大。断层，特别是活动性断层是导致地震活动的重要地质背景。

进行工程建筑、水利建设等，必须考虑断层构造。例如水库大坝应避免横跨在断层上。一旦断层活动，破坏挡水坝，造成库水下泄，相当于人造洪水，后果不堪设想；大型桥梁、隧道、铁道、大型厂房等如果通过或坐落在断层上，必须考虑相应的工程措施。因此凡是重大工程项目都必须具有所在地区的断裂构造等地质资料，以供设计者参考。

图1-1 断层示意图

2. 岩层节理发育

节理是很常见的一种构造地质现象，就是我们在岩石露头上所见的裂缝，或称岩石的裂缝，如图1-2。这是由于岩石受力而出现的裂隙，但裂开面的两侧没有发生明显的（眼睛能看清楚的）位移，地质

图1-2 岩层节理示意图

学上将这类裂缝称为节理,在岩石露头上,到处都能见到节理。此时,岩体被裂隙切割成碎块,破坏了岩层的整体性,在工程上除有利于开挖外,对岩土的强度和稳定性均有不利影响。

3. 滑坡

滑坡是斜坡土体和岩体在重力作用下失去原有的稳定状态,沿着斜坡内某些滑动面作整体向下滑动的现象。规模大的滑坡一般是缓慢地往下滑动,其位移速度多在变加速阶段才显著,有时会造成灾难性的后果。有些滑坡滑动速度一开始也很快,这种滑坡经常是在滑坡体的表层发生翻滚现象,这种滑坡称为崩塌性滑坡。

2009 年 8 月 14 日,浙江临安暴雨引发山体滑坡致 11 人身亡。一幢三层楼房民居被滑坡体完全摧毁(图 1-3)。

4. 崩塌

陡峻或极陡斜坡上,某些大块或巨块岩块突然地崩落或滑落,顺山坡猛烈地翻滚跳跃,岩块相互撞击破碎,最后堆积于坡脚,这一过程称为崩塌。

图 1-3　一幢三层楼房被滑坡体摧毁

崩塌会使建筑物,有时甚至使整个居民点遭到毁坏;使公路和铁路被掩埋。由崩塌带来的损失,不单是建筑物毁坏的直接损失,并且常因此而使交通中断,给运输带来重大损失。崩塌有时还会使河流堵塞形成堰塞湖,这样就会将上游建筑物及农田淹没,在宽河谷中,由于崩塌能使河流改道及改变河流性质,而造成急湍地段。只有小型崩塌,才能防止其发生,对于大的崩塌只好绕避。

2009 年 6 月 5 日 15 时,武隆县鸡尾山发生一起严重的山体崩滑(图 1-4)。山体垮塌共造成 64 人失踪,10 人遇难,8 人受伤。由于鸡尾山垮塌以及连续降雨导致鸡尾山堰塞湖形成。

图 1-4　武隆县鸡尾山山体崩塌

5. 地基土液化

在地震或强烈振动作用下,饱和状态(地下水位以下)的砂土(疏松或稍密的粉砂、细砂)或粉土突然大部分或全部丧失承载力成为液态,造成地基不均匀沉降,导致建筑物破坏,这种现象称为地基土液化。振动液化造成建筑物的破坏,不是仅仅一幢两幢、十幢八幢的事故,往往造成一个城市、一个地区大面积的灾害,使几百幢甚至几千幢建筑物毁坏,危害极大。图 1-5 为地震液化喷砂冒水现象。

1964年6月16日，日本新泻市发生7.5级强烈地震，使大面积的砂土地基发生液化，丧失地基承载力。新泻市机场的建筑物，震沉915mm；机场的跑道严重破坏，无法使用。当地的卡车和混凝土结构等重物，在地震时沉入土中。原来位于地下的一座污水池，地震后被浮出地面高达3m。有的高层公寓，陷入土中并发生严重倾斜，无法居住。

图1-5 地基液化喷砂冒水

提 示

当建筑场地的地下水位埋藏较浅，水下存在大面积且厚度较大的粉细砂或粉土时，必须进行液化判别，目前一般采用标准贯入试验方法判别。如为液化土，需进一步计算液化指数，划分液化等级。

相关知识

根据建筑物按重要性划分的类别（包括甲、乙、丙、丁四类）和地基液化等级（包括轻微、中等、严重三等），确定相应的措施。例如乙类建筑，地基严重液化等级，则应采取全部消除地基液化沉陷的措施：目前行之有效的方法如强夯法、振冲碎石桩等。又如液化等级为轻微，建筑为乙类或丙类，则可用加强基础和上部结构整体性的措施，如采用箱基、筏基或钢筋混凝土交叉基础加设基础圈梁、上部结构圈梁和构造柱来解决，不需进行地基处理。

1.1.1.4 地下水

1. 地下水分类

地下水按照埋藏条件不同分为三类，上层滞水、潜水和承压水如图1-6所示。

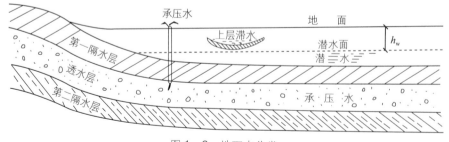

图1-6 地下水分类

（1）上层滞水

积聚在局部隔水层上的水称为上层滞水。这种水靠雨水补给，有季节性。上层滞水范围不大，存在于雨季，旱季可能干涸。

(2) 潜水

埋藏在地表下第一个连续分布的稳定隔水层以上,具有自由水面的重力水称为潜水。自由水面为潜水面,水面的标高称为地下水位。地面至潜水面的垂直距离称为地下水埋藏深度。潜水由雨水与河水补给,水位有季节性的变化。

(3) 承压水

埋藏在两个连续分布的隔水层之间完全充满的有压地下水称为承压水,它通常存在于砂卵石中。砂卵石层呈倾斜状分布,在地势高处砂卵石层水位高,对地势低产生静水压力。若打穿承压水顶面的第一层隔水层,则承压水因由压力而上涌,压力大的可以喷出地面,形成管涌。

2. 地下水对工程的影响

地下水的水质、水量、水位、静压力、渗压力等会引起一系列工程问题。常见的有地基沉降、流砂、浮托、基坑突涌、地下水对钢筋混凝土的腐蚀、对基础的潜蚀等。

(1) 地基沉降 是指过量抽取地下水引起的含水层和隔水层的地基土发生固结压缩,从而产生的地面沉降。

提 示

在松散沉积层中进行深基础施工时,往往需要人工降低地下水位。若降水不当,会人为造成降水漏斗,在降水漏斗范围内的软土层发生渗透固结沉降,而远离降水漏斗的软土不沉降,造成地基沉降不均匀沉降。因此在工程施工时要根据土层分布以及降水深度等确定合理的降水方案。

(2) 流砂 当基坑(槽)开挖低于地下水位0.5m以下,采用坑内抽水时,坑(槽)底下面的土产生流动状态,随地下水一起涌进坑内,边挖、边冒,无法挖深的现象称为"流砂"。

提 示

发生流砂时,土完全丧失承载力,不但使施工条件恶化,而且流砂严重时,会引起基坑边坡塌方。附近建(构)筑物会因地基被掏空而下沉、倾斜,甚至倒塌。

相关知识

水在土中渗流时,受到土颗粒的阻力,水对土颗粒则产生压力,这种压力叫动水压力。动水压力与水流受到土颗粒的阻力大小相等、方向相反。当地下水的动水压力大于土粒的浮重度时,就可能会产生流砂,如图1-7所示。

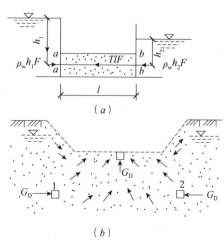

图1-7 动水压力原理图
(a) 水在土中渗流时的力学原理;
(b) 动水压力对地基的影响

水在土中渗流时,作用在土体上的力由静力平衡得:

$$\rho_w g h_1 F - \rho_w g h_2 F - TlF = 0$$

则得 $T = \dfrac{h_1 - h_2}{l}\gamma_w$ $\gamma_w = \rho_w g$

由于 $G_D = T$

所以
$$G_D = \dfrac{h_1 - h_2}{l}\gamma_w \qquad (1-3)$$

式中 T——单位体积的土颗粒的阻力（kN/m^3）；

　　γ_w——单位体积的水的重量（kN/m^3）；

　　l——水在土中渗流截面间的距离（m）；

　　h_1、h_2——水在土中渗流距离为 l 的两端水位（头）（m）；

　　F——水渗流的截面积（m^2）；

　　G_D——动水压力,水对土颗粒产生的单位体积的压力（kN/m^3）。

由式（1-3）可知,水位差 $h_1 - h_2$ 越大,动水压力越大,而渗流路径越长,动水压力则越小。

动水压力的作用方向与水流方向相同。当渗流从下向上,动水压力与重力作用相反,如动水压力不小于土的浮密度时,即 $G_D \geqslant \gamma'$,土颗粒便会悬浮失去稳定,变成流动状态,被水流带到基坑内,从而发生流砂现象如图 1-7（b）所示。实践经验是:在可能发生流砂的土质处,基坑挖深超过地下水位线 0.5m 左右,就要注意流砂的发生。

流砂处理主要措施是"减小或平衡动水压力"或"使动水压力向下",使坑底土粒稳定,不受水压干扰。

流砂处理常用处理措施有:

1）枯水期施工　安排在全年最低水位季节施工,使基坑内动水压力减小。

2）水下挖土法　采取水下挖土（不抽水或少抽水）,使坑内水压与坑外地下水压相平衡或缩小水头差。

3）井点降水　采用井点降水,使水位降至基坑底 0.5m 以下,并使动水压力减小和方向朝下,坑底土面保持无水状态。

4）加设支护结构　沿基坑外围四周打板桩,深入坑底下面一定深度,增加地下水从坑外流入坑内的渗流路线和减少渗水量,减小动水压力；当基坑面积较小,也可采取在四周设钢板护筒,随着挖土不断加深,直到穿过流砂层。

5）化学加固法　采用化学压力注浆或高压水泥注浆,固结基坑周围粉砂层使形成防渗帷幕。

6）抢挖法　往坑底抛大石块,增加土的压重和减小动水压力,同时组织快速施工。

（3）浮托　当建筑物基础底面位于地下水水位以下时,地下水对基础底面产生静水压力，即产生浮托力。在进行地下工程施工时，必须采取措施，防止建筑物受到破坏。可设计深孔桩防治。

（4）基坑突涌 当基坑下存在承压含水层时，若基坑隔水底板厚度小于含水层顶面的承压水头值时，可引起基坑突涌。为防止基坑突涌现象的发生，应注意开挖基槽时保留槽底一定的安全厚度 h_a（图 1-8）

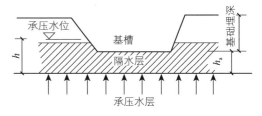

图 1-8 有承压水的槽底安全厚度

$$h_a \geq \frac{\gamma_w}{\gamma}h \qquad (1-4)$$

式中 γ——隔水层土的重度（kN/m^3）；

γ_w——水的重度，取 $10kN/m^3$；

h——承压水的上升高度（从隔水层底面起算）（m）；

h_a——隔水层安全厚度（槽底安全厚度）（m）。

提 示

当基坑底为隔水层，应进行坑底突涌验算，必要时可采取水平封底隔渗或钻孔减压措施，保证坑底土层稳定。否则一旦发生突涌，将给施工带来极大麻烦。

（5）地下水对钢筋混凝土具有腐蚀性

当地下水中的 SO_4^{2-} 含量大于 $250mg/L$ 时，SO_4^{2-} 将与混凝土中的 $Ca(OH)_2$ 生成含水硫酸盐结晶，体积膨胀，内应力增大，导致混凝土开裂。当地下水的 CO_2 含量超过平衡浓度时，就会溶解混凝土中的 $CaCO_3$，腐蚀混凝土。

1.1.2 地基土工程性质与地基承载力

土是岩石经风化、剥蚀、搬运、沉积等过程形成的松散沉积物。土是由固体矿物颗粒、水和气体三部分组成的三相体系，即由固相、液相和气相组成。土的三相组成、土中粒组的相对含量等影响了土的物理性质和状态，土的物理性质和状态又在很大程度上决定了它的力学性质。

为了更直观的反映土中三相物质的比例关系，把土中分散的三相物质分别集中起来，并按适当的比例绘出三相示意图，如图 1-9 所示。

图 1-9 的左边表示土中各相的质量，右边表示各相所占的体积，各符号的意义如下：

m_s——土粒的质量（g）；

m_w——土中水的质量（g）；

m——土的质量（g），$m = m_s + m_w$；

V_s——土粒的体积（cm^3）；

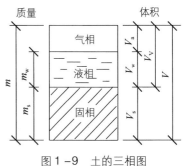

图 1-9 土的三相图

V_V——土中孔隙体积（cm³），$V_V = V_a + V_w$；

V_w——土中水的体积（cm³）；

V_a——土中气的体积（cm³）；

V——土的体积（cm³），$V = V_s + V_w + V_a$。

1.1.2.1 土的物理性质指标

1. 土的天然密度 ρ

单位体积土的质量，单位 g/cm³。工程中常用土的天然重度 γ 表示单位体积的重量，单位 kN/m³。

$$\rho = \frac{m}{V} \qquad \gamma = \rho g \tag{1-5}$$

土的基本物理性质指标，可在实验室内直接测定。土的密度可用环刀法测定，用容积为 100cm³ 或 200cm³ 的环刀切取土样，用天平称其质量而得。

2. 土粒相对密度 d_s

土粒质量与 4℃ 时同体积水的质量之比。

$$d_s = \frac{m_s}{V_s} \frac{1}{\rho_w} \tag{1-6}$$

土的基本物理性质指标，可在实验室内直接测定。土粒相对密度可用比重瓶法测定。

3. 土的含水量 w

土中水的质量与土粒质量之比，又称土的含水率，用百分数表示。

$$w = \frac{m_w}{m_s} \times 100\% \tag{1-7}$$

土的基本物理性质指标，可在实验室内直接测定。土的含水量可用烘干法、炒干法、酒精燃烧法等测定。

4. 土的干密度 ρ_d 或干重度 γ_d

指单位体积土中土粒的质量或重量，单位 g/cm³ 或 kN/m³。

$$\rho_d = \frac{m_s}{V} \qquad \gamma_d = \rho_d g \tag{1-8}$$

土的干密度 ρ_d（或干重度 γ_d）越大，土越密实，强度越高。土的干密度可以评价土的密实程度，工程上常用于填方工程（土坝、路基和人工压实地基等）的土体压实质量控制标准。

5. 土的饱和密度 ρ_{sat} 或饱和重度 γ_{sat}

指土孔隙中全部充满水时单位体积的质量或重量，单位 g/cm³ 或 kN/m³。

$$\rho_{sat} = \frac{m_s + V_V \rho_w}{V} \qquad \gamma_{sat} = \rho_{sat} g \tag{1-9}$$

6. 土的浮密度 ρ' 或浮重度 γ'

地下水位以下的土层，受水的浮力作用，土的实际重量将减小，此时单位体积的质量或重量称为土的浮密度 ρ' 或浮重度 γ'。

$$\rho' = \frac{m_s + V_V \rho_w - V\rho_w}{V} \qquad \gamma' = \gamma_{sat} - \gamma_W \qquad (1-10)$$

土的饱和重度 γ_{sat}、浮重度 γ' 是进行塔吊安全计算时进行地基土压力计算的重要参数，当土位于地下水以下时，应按浮重度计算。

对于同一种土来讲，土的天然重度、干重度、饱和重度、浮重度在数值上有如下关系：

$$\gamma_{sat} > \gamma > \gamma_d > \gamma'$$

7. 土的孔隙比 e

指土中孔隙体积与土粒体积之比。用小数表示。

$$e = \frac{V_V}{V_s} \qquad (1-11)$$

土的孔隙比是评价土的密实程度的重要指标，按其大小可对砂土或粉土进行密实度分类。

8. 土的孔隙率 n

指土中孔隙体积与总体积之比，用百分数表示。

$$n = \frac{V_V}{V} \times 100\% \qquad (1-12)$$

土的孔隙率也可以评价土的密实程度。一般砂类土的孔隙率常小于黏性土的孔隙率。

9. 土的饱和度 S_r

指土中水的体积与孔隙体积之比。

$$S_r = \frac{V_w}{V_V} \qquad (1-13)$$

饱和度反映土中孔隙被水充满的程度。其数值为 $0\sim1$，当土处于完全干燥状态时，$S_r=0$；当土处于完全饱和状态时，$S_r=1$。

土的基本物理性质指标与其他 6 个指标之间的换算关系以及常见值见表 1-6。

土的三相比例指标换算公式及常见值　　表 1-6

指标	符号	表达式	单位	常见值	换算公式
重度 密度	γ ρ	$\gamma = \rho g$ $\rho = \dfrac{m}{V}$	kN/m³ g/cm³	16~22 1.6~2.2	$\gamma = \dfrac{(d_s + S_r e)\gamma_w}{1+e}$ $\gamma = \dfrac{d_s(1+w)\gamma_w}{1+e}$
土粒相对密度	d_s	$d_s = \dfrac{m_s}{V_s \rho_w}$		砂土 2.65~2.69 粉土 2.70~2.71 黏性土 2.72~2.75	$d_s = \dfrac{S_r e}{w}$
含水量	w	$w = \dfrac{m_w}{m_s} \times 100\%$	%	砂土 0~40% 黏性土 20%~60%	$w = \dfrac{S_r e}{d_s}$

续表

指标	符号	表达式	单位	常见值	换算公式
干重度 干密度	γ_d ρ_d	$\gamma_d = \rho_d g$ $\rho_d = \dfrac{m_s}{V}$	kN/m^3 g/cm^3	$13 \sim 20$ $1.3 \sim 2.0$	$\gamma_d = \dfrac{\gamma}{1+w} = \dfrac{\gamma_w d_s}{1+e}$
饱和重度 饱和密度	γ_{sat} ρ_{sat}	$\gamma_{sat} = \rho_{sat} g$ $\rho_{sat} = \dfrac{m_s + V_v \rho_w}{V}$	kN/m^3 g/cm^3	$18 \sim 23$ $1.8 \sim 2.3$	$\gamma_{sat} = \dfrac{d_s + e}{1+e}\gamma_w$
有效重度 有效密度	γ' ρ'	$\gamma' = \gamma_{sat} - \gamma_w$ $\rho' = \rho_{sat} - \rho_w$	kN/m^3	$8 \sim 13$	$\gamma' = \dfrac{(d_s - 1)\gamma'_w}{1+e}$
孔隙比	e	$e = \dfrac{V_V}{V_s}$		砂土 $0.3 \sim 0.9$ 黏性土 $0.4 \sim 1.2$	$e = \dfrac{n}{1-n}$ $e = \dfrac{d_s \gamma_w (1+w)}{\gamma} - 1$
孔隙率	n	$n = \dfrac{V_V}{V} \times 100\%$	%	砂土 $25\% \sim 45\%$ 黏性土 $30\% \sim 60\%$	$n = \left(\dfrac{e}{1+e}\right) \times 100\%$
饱和度	S_r	$S_r = \dfrac{V_w}{V_V}$		$0 \sim 1$	$S_r = \dfrac{w d_s}{e} = \dfrac{w \gamma_d}{n \gamma_w}$

【工程案例 1 – 2】已知某钻孔原状土样,用体积为 $72cm^3$ 的环刀取样,经试验测得:土的质量 $m_1 = 130g$,烘干后质量 $m_2 = 115g$,土粒相对密度 $d_s = 2.70$,试用三相简图法求其他物理性质指标。

解:(1)确定三相简图中的未知量(图 1 – 10)

土样中水的质量:$m_w = m_1 - m_2 = 130 - 115 = 15g$

土粒体积:

由 $d_s = \dfrac{m_s}{V_s \rho_w} \Rightarrow V_s = \dfrac{m_s}{d_s \rho_w} = \dfrac{115}{2.70 \times 1.0}$

$= 42.59 cm^3$

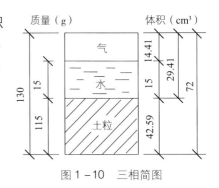

图 1 – 10 三相简图

孔隙体积:$V_V = V - V_s = 72 - 42.59 = 29.41 cm^3$

水的体积:$V_s = \dfrac{m_w}{\rho_w} = \dfrac{15}{1.0} = 15 cm^3$

气相体积:$V_a = V_V - V_W = 29.41 - 2 - 15 = 14.41 cm^3$

将以上所求数据填写在三相简图中,如图 1 – 10 所示。

(2)确定其余的物理性质指标

土的密度:$\rho = \dfrac{m}{V} = \dfrac{130}{72} = 1.81 g/cm^3$

土的含水量：$w = \dfrac{m_w}{m_s} \times 100\% = \dfrac{15}{115} \times 100\% = 13.04\%$

土的干密度：$\rho_d = \dfrac{m_s}{V} = \dfrac{115}{72} = 1.60 \text{g/cm}^3$

饱和密度：$\rho_{sat} = \dfrac{m_s + V_V \rho_w}{V} = \dfrac{115 + 29.41 \times 1.0}{72} = 2.01 \text{g/cm}^3$

有效密度：$\rho' = \rho_{sat} - \rho_w = 2.01 - 2 - 1.0 = 1.01 \text{g/cm}^3$

孔隙比：$e = \dfrac{V_V}{V_s} = \dfrac{29.41}{42.59} = 0.69$

孔隙率：$n = \dfrac{V_V}{V} \times 100\% = \dfrac{29.41}{72} \times 100\% = 40.85\%$

饱和度：$S_r = \dfrac{V_w}{V_V} = \dfrac{15}{29.41} = 0.51$

【**工程案例 1-3**】某一施工现场需要填土，基坑的体积为 2000m^3，土方来源于附近土丘，土丘的土粒相对密度为 2.70，含水量为 15%，孔隙比为 0.6，要求填土的含水量为 17%，干重度为 17.6kN/m^3，问：

(1) 取土现场土丘的重度、干重度、饱和度是多少？

(2) 填土的孔隙比是多少？应从取土场开采多少方土？

(3) 碾压时应洒多少水？

解：(1) 根据表 1-6 得土的重度、干重度和饱和度为：

$$\gamma_d = \dfrac{\gamma_w d_s}{1+e} = \dfrac{1.0 \times 2.70 \times 10^3}{1+0.6} = 16.875 \text{kN/m}^3$$

$$\gamma = \gamma_d (1+w) = 16.875 \times (1+0.15) = 19.406 \text{kN/m}^3$$

$$S_r = \dfrac{w d_s}{e} = \dfrac{0.15 \times 2.70}{0.6} = 0.675$$

(2) 根据题意，设土丘孔隙比 $e_1 = 0.6$，填土的孔隙比为 e_2，填土体积为 V_2，需开采的土丘体积为 V_1，则填土的孔隙比 e_2 为：

$$e_2 = \dfrac{d_s \gamma_w}{\gamma_d} - 1 = \dfrac{2.7 \times 10}{17.6} - 1 = 0.5341$$

$$\dfrac{1+e_1}{1+e_2} = \dfrac{V_1}{V_2}$$

则 $$V_1 = \dfrac{1+e_1}{1+e_2} V_2 = \dfrac{1+0.6}{1+0.5341} \times 2000 = 2085.9 \text{m}^3$$

(3) 设开采土丘体积为 V_1 的土的总重量为 $W_1 \text{kN}$，则由天然重度公式得 W_1 为：

$W_1 = \gamma_1 V_1 = 19.406 \times 2085.9 = 40479 \text{kN}$

又∵ $$w = \dfrac{W_w}{W_s} \times 100\% = 0.15$$

$$W_w + W_s = W_1$$

得：
$$W_w = 5279.9 \text{kN}$$
$$W_s = 35199.34 \text{kN}$$

设碾压时应洒水重量为 x kN，碾压前后土粒重量保持不变，由题意填土的含水量为17%，则有：

$$w = \frac{W_w + x}{W_s} \times 100\% = 0.17$$

$$\frac{5279.9 + x}{35199.34} \times 100\% = 0.17$$

则碾压时应洒水重量为：$x = 703.99$ kN

1.1.2.2 土的物理状态指标

1. 无黏性土物理状态指标

无黏性土一般是指具有单粒结构的碎石土、砂土，土粒之间无粘结力。它们最主要的物理状态指标是密实度。土的密实度是指单位体积土中固体颗粒的含量。当其处于密实状态时，结构较稳定，压缩性小，强度较高，可作为良好的天然地基；而处于松散状态时，稳定性差，压缩性大，强度偏低，属于不良地基。

（1）碎石土的密实度

碎石土的颗粒较粗，试验时不易取得原状土样。可以根据重型圆锥动力触探（DPT）锤击数 $N_{63.5}$，确定其密实度，见表1-7。

碎石土的密实度　　　　　　　　　　　　　　　　表1-7

重型圆锥动力触探锤击数 $N_{63.5}$	$N_{63.5} \leq 5$	$5 < N_{63.5} \leq 10$	$10 < N_{63.5} \leq 20$	$N_{63.5} > 20$
密实度	松散	稍密	中密	密实

注：1. 本表适用于平均粒径不小于50mm且最大粒径不超过100mm的卵石、碎石、圆砾、角砾等碎石土。对于平均粒径大于50mm或最大粒径大于100mm的碎石土可按野外鉴别方法或超重型动力触探锤击数 N_{120} 划分其密实度（表1-8、表1-9）。
2. 表内 $N_{63.5}$ 为经综合修正后的平均值。

碎石土的密实度野外鉴别方法　　　　　　　　　　表1-8

密实度	骨架颗粒含量和排列	可挖性	可钻性
松散	骨架颗粒质量小于总质量的60%，排列混乱，大部分不接触	锹可以挖掘，井壁易坍塌，从井壁取出大颗粒后，立即塌落	钻进较易，钻杆稍有跳动，孔壁易坍塌
中密	骨架颗粒质量等于总质量的60%~70%，呈交错排列，大部分接触	锹镐可以挖掘，井壁有掉块现象，从井壁取出大颗粒处，能保持凹面形状	钻进较困难，钻杆、吊锤跳动不剧烈，孔壁有坍塌现象
密实	骨架颗粒质量大于总质量的70%，呈交错排列，连续接触	锹镐挖掘困难，用撬棍方能松动，井壁较稳定	钻进困难，钻杆、吊锤跳动剧烈，孔壁较稳定

注：密实度应按表列各项特征综合确定。

碎石土密实度按 N_{120} 分类　　　　　　　　　　表1-9

重型圆锥动力触探锤击数 N_{120}	$N_{120} \leq 3$	$3 < N_{120} \leq 6$	$6 < N_{120} \leq 11$	$11 < N_{120} \leq 14$	$N_{120} > 14$
密实度	松散	稍密	中密	密实	很密

(2)砂土的密实度

砂土密实度的确定方法有孔隙比 e 法、相对密实度 D_r 法。但是用孔隙比 e 法判断时无法反映砂土的颗粒级配情况;采用相对密实度 D_r 来评定砂土的密实程度,由于砂土原状土样不易取得,测定天然孔隙比较为困难,加上实验室的测定精度有限,因此计算的相对密实度误差较大。在实际工程中,常用标准贯入试验(SPT)锤击数 N 来判定砂土的密实程度,见表 1-10。

砂土的密实度　　　　　　表 1-10

标准贯入试验锤击数 N	$N \leqslant 10$	$10 < N \leqslant 15$	$15 < N \leqslant 30$	$N > 30$
密实度	松散	稍密	中密	密实

提 示

重型圆锥动力触探(DPT)试验和标准贯入试验(SPT)都属于原位测试试验,岩土常见的原位测试试验有:静力承载试验、静力触探、圆锥动力触探、标准贯入试验、旁压测试、原位剪切试验、波速试验等。

相关知识

(1)静力触探试验(CPT)

静力触探试验适用于软土、一般黏性土、粉土、砂土和含少量碎石的土。试验时,用静压力将装有探头的触探器压入土中,通过压力传感器及电阻应变仪测出土层对探头的贯入阻力(p_s)、锥尖阻力(q_c)、侧壁阻力(f_s)、和贯入时的孔隙水压力(u)。根据静力触探资料,利用地区经验,可进行力学分析,估算土的塑性状态、强度、压缩性、地基承载力、进行液化判别等。

(2)圆锥动力触探试验(DPT)

圆锥动力触探试验是用一定质量的重锤,一定高度的落距,将标准规格的圆锥形探头贯入土中,根据打入土中一定深度的锤击数,判定土的力学特性,并具有勘探和测试双重功能。圆锥动力触探试验的类型及适用土类见表 1-11,轻型动力触探如图 1-11 所示。

圆锥动力触探类型　　　　　　表 1-11

类型		轻型	重型	超重型
落锤	质量(kg)	10	63.5	120
	落距(mm)	500	760	1000
探头	直径(mm)	40	74	74
	锥角(°)	60	60	60
探杆直径(mm)		25	42	50~60
指　标		贯入300mm的读数 N_{10}	贯入100mm的读数 $N_{63.5}$	贯入100mm的读数 N_{120}
主要适用岩土		浅部的填土、砂土、粉土、黏性土	砂土、中密以下的碎石土、极软岩	密实和很密的碎石土、软岩、极软岩

(3) 标准贯入试验（SPT）

标准贯入试验适用于砂土、粉土、黏性土。试验时，先行钻孔，再把上端接有钻杆的标准贯入器放至孔底，然后用质量为63.5kg的锤，以76cm的高度自由下落将贯入器先打入土中15cm，然后测出累计打入30cm的锤击数，该击数称为标准贯入锤击数。标准贯入试验如图1-12所示。当钻杆长度大于3m时，锤击数应乘以杆长修正系数。最后拔出贯入器取其土样鉴别。利用标准贯入锤击数可对砂土、粉土、黏性土的物理状态、土的强度、变形参数、地基承载力，砂土和粉土的液化、单桩承载力等做出评价。

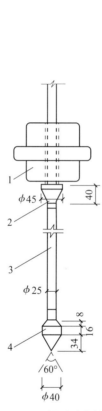

图1-11 轻型动力触探
1—穿心锤；2—锤垫；3—触探杆；4—尖锥头

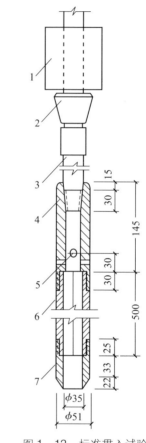

图1-12 标准贯入试验
1—穿心锤；2—锤垫；3—触探杆；4—贯入器头；
5—出水孔；6—由两半圆形管并合成贯入器身；
7—贯入器靴

2. 粉土的物理状态指标

粉土的密实度应根据孔隙比e分为稍密、中密和密实三种状态，见表1-12。粉土的潮湿程度应根据含水量衡量，按含水量数值大小可分为稍湿、很湿和饱和三种物理状态，见表1-13。

	粉土的密实度		表1-12
孔隙比e	$e<0.75$	$0.75 \leq e \leq 0.9$	$e>0.9$
密实度	密实	中密	稍密

粉土的湿度划分 表 1-13

含水量 w	$w < 20$	$20 \leq w \leq 30$	$w > 30$
粉土的湿度	稍湿	湿	很湿

提　示

饱和状态下的粉土在振动作用下易产生液化，施工时应引起注意。

3. 黏性土的物理状态指标

黏性土的颗粒很细，土的比表面积（单位体积的颗粒总表面积）大，土粒表面与水作用的能力较强。因此水对黏性土的影响较大。当土中含水量变化时，土表现为固态、半固态、可塑态与流态四种状态，如图 1-13 所示。

图 1-13　黏性土的四种状态

黏性土由一种稠度状态转变为另一种稠度状态时相应的分界含水量称为界限含水量。液限是土由可塑状态转到流塑状态的界限含水量，用 w_L（%）表示。塑限是土由半固态转到可塑状态的界限含水量，用 w_P 表示。缩限是土由固态转到半固态的界限含水量，用 w_s 表示。

黏性土的液限与塑限可以采用锥式液限仪进行测定。此外，黏性土塑限还常用滚搓法测定。

(1) 塑性指数 I_P

塑性指数 I_P 是液限与塑限的差值（去掉百分号），即：

$$I_P = (w_L - w_P) \times 100 \tag{1-14}$$

提　示

塑性指数表示粘性土处于可塑状态的含水量变化范围。一种土的 w_L 与 w_P 之间的范围越大，I_P 越大，表明该土能吸附的结合水多，即该土黏粒含量高或矿物成分吸水能力强，其可塑性就越强。所以在工程实际中用塑性指数作为黏性土定名的标准。

(2) 液性指数 I_L

液性指数 I_L 是天然含水量与塑限的差值（去掉百分号）与塑性指数之比，即：

$$I_L = \frac{w - w_P}{w_L - w_P} \tag{1-15}$$

黏性土因含水多少而表现出的软硬程度，称为稠度。液性指数 I_L 称为土的稠度指标。

当 $w < w_P$ 时，$I_L < 0$，土呈坚硬状态；当 $w > w_L$ 时，$I_L > 1$，土处于流塑状态。据

液性指数 I_L 大小不同，可将黏性土分为 5 种软硬不同的状态，见表 1-14 所示。

黏性土的稠度状态　　　　　　　表 1-14

液性指数 I_L	$I_L \leq 0$	$0 < I_L \leq 0.25$	$0.25 < I_L \leq 0.75$	$0.75 < I_L \leq 1$	$I_L > 1$
状态	坚硬	硬塑	可塑	软塑	流塑

1.1.2.3　土的力学性质指标

1. 土的压缩性质指标

地基土在荷载作用下体积减小的特性，称为土的压缩性。土的压缩性高低常用土的压缩性指标表示。土的压缩性指标由土的压缩（固结）试验确定。

(1) 土的压缩（固结）试验

室内压缩试验是用侧限压缩仪（固结仪）进行的（图 1-14 为三联式侧限压缩仪）。"侧限"是指土样不能产生侧向膨胀只能产生竖向压缩变形。因此，该试验又称侧限试验或固结试验。

试验时，用金属环刀取保持天然结构的原状土样，置于圆筒形压缩容器的刚性护环内，土样上下各垫放一块透水石，使土样受压后土中水可以自由地从上下两面排出。由于金属环刀和刚性护环的限制，土样在压力作用下只能产生竖向压缩变形，而无侧向膨胀。在试验中，每个土样一般按 $p = 50\text{kPa}$、100kPa、200kPa、300kPa、400kPa 五级加载，并分别测记在每级荷载下土样的稳定变形量，然后算出相应压力下土的孔隙比，便可以绘出表示土的孔隙比 e 与压力 p 关系的压缩曲线。

(2) 土的压缩曲线

设原状土样初始高度为 h_0，原状土样的初始孔隙比为 e_0，设当施加压力 p_i 后，土样的稳定变形量为 s_i，土样变形稳定后的孔隙比为 e_i，则土样变形稳定后的高度为 $h_i = h_0 - s_i$，根据试验过程中土粒体积 V_s 不变和在侧限条件下土样横截面积不变的条件，可得：

$$\frac{1 + e_0}{h_0} = \frac{1 + e_i}{h_i}$$

代入 $h_i = h_0 - s_i$，整理得在压力 p_i 作用下土样的孔隙比 e_i 为

$$e_i = e_0 - \frac{s_i}{h_0}(1 + e_0) \quad (1-16)$$

式中　e_0——原状土的孔隙比，可根据土样的基本物理性质指标求得。

根据某级荷载下的稳定变形量 s_i，按式（1-16）即可求出该级荷载下的孔隙比 e_i。然后以横坐标表示压力 p，纵坐标表示孔隙比 e，可绘出 $e-p$ 关系曲线，此曲线称为土的压缩曲线，如图 1-15。

(3) 压缩系数 a

压缩系数 a 表示在单位压力增量作用下土的孔隙比的减小。因此，曲线上任一点的切线斜率就表示相应的压力作用下土的压缩性高低。当压力变化范围不大时，土的

图 1-14 三联式侧限压缩仪

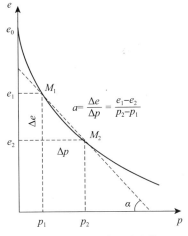
图 1-15 土的压缩曲线

压缩性可近似用图 1-15 中割线 M_1M_2 的斜率来表示，当压力由 p_1 增至 p_2 时，相应的孔隙比由 e_1 减小到 e_2，则压缩系数为

$$a = \tan\alpha = -\frac{\Delta e}{\Delta p} = \frac{e_1 - e_2}{p_2 - p_1} \quad (1-17a)$$

压缩系数 a 的常用单位为 MPa^{-1}，p 的常用单位为 kPa，则上式可写为：

$$a = 1000\frac{e_1 - e_2}{p_2 - p_1} \quad (1-17b)$$

压缩系数 a 值越大，土的压缩性就越大。压缩系数 a 是判断土压缩性高低的一个重要指标。为了评价不同种类土的压缩性高低，地基《规范》规定取 $p_1 = 100kPa$，$p_2 = 200kPa$ 时相对应的压缩系数 a_{1-2} 来评价土的压缩性高低。

当 $a_{1-2} < 0.1MPa^{-1}$ 时，低压缩性土；

$0.1MPa^{-1} \leq a_{1-2} < 0.5MPa^{-1}$ 时，中压缩性土；

$a_{1-2} \geq 0.5MPa^{-1}$ 时，高压缩性土。

(4) 侧限压缩模量 E_s

土的侧限压缩模量是指土样在侧限条件下，竖向压应力变化量 $\Delta\sigma$ 和竖向压应变变化量 $\Delta\varepsilon$ 的比值，工程中常用压缩系数计算出压缩模量，公式表示为

$$E_s = \frac{1+e_1}{a} \quad (1-18)$$

E_s 与 a 成反比，即 E_s 越大，a 越小，土的压缩性越低。一般 $E_s < 4MPa^{-1}$，为高压缩性土，$E_s = 4 \sim 15MPa^{-1}$ 为中压缩性土，$E_s > 15MPa^{-1}$ 为低压缩性土。

(5) 变形模量 E_0

土的试样在无侧限条件下竖向压应力与压应变之比称为变形模量 E_0。变形模量 E_0 由现场静载荷试验测定，也可通过室内侧限压缩试验得到的压缩模量的换算公式求得，即，

$$E_0 = \beta E_s \quad (1-19)$$

式中 β——与土的泊松比 μ 有关的系数。

2. 土的抗剪强度指标

土的抗剪强度是指土体抵抗剪切破坏的极限能力,其数值等于土体发生剪切破坏时滑动面上的剪应力。土的抗剪强度一般由库仑定律表示如下:

砂土 $\tau_f = \sigma \cdot \tan\phi$ (1-20)

黏性土 $\tau_f = \sigma \cdot \tan\phi + c$ (1-21)

式中 τ_f——土的抗剪强度(kPa);

σ——作用在剪切面上的法向应力(kPa);

ϕ——土的内摩擦角(°);

c——土的黏聚力(kPa)。

以 σ 为横坐标轴,τ_f 为纵坐标轴,抗剪强度线如图1-16所示。直线在纵坐标轴上的截距为黏聚力 c,与横坐标轴的夹角为 ϕ。c、ϕ 称为土的抗剪强度指标。

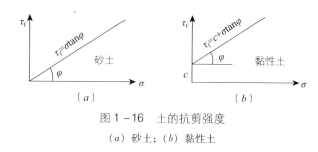

图1-16 土的抗剪强度
(a)砂土;(b)黏性土

提 示

土的抗剪强度指标一般由室内直接剪切试验、三轴剪切试验、无侧限抗压强度试验和现场原位测试方法等测定。直接剪切试验和三轴剪切试验是目前实验室测定土抗剪强度指标的主要方法。

(1)直接剪切试验

直接剪切试验简称直剪试验,是测定土的抗剪强度的最简单的方法。直剪试验的主要仪器为直剪仪,分为应力控制式和应变控制式两种。目前大多采用应变控制式直剪仪,如图1-17(a)所示,图1-17(b)为直剪盒和量力环部分。

 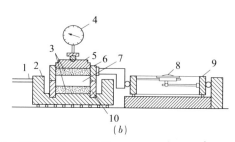

图1-17 应变控制式直剪仪
1—轮轴;2—底座;3—透水石;4—测微表;5—活塞;
6—上盒;7—土样;8—测微表;9—量力环;10—下盒

应变控制式直剪仪的主要部分为固定的上盒和活动的下盒。试验前，用销钉把上下盒固定成一完整的剪切盒，将环刀内土样推入，土样上下各放一块透水石。试验时，先由垂直加压框架通过加压板给土样施加一垂直压力，再按规定的速率等速转动手轮推动活动下盒，给土样施加水平推力使土样在上下盒之间的固定水平面上产生剪切变形，定时测记量力环表读数，直至剪坏。试验时对同一种土一般取4~6个土样，分别在不同的垂直压力作用下剪切破坏，得到相应的抗剪强度。再在 $\sigma-\tau_f$ 坐标上将各试验点连成直线，即为该土的抗剪强度直线，直线在纵坐标上的截距为黏聚力 c，与横坐标的夹角为土的内摩擦角 φ。

直剪试验的优点是仪器设备简单、操作方便等，缺点是剪切破坏面受人为控制，剪切面上剪应力分布不均匀；不能严格控制排水条件。直剪试验一般用于测定乙级、丙级建筑物以及饱和度不大于0.5的粉土。

（2）三轴剪切试验

三轴剪切试验采用的三轴剪切仪由压力室、周围压力控制系统、轴向加压系统、孔隙水压力系统等组成，如图1-18。试验时，将圆柱体土样用橡皮膜包裹，固定在压力室内的底座上。先向压力室内注入液体施加周围压力 σ_3，并由轴向加压系统施加竖向力 $\Delta\sigma_1$，直至土样受剪破坏，此时土样受到最大主应力 $\sigma_1 = \sigma_3 + \Delta\sigma_1$。由 σ_1 和 σ_3 可画出一个莫尔圆。同一种土制成3~4个土样，进行试验，分别施加不同的周围压力 σ_3，可得到相应的3~4个莫尔圆，这些圆的公切线即为土的抗剪强度线，如图1-19所示。由此得到土的抗剪强度线指标 c 和 φ。

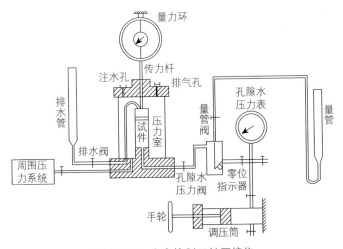

图1-18 应变控制三轴压缩仪

三轴剪切试验仪器复杂，价格昂贵，试样制备复杂，操作技术要求高；但是能严格控制试样排水条件，准确量测孔隙水压力的变化；土样沿最薄弱的面产生剪切破坏，受力状态比较明确；比较符合实际工程受力情况。因此规范规定，对于甲级建筑物以应采用三轴剪切试验测定 c、φ。

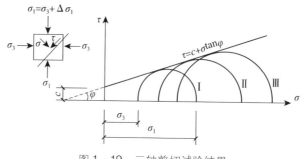

图 1-19 三轴剪切试验结果

1.1.2.4 地基承载力

在满足安全和稳定性要求的条件下，地基承受荷载的极限能力称为地基承载力。地基承载力不足可能会导致建筑物发生破坏，甚至会引起建筑物倒塌，造成经济损失和人员伤亡。

【工程案例 1-4】 南美洲巴西的一幢 11 层大厦，这幢高层建筑长度为 29m，宽度为 12m 地基软弱，设计桩基础。桩长 21m，共计 99 根桩。此大厦于 1955 年动工，至 1958 年 1 月竣工时，发现大厦背面产生明显沉降。1 月 30 日，大厦沉降速率高达 4mm/h。晚 8 时沉降加剧，在 20 秒钟内整幢大厦倒塌。分析这一起重大事故的原因：大厦的建筑场地为沼泽土，软弱土层很厚；邻近其他建筑物采用的桩长为 26m。穿透软弱土层，到达坚实土层，而此大厦的桩长仅 21m，桩尖悬浮在软弱黏土和泥炭层中，必然导致地基产生整体滑动而破坏。

【工程案例 1-5】 挪威弗莱德里克斯特 T8 号油罐。该油罐的直径为 25.4m，高度为 19.3m，容量为 6230m³。1952 年快速建造这座大油罐。竣工后试水，在 35h 内注入油罐的水量约 6000m³，因荷载增加太快，两小时后，发现此油罐向东边倾斜，同时发现油罐东边的地面有很大隆起。事故发生后，立即将油罐中的水放空，量测油罐最大的沉降差达 508mm，最大的地面隆起为 406mm，同时地基位移扩展约 10.36m。事后查明：油罐的地基为海积粉质黏土和海积黏土，高灵敏度，且油罐东部地基中存在局部软黏土层。在油罐充水荷载为 55000kN，相当于承受 110.9kPa 均布荷载时，油罐地基通过局部软黏土层产生滑动破坏。由此吸取教训，采取分级向油罐充水的办法，使每级充水之间的间隔时间能使地基发生固结。1954 年，油罐正式运用，没有发现新问题。

提　示

地基承载力的确定在地基基础设计中是一个非常重要而复杂的问题。目前确定地基承载力的方法可由载荷试验或其他原位测试、公式计算，并结合工程实践经验等方法综合确定。

1. 现场载荷试验

载荷试验包括浅层平板载荷试验和深层平板载荷试验，浅层平板载荷试验适用于浅层地基，深层平板载荷试验适用于深层地基。对于设计等级为甲级的建筑物或地质条件复杂、土质不均匀的情况下，采用现场荷载试验法，可以取得较精确可靠的地基承载力数值。

浅层平板载荷试验为在现场开挖试坑，坑内竖立荷载架，通过承压板向地基施加竖向静荷载，测定压力与地基变形的关系，得到 $p-s$ 曲线，从而确定地基承载力和土的变形特性。图1-20为浅层平板载荷试验原理图。

图1-21为载荷试验得到的 $p-s$ 曲线，它反映了荷载 p 与沉降 s 之间的关系。由曲线可知，地基从开始承受荷载到破坏，经历了直线变形阶段（OA 段）、塑性变形（AB 段）段和完全破坏（BC 段）三个变形发展阶段（图1-22）。图1-21中 A 点所对应的荷载称为临塑荷载或比例极限，用 p_{cr} 表示。B 点所对应的荷载称为极限荷载，用 p_u 表示。

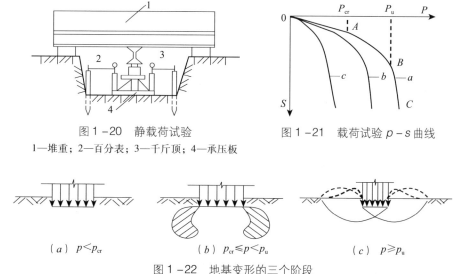

图1-20 静载荷试验
1—堆重；2—百分表；3—千斤顶；4—承压板

图1-21 载荷试验 $p-s$ 曲线

图1-22 地基变形的三个阶段
（a）直线变形阶段；（b）塑性变形阶段；（c）完全破坏阶段

载荷试验常布置在取样勘探点附近及规定的土层标高处，每个场地不宜少于3个。承压板面积一般为不应小于 $0.25m^2$，对软土和颗粒较大的填土不应小于 $0.5m^2$；基坑大小要易于操作，一般试坑宽度或直径不应小于承压板宽度或直径的三倍，应注意保持试验土层的原状结构和天然湿度，一般须在拟试压土层表面用20mm厚的粗、中砂层找平，加载等级不应少于8级，最大加载量不应小于荷载设计值的2倍。每级加载后，按间隔10min、10min、10min、15min、15min，以后为每隔0.5h读记承压板沉降1次，当连续2h内每小时的沉降量小于0.1mm时，则认为已趋稳定，可加下一级荷载，直到达到极限状态为止。

浅层平板载荷试验可适用于确定浅部地基土层的承压板下应力主要影响范围内的承载力。地基承载力特征值 f_{ak} 的确定应符合下列规定：

（1）当 $p-s$ 曲线上有比例界限时，取该比例界限所对应的荷载值。

（2）当极限荷载小于对应比例界限的荷载值的2倍时，取极限荷载值的一半。

（3）当不能按上述两条要求确定时，当压板面积为 $0.25\sim0.50m^2$，可取 $s/b=0.01\sim0.015$ 所对应的荷载，但其值不应大于最大加载量的一半。

（4）同一土层参加统计的试验点不应少于三点，当试验实测值的极差不超过其平均值的30%时，取此平均值作为该土层的地基承载力特征值 f_{ak}。

2. 按照《建筑地基基础设计规范》（GB 50007—2002）确定地基承载力特征值

规范规定：当基础宽度大于3m或埋置深度大于0.5m时，从载荷试验或其他原位测试、经验值等方法确定的地基承载力特征值，尚应按下式修正：

$$f_a = f_{ak} + \eta_b \gamma (b-3) + \eta_d \gamma_m (d-0.5) \tag{1-22}$$

式中　f_a——修正后的地基承载力特征值（kPa）；

f_{ak}——地基承载力特征值（kPa）；

η_b、η_d——基础宽度和埋深的地基承载力修正系数，按基底下土的类别查表1-15；

γ——基础底面以下土的重度，地下水位以下取浮重度（kN/m^3）；

γ_m——基础底面以上土的加权平均重度，地下水位以下取浮重度（kN/m^3）；

b——基础底面宽度，当基宽小于3m按3m取值，大于6m按6m取值（m）；

d——基础埋置深度（m），一般自室外地面标高算起。在填方整平地区，可自填土地面标高算起，但填土在上部结构施工后完成时，应从天然地面标高算起。对于地下室，如采用箱基或筏基时，基础埋置深度自室外地面标高算起；当采用独立基础或条基时，应从室内地面标高算起。

3. 按地基强度理论确定地基承载力特征值

当偏心距 e 不大于0.033倍基础底面宽度时，根据土的抗剪强度指标确定地基承载力特征值可按下式计算，并应满足变形要求：

$$f_a = M_b \gamma \cdot b + M_d \gamma_m d + M_c c_k \tag{1-23}$$

式中　f_a——由土的抗剪强度指标确定的地基承载力特征值（kPa）；

M_b、M_d、M_c——承载力系数，按表1-16确定；

c_k——基底下一倍短边宽深度内土的黏聚力标准值（kPa）。

承载力修正系数　　　　　　　　　　　　　　　　表1-15

土的类别		η_b	η_d
淤泥和淤泥质土		0	1.0
人工填土 e 或 I_L 大于等于0.85的黏性土		0	1.0
红黏土	含水比 $\alpha_w > 0.8$	0	1.2
	含水比 $\alpha_w \leq 0.8$	0.15	1.4
大面积 压实填土	压实系数大于0.95、黏粒含量 $\rho_c \geq 10\%$ 的粉土	0	1.5
	最大干密度大于 $2.1t/m^3$ 的级配砂石	0	2.0

续表

土的类别		η_b	η_d
粉土	黏粒含量 $\rho_c \geq 10\%$ 的粉土	0.3	1.5
	黏粒含量 $\rho_c < 10\%$ 的粉土	0.5	2.0
e 及 I_L 均小于 0.85 的黏性土		0.3	1.6
粉砂、细砂（不包括很湿与饱和时的稍密状态）		2.0	3.0
中砂、粗砂、砾砂和碎石土		3.0	4.4

注：地基承载力特征值按深层平板载荷试验确定时 η_d 取 0；$\alpha_w = w/w_L$。

承载力系数 M_b、M_d、M_c 表 1–16

土的内摩擦角标准值 ϕ_k (°)	M_b	M_d	M_c	土的内摩擦角标准值 ϕ_k (°)	M_b	M_d	M_c
0	0	1.00	3.14	22	0.61	3.44	6.04
2	0.03	1.12	3.32	24	0.80	3.87	6.45
4	0.06	1.25	3.51	26	1.10	4.37	6.90
6	0.10	1.39	3.71	28	1.40	4.93	7.40
8	0.14	1.55	3.93	30	1.90	5.59	7.95
10	0.18	1.73	4.17	32	2.60	6.35	8.55
12	0.23	1.94	4.42	34	3.40	7.21	9.22
14	0.29	2.17	4.69	36	4.20	8.25	9.97
16	0.36	2.43	5.00	38	5.00	9.44	10.80
18	0.43	2.72	5.31	40	5.80	10.84	11.73
20	0.51	3.06	5.66				

注：ϕ_k 为基底下一倍短边宽深度内土的内摩擦角标准值。

【工程案例 1–6】 某土层资料如图 1–23 所示，建筑物基础为独立基础。已知地基承载力特征值 $f_{ak} = 150\text{kPa}$，试求修正后的地基承载力特征值。

解：（1）基础底面以上土的加权平均重度为

$$\gamma_m = \frac{\sum \gamma_i h_i}{\sum h_i} = \frac{17.6 \times 0.8 + 16.66 \times 0.6 + 18.62 \times 0.4}{0.8 + 0.6 + 0.4} = 17.51\text{kN/m}^3$$

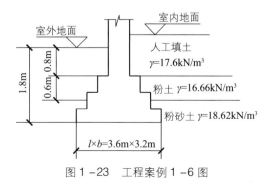

图 1–23 工程案例 1–6 图

由持力层土为粉砂层，查表 1-15 得：$\eta_d = 3.0$，$\eta_b = 2.0$。

(2) 修正后的持力层土的承载力特征值为

$$f_a = f_{ak} + \eta_b \gamma (b-3) + \eta_d \gamma_m (d-0.5)$$
$$= 150 + 2 \times 18.62 \times (3.2-3) + 3.0 \times 17.51 \times (1.8-0.5) = 225.7 \text{kPa}$$

【工程案例 1-7】已知某条基底面面宽 $b = 3\text{m}$，埋深 $d = 1.5\text{m}$，荷载合力的偏心 $e = 0.05\text{m}$，地基为粉质黏土，内聚力 $C_k = 10\text{kPa}$，内摩擦角 $\varphi_K = 30°$，地下水位距地表为 1.0m，地下水位以上的重度 $\gamma = 18\text{kN/m}^3$，地下水位以下土的重度 $\gamma_{sat} = 19.5\text{kN/m}^3$，试确定该地基土的承载力值。

解： 因为 $e = 0.05\text{m} < 0.033b = 0.099\text{m}$，所以按抗剪强度理论确定能地基土承载力。由 $\phi_k = 30°$，查表 1-16 得：$M_b = 1.90$，$M_d = 5.59$，$M_c = 7.95$。

因为地基土位于地下水位以下，则

$$\gamma' = \gamma_{sat} - \gamma_w = 19.5 - 10 = 9.5 \text{kN/m}^3$$

$$\gamma_m = \frac{1.0 \times 18 + 0.5 \times (19.5-10)}{1.5} = 15.17 \text{kN/m}^3$$

$$f_a = M_b \gamma b + M_d \gamma_m d + M_c c_k$$
$$= 1.9 \times 9.5 \times 3 + 5.59 \times 15.17 \times 1.5 + 7.95 \times 10 = 260.85 \text{kPa}$$

【工程案例 1-8】某独立基础土层资料如图 1-24 所示。已知地基承载力特征值 $f_{ak} = 235 \text{kPa}$，持力层为黏性土，其孔隙比 e 及液性指数 I_L 均小于 0.85，试求修正后的地基承载力特征值。

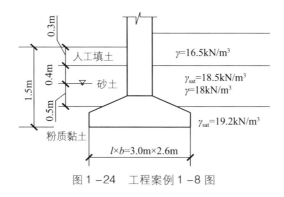

图 1-24 工程案例 1-8 图

解：（1）基础底面以上土的加权平均重度为（地下水位以下取浮重度）：

$$\gamma_m = \frac{\sum \gamma_i h_i}{\sum h_i} = \frac{16.5 \times 0.3 + 18 \times 0.4 + (18.5-10) \times 0.5 + (19.2-10) \times 0.3}{1.5}$$
$$= 12.78 \text{kN/m}^3$$

基础宽 $b = 2.6\text{m} < 3.0\text{m}$，取 $b = 3\text{m}$，持力层为粉质黏土，孔隙比 e 及液性指数 I_L 均小于 0.85，查表 1-15 得 $\eta_b = 0.3$，$\eta_d = 1.6$。

（2）修正后的持力层土的承载力特征值为

$$f_a = f_{ak} + \eta_b \gamma (b-3) + \eta_d \gamma_m (d-0.5)$$

$$= 235 + 0.3 \times (19.2 - 10) \times (3 - 3) + 1.6 \times 12.78 \times (1.5 - 0.5)$$
$$= 247.8 \text{kPa}$$

1.1.3 地基土分类及工程性质

1.1.3.1 土的基本分类

《建筑地基基础设计规范》（GB 50007—2002）规定，作为建筑地基的岩土可分为岩石、碎石土、砂土、粉土、黏性土和人工填土六类。

1. 岩石

颗粒间牢固联结、呈整体或具有节理裂隙的岩体称为岩石。岩石有不同的分类方法，岩石按风化程度分可分为未风化、微风化、中风化、强风化和全风化。岩体完整程度划分为完整、较完整、较破碎、破碎和极破碎。岩石按照坚硬程度分为坚硬岩、较硬岩、较软岩、软岩和极软岩。岩石的分类以及代表性岩石见表 1-17。岩体基本质量等级见表 1-18。

岩石按坚硬程度分类　　　　表 1-17

坚硬程度类别		饱和单轴抗压强度标准值 f_{rk}（MPa）	代表性岩石
硬质岩	坚硬岩	$f_{rk} > 60$	未风化～微风化的花岗岩、闪长岩、辉绿岩、玄武岩、安山岩、片麻岩、石英岩、石英砂岩、硅质砾岩、硅质石灰岩
	较硬岩	$60 \geq f_{rk} > 30$	微风化的坚硬岩；未风化～微风化的大理岩、板岩、石灰岩、白云岩、钙质砂岩等
软质岩	较软岩	$30 \geq f_{rk} > 15$	中等风化～强风化的坚硬岩或较硬岩；未风化～微风化的凝灰岩、千枚岩、泥灰岩、砂质泥岩等
	软岩	$15 \geq f_{rk} > 5$	强风化的坚硬岩或较硬岩；中等风化～强风化的较软岩；未风化～微风化的页岩、泥岩、泥质砂岩等
极软岩		$f_{rk} \leq 5$	全风化的各种岩石；各种半成岩

岩体质量等级　　　　表 1-18

坚硬程度＼完整程度	完整	较完整	较破碎	破碎	极破碎
坚硬岩	Ⅰ	Ⅱ	Ⅲ	Ⅳ	Ⅴ
较硬岩	Ⅱ	Ⅲ	Ⅳ	Ⅳ	Ⅴ
较软岩	Ⅲ	Ⅳ	Ⅳ	Ⅴ	Ⅴ
软岩	Ⅳ	Ⅳ	Ⅴ	Ⅴ	Ⅴ
极软岩	Ⅴ	Ⅴ	Ⅴ	Ⅴ	Ⅴ

提 示

在工程中最重要的是软岩和极软岩。极软岩具有特殊的工程性质。如某些泥岩具有很高的膨胀性；泥质砂岩、全风化的花岗岩等有很强的软化性，有些第三纪砂岩遇水崩解有流砂现象。极破碎岩体有时开挖很硬，暴露后逐渐崩解，作为边坡极易失稳。

2. 碎石土

粒径 $d>2mm$ 的颗粒含量超过全重50%的土称为碎石土。根据土的颗粒形状及粒组含量可分为六类见表1-19。

3. 砂土

粒径 $d>2mm$ 的颗粒含量不超过全重50%，且 $d>0.075mm$ 的颗粒超过全重50%的土称为砂土。根据土的粒径级配、各粒组含量可分为五类（见表1-20）。

碎石土的分类　　　　　　　　表1-19

土的名称	颗粒形状	粒组含量
漂石	圆形及亚圆形为主	粒径 $d>200mm$ 的颗粒含量超过全重的50%
块石	棱角形为主	
卵石	圆形及亚圆形为主	粒径 $d>20mm$ 的颗粒含量超过全重的50%
碎石	棱角形为主	
圆砾	圆形及亚圆形为主	粒径 $d>2mm$ 的颗粒含量超过全重的50%
角砾	棱角形为主	

注：分类时应根据粒组含量栏从上到下以最先符合者确定。

砂土的分类　　　　　　　　表1-20

土的名称	粒组含量
砾砂	粒径 $d>2mm$ 的颗粒含量占全重25%~50%
粗砂	粒径 $d>0.5mm$ 的颗粒含量占全重50%
中砂	粒径 $d>0.25mm$ 的颗粒含量占全重50%
细砂	粒径 $d>0.075mm$ 的颗粒含量占全重85%
粉砂	粒径 $d>0.075mm$ 的颗粒含量占全重50%

注：分类时应根据粒组含量栏由上到下以最先符合者确定。

提 示

无黏性土的分类主要是按照粒径大小和土的颗粒级配进行分类。

相关知识

(1) 粒组的划分

土一般都是由大小不等的土颗粒混合而成，颗粒直径简称粒径，单位为mm。土的粒径大小不同，工程性质也各异。工程上将不同粒径的土粒，按某一粒径范围（物理性质及特征接近）划分为六大粒组，表 1-21。粒组与粒组之间的分界粒径称为界限粒径。

土粒粒组的划分 表 1-21

粒组名称	粒径范围（mm）	一般特征
漂石（块石）粒	$d > 200$	透水性大，无黏性，无毛细水
卵石（碎石）粒	$20 < d \leq 200$	透水性大，无黏性，无毛细水
圆砾（角砾）	$2 < d \leq 20$	透水性大，无黏性，毛细水上升高度不超过粒径大小
砂粒	$0.075 < d \leq 2$	易透水，当混入云母等杂物时透水性减小，而压缩性增加；无黏性，遇水不膨胀，干燥时松散；毛细水上升高度不大，随粒径变小而增大
粉粒	$0.005 < d \leq 0.075$	透水性小；湿时稍有黏性，遇水膨胀小，干时稍有收缩；毛细水上升高度较大较快，极易出现冻胀现象
黏粒	$d \leq 0.005$	透水性很小；湿时有黏性、可塑性，遇水膨胀大，干时收缩显著；毛细水上升高度大，且速度较慢

（2）土的颗粒级配

土的颗粒级配是指土中各个粒组的相对含量（即各粒组占土粒总质量的百分数）来表示。土中各个粒组的相对含量通过颗粒分析试验得到。颗粒分析的方法有筛分法和密度计法。

1）筛分法

筛分法是将风干、分散的代表性土样倒入标准筛中，筛分后称出留在各筛盘上的土粒质量，即可求得各粒组的相对百分含量。适用于粒径在 0.075~60mm 的土。

2）密度计法

密度计法是根据粒径不同的土粒在水中沉降的速度也不同的特性，将密度计放入悬液中，测记读数计算而得。适用于粒径 $d < 0.075$mm 的土。

根据颗粒分析试验结果绘制土的颗粒级配曲线，如图 1-25 所示，纵坐标表示小于某粒径的土粒占总质量的百分数；横坐标表示土粒粒径，用对数坐标表示。

工程上常用不均匀系数定量描述土的级配特征：

不均匀系数 C_u $$C_u = \frac{d_{60}}{d_{10}}$$ （1-24）

式中 d_{10}——有效粒径，小于某粒径的土粒质量占总质量的10%时相应的粒径；

d_{60}——限定粒径，小于某粒径的土粒质量占总质量的60%时相应的粒径。

不均匀系数越大，曲线越平缓，土粒分布越不均匀，土的级配良好，作为填方工程的土料时，容易获得较大的密实度。反之，不均匀系数越小，曲线越陡，土粒越均匀。工程实际中，一般将 $C_u < 5$ 的土视为级配不良的均匀土，而 $C_u > 10$ 的土称为级配良好的非均匀土。

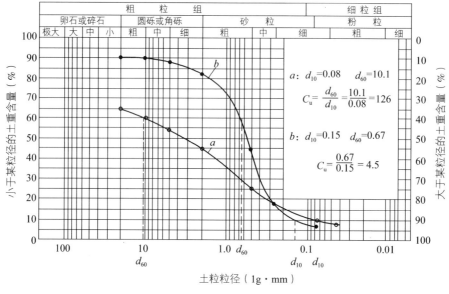

图 1-25 颗粒级配曲线示例

4. 粉土

塑性指数 $I_P \leq 10$ 且粒径 $d > 0.075\,\text{mm}$ 的颗粒含量不超过全重 50% 的土称为粉土。砂粒含量较多的粉土，地震时可能液化，性质接近于砂土；黏粒含量多的粉土不会液化，性质接近于黏性土。西北一带的黄土，以粉粒为主，砂粒、黏粒都较低。

5. 黏性土

塑性指数 $I_P > 10$ 的土称为黏性土。按塑性指数的大小分为两类（表 1-22）。

黏性土的分类　　　　表 1-22

塑性指数 I_P	$10 < I_P \leq 17$	$I_P > 17$
土的名称	粉质黏土	黏土

6. 人工填土

由人类活动堆填形成的各类土称为人工填土。人工填土按其组成和成因，可分为下列四种：

（1）素填土　由碎石土、砂土、粉土、黏性土等组成的填土。例如，各城镇挖防空洞所弃填的土，这种人工填土不含杂物。

（2）压实填土　经分层压实或夯实的素填土，统称为压实填土。

（3）杂填土　含有建筑垃圾、工业废料、生活垃圾等杂物的填土，称为杂填土。通常大中小城市地表都有一层杂填土。

（4）冲填土　由水力冲填泥砂形成的填土，称为冲填土。例如，天津市一些地区为疏通海河时连泥带水，抽排至低洼地区沉积而成冲填土。

通常人工填土的成分复杂，压缩性大且不均匀，强度低，工程性质差，一般不宜直接用作地基。

以上六大类岩土，在工业与民用建筑工程中经常会遇到。此外，还有一些特殊土，如淤泥和淤泥质土、红黏土和次生黏土、湿陷性黄土和膨胀土等，它们都具有特殊的性质。

【工程案例 1-9】 从甲、乙两地的黏性土层各取出有代表性的土样进行实验，测得两地土样的液限和塑限都相同，$w_L = 43\%$，$w_p = 22\%$。但甲地的天然含水量 $w = 50\%$，而乙地的为 20%。问两地土的液限指数 I_L 各为多少？属何种状态？按 I_P 分类时，该土的名称叫什么？哪一地区的土较适宜作天然地基？

解：（1）根据题意由式 1-15 并结合表 1-14 得：

$$I_{L甲} = \frac{w - w_P}{w_L - w_P} = \frac{50 - 22}{43 - 22} = 1.33 > 1 \qquad 甲土样为流塑状态$$

$$I_{L乙} = \frac{w - w_P}{w_L - w_P} = \frac{20 - 22}{43 - 22} = -0.095 < 0 \qquad 乙土样为坚硬状态$$

（2）根据题意由式 1-14 并结合表 1-22 得：

$I_P = (w_L - w_p) \times 100 = 43 - 22 = 21 > 17$　　该土为黏土

（3）乙土样为坚硬状态的黏土，工程性质较好，适宜做天然地基。

【工程案例 1-10】 某砂土的含水量 $w = 28.5\%$，土的天然重度 $\gamma = 19 \text{kN/m}^3$，土粒比重 $d_s = 2.68$，颗粒分析成果如表 1-23。要求：（1）确定该土样的名称；

颗粒分析成果　　　　　　　　　　　　　　　　　表 1-23

土粒的粒径范围（mm）	>2	2~0.5	0.5~0.25	0.25~0.075	<0.075
粒组占干土总质量的百分比（%）	9.4	18.6	21.0	37.5	13.5

（2）计算该土的孔隙比和饱和度；

（3）如该土埋深在离地面 3m 以内，其标准贯入实验锤击数 $N = 14$，试确定该土的密实程度。

解：（1）确定土样名称

① 粒径大于 2mm 的颗粒占总质量的 9.4%

② 粒径大于 0.5mm 的颗粒占总质量的 $(9.4 + 18.6)\% = 28\%$

③ 粒径大于 0.25mm 的颗粒占总质量的 $(9.4 + 18.6 + 21)\% = 49\%$

④ 粒径大于 0.075mm 的颗粒占总质量的 $(9.4 + 18.6 + 21 + 37.5)\% = 86.5\%$

第④项的含量为 $86.5\% > 85\%$，查表 1-20 得该土为细砂。

（2）计算该土的孔隙比和饱和度

$$e = \frac{d_s \gamma_w (1+w)}{\gamma} - 1 = \frac{2.68 \times (1 + 0.285) \times 10}{19} - 1 = 0.813$$

$$S_r = \frac{w d_s}{e} = \frac{0.285 \times 2.68}{0.813} = 0.939$$

(3) 确定该土的密实程度

由于 $10 < N = 14 < 15$ 查表 1-10 得该土为稍密状态。

1.1.3.2 土的工程分类及工程性质

1. 土的工程分类

在建筑施工中,按开挖的难易程度(即土的坚实程度)进行分类,共分为八类,见表 1-24。施工中根据土的类别确定施工手段,土的工程分类也是国家制定土方工程劳动定额的依据。

土的工程分类　　　　　　　　表 1-24

土的分类	土的名称	可松性系数 k_s	可松性系数 k_s'	开挖工具及方法
一类土（松软土）	砂土；粉土；冲积砂土层；种植土；泥炭（淤泥）	1.08~1.17	1.01~1.03	用锹,锄头挖掘少许用脚蹬
二类土（普通土）	粉质黏土；潮湿的黄土；夹有碎石、卵石的砂；种植土；填筑土及粉土	1.14~1.28	1.02~1.05	用锹,锄头挖掘,少许用镐翻松
三类土（坚土）	软及中等密实黏土；重粉质黏土；砾石土；干黄土；含有碎石、卵石的黄土；粉质黏土,压实的填土	1.24~1.30	1.04~1.07	主要用镐,少许用锹,锄头挖掘,部分用撬棍
四类土（砂砾坚土）	坚硬密实的黏性土或黄土；含碎石卵石的中等密度的黏性土或黄土；粗卵石；天然级配砂石；软泥灰岩	1.26~1.32	1.06~1.09	先用镐、撬棍,然后用锹挖掘,部分用楔子及大锤
五类土（软石）	硬质黏土；中密的页岩、泥灰岩、白垩土；胶结不紧的砾岩；软石灰石及贝壳石灰石	1.30~1.45	1.10~1.20	用镐或撬棍、大锤挖掘,部分使用爆破方法
六类土（次坚石）	泥岩；砂岩；砾岩；坚实的页岩；泥灰岩；密实的石灰岩；风化花岗岩,片麻岩	1.30~1.45	1.10~1.20	用爆破方法开挖,部分用风镐
七类土（坚石）	大理石；辉绿岩；玢岩；粗、中粒花岗岩；坚实的白云岩、砂岩、砾岩、片麻岩、石灰岩；微风化安山岩,玄武岩	1.30~1.45	1.10~1.20	用爆破方法开挖
八类土（特坚石）	安山岩；玄武岩；花岗片麻岩,坚实的细粒花岗岩、闪长岩、石英岩,辉长岩、辉绿岩、玢岩、角闪岩	1.45~1.50	1.20~1.30	用爆破方法开挖

2. 土的工程性质

(1) 土的可松性

自然状态下的土,经过开挖后,其体积因松散而增加,以后虽经回填压实,仍不能恢复到原来的体积,这种性质称为土的可松性。

土的可松性用可松性系数来表示。自然状态土层开挖后的松散体积与原自然状态下的体积之比,称为最初可松性系数（k_s）；土经回填压实后的体积与原自然状态下

的体积之比,称为最终可松性系数(k_s'),即:

$$k_s = \frac{V_2}{V_1} \qquad k_s' = \frac{V_3}{V_1} \tag{1-25}$$

式中 k_s——土的最初可松性系数(表 1-24);是计算挖方土方量、装运车辆以及挖土机械生产率、土方调配的主要参数;

k_s'——土的最终可松性系数(表 1-24);是计算填方所需挖土工程量、竖向设计的主要参数;

V_1——土在自然状态下的体积(m^3);

V_2——土在开挖后的松散体积(m^3);

V_3——土在回填后压实后的体积(m^3)。

【工程案例 1-11】 已知某基坑坑底尺寸为 35m×56m,基坑深度为 1.25m,垂直开挖,用粉质黏土回填,试问需用多少方土以及挖多大的取土坑进行回填。

解: 基坑垂直开挖,开挖土方体积按立方体计算,则填土基坑的体积为:

$$V_3 = 35 \times 56 \times 1.25 = 2450 m^3$$

查表 1-24,粉质黏土的可松性系数为,$k_s = 1.16$,$k_s' = 1.03$,则有:

需用取土坑体积为 $V_1 = \frac{V_3}{k_s'} = \frac{2450}{1.03} = 2379 m^3$

需用土方量为 $V_2 = k_s V_1 = 1.16 \times 2379 = 2760 m^3$

(2) 土的压实性

土的压实性是指土被固体颗粒所充实的程度,反映了土的紧密程度。填土压实后,必须要达到要求的密实度,现行的《建筑地基基础设计规范》规定以设计规定的土的压实系数 λ_c 作为控制标准。土的压实系数是实际干密度和最大干密度的比值,即:

$$\lambda_c = \frac{\rho_d}{\rho_{d max}} \tag{1-26}$$

式中 λ_c——土的压实系数;

ρ_d——土的实际干密度,用"环刀法"测定,先用环刀取样,测出土的天然密度(ρ),并烘干后测出含水量(w),$\rho_d = \frac{\rho}{1+0.01w}$;

$\rho_{d max}$——土的最大干密度,用击实试验测定。

(3) 土的渗透性

单位时间内水穿过土层的能力,称为土的渗透系数,反映土的透水能力的大小,单位为 cm/s 或 cm/d。表 1-25 列出常见土的渗透系数 K 值。

提 示

土的渗透系数是计算基坑和井点涌水量的重要参数,一般通过室内渗透试验或现场抽水或压水试验确定。

相关知识

(1) 现场抽水试验

现场做抽水试验是指根据观测水井周围的地下水位的变化来求渗透系数的一种方法。具体方法是：在现场设置抽水井（图1-26），贯穿到整个含水层，并距抽水井 r_1 与 r_2 处设一个或两个观测孔，用水泵匀速抽水，当水井的水面及观测孔的水位大体上呈稳定状态时，根据所抽水的水量 Q 可按下式计算渗透系数 K 值。

土的渗透系数 K 参考值   表1-25

名称	K (m/d)	名称	K (m/d)
粉土	<0.005	中砂	5.0~25.0
粉质黏土	0.005~0.1	均匀中砂	35~50
粉土	0.1~0.5	粗砂	20~50
黄土	0.25~0.5	圆砾	50~100
粉砂	0.5~5.0	卵石	100~500
细砂	1.0~10.0	流坝物卵石	500~1000

设1个观测孔时：

$$K = 0.73Q \frac{\lg r_1 - \lg r}{h_1^2 - h^2} = 0.73Q \frac{\lg r_1 - \lg r}{(2H - S - S_1)(S - S_1)} \quad (1-27)$$

设2个观测孔时：

$$K = 0.73Q \frac{\lg r_2 - \lg r_1}{h_2^2 - h_1^2} = 0.73Q \frac{\lg r_2 - \lg r_1}{(2H - S_1 - S_2)(S_1 - S_2)} \quad (1-28)$$

式中 K——渗透系数（m/d）；

Q——抽水量（m³/d）；

r——抽水井半径（m）；

r_1、r_2——观测孔1、观测孔2至抽水井的距离（m）；

h——由抽水井底标高算起完全井的动水位（m）；

h_1、h_2——观测孔1、观测孔2的水位（m）；

S——抽水井的水位降低值（m）；

S_1、S_2——观测孔1、观测孔2的水位降低值（m）；

H——含水层厚度（m）。

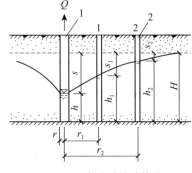

图1-26 渗透系数计算简图
1—抽水井；2—观测井

(2) 室内渗透试验　室内渗透试验参见土工试验标准。

【工程案例1-12】 某办楼降低地下水位需测定土的渗透系数，在现场设置抽水井做抽水试验，抽水井滤管半径为100mm，距抽水井5m和10m各设1个观测孔。测得抽水试验稳定后的抽水量 $Q = 300$m³/d，抽水井的水位降低值为10m，观测孔1的水位降低值为5.5m，观测孔2的水位降低值为2m。该地区含水层厚度 $H = 25$m，试求渗透系数 K。

解：（1）求抽水井至观测孔1的渗透系数 K_1

$$K_1 = 0.73Q \frac{\lg r_1 - \lg r}{(2H - S - S_1)(S - S_1)}$$

$$= 0.73 \times 300 \times \frac{\lg 5 - \lg 0.1}{(2 \times 25 - 10 - 5.5)(10 - 5.5)} = 2.40 \text{m/d}$$

(2) 求抽水井至观测孔 2 的渗透系数 K_2

$$K_2 = 0.73Q \frac{\lg r_2 - \lg r}{(2H - S - S_2)(S - S_2)}$$

$$= 0.73 \times 300 \times \frac{\lg 10 - \lg 0.1}{(2 \times 25 - 10 - 2)(10 - 2)} = 1.44 \text{m/d}$$

(3) 求观测孔 1 至观测孔 2 的渗透系数 K_3

$$K_3 = 0.73Q \frac{\lg r_2 - \lg r_1}{(2H - S_1 - S_2)(S_1 - S_2)}$$

$$= 0.73 \times 300 \times \frac{\lg 10 - \lg 5}{(2 \times 25 - 5.5 - 2)(5.5 - 2)} = 0.44 \text{m/d}$$

(4) 最后求得抽水井至观测孔之间的平均渗透系数 K

$$K = \frac{K_1 + K_2 + K_3}{3} = \frac{2.4 + 1.44 + 0.44}{3} = 1.43 \text{m/d}$$

所以该地区土的渗透系数为 1.43m/d。

1.2 工程地质勘察报告

学习目标

1. 了解地质勘察的目的、任务和勘察方法
2. 掌握地质勘察报告的内容，详细阅读报告中土层分布特性、均匀性、稳定性、地下水、不良地质现象、地基承载力等重要信息
3. 正确分析与评价地质勘察报告中对建筑场地有关的描述，并能结合实际工程基础施工图有针对性制定土方、降水和边坡支护施工方案

关键概念

勘察、均匀性、稳定性、持力层、钻探、井探、原位测试

1.2.1 工程地质勘察

1.2.1.1 勘察的目的和任务

岩土工程勘察的目的，除了为规划、设计、施工提供可靠的工程地质资料外，尚

应结合工程设计、施工条件对建筑场地的工程地质和水文地质条件、地质灾害进行技术论证和分析评价，提出解决岩土工程、地基基础工程中实际问题的建议，服务于工程建设的全过程。

岩土工程勘察的主要任务是：

(1) 查明建筑场地及其附近地段的工程地质和水文地质条件，对建筑场地的稳定性作出评价，为建筑工程选址定位、建设项目总平面布置提供建筑场地的地质条件。

(2) 查明建筑地基的土层分布、密度、压缩性和地下水情况等，为建筑地基基础的设计与施工，从地基强度和变形两个方面提供可靠的计算参数。

(3) 对地基作出岩土工程评价，并对基础方案、地基处理、基坑支护、工程降水、不良地质作用的防治等提出解决的建议，以保证工程安全，提高经济效益。

1.2.1.2 建筑工程勘察阶段

在进行工程勘察时，项目建设单位要以勘察委托书的形式向勘察单位提供工程的建设程序阶段、工程的功能特点、结构类型、建筑物层数和使用要求、是否设有地下室以及地基变形限制等方面的资料。勘察单位根据勘察委托书确定勘察阶段、勘察的内容和深度、工程设计参数并提出建筑地基基础设计与施工方案的建议。岩土工程勘察划分为四个阶段，见表1-26。

岩土工程勘察阶段　　　　　　　　　　　　　表1-26

岩土工程勘察阶段	勘察基本要求
可行性研究勘察（选址勘察）	符合选择场址方案的要求，对拟建场地的稳定性和适宜性作出评价
初步勘察	符合初步设计的要求，对场地内拟建建筑地段的稳定性作出评价
详细勘察（地基勘察）	符合施工图设计的要求；对单体建筑或建筑群提出详细的岩土工程资料和设计、施工所需的岩土参数，对建筑地基作出岩土工程评价，并对地基类型、基础形式、地基处理、基坑支护、工程降水和不良地质作用的防治等提出建议
施工勘察	对场地条件复杂或有特殊要求的工程，做出工程安全性评价和处理措施及建议

提　示

在城市居住区和工业园区，城市开发和旧城改造的工程，建筑场地和建筑平面布置已经确定，并且已积累了大量岩土勘察资料时，可根据实际情况直接进行详细勘察。对单项工程或项目扩建工程，勘察工作一开始便应按详细勘察进行；但是，对于高层建筑和其他重要工程，在短时间不易查明复杂的岩土工程条件并作出明确评价时，仍宜分阶段进行勘察。

1.2.1.3 岩土工程测试方法

岩土工程测试是测定岩土物理力学性质指标的重要方法。岩土工程测试分为岩土工程勘探（现场原位测试）和室内试验两种。岩土工程勘探是指钻探、槽探、坑探、洞探以及物探、触探等工程勘察手段，是在工程地质测绘和调查所取得的各项定性资料的基础上，进一步对场地的工程地质条件进行定量评价。勘探的直接目的是为了查明岩土的性质和分布，采取岩土试样或进行原位测试；勘探方法的选取依据勘察目的和岩土的特性。

1. 钻探

钻探是用钻探机具以机械动力或人工方法成孔并采取土样，进行勘探的一种方法。场地内布置的钻孔分为鉴别孔和技术孔两类：仅仅用以采取扰动土样，鉴别土层类别、厚度、状态和分布的钻孔，称为鉴别孔；在钻进中按不同深度和土层采取原状土样的钻孔，称为技术孔。

2. 井探

《岩土工程勘察规范》GB 50021—2001 规定："当钻探方法难以准确查明地下情况时，可采用探井、探槽进行勘探"。井探适用于地质条件复杂的场地，当场地的土层中含有块石、漂石，钻探困难时可考虑采用井探；井探也称坑探或掘探，是指在场地有代表性的地段，以人工或机械挖掘井坑，取得原状土样和直观资料的一种勘探方法。探井（坑）深度为 3~4m，有时达 5~6m；井探完成后，应分层回填与夯实。

提　示

详细勘察探点布置和勘探孔深度，应根据建筑物特性和岩土工程条件确定。岩质地基，应根据地质构造、岩体特性、风化情况等结合建筑物对地基的要求确定；土质地基，应符合岩土工程勘察规范有关规定。

相关知识

参见《岩土工程勘察规范》第 4.1.15~4.1.19。

3. 岩土工程原位测试

原位测试是指在岩土体所处的位置，基本保持岩土原来的结构、湿度和应力状态，对岩土体进行的测试。原位测试包括标准贯入试验、圆锥动力触探试验、静力触探试验、载荷试验、十字板剪切试验、旁压试验等方法。原位测试方法应根据岩土条件、设计对参数的要求、地区经验和测试方法的适用性等因素选用，其中地区经验的成熟程度最为重要。

4. 室内土工试验

室内土工试验是指在现场取土之后在实验室进行的试验操作，以确定土的物理性质指标、土的物理状态指标、土的力学性质指标等，为工程地质勘察报告书提供必要的基础资料。

1.2.2　地质勘察报告

1.2.2.1　地质勘察报告的内容

岩土工程勘察报告提供给设计单位和施工单位使用，其内容应以满足设计与施工的要求为原则。

工程地质勘察报告是指在工程勘察提供的原始资料的基础上进行整理、归纳、统计、分析、评价，提出工程建议，形成系统的为工程建设服务的勘察技术文件。报告由图表和文字阐述两部分组成，其中的图表部分给出场地的地层分布、岩土原位测试和室内试验的数据；文字阐述部分给出分析、评价和建议。

1. 文字阐述部分

（1）工程概况。

（2）勘察的目的、任务要求和依据的技术标准。

（3）勘察方法和勘察工作布置。

（4）建筑场地的岩土工程条件，包括地形地貌、地层、地质构造、岩土性质及其均匀性。

（5）各项岩土性质指标、岩土的强度参数、变形参数、地基承载力的建议值。

（6）地下水埋藏情况、类型、水位及其变化、土和水对建筑材料的腐蚀性。

（7）可能影响工程稳定的不良地质作用的描述和对工程危害程度的评价。

（8）场地稳定性和适宜性的评价。

2. 图表部分

（1）勘探点平面布置图：在建筑场地的平面图上，先画出拟建工程的位置，再将钻孔、试坑、原位测试点等各类勘探点的位置用不同的图例标出，给以编号，注明各类勘探点的地面标高和探深，并且标明勘探剖面图的剖切位置。

（2）工程地质柱状图：根据现场钻探或井探记录、原位测试和室内试验结果整理出来的，用一定比例尺、图例和符号绘制的，某一勘探点地层的竖向分布图；图中自上而下对地层编号，标出各地层的土类名称、地质年代、成因类型、层面及层底深度、地下水位、取样位置，柱状图上可附有土的主要物理力学性质指标及某些试验曲线。

（3）工程地质剖面图：根据勘察结果，用一定比例尺（水平方向和竖直方向可采用不同的比例尺）、图例和符号绘制的，某一勘探线的地层竖向剖面图，勘探线的布置应与主要地貌单元或地质构造相垂直，或与拟建工程轴线一致。

（4）原位测试成果图表：由原位测试成果汇总列表，绘制原位测试曲线如载荷试验曲线、静力触探试验曲线等。

（5）室内试验成果图表：各类工程均应以室内试验测定土的分类指标和物理及力学性质指标，将试验结果汇总列表，绘制试验曲线，例如土的压缩试验曲线、土的抗剪强度试验曲线。

1.2.2.2　工程地质勘察报告的阅读与分析评价

1. 勘察报告的阅读

首先要细致地通读报告全文，读懂、读透，对建筑场地的工程地质和水文地质条件有一个全面的认识，切忌只注重土的承载力等个别数据和结论的做法。

（1）根据工程设计阶段和工程特点，分析勘察工作是否符合《勘察规范》的规定；提供的计算参数是否满足设计和施工的要求；结论与建议是否对拟建工程有针对性和关键性；发现问题或质疑的可与勘察单位沟通，必要时向建设单位（或业主）申请补充勘察。

（2）注意场地内及附近地区有无潜在的不良地质现象，如地震、滑坡、泥石流、岩溶等。

(3) 注意场地的地形变化，如高低起伏，局部凹陷、地面的坡度等。

(4) 注意正确根据相邻钻孔中土样性状推测出来钻孔之间的土层分布。

(5) 注意地下水的埋藏条件，水位、水质，是否与附近的地表水有联系，同时要注意勘察时间是在丰水季节还是枯水季节，水位有无升降的可能及升降的幅度。

(6) 注意报告中的结论和建议对拟建工程的适用及正确程度。

2. 勘察报告的分析与应用

地质勘察报告中往往对以下内容进行分析和评价，阅读时应特别注意。

(1) 场地的稳定性评价：首先对饱和砂土和粉土地基的液化等级进行分析评价；其次根据勘察报告判断有无不良地质作用，并对潜在发生的地质灾害进行分析评价；对场地稳定性有直接或潜在危害的，必须在设计与施工中采取可靠措施，防患于未然。

(2) 地基地层的均匀性评价：实践证明，地基地层的均匀性可能造成上部结构墙体裂缝、梁柱节点变形等工程事故。因此当地基中存在杂填土、软弱夹层或各天然土层的厚度在平面分布上差异较大时，在地基基础设计与施工中，必须注意不均匀沉降的问题。

(3) 地基中地下水的评价：当地基中存在地下水，且基础埋深低于地下水位时，要考虑人工降水方案的选择；采用明排水要考虑是否产生流砂；大幅度降水要考虑是否设置挡水帷幕或回灌等技术措施；并且基础设计要考虑地下水是否有腐蚀性，整体性空腹基础要考虑防水和抗浮等设计与施工技术措施。

(4) 地基持力层的选择：建筑地基持力层选择是设计单位所必须的工作。在设计主要考虑是否有地下室，地基土层的承载力和压缩性，以及基础设计的强度和变形要求等综合确定。

提 示

建筑设计是以充分阅读和分析建筑场地的岩土工程勘察报告为前提的；建筑施工要实现建筑设计，一方面要深刻地理解设计意图，另一方面也必须充分阅读和分析勘察报告，正确地应用勘察报告，针对工程项目的施工图纸，制定切实可行的建筑地基基础施工组织设计，对施工期间可能发生的岩土工程问题进行预测，提出监控、防范和解决的施工技术措施。

1.2.2.3 工程地质勘察报告工程实例

徐州泰和工程机械有限公司厂区工程详细勘察报告。

1. 工程概述

拟建的徐州泰和工程机械有限公司厂区工程位于铜山县经济开发区，位于黄河路与高营西路的交叉口，在黄河路以北，高营西路以西，西侧为徐州惠全工程机械有限公司新建厂房，北侧为徐州飞天膜结构工程有限公司新厂区。

厂区规划总用地面积 61976.815m^2，总建筑面积 40573.6m^2。本次勘察的拟建建筑为 5 栋 1 层轻钢结构厂房，1 栋 5 层办公楼及 4 层附房，2 栋 3 层生产办公楼，1 栋 3 层研发楼，1 栋 3 层技术工艺楼。

2. 勘察目的、任务要求和依据的技术标准

按照《岩土工程勘察规范》及有关强制性条文的规定，对本场地进行详细勘察，主要应进行下列工作：

（1）搜集附有坐标和地形的建筑总平面图，场区的地面整平标高，建筑物的性质、规模、荷载、结构特点，基础形式、埋置深度，地基允许变形等资料。

（2）查明场地内的不良地质作用的类型、成因，分布范围、发展趋势和危害程度等，对可能的断裂错动、砂土液化、震灾等作出分析论证和判定，提出整治方案建议。

（3）查明埋藏的河道、沟浜、墓穴、防空洞等对工程不利的埋藏物；查明邻近建筑物和地下设施、城市地下管网等周边环境条件。

（4）查明场地范围内的土层的类型、深度、分布、工程特性和变化规律，分析并评价场地和地基的稳定性、均匀性和承载力。

（5）查明场地地下水的埋藏条件，提供勘察时的地下水位和变化幅度及其主要影响因素；判定水和土对建筑材料的腐蚀性。

（6）划分建筑场地类别，划分对抗震有利、不利和危险地段，评价场地的地震效应，提供抗震设计参数。

（7）查明本场地的土质条件和工程条件，对地基基础设计方案进行论证分析，提出经济合理的设计方案建议；提供设计要求所需的岩土工程参数，并对设计与施工时应注意的问题提出建议。

本次勘察主要遵循并依据甲方提供的厂区规划图以及有关勘察、设计、试验规范、规程等进行。

3. 勘察方法和勘察工作量

本次勘察采用工程地质调查、钻探、双桥静力触探及室内土工试验等多种勘察方法和测试进行综合勘察。野外工作于2007年4月3日开始，4月5日结束，4月6日完成室内试验工作，4月10日提交本岩土工程勘察报告。实际完成工作量统计见表1-27。勘探点平面布置图见图1-27。

实际完成工作量统计　　　　表1-27

勘探点总数 80（个）	取土、标贯孔	7个，进尺：77.80m
	静力触探孔	73个，进尺：620.50m
原位测试	标贯试验	8次
取样	原状样	42件
	扰动样	8件
室内试验	常规	42组
工程测量	孔口高程测量	80点

4. 场地岩土工程条件

（1）地形地貌及土层分布

拟建建筑场地现为农田，地面标高在31.21~30.94m，场地内地势较平坦。场地东部有一南北向的水塘，水塘宽约14~18m，深约3~4m，水深约0.5~1.0m，拟建

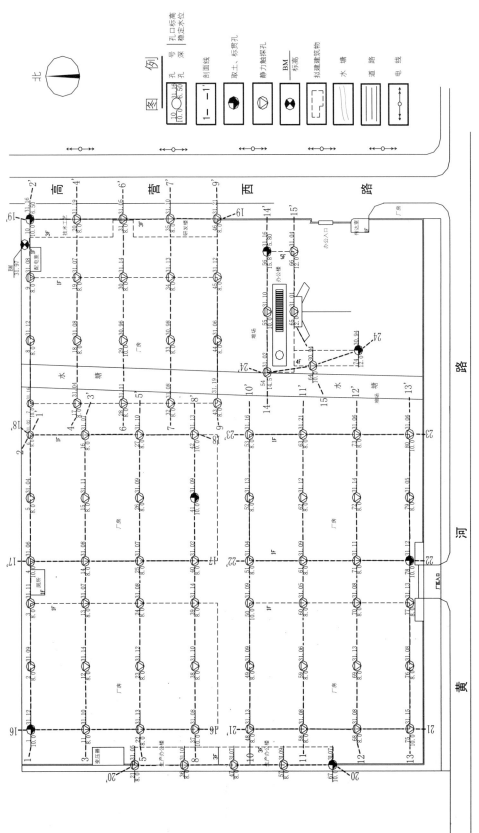

图1-27 勘探点平面布置图

建筑场地为河流相冲洪积平原地貌单元。场地各土层结构与类型自上而下分布如下：

1) 层耕土

杂色，稍湿，较松散，以黏性土为主，含有机质和植物根须。

场区普遍分布，厚度：0.20~0.60m，平均0.41m；层底标高：30.46~30.94m，平均30.68m；层底埋深：0.20~0.60m，平均0.41m。

2) 层粉土

灰黄色，稍湿，稍密，摇振反应中等，无光泽反应，干强度低，韧性低。

场区普遍分布，厚度：0.90~1.50m，平均1.21m；层底标高：29.14~29.83m，平均29.47m；层底埋深：1.30~1.90m，平均1.62m。

3) 层粉质黏土

灰黄—褐黄色，软塑，土质尚纯，软硬不均，无摇振反应，干强度中等，韧性中等。

场区普遍分布，厚度：0.30~0.60m，平均0.42m；层底标高：28.71~29.43m，平均29.05m；层底埋深：1.70~2.40m，平均2.04m。

4) 层黏土

灰色—灰黄色，工程性质为过渡层，上部为可塑，下部逐渐变为硬塑，土质尚均，光滑，无摇振反应，干强度中等，韧性高。

场区普遍分布，厚度：0.50~1.20m，平均0.82m；层底标高：27.86~28.69m，平均28.22m；层底埋深：2.40~3.30m，平均2.87m。

5) 层黏土

褐黄色泛黄色，硬塑，含有铁锰结核，直径为0.1~0.3cm，含量为3%~8%，土质尚均，光滑，无摇振反应，干强度高，韧性高。

场区普遍分布，厚度：0.50~1.30m，平均0.91m；层底标高：26.94~27.74m，平均27.31m；层底埋深：3.40~4.10m，平均3.78m。

6) 层含砂姜黏土

褐黄色，硬塑，含铁锰质结核和砂姜，含砂姜量分布不均，砂姜直径为0.2~3cm，局部砂姜块较大，直径约5cm，土质尚均，较光滑，无摇振反应，干强度高，韧性中等。

场区普遍分布，厚度：3.00~4.30m，平均3.62m；层底标高：23.12~24.41m，平均23.69m；层底埋深：6.70~7.90m，平均7.40m。

7) 层含砂姜黏土

褐黄色泛红色，硬塑，土质尚均，局部夹大量砂姜，砂姜直径1~4cm不等，含量5%~20%，局部钻进较困难，无摇振反应，稍有光泽，干强度高，韧性高。

场区普遍分布，本次勘察该层局部揭穿，揭露最大厚度7.40m，相应埋深15.20m，与下部基岩成角度不整合接触。

8) 层石灰岩：灰色—灰黄色，中等—微风化，较硬岩，隐晶质结构，块状构造，岩体较完整，风化面呈黄褐色，裂隙较发育，有方解石脉充填，岩体基本质量等级为Ⅲ级。本次勘察该层未揭穿，揭露最大厚度0.60m，相应埋深15.80m。

工程地质剖面图（部分）见图1-28和图1-29、钻孔柱状图（部分）见图1-30，静力触探单孔曲线柱状图（部分）见图1-31。

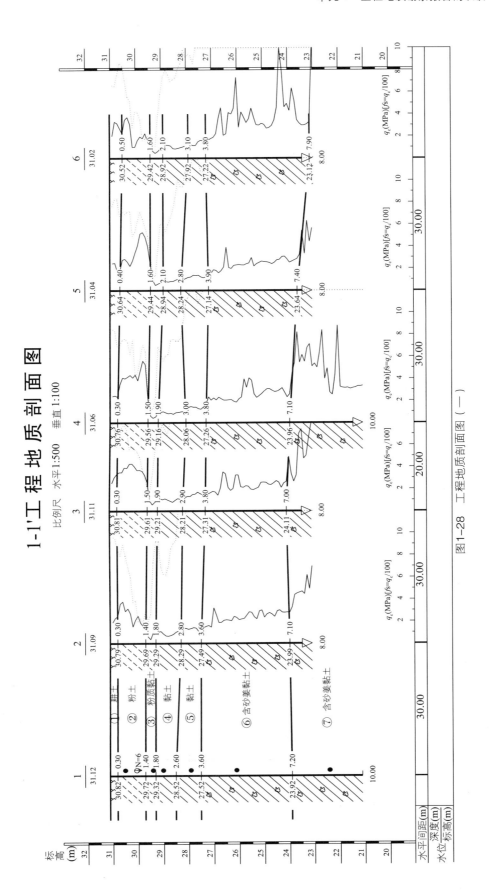

图1-28 工程地质剖面图（一）

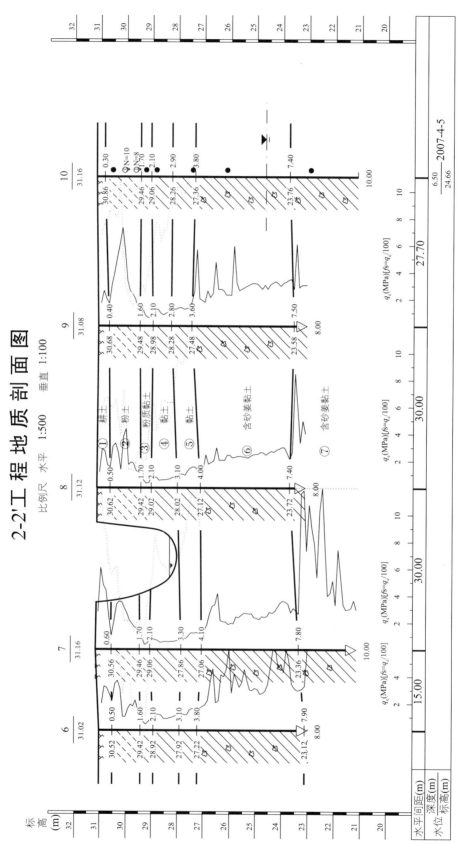

图1-29 工程地质剖面图（二）

钻孔柱状图

工程名称	徐州泰和工程机械有限公司厂区			工程编号		
孔号	56	坐标		钻孔直径	130mm	稳定水位	5.80m
孔口标高	31.16m			初见水位		测量日期	2007-4-5

地质时代	层号	层底标高(m)	层底深度(m)	分层厚度(m)	柱状图 1:100	岩性描述	标贯点中点深度(m)	标贯实测击数	附注
	①	30.66	0.50	0.50		耕土：以黏性土为主，含有有机质和植物根须。			
	②	29.46	1.70	1.20		粉土：灰黄色，稍密，摇振反应中等，无光泽，干强度中等，韧性低。	1.20	7.0	
	③	29.06	2.10	0.40		粉质黏土：褐黄色，软塑~可塑，切面较光滑，干强度中等，韧性中等。			
	④	28.26	2.90	0.80		黏质黏土：灰黄色，稍有光泽，切面光滑，局部含黑色氧化斑，干强度中等，韧性高。			
	⑤	27.36	3.80	0.90		黏土：褐黄色~棕黄色，可塑~硬塑，含有铁锰结核，直径为0.1~0.3cm，含量为2%~5%，光滑，干强度高，韧性高。			
	⑥	23.36	7.80	4.00		含砂黏土：褐黄色，硬塑，含铁锰结核，含铁锰结核和砂姜分布不均，砂姜直径为0~3cm，局部见有直径约6cm的砂姜的铁锰结核和砂姜，分布不均，含量为5%~20%，干强度高，韧性较高。			
	⑦	15.96	15.20	7.40		含砂黏土：黄褐~钻红色，硬塑，含铁锰结核和大量砂姜，砂姜直径为0.2~4cm，含量为5%~20%，分布不均，干强度高，韧性较高。			
	⑧	15.36	15.80	0.60		石灰岩：中等风化，青灰色，局部含有方解石脉，隐晶质构，状破碎软硬差。			

钻孔柱状图

工程名称	徐州泰和工程机械有限公司厂区			工程编号		
孔号	1	坐标	Y=84945031.180m	钻孔直径	130mm	稳定水位	
孔口标高	31.12m			初见水位		测量日期	

地质时代	层号	层底标高(m)	层底深度(m)	分层厚度(m)	柱状图 1:100	岩性描述	标贯点中点深度(m)	标贯实测击数	附注
	①	30.82	0.30	0.30		耕土：以黏性土为主，含有有机质和植物根须。			
	②	29.72	1.40	1.10		粉土：灰黄色，稍密，摇振反应中等，无光泽，干强度中等，韧性低。	1.10	6.0	
	③	29.32	1.80	0.40		粉质黏土：灰黄色，可塑，软塑，切面较光滑，干强度中等，韧性中等。			
	④	28.52	2.60	0.80		黏土：灰黄色，稍有光泽，切面光滑，局部含黑色铁锰氧化斑，干强度中等，韧性高。			
	⑤	27.52	3.60	1.00		黏土：褐黄色~棕黄色，可塑~硬塑，含有铁锰结核，直径为0.1~0.3cm，含量为2%~5%，光滑，干强度高，韧性高。			
	⑥	23.92	7.20	3.60		含砂黏土：褐黄色，硬塑，含铁锰结核，含铁锰结核和砂姜分布不均，砂姜直径为0~3cm，局部见有直径约6cm的砂姜的铁锰结核和砂姜，分布不均，含量为5%~20%，干强度高，韧性较高。			
	⑦	21.12	10.00	2.80		含砂黏土：黄褐~钻红色，硬塑，含铁锰结核和大量砂姜，砂姜直径为0.2~4cm，含量为5%~20%，分布不均，干强度高，韧性较高。			

图1-30　钻孔柱状图

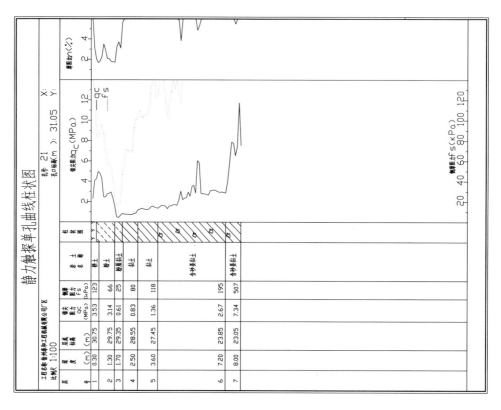

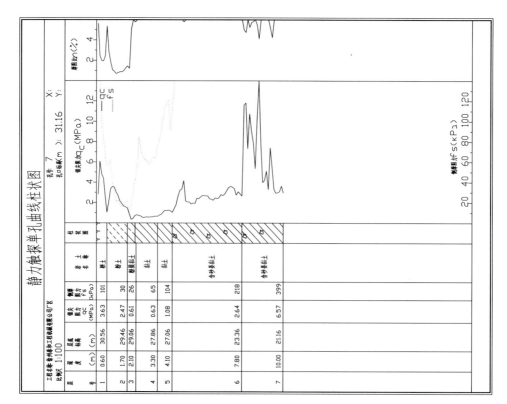

图1-31 静力触探钻孔柱状图

(2) 水文地质条件

本次勘察正值枯水季节，其水位较低。勘探深度范围内上部未见地下水，层(6)、层(7)含砂姜黏土存在包气带滞水，上部土层地下水主要靠大气降水补给，受外界的影响较大，并随丰、枯水季节水位有所变化。

根据地区经验确定本场地内地基土对混凝土结构、钢筋混凝土结构中的钢筋均无腐蚀性，对钢结构有弱腐蚀性。

(3) 不良地质条件

拟建场地中部有一南北向的水塘，水塘宽14～18m，深3～4m，水深0.5～1.0m，现正在回填。

5. 岩土工程分析评价

(1) 场地和地基的地震效应

依据《建筑抗震设计规范》GB 50011 的规定，以56号孔为例估算场地20m以上土层的等效剪切波速分别为203.4m/s，表1-28为各土层剪切波速统计表。依据《建筑抗震设计规范》，综合确定场地土类型为中软土，建筑场地类别为Ⅱ类。

各土层剪切波速统计表　　表1-28

土层	(1)层	(2)层	(3)层	(4)层	(5)层	(6)层	(7)层
估计剪切波速(m/s)	110	150	130	140	160	220	250

(2) 地基土液化

根据《建筑抗震设计规范》规定，(2)层粉土经现场标准贯入试验和室内土工试验判别为不液化土层，砂（粉）土液化判别成果见表1-29。

砂（粉）土液化判别成果表　　层号：2　　表1-29

孔号	标贯起始深度(m)	粘粒含量(%)	水位(m)	标贯实测击数(击)	临界标贯击数(击)	判别结果
1	0.95	7.00	0.62	6.00	3.72	不液化
10	0.95	5.60	0.66	10.00	4.15	不液化
10	1.40	8.50	0.66	8.00	3.53	不液化
41	1.05	5.60	0.59	6.00	4.22	不液化
56	1.05	7.30	0.66	7.00	3.67	不液化
67	1.05	7.40	0.57	5.00	3.68	不液化
74	1.05	8.30	0.47	8.00	3.51	不液化
78	1.15	4.00	0.62	7.00	5.03	不液化

表 1-30 物理力学性质指标统计表

层号	岩土名称		含水率 w %	土粒相对密度 d_s	重度 γ kN/m³	干重度 γ_d kN/m³	孔隙比 e_0	饱和度 S_r %	液限 w_L %	塑限 w_P %	塑性指数 I_P	液性指数 I_L	剪切试验 c kPa	剪切试验 φ (°)	压缩试验天然 a_{1-2} MPa⁻¹	压缩试验天然 E_s MPa	锥尖阻力 q_c MPa	侧壁摩阻力 f_s kPa	颗粒组成 (%) 0.25~0.075 mm	颗粒组成 (%) 0.075~0.005 mm	颗粒组成 (%) <0.005 mm
②	粉土	最小值	22.4	2.69	18.2	14.5	0.733	81	29.4	20.4	8.3	0.17	24	24.9	0.10	6.19	2.082	37			4.0
		最大值	29.3	2.70	19.1	15.2	0.816	98	32.9	24.0	9.7	0.64	28	30.2	0.28	17.53	3.792	85			8.5
		数据个数	7	7	7	7	7	7	7	7	7	7	5	5	7	7	73	73	8	8	8
		平均值	26.1	2.69	18.6	14.8	0.783	90	31.7	22.6	9.1	0.38	26	28.3	0.17	11.55	2.917	55		91.5	6.7
		标准差	2.4	0.00	0.3	0.3	0.031	6	1.1	1.3	0.5	0.18	2	2.2	0.06	3.70	0.674	18			1.5
		变异系数	0.09	0.00	0.02	0.02	0.04	0.07	0.04	0.06	0.05	0.48	0.06	0.08	0.35	0.32	0.23	0.32		0.02	0.23
		标准值	27.8		18.4	14.6	0.806						24.2	26.2	0.21	8.8	2.782	51		96.0	
③	粉质黏土	最小值	25.7	2.70	18.1	13.4	0.747	93	30.2	16.7	10.3	0.67	7	7.9	0.25	3.90	0.593	30			
		最大值	35.3	2.72	19.1	15.2	0.989	98	35.4	24.4	15.0	0.99	52	23.9	0.51	7.64	0.910	49			
		数据个数	3	3	3	3	3	3	3	3	3	3	3	3	3	3	73	73			
		平均值	31.3	2.71	18.5	14.1	0.882	96	33.4	20.5	12.9	0.83	36	16.8	0.37	5.56	0.764	40		93.3	
		标准差	5.0	0.01	0.5	0.9	0.124	2	2.8	3.9	2.4	0.16		8.2	0.13	1.91	0.135	8		1.5	
		变异系数	0.16	0.00	0.03	0.07	0.14	0.03	0.08	0.19	0.19	0.20		0.48	0.36	0.34	0.18	0.19			
		标准值												4.6			0.737	38			

续表

层号	岩土名称		含水率 w %	土粒相对密度 d_s	重度 γ kN/m³	干重度 γ_d kN/m³	孔隙比 e_0	饱和度 S_r %	液限 w_L %	塑限 w_P %	塑性指数 I_P	液性指数 I_L	剪切试验 c kPa	剪切试验 φ (°)	压缩试验天然 a_{1-2} MPa⁻¹	压缩试验天然 E_s MPa	锥尖阻力 q_c MPa	侧壁摩阻力 f_s kPa	颗粒组成（%）0.25~0.075 mm	颗粒组成（%）0.075~0.005 mm	颗粒组成（%）<0.005 mm
④	黏土	最小值~最大值	22.9~38.0	2.74~2.78	17.8~19.3	12.9~15.6	0.718~1.100	87~96	38.1~57.9	18.2~25.0	19.9~33.5	0.24~0.52	38~84	1.7~6.8	0.22~0.50	4.20~8.59	0.803~1.081	61~89			
		数据个数	7	7	7	7	7	7	7	7	7	7	7	7	7	7	73	73			
		平均值	31.0	2.76	18.4	14.1	0.925	92	49.0	22.0	27.0	0.33	61	3.9	0.31	6.52	0.944	76			
		标准差	5.6	0.01	0.6	1.1	0.151	3	7.7	2.9	5.0	0.09	14	1.8	0.10	1.53	0.127	10			
		变异系数	0.18	0.01	0.03	0.08	0.16	0.03	0.16	0.13	0.18	0.28	0.24	0.47	0.32	0.23	0.13	0.14			
		标准值	35.2		18.0	13.3	1.037					0.40	50.1	2.6	0.39	5.4	0.919	74			
⑤	黏土	最小值~最大值	24.8~31.3	2.75~2.77	18.6~19.5	14.2~15.6	0.725~0.914	92~96	44.1~52.2	20.8~24.0	23.1~28.2	0.13~0.26	51~94	3.4~8.5	0.14~0.26	7.36~12.32	1.132~1.564	97~131			
		数据个数	6	6	6	6	6	6	6	6	6	6	6	6	6	6	73	73			
		平均值	26.9	2.75	19.2	15.1	0.784	94	46.0	21.7	24.3	0.21	80	5.8	0.21	9.00	1.380	116			
		标准差	2.3	0.01	0.3	0.5	0.068	1	3.1	1.2	2.0	0.05	16	2.3	0.04	1.82	0.173	14			
		变异系数	0.09	0.00	0.02	0.03	0.09	0.01	0.07	0.05	0.08	0.23	0.20	0.39	0.20	0.20	0.13	0.12			
		标准值	28.8		18.9	14.7	0.840					0.25	66.6	4.0	0.24	7.5	1.345	113			

续表

层号	岩土名称		含水率 w %	土粒相对密度 d_s	重度 γ kN/m³	干重度 γ_d kN/m³	孔隙比 e_0	饱和度 S_r %	液限 w_L %	塑限 w_P %	塑性指数 I_P	液性指数 I_L	剪切试验 c kPa	剪切试验 φ (°)	压缩试验天然 a_{1-2} MPa⁻¹	压缩试验天然 E_s MPa	锥尖阻力 q_c MPa	侧壁摩阻力 f_s kPa	颗粒组成 (%) 0.25~0.075 mm	0.075~0.005 mm	<0.005 mm
⑥	含砂姜黏土	最小值~最大值	23.7~28.6	2.75~2.78	18.5~19.3	14.9~15.6	0.727~0.833	83~98	45.1~56.5	21.5~26.5	23.6~31.1	0.07~0.15	70~120	3.1~20.1	0.12~0.17	10.16~15.28	2.024~3.121	171~226			
		数据个数	8	8	8	8	8	8	8	8	8	8	8	7	8	8	73	73			
		平均值	26.7	2.77	19.1	15.1	0.799	92	51.5	23.7	27.8	0.10	96	10.7	0.14	12.91	2.493	195			
		标准差	1.9	0.01	0.3	0.3	0.033	5	4.1	1.5	2.8	0.03	15	5.9	0.02	1.64	0.475	24			
		变异系数	0.07	0.00	0.01	0.02	0.04	0.05	0.08	0.06	0.10	0.27	0.16	0.55	0.12	0.13	0.19	0.12			
		标准值	27.9		18.9	14.9	0.822					0.12	84.7	6.4	0.15	11.8	2.397	190			
⑦	含砂姜黏土	最小值~最大值	22.9~30.7	2.74~2.78	18.3~19.8	14.1~16.1	0.667~0.927	90~98	41.4~56.6	20.0~27.4	19.6~31.1	0.10~0.20	93~118	12.3~19.4	0.10~0.29	6.65~18.17	3.980~7.117	260~571			
		数据个数	7	7	7	7	7	7	7	7	7	7	7	4	7	7	72	72			
		平均值	27.5	2.76	19.1	15.0	0.808	94	49.3	24.0	25.3	0.14	108	15.7	0.16	12.81	5.334	357			
		标准差	3.0	0.02	0.5	0.8	0.099	2	6.4	2.5	4.3	0.03	12	3.4	0.06	3.66	1.224	134			
		变异系数	0.11	0.01	0.03	0.05	0.12	0.03	0.13	0.10	0.17	0.25	0.11	0.22	0.41	0.29	0.23	0.38			
		标准值	29.7		18.7	14.4	0.881					0.16	94.0	11.8	0.20	10.1	5.087	330			

(3) 土的分类指标和物理力学性质参数

经过对室内土工试验数据和现场原位测试数据的整理，各层土的物理力学性质指标见物理力学性质指标统计表 1-30。表 1-31 列出了各主要土层地基承载力特征值及压缩模量的建议值。

主要土层地基承载力特征值及压缩模量建议值　　　　　　表 1-31

层号	岩土名称	f_{ak} 建议值 (kPa)	E_s 建议值 (MPa)
②	粉土	130	6.4
③	粉质黏土	90	4.0
④	黏土	110	4.8
⑤	黏土	150	5.6
⑥	含砂姜黏土	220	9.5
⑦	含砂姜黏土	260	12.0

根据对各土层的室内土工试验数据、各种原位测试数据进行统计分析，结合野外鉴别描述，对勘探深度范围内揭露的主要土层性质综合评价如下：

①层耕土：较松散，不均匀，工程性质差，应全部挖除。

②层粉土：稍密，厚度一般，分布较稳定，强度较高，压缩性中等，为不液化层，工程性质较好，为本工程理想的天然地基持力层。

③层粉质黏土：软塑，厚度薄，分布较稳定，强度低，工程性质较差。

④层黏土：为过渡层，上部为可塑，下部逐渐变为硬塑，分布稳定，强度一般，压缩性中等，工程性质一般。

⑤层黏土：硬塑，分布稳定，强度较高，压缩性中等，工程性质较好。

⑥层、⑦层含砂姜黏土：硬塑，厚度大，分布稳定，强度高，压缩性中等，工程性质好。

⑧石灰岩：灰色～灰黄色，较硬岩，隐晶质结构，块状构造，致密，中等～微风化，岩体较完整，岩体基本质量等级为Ⅲ级。场地内基岩以石灰岩为主，岩溶发育程度一般。不会对场地和建筑物的稳定性构成影响。

(4) 场地区域稳定性及地基土均匀性评价

根据区域地质资料，场地内及其附近无对该建筑物构成影响的全新活动性断裂存在，因而该场地在区域地质上是稳定的。

本次勘察深度范围内各土层在平面上分布、成因、工程性质、土性等较均匀，水平及垂直向起伏不大，判定为均匀地基；对于水塘分布范围内的拟建建筑物设计时应按不均匀地基考虑。

6. 结论与建议

(1) 结论

1) 据区域地质资料，场地内及其邻近场地无全新活动性断裂存在，场地在地质上是稳定的，作为拟建建筑物场地是适宜的。

2）铜山县建筑场地土类型为中软土，覆盖层厚度为15m左右，建筑场地类别为Ⅱ类，拟建场地为对建筑抗震可进行建设的一般场地。

3）地内及周围无污染源，根据地区经验该场地地基土对混凝土及钢筋混凝土结构中的钢筋无腐蚀性，对钢结构有弱腐蚀性。

（2）基础设计建议

根据岩土工程条件和拟建建筑的特征，建议采用天然地基，持力层选择方案如下：

1）5栋1层轻钢结构厂房：选择层(2)粉土为持力层，基础形式采用柱下独立基础；对厂房东部位于水塘的部位，应挖除上部回填土及塘底淤泥采用换土垫层处理，同时应加强基础与上部结构的整体性和刚度，以防建筑物产生不均匀沉降。

2）办公楼、研发楼、技术工艺楼：选择层（2）粉土或层（4）黏土为持力层，基础形式采用柱下独立基础或条形基础；对5层办公楼及附房西侧局部位于水塘的部位，应挖除上部回填土及塘底淤泥采用换土垫层处理，同时应加强基础与上部结构的整体性和刚度，以防建筑物产生不均匀沉降。

（3）施工建议

根据场地岩土工程条件，在建筑物的施工过程中，尤其是基础施工过程中应注意如下几方面的问题：

1）该场地耕土厚度较小，应全部挖除。

2）若在丰水季节施工，场地层（2）粉土可能存在地下水，随季节变化水位、水量有所变化，基础施工时应根据地下水量大小采取适当的降排水措施，同时应采用适当的开挖措施，尽量减少对基底土层的扰动，建议在基础底面下铺垫适当厚度（大于20cm）的碎石垫层。

3）若采用层（2）为持力层，因层（2）埋藏浅，基础宜浅埋。

4）水塘较宽，应确保回填土及淤泥清除干净。

单元小结

工程地质勘察报告是建设单位和施工单位制定土方施工方案、进行工程预算的重要依据。报告中主要对建筑场地工程地质和水文地质条件进行综合阐述，并提出相关设计和施工意见建议。本单元按照工程地质勘察报告中常见内容对地质年代划分、建筑场地类别划分、不良地质现象、地下水对工程影响、土的工程性质指标与地基承载力、地基土分类、勘察的方法手段、勘察报告内容阅读与分析评价等内容结合《岩土工程勘查规范》、《建筑抗震设计规范》进行了阐述和讲解。本学习单元还安排一实际工程详细勘察报告引导学生正确识读，以培养学生理论联系实际、正确识读地质勘察报告并进行交底工作的职业能力。

【实训】

土的性质指标的试验室测定（详见附录 A 土工试验指导书）

1. 土的基本物理性质指标测定（天然密度、天然含水量、土粒相对密度）
2. 黏性土液限、塑限测定
3. 土的压缩（固结）试验
4. 土的直剪试验

【课后讨论】

1. 地质勘察报告的内容很多，阅读时可以只看报告中提供的个别数据和结论即可，对否？为什么？
2. 在基坑或基槽开挖后发现实际土层分布与地质勘察报告中描述不符，如何处理？

思考与练习

1. 不良地质现象对工程有哪些影响？
2. 地下水对工程有哪些影响？
3. 流砂现象是如何发生的？流砂处理的措施有哪些？
4. 土的物理性质指标有哪些？它们的物理意义如何？
5. 无黏性土的物理状态有哪几种？是如何划分的？
6. 什么是液限、塑限、液性指数、塑性指数？它们在工程上是如何应用的？
7. 土的压缩性指数有哪些？如何根据土的压缩性指数判断土的压缩性高低？
8. 什么是土的抗剪强度？用公式如何表示？公式中符号的物理意义如何？
9. 什么是土的地基承载力？按照规范地基承载力是如何修正的？
10. 按照地基设计规范，地基土分为哪几类？是如何定义的？
11. 土的工程分类是怎样的？是按照什么划分的？
12. 岩土勘察报告的内容有哪些？
13. 某饱和原状土样，经试验测得其体积 $V = 100 \text{cm}^3$，湿土质量 $m = 0.185 \text{kg}$，烘干后质量为 0.145kg，土粒的相对密度 2.70，土样的液限为 35%，塑限为 17%。试求：

    ① 求土样的密度 ρ、含水量 w、孔隙比 e。
    ② 土样的塑性指数，液性指数，并确定该土的名称和状态。
    ③ 若将土样压密，使其干密度达到 1.65g/cm^3，此时土样的孔隙比减小多少？

14. 有一砂土样的物理性试验结果，标准贯入试验锤击数 $N = 34$，经筛分后各颗粒粒组含量见表 1–32。试确定该砂土的名称和状态。

颗粒粒组含量						表 1-32
粒径（mm）	<0.01	0.01~0.05	0.05~0.075	0.075~0.25	0.25~0.5	0.5~2.0
粒组含量（g）	3.9	14.3	26.7	28.6	19.1	7.4

15. 已知原状土样高 $h=2\mathrm{cm}$，截面积 $A=30\mathrm{cm}^2$，重度 $\gamma=19.1\mathrm{kN/m}^3$，颗粒比重 $d_s=2.72$，含水量为 25%，进行侧限压缩试验，试验结果见表 1-33，求各级压力作用下达到稳定变形的孔隙比，并求 a_{1-2}。

试验结果					表 1-33
压力 P（kPa）	0	50	100	200	400
稳定时的压缩量 H（mm）	0	0.480	0.808	1.232	1.735
孔隙比 e					

16. 已知某工程钻孔取样，进行室内压缩试验，试样高为 $h_0=20\mathrm{mm}$，在 $p_1=100\mathrm{kPa}$ 作用下测得压缩量为 $s_1=1.2\mathrm{mm}$，在 $p_2=200\mathrm{kPa}$ 作用下相对于 p_1 的压缩量为 $s_2=0.58\mathrm{mm}$，土样的初始孔隙比为 $e_0=1.6$，试计算压力 $p=100~200\mathrm{kPa}$ 范围内土的压缩系数，并评价土的压缩性。

17. 在某一黏土层上进行三个静荷载试验，整理得地基承载力的基本值分别为 $f_{01}=283\mathrm{kPa}$，$f_{02}=267\mathrm{kPa}$，$f_{03}=291\mathrm{kPa}$，试求该黏土层的承载力特征值。

单元课业

课业名称：地质勘察报告的识读。

时间安排：安排在本单元开课期间，按照讲课顺序循序进行，单元结束完成交底工作。

一、课业说明

本课业是为了完成"识读地质勘察报告"的职业能力而制定的。根据识读地质勘察报告的能力要求，需要学生正确识读报告中土层分类、物理力学性质指标、地下水位位置、不良地质现象等内容，正确进行报告的分析与评价。

二、背景知识

教材：本学习单元内容。

参考资料：《岩土工程勘查规范》GB 50021—2001、《建筑抗震设计规范》GB 50011—2001。

三、任务内容

选择有代表性的一般土、软弱土、岩石土地质勘察报告进行分组学习，每5~8人为一组共同完成识读任务并进行地质勘察报告交底工作，每小组的课业内容不能相同。在地质勘察报告中教师可以给定相关的实际工程基础施工图或者由教师指定基底标高。

1. 结合地质勘察报告描述土层分布、标高、厚度、均匀性、稳定性。
2. 结合地质勘察报告描述持力层土的走向、标高、物理力学性质、物理状态。
3. 结合地质勘察报告描述地下水类型、地下水位标高、土的渗透系数、地下水的腐蚀性。
4. 结合地质勘察报告描述是否有不良地质现象，施工中将采取何种措施预防地基事故的发生。
5. 结合地质勘察报告和实际工程基础施工图确定土方开挖坡度，并初步进行降水方案的选择。

组内每个成员的任务：

通过网上或图书馆资源，查找由于地下水引起的地基沉降、流砂、浮托、基坑突涌、地下水腐蚀等引发工程事故的1~2个实际工程案例，并提出处理意见和措施。

四、课业要求

1. 完成任务中小组要团结合作、共同工作，培养团队精神。
2. 完成任务中要运用图书馆教学资源、网上资源进行知识的扩充，不断积累知识，增强自学能力。
3. 编制的文件内容应满足实用要求，技术措施、工艺方法正确合理。
4. 语言文字简洁、技术术语引用规范、准确。
5. 报告识读交底最好采用PPT进行，增强学生计算机应用能力。

五、评价

学生课业成绩评定采用小组自评、小组互评和教师评定三部分完成，小组自评占20%，小组互评占20%，教师评定占60%。具体评定见课业成绩评议表。

课业成绩评定分为优秀、良好、中等、及格、不及格五个等级。

课业综合评定成绩在90分以上为优秀；课业综合评定成绩在80~89分为良好；课业综合评定成绩在70~79分为中等；课业综合评定成绩在60~69分为及格；课业综合评定成绩在59分以下为不及格。

课业成绩评议表

班级		组别		组长		项目名称			成绩	
自评 (20%)	土层分布、性状、持力层及地下水位以及不良地质现象描述与地勘报告吻合性（20%）		评语：							
	技术措施、工艺方法正确合理（40%）		评语：							
	语言简洁、技术术语规范、准确（10%）		评语：							
	施工方案实用性（20%）		评语：							
	工作量大小（10%）		评语：							
互评 (20%)	组别	土层分布、性状、持力层及地下水位以及不良地质现象描述与地勘报告吻合性		技术措施、工艺方法正确合理		语言简洁、技术术语规范、准确		施工方案实用性		工作量大小
	一组									
	二组									
	三组									
	…									
教师评定 (60%)	教师评语及改进意见：									
课业成绩综合评定										
学生对课业成绩反馈意见：										

单元2
塔吊基础安全计算

引 言

塔吊是施工现场垂直运输工具，塔吊基础施工一般与建筑物基础同时施工。然而在建筑物基础施工图中设计院一般未能给定具体位置及其基础施工图。这就需要现场技术人员结合地质勘查报告、塔吊正常运转以及工程实际需要选择塔吊类型、位置并进行塔吊基础安全计算。

学习目标

通过本单元学习，你将能够：

1. 选择塔吊基础类型。
2. 进行地基承载力安全计算。
3. 进行地基变形安全计算。
4. 进行基础底面积安全计算。
5. 进行基础截面和配筋安全计算。

本学习单元旨在培养学生结合地质勘察报告、塔吊型号、建筑物高度等进行塔吊浅基础安全计算的基本能力，通过课程讲解和案例教学使学生掌握塔吊浅基础安全计算相关知识，增强学生从事施工技术岗位的工作能力。

2.1 塔吊基础安全计算

学习目标
1. 掌握地基承载力计算方法
2. 掌握地基变形计算方法
3. 掌握基础底面积计算方法
4. 掌握基础截面和配筋计算方法

关键概念
基底压力、自重应力、附加压力、附加应力、持力层、下卧层

按照《地基基础设计规范》（GB 5007—2002）规定，地基基础安全计算包括地基承载力、地基变形以及稳定性（基坑、高耸建筑物、挡土墙等）、抗浮验算（存在上浮问题时）等内容。

地基基础安全计算一般按照以下步骤进行：
（1）根据上部结构传来的荷载大小及地基条件初步确定基础类型及平面布置。
（2）确定基础的埋置深度 d。
（3）确定地基承载力特征值 f_{ak} 及修正值 f_a。
（4）确定基础底面尺寸，必要时进行软弱下卧层验算。
（5）进行必要的稳定性和变形验算。
（6）进行基础结构设计，并绘制施工图。

在进行地基基础安全计算中，上部结构传来的荷载按照极限状态不同，有正常使用极限状态下荷载效应的标准组合值（后面简称标准组合值），荷载效应的准永久组合值（后面简称准永久组合值）和承载能力极限状态下的荷载效应的基本组合值（后面简称基本组合值），其计算方法与上部结构相同。

在实际计算中，标准组合值用于确定基础底面积、埋深、桩基础设计中的桩数，以及验算基础裂缝宽度；准永久组合值用于地基变形验算；基本组合值用于确定基础或桩基础承台高度、支挡结构截面、基础或支挡结构内力、确定配筋和验算材料强度。

提　示

正常使用极限状态是指结构或构件达到使用功能上允许的某一限值的极限状态。如影响正常使用或外观的变形；影响正常使用或耐久性能的局部损坏（包括裂缝）等；承载能力极限状态是指结构或构件达到最大承载能力，或达到不适于继续承载的变形的极限状态。如丧失平衡，材料强度不足或结构转变成为机动体等。在进行结构计算时，对不同极限状态按照设计规范应采用不同的荷载组合值。

相关知识

荷载组合值：

（1）正常使用极限状态下，荷载效应的标准组合值 S_k 应用下式表示：

$$S_k = S_{Gk} + S_{Q1k} + \psi_{c2}S_{Q2k} + \psi_{ci}S_{Qik} \cdots\cdots + \psi_{cn}S_{Qnk} \quad (2-1)$$

式中　S_{Gk}——按永久荷载标准值 G_k 计算的荷载效应值；

S_{Qik}——按可变荷载标准值 Q_{ik} 计算的荷载效应值；

ψ_{ci}——可变荷载 Q_i 的组合值系数，按现行《建筑结构荷载规范》GB 50009 的规定取值。

（2）荷载效应的准永久组合值 S_k 应用下式表示：

$$S_k = S_{Gk} + \psi_{q1}S_{Q1k} + \psi_{q2}S_{Q2k} + \psi_{qi}S_{Qik} \cdots\cdots + \psi_{qn}S_{Qnk} \quad (2-2)$$

式中　ψ_{ci}——准永久值系数，按现行《建筑结构荷载规范》的规定取值。

（3）承载能力极限状态下，由可变荷载效应控制的基本组合设计值 S 应用下式表达：

$$S = \gamma_G S_{Gk} + \gamma_{Q1} S_{Q1k} + \gamma_{Q2} \psi_{C2} S_{Q2k} + \gamma_{Qi} \psi_{Ci} S_{Qik} \cdots\cdots + \gamma_{Qn} \psi_{cn} S_{Qnk} \quad (2-3)$$

式中　γ_G——永久荷载的分项系数，按现行《建筑结构荷载规范》的规定取值；

γ_{Qi}——第 i 个可变荷载的分项系数，按现行《建筑结构荷载规范》规定取值。

对由永久荷载效应控制的基本组合，也可采用简化规则，荷载效应基本组合的设计值按下式确定：

$$S = 1.35 S_k \leq R \quad (2-4)$$

式中　R——结构构件抗力的设计值，按有关建筑结构设计规范的规定确定；

S_k——荷载效应的标准组合值。

2.1.1　塔吊基础类型选择

塔式起重机基础有钢筋混凝土基础预制和现浇两种形式。现浇塔吊基础有整体式、分离式和桩承台式钢筋混凝土等基础形式。整体式可分为方块式和 X 形式，常见塔吊基础见图 2-1、图 2-2。

提　示

在进行塔吊基础计算时，要明确塔吊设计参数。塔吊设计参数包括塔吊基本参数和基础设计参数。

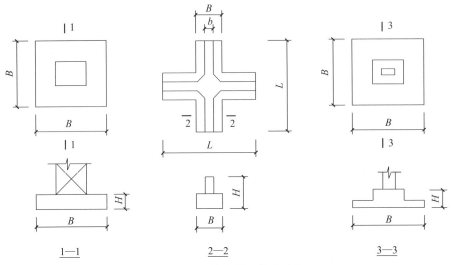

图 2-1 整体式塔吊基础形式

相关知识

塔吊基本参数主要由塔吊的型号确定,包括塔吊型号、塔吊自重、最大起重荷载、塔吊倾覆力矩、塔吊起重高度、塔身宽度,这些数据由塔吊的说明书列出。在实际应用中,可以根据其高度对其他参数进行调整。其中塔吊自重和最大起重荷载由以下荷载组成。

(1)塔吊自重(包括压重):是由平衡重、压重和整机重组成,由各部件质量产生的重力,加上起升钢丝绳质量(按起升高度计算,其重力 50% 作为自重力)。

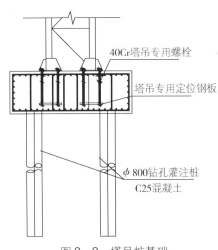

图 2-2 塔吊桩基础

(2)最大起重荷载:即额定起升载荷,在规定幅度时的最大起升载荷,包括物品、取物装置(吊梁、爪斗、起吊电磁铁等)重量。最大起重荷载由起升质量,即塔机总起重量产生的重力,加上钢丝绳的质量(按起升高度计算,其重力的 50% 作为起升载荷)。

塔吊基础设计参数包括基础混凝土强度等级、基础承台埋深、基础宽度、厚度、地基承载力和和钢筋的类型等。塔吊基础设计时应按照现行地基基础设计规范进行。

2.1.2 基础埋深的选择

基础埋深是指从基础底面到室外地面的距离,如图 2-3 所示。基础埋深的选择实际上是确定基础的持力层。它对工程造价、施工技术、施工工期等都有很大的影响。在地基基础设计中,合理确定基础埋置深度是一个十分重要的问题。在确定基础埋置深度时,应综合考虑以下几个因素:

2.1.2.1 建筑物用途及基础构造影响

选择基础埋深时,在满足安全可靠的前提下尽量浅埋。除岩石地基外,基础的最小埋深不应小于 0.5m,基础顶面到室外地面的距离不小于 0.1m,如图 2-4 所示。

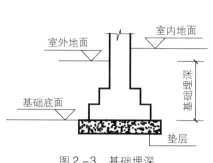

图 2-3 基础埋深

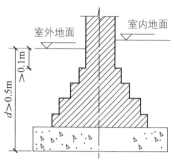

图 2-4 基础构造要求

2.1.2.2 荷载大小和性质影响

荷载大基础埋深一般较大,承受水平荷载、动荷载基础以及受上拔力的基础(如输电塔基础),与仅受竖向压力的基础相比,为保证基础的稳定性,基础埋深要加大,并进行稳定性和抗拔验算。

2.1.2.3 工程地质条件和水文地质的影响

工程地质条件往往对基础设计方案起着决定性的作用。一般情况下,当上层土满足承载力要求时,尽量选择上层土为持力层,当表层土软弱,下层土承载力高时,应根据情况从结构安全可靠、施工条件和工程造价等因素比较来确定基础埋深。

当有地下水时,为避免施工排水麻烦或因降水不当引起地基不均匀沉降,基础应在地下水位以上。

提 示

当基础埋深必须在地下水位以下时,应采取降水或排水措施,并采取必要措施保护地基土不受扰动;对有侵蚀性的地下水,应对基础采取保护措施,防止基础受到侵蚀;当基坑下存在承压水层时,为防止基坑突涌现象的发生,应注意开挖基槽时保留槽底一定的安全厚度。

2.1.2.4 相邻建筑物的影响

为保证原有建筑物的安全和正常使用,新建的建筑物基础埋深不宜大于原有建筑物的基础埋深。如果必须大于时,应使两基础间的净距不少于基底高差的 1~2 倍,即 $L \geqslant (1\sim2)\Delta H$,如图 2-5 所示。

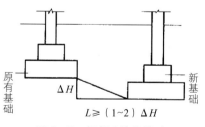

图 2-5 相邻建筑物基础

提 示

如不能满足净距要求时,施工期间应采取措施,如分段开挖、设置临时加固支撑、板桩或地下连续墙等施工措施，或加固原有建筑物地基。

2.1.2.5 季节性冻土的影响

当温度低于0℃时，土中水冻结使土体积增大；冻土融化后土体积减小，地基土会沉陷这种现象称为土的冻胀和融陷。土层冰冻的深度称为冰冻线。当基础埋深在冰冻线以上时，受土冻胀和融陷的影响，基础会在冻胀力作用下向上抬起，在土融化后，基础会下沉，反复作用会造成墙体开裂，严重时会使建筑物破坏。

为使建筑物免受冻害，对于埋置在冻土中的基础，应考虑土的类别、土的冻胀性、环境以及供暖等因素综合确定基础的最小埋置深度，最小埋深计算方法参考《地基基础设计规范》。另外，在寒冷地区基础埋深应在冰冻线以下200mm。

2.1.3 地基承载力安全计算

2.1.3.1 地基承载力安全计算基本要求

《地基基础设计规范》规定，所有建筑物的地基计算均应满足承载力计算的有关规定：

轴心受压基础

$$p_k \leq f_a \tag{2-5}$$

式中 p_k——相应于荷载效应标准组合时的（平均）基底压力（kPa）；

f_a——修正后的地基承载力特征值（kPa）。

偏心受压基础

$$\left. \begin{array}{l} p_{k\max} \leq 1.2 f_a \\ p_{k\min} \geq 0 \\ \overline{p_k} = \dfrac{p_{k\max} + p_{k\min}}{2} \leq f_a \end{array} \right\} \tag{2-6}$$

式中 $p_{k\max}$、$p_{k\min}$——相应于荷载效应标准组合时基础底面边缘处的最大、最小压力值（kPa）。

2.1.3.2 基底压力计算

建筑物荷载是通过基础传给地基的，基底压力就是基础底面与地基接触面积上的压应力，也叫接触压力。基底压力和地基反力是一对作用力和反作用力。

基底压力的分布与基础刚度及基底平面形状、作用于基础上的荷载大小及分布、地基土的性质及基础埋深等因素有关。一般情况下，基底压力是呈非线性分布的。但对于建筑常用的基础类型，如柱下独立基础、墙下条形基础，基底压力近似地按直线分布考虑，按材料力学公式计算。对于基础刚度较大的十字交叉基础、筏形基础、箱形基础等，应考虑基础刚度的影响，用弹性地基梁板理论确定基底压力。

1. 轴心受压基础

在轴心荷载作用下（图2-6），基底压力按下式计算：

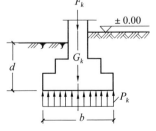

图2-6 轴心受压基础

$$p_k = \frac{F_k + G_k}{A} \qquad (2-7)$$

式中 p_k——相应于荷载标准组合时，基础底面处的平均压力值，压为正，拉为负（kPa）；

F_k——相应于荷载效应标准组合时，上部结构传至基础顶面的竖向力（kN 或 kN/m）；

G_k——基础自重及基础上回填土重量（kN），$G_K = \gamma_G \cdot A \cdot \bar{h}$；

γ_G——基础及基础上回填土的平均重度，一般取 $20 \mathrm{kN/m^3}$，地下水位以下取 $10 \mathrm{kN/m^3}$；

$\bar{h}$——计算 G_k 时深度（m）。当室内外标高不同时，取平均高度，否则取基础埋深；

A——基础底面积（$\mathrm{m^2}$）；矩形基础 $A = l \times b$，l 为基础长边，b 为基础短边；条形基础，$l = 1\mathrm{m}$。

2. 偏心受压基础

当荷载不作用在基础形心时，称为偏心受压基础。对于单向偏心受压基础（图 2-7a）。基底边缘压应力按材料力学偏心受压公式计算，即

$$p_{k\max \atop k\min} = \frac{F_k + G_k}{bl} \pm \frac{M_k}{W} \qquad (2-8)$$

式中 $P_{k\max}$、$P_{k\min}$——相应于荷载效应标准组合时，基底边缘的最大、最小压力值（kPa）；

M_k——相应于荷载效应标准组合时作用于基础底面的弯矩值，$M_k = (F_k + G_k) \cdot e$，（kN·m）；

W——基础底面的抵抗矩（$\mathrm{m^3}$），对于矩形截面：$W = \frac{lb^2}{6}$。

若将弯矩 M_k 和 W 表达式代入公式（2-8）中可得：

$$p_{k\max \atop k\min} = \frac{F_k + G_k}{bl}\left(1 \pm \frac{6e}{b}\right) \qquad (2-9)$$

$$e = \frac{M_K}{F_K + G_K} \qquad (2-10)$$

由公式（2-9）可以看出：

(1) 当 $e < b/6$ 时，基底压力呈梯形分布，$p_{k\min} > 0$，见图 2-7（a）；

(2) 当 $e = b/6$ 时，基底压力呈三角形分布，$p_{k\min} = 0$，见图 2-7（b）；

(3) 当 $e > b/6$ 时，$p_{k\min} < 0$，基底压力出现拉力，见图 2-7（c）。说明此时基础与地基部分脱离，在实际计算时，为增加安全度，仅计算压力而不考虑拉力的影响。为此，按照力学平衡的原理，地基反力的合力一定与基础所受的外荷载 $F_k + G_k$ 互相平衡，力的作用点为图 2-7（d）中三角形的形心，此时基底边缘的最大压力为：

$$p_{k\max} = \frac{2(F_K + G_K)}{3al} \qquad (2-11)$$

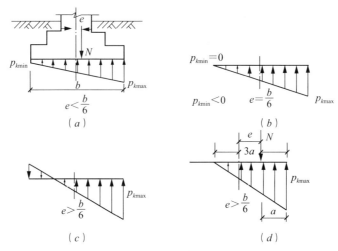

图 2-7 偏心荷载作用下底压力

式中 a——单向偏心竖向荷载作用点至基底最大压应力边缘的距离（m）。

$$a = \frac{b}{2} - e$$

2.1.3.3 基底附加压力计算

建筑物传至基础底面处的基底压力与开挖基坑之前相比基础底面的应力增加，增加的应力称为基底附加压力。基底附加压力是引起地基变形的主要原因。在开挖基坑时要把基底标高以上的土挖除，使基底处原来存在的由土的自重引起的应力消失。这种由于土的自重引起的应力称为土的自重应力。因此，基底附加压力应为基底压力减去基底处土的自重应力，即：

$$p_0 = p_k - \sigma_{cz} \tag{2-12}$$

式中 p_0——基底附加压力，若为偏心受压基础，计算时取平均压力（kPa）；

σ_{cz}——基础底面处土的自重应力（kPa）。

2.1.3.4 土中自重应力计算

土中自重应力是指由于土的自身重力在地基中产生的应力。计算土中自重应力时，假定天然地面为无限大的水平面，任意深度处自重应力相等且无限分布。

假设地面下深度为 Z 内匀质土的重度为 γ，由定义得作用在地基任意深度处的自重应力等于单位面积上土柱的重力（图 2-8）。则土自重应力为：

$$\sigma_{cz} = \frac{G}{A} = \frac{\gamma \cdot A \cdot z}{A} = \gamma \cdot z \tag{2-13}$$

式中 σ_{cz}——天然地面以下深度 Z 处的自重应力（kPa）；

G——单位土柱的重力（kN）；

A——土柱的底面积（m²）；

γ——土的天然重度（kN/m³）。

若地基土为成层土，则天然地面以下任意深度处土的自重应力为：

$$\sigma_{cz} = \gamma_1 h_1 + \gamma_2 h_2 + \gamma_3 h_3 + \cdots \gamma_n h_n = \sum_{i=1}^{n} \gamma_i h_i \qquad (2-14)$$

式中 n——从天然地面至深度 Z 范围内的土层数;

h_i——第 i 层土的厚度（m）;

γ_i——第 i 层土的天然重度（kN/m^3）。当土层位于地下水位以下时，取浮重度计算。若埋藏有不透水层（岩石或老黏土层），不透水层上表面地下水位以下取浮重度计算，不透水层下表面取饱和重度计算。

自重应力的分布规律：在匀质地基中，竖向自重应力沿地基深度呈线性三角形分布，如图 2-8 所示，自重应力的数值大小是与土层厚度 z 成正比，而地基任意深度同一水平面上的自重应力呈均匀分布。当地基由成层土组成时，土的竖向自重应力随地基深度而增加，其应力分布图形呈则折线（图 2-9）。

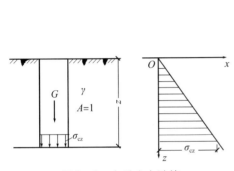

图 2-8 自重应力计算

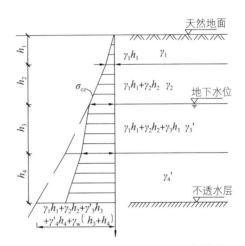

图 2-9 土中地下水对自重应力的影响

提　示

工程中基坑开挖降水以及基础回填后停止降水都会引起地下水位的升降，从而使土的自重应力减少或增加，若降水不当或在基础施工完工前停止降水容易引发工程事故。

相关知识

大量抽取地下水或基坑开挖降水等会造成地下水位下降，土中自重应力增加（图 2-10），造成地表大面积下沉，而水位上升软化土质，导致土的承载力降低，基坑边坡塌陷，使建筑物受到上浮力的影响。

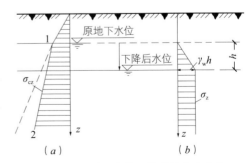

图 2-10 地下水位下降后的应力变化
(a) 水位下降前自重应力；
(b) 水位下降后增加的自重应力

【工程案例 2-1】某柱下独立基础，基底尺寸 $l \times b = 5.4m \times 3.0m$，基础顶面作用一组内力：轴向力 $F_K = 600kN$；弯矩

$M_k = 150 \text{kN} \cdot \text{m}$；剪力 $V_k = 50 \text{kN}$，水平向右（力臂为 1.2m），$\gamma = 18 \text{kN/m}^3$，修正后的地基承载力特征值为 $f_a = 135 \text{kPa}$，基础埋深 $d = 1.5 \text{m}$，如图 2-11 所示，试求矩形面积基底压力、基底附加压力及其分布图形，并进行地基承载力验算。

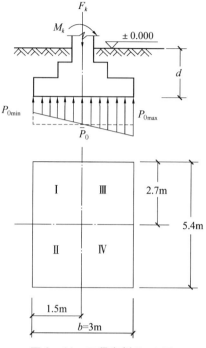

图 2-11 工程案例 2-1 图

解：（1）计算基底压力

基底处总轴向力
$$N = F_k + G_k = 600 + 20 \times 5.4 \times 3 \times 1.5$$
$$= 1086 \text{kN}$$

基底处总弯矩
$$M = M_k + Vh = 150 + 50 \times 1.2 = 210 \text{kN} \cdot \text{m}$$

总轴向力至基底形心偏心距
$$e_0 = \frac{M}{N} = \frac{210}{1086} = 0.19 \text{m} < \frac{b}{6} = 0.5 \text{m}$$

基底压力
$$\left.\begin{array}{l} p_{k\max} \\ p_{k\min} \end{array}\right\} = \frac{\sum N}{A}\left(1 \pm \frac{6e_0}{b}\right)$$
$$= \frac{1086}{5.4 \times 3}\left(1 \pm \frac{6 \times 0.19}{3}\right) = \begin{array}{l} 92.5 \\ 41.56 \end{array} \text{kPa}$$

（2）地基承载力验算
$$p_k = \frac{p_{k\max} + p_{k\min}}{2} = \frac{92.5 + 41.56}{2}$$
$$= 67.03 \text{kPa} < f_a = 135 \text{kPa}$$
$$p_{k\max} = 92.5 \text{kPa} < 1.2 f_a = 1.2 \times 135 = 162 \text{kPa}$$
$$p_{k\min} = 41.56 \text{kPa} > 0$$

（3）计算基底附加压力
$$p_{0\max} = p_{k\max} - \gamma \cdot d = 92.5 - 18 \times 1.5 = 65.5 \text{kPa}$$
$$p_{0\min} = p_{k\min} - \gamma \cdot d = 41.56 - 18 \times 1.5 = 14.56 \text{kPa}$$
$$p_0 = p_k - \sigma_{cz} = 67.03 - 18 \times 1.5 = 40.03 \text{kPa}$$

基底附加应力分布图形如图 2-11 所示。

2.1.4 地基变形安全计算

2.1.4.1 地基变形基本规定

在建筑物荷载作用下，地基土由于土的压缩性引起竖向变形，从而引起建筑物基础的沉降，若地基变形超过规范允许范围，建筑物就会发生倾斜、严重下沉、墙体开裂和基础断裂等事故，影响建筑物的正常使用与安全。《地基基础设计规范》规定，设计等级为甲级、乙级的建筑物地基变形按照下式进行：

$$s \leq [s] \qquad (2-15)$$

式中　s——地基变形计算值（mm）。实际工程计算中，根据不同的建筑物，可以计算建筑物的沉降量（指基础中心点的沉降量）、沉降差（两相邻单独基础沉降量的差值）、倾斜（单独基础倾斜方向两端点的沉降差与其距离之比值）和局部倾斜（砌体承重结构沿纵墙 6~10m 之间基础两点的沉降差与其距离之比值）；

　　　$[s]$——地基变形允许值，查表 2-1 可得。

提　示

　　工程施工中，为保障建筑物的安全，对一级建筑物、高层建筑、重要的新型的或典型的建筑物、体型复杂、形式特殊或构造上使用上对不均匀沉降有严格限制的建筑物应进行施工期间与竣工后使用期间系统的沉降观测，并要做好沉降观测记录。

相关知识

进行沉降观测时应做好以下工作：

（1）水准基点的设置

以保证水准基点的稳定可靠为原则，宜设置在基岩上或压缩性较低的土层上。水准基点的位置应靠近观测点并在建筑物产生的压力影响范围以外不受行人车辆碰撞的地点。在一个观测区内水准基点不应少于 3 个。

（2）观测点的设置

观测点的布置应能全面反映建筑物的变形并结合地质情况确定，如建筑物 4 个角点、沉降缝两侧、高低层交界处、地基土软硬交界两侧等。数量不少于 6 个点。

（3）仪器与精度

沉降观测的仪器宜采用精密水平仪和钢尺，对第一观测对象宜固定测量工具、固定人员，观测前应严格校验仪器。测量精度宜采用 Ⅱ 级水准测量，视线长度宜为 20~30m；视线高度不宜低于 0.3m。水准测量应采用闭合法。

（4）观测次数和时间

要求前密后稀。民用建筑每建完一层（包括地下部分）应观测一次；工业建筑按不同荷载阶段分次观测，施工期间观测不应少于 4 次。建筑物竣工后的观测：第一年不少于 3~5 次，第二年不少于 2 次，以后每年 1 次，直至下沉稳定为止。稳定标准半年沉降 $s \leq 2mm$，特殊情况如突然发生严重裂缝或大量沉降应增加观测次数。在基坑较深时，可考虑开挖后的回弹观测。

表 2-2 所列范围内设计等级为丙级的建筑物可不做变形验算，如有下列情况之一时，仍做变形验算。

（1）地基承载力特征值小于 130kPa，且体型复杂的建筑物。

（2）在基础上及其附近有地面堆载或相邻基础荷载差异较大，可能引起地基产生过大的不均匀沉降。

（3）软弱地基上的建筑物存在偏心荷载。

（4）相邻建筑距离过近，可能发生倾斜。

（5）地基内有厚度较大或厚薄不均的填土，其自重固结未完成。

建筑物的地基变形允许值　　　　　　　　　　　　　　表 2-1

变形特征	地基土类别	
	中、低压缩性土	高压缩性土
砌体承重结构基础的局部倾斜	0.002	0.003
工业与民用建筑相邻柱基的沉降差 1. 框架结构 2. 砌体墙填充的边排柱 3. 当基础不均匀沉降时不产生附加应力的结构	0.002L 0.0007L 0.005L	0.003L 0.001L 0.005L
单层排架结构（柱距为6m）柱基的沉降量（mm）	(120)	200
桥式吊车轨面的倾斜（按不调整轨道考虑） 纵向 横向	0.004 0.003	
多层和高层建筑的整体倾斜（mm） $H_g \leq 24$ 　　　　　　　　　　　　　　 $24 < H_g \leq 60$ 　　　　　　　　　　　　　　 $60 < H_g \leq 100$ 　　　　　　　　　　　　　　 $H_g > 100$	0.004 0.003 0.0025 0.002	
体型简单的高层建筑基础的平均沉降量（mm）	200	
高耸结构基础的倾斜（mm） $H_g \leq 20$ 　　　　　　　　　　　 $20 < H_g \leq 50$ 　　　　　　　　　　　 $50 < H_g \leq 100$ 　　　　　　　　　　　 $100 < H_g \leq 150$ 　　　　　　　　　　　 $150 < H_g \leq 200$ 　　　　　　　　　　　 $200 < H_g \leq 250$	0.008 0.006 0.005 0.004 0.003 0.002	
高耸结构基础的沉降量（mm） $H_g \leq 100$ 　　　　　　　　　　　 $100 < H_g \leq 200$ 　　　　　　　　　　　 $200 < H_g \leq 250$	400 300 200	

注：1. 有括号者适用于中压缩土。
　　2. L 为相邻柱基的中心距离（mm）；H_g 为自室外地面起算得的建筑物高度（m）。

可不做地基变形计算设计等级为丙级的建筑物范围　　　　　　表 2-2

地基主要受力层情况	地基承载力特征值 f_{ak}（kPa）		$60 \leq f_{ak} < 80$	$80 \leq f_{ak} < 100$	$100 \leq f_{ak} < 130$	$130 \leq f_{ak} < 160$	$160 \leq f_{ak} < 200$	$200 \leq f_{ak} < 300$
	各土层坡度（%）		≤5	≤5	≤10	≤10	≤10	≤10
建筑类型	砌体承重结构、框架结构（层数）		≤5	≤5	≤5	≤6	≤6	≤7
	单层排架结构（6m柱距）	单跨 吊车额定起重量（t）	5~10	10~15	15~20	20~30	30~50	50~100
		单跨 厂房跨度（m）	≤12	≤18	≤24	≤30	≤30	≤30
		多跨 吊车额定起重量（t）	3~5	5~10	10~15	15~20	20~30	30~75
		多跨 厂房跨度（m）	≤12	≤18	≤24	≤30	≤30	≤30

建筑类型	烟囱	高度（m）	≤30	≤40	≤50	≤75	≤100
	水塔	高度（m）	≤15	≤20	≤30	≤30	≤30
		容积（m³）	≤50	50~100	100~200	200~300	300~500

注：地基主要受力层系指条形基础底面下深度为 $3b$（b 为基础底面宽度），独立基础下为 $1.5b$，且厚度均不小于 5m 的范围（二层以下一般的民用建筑除外）。

2.1.4.2 地基变形安全计算

目前计算地基变形的方法有分层总和法和《地基基础设计规范》GB 50007—2002（后简称《规范》）推荐法。本部分仅介绍《规范》推荐法。

1. 土中附加应力及其分布

土中附加应力（用符号 σ_z 表示）是指由于建造建筑物而在土体中增加的应力，它是引起地基变形的主要原因。土中附加应力是基底附加压力通过土粒之间的接触点向地基中传递扩散的结果。

土中附加应力是由法国学者布辛奈斯克根据单个集中力作用下按照弹性力学理论推导而出的，后人在此基础上运用数学上微分、积分的概念推导出矩形基础和条形基础在均布和三角形荷载作用下的计算公式。参见有关地基基础教材。由此总结出土中附加应力的分布规律为：

（1）在地基任意深度同一水平面上的附加应力不相等，基底中心线上应力数值最大，向两侧逐渐减小，如图 2-12 所示。

（2）地基附加应力随土层深度增加其值逐渐减小，但压力范围扩散分布的越广，如图 2-12 所示。

2. 《规范》推荐法

（1）基本假设

计算地基最终变形时，为计算方便，通常作如下假定：

1）地基土为均匀、连续、各向同性的半无限线性变形体，按直线变形理论计算土中应力。

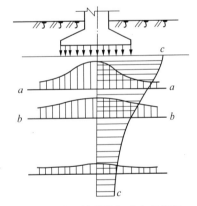

图 2-12 地基附加应力示意图

2）地基土在压缩变形时不发生侧向变形，即采用完全侧限条件下土的压缩性指标 a、E_s。

3）以基础底面中心点下的附加应力 σ_z 作为计算地基变形的依据。

4）取一定压缩层深度作为计算变形的计算深度。

（2）计算公式

计算地基变形时，为避免较大误差，规范在总结国内大量建筑物沉降观测资料的基础上，提出以下计算公式：

$$s = \varphi_s \sum_{i=1}^{n} \frac{4p_0}{E_{si}} (\bar{\alpha}_i z_i - \bar{\alpha}_{i-1} z_{i-1}) \qquad (2-16)$$

式中 s——地基最终沉降量（mm）；

n——地基变形计算深度范围内所划分的土层数；

p_0——对应于荷载效应准永久组合时的基础底面处的附加压力（kPa）；

E_{si}——基础底面下第 i 层土的压缩模量（MPa）；

z_i、z_{i-1}——基础底面至第 i 层土、第 $i-1$ 层土底面的距离，见图 2-13（m）；

$\bar{\alpha}_i$、$\bar{\alpha}_{i-1}$——基础底面至第 i 层土、第 $i-1$ 层土底范围内平均附加应力系数，查表 2-3；

φ_s——沉降计算经验系数，根据地区沉降观测资料及经验确定，无地区经验时查表 2-4。

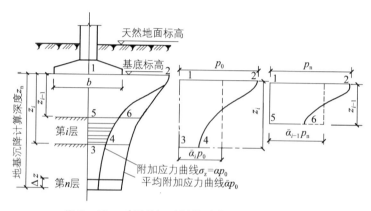

图 2-13 《规范》法计算地基最终沉降示意图

矩形面积上均布荷载作用下角点的平均附加应力系数 $\bar{\alpha}$ 表 2-3

z/b \ l/b	1.0	1.2	1.4	1.6	1.8	2.0	2.4	2.8	3.2	3.6	4.0	5.0	10.0
0.0	0.2500	0.2500	0.2500	0.2500	0.2500	0.2500	0.2500	0.2500	0.2500	0.2500	0.2500	0.2500	0.2500
0.2	0.2496	0.2497	0.2497	0.2498	0.2498	0.2498	0.2498	0.2498	0.2498	0.2498	0.2498	0.2498	0.2498
0.4	0.2474	0.2979	0.2481	0.2483	0.2483	0.2484	0.2485	0.2485	0.2485	0.2485	0.2485	0.2485	0.2485
0.6	0.2423	0.2437	0.2444	0.2448	0.2451	0.2452	0.2454	0.2455	0.2455	0.2455	0.2455	0.2455	0.2456
0.8	0.2346	0.2372	0.2387	0.2395	0.2400	0.2403	0.2407	0.2408	0.2409	0.2409	0.2410	0.2410	0.2410
1.0	0.2252	0.2291	0.2313	0.2326	0.2335	0.2340	0.2346	0.2349	0.2351	0.2352	0.2352	0.2353	0.2353
1.2	0.2149	0.2199	0.2229	0.2248	0.2260	0.2268	0.2278	0.2282	0.2285	0.2286	0.2287	0.2288	0.2289
1.4	0.2043	0.2102	0.2140	0.2164	0.2190	0.2191	0.2204	0.2211	0.2215	0.2217	0.2218	0.2220	0.2221
1.6	0.1939	0.2006	0.2049	0.2079	0.2099	0.2113	0.2130	0.2138	0.2143	0.2146	0.2148	0.2150	0.2152
1.8	0.1840	0.1912	0.1960	0.1994	0.2018	0.2034	0.2055	0.2066	0.2073	0.2077	0.2079	0.2082	0.2084
2.0	0.1746	0.1822	0.1875	0.1912	0.1938	0.1958	0.1982	0.1996	0.2004	0.2009	0.2012	0.2015	0.2018

续表

z/b \ l/b	1.0	1.2	1.4	1.6	1.8	2.0	2.4	2.8	3.2	3.6	4.0	5.0	10.0
2.2	0.1659	0.1737	0.1793	0.1833	0.1862	0.1883	0.1911	0.1927	0.1937	0.1943	0.1947	0.1952	0.1955
2.4	0.1578	0.1657	0.1715	0.1757	0.1789	0.1812	0.1843	0.1862	0.1873	0.1880	0.1885	0.1890	0.1895
2.6	0.1503	0.1583	0.1642	0.1686	0.1719	0.1745	0.1779	0.1799	0.1812	0.1820	0.1825	0.1832	0.1838
2.8	0.1433	0.1514	0.1574	0.1619	0.1654	0.1680	0.1717	0.1739	0.1753	0.1763	0.1769	0.1777	0.1784
3.0	0.1369	0.1449	0.1510	0.1556	0.1592	0.1619	0.1658	0.1682	0.1698	0.1708	0.1715	0.1725	0.1733
3.2	0.1310	0.1390	0.1450	0.1497	0.1533	0.1562	0.1602	0.1628	0.1645	0.1657	0.1664	0.1675	0.1685
3.4	0.1256	0.1334	0.1394	0.1441	0.1478	0.1508	0.1550	0.1577	0.1595	0.1607	0.1616	0.1628	0.1639
3.6	0.1205	0.1282	0.1342	0.1389	0.1427	0.1456	0.1500	0.1528	0.1548	0.1561	0.1570	0.1583	0.1595
3.8	0.1158	0.1234	0.1293	0.1340	0.1378	0.1408	0.1452	0.1482	0.1502	0.1516	0.1526	0.1541	0.1554
4.0	0.1114	0.1189	0.1248	0.1294	0.1332	0.1362	0.1408	0.1438	0.1459	0.1474	0.1485	0.1500	0.1516
4.2	0.1073	0.1147	0.1205	0.1251	0.1289	0.1319	0.1356	0.1396	0.1418	0.1434	0.1445	0.1462	0.1479
4.4	0.1035	0.1107	0.1164	0.1210	0.1248	0.1279	0.1325	0.1357	0.1379	0.1396	0.1407	0.1425	0.1444
4.6	0.1000	0.1070	0.1127	0.1172	0.1209	0.1240	0.1287	0.1319	0.1342	0.1359	0.1371	0.1390	0.1410
4.8	0.0967	0.1036	0.1091	0.1136	0.1173	0.1204	0.1250	0.1283	0.1307	0.1324	0.1337	0.1357	0.1379
5.0	0.0935	0.1003	0.1057	0.1102	0.1139	0.1169	0.1216	0.1249	0.1273	0.1291	0.1304	0.1325	0.1348
5.2	0.0906	0.0972	0.1026	0.1070	0.1106	0.1136	0.1183	0.1217	0.1241	0.1259	0.1273	0.1295	0.1320
5.4	0.0878	0.0943	0.0996	0.1039	0.1075	0.1105	0.1152	0.1186	0.1211	0.1229	0.1243	0.1265	0.1292
5.6	0.0852	0.0916	0.0968	0.1010	0.1046	0.1076	0.1122	0.1156	0.1181	0.1200	0.1215	0.1238	0.1266
5.8	0.0828	0.0890	0.0941	0.0983	0.1018	0.1047	0.1094	0.1128	0.1153	0.1172	0.1187	0.1211	0.1240
6.0	0.0805	0.0866	0.0916	0.0957	0.0991	0.1021	0.1067	0.1101	0.1126	0.1146	0.1161	0.1185	0.1216
6.2	0.0783	0.0842	0.0891	0.0932	0.0966	0.0995	0.1041	0.1075	0.1101	0.1120	0.1136	0.1161	0.1193
6.4	0.0762	0.0820	0.0869	0.0909	0.0942	0.0971	0.1016	0.1050	0.1076	0.1096	0.1111	0.1137	0.1171
6.6	0.0742	0.0799	0.0847	0.0886	0.0919	0.0948	0.0993	0.1027	0.1053	0.1073	0.1088	0.1114	0.1149
6.8	0.0723	0.0779	0.0826	0.0865	0.0898	0.0926	0.0970	0.1004	0.1030	0.1050	0.1066	0.1092	0.1129
7.0	0.0705	0.0761	0.0806	0.0844	0.0877	0.0904	0.0949	0.0982	0.1008	0.1028	0.1044	0.1071	0.1109
7.2	0.0688	0.0742	0.0787	0.0825	0.0857	0.0884	0.0928	0.0962	0.0987	0.1008	0.1023	0.1051	0.1090
7.4	0.0672	0.0725	0.0769	0.0806	0.0838	0.0865	0.0908	0.0942	0.0967	0.0988	0.1004	0.1031	0.1071
7.6	0.0656	0.0709	0.0752	0.0789	0.0820	0.0846	0.0889	0.0922	0.0948	0.0968	0.0984	0.1012	0.1054
7.8	0.0642	0.0693	0.0736	0.0771	0.0802	0.0828	0.0871	0.0904	0.0929	0.0950	0.0966	0.0994	0.1036
8.0	0.0627	0.0678	0.0720	0.0755	0.0785	0.0811	0.0853	0.0886	0.0912	0.0932	0.0948	0.0976	0.1020
8.2	0.0614	0.0663	0.0705	0.0739	0.0769	0.0795	0.0837	0.0869	0.0894	0.0914	0.0931	0.0959	0.1004
8.4	0.0601	0.0649	0.0690	0.0724	0.0754	0.0779	0.0820	0.0852	0.0878	0.0898	0.0914	0.0943	0.0988
8.6	0.0588	0.0636	0.0676	0.0710	0.0739	0.0764	0.0805	0.0836	0.0862	0.0882	0.0898	0.0927	0.0973
8.8	0.0576	0.0623	0.0663	0.0696	0.0724	0.0749	0.0790	0.0821	0.0846	0.0866	0.0882	0.0912	0.0959
9.2	0.0554	0.0599	0.0637	0.0670	0.0697	0.0721	0.0761	0.0792	0.0817	0.0837	0.0853	0.0882	0.0931
9.6	0.0533	0.0577	0.0614	0.0645	0.0672	0.0696	0.0734	0.0765	0.0789	0.0809	0.0825	0.0855	0.0905
10.0	0.0514	0.0556	0.0592	0.0622	0.0649	0.0672	0.0710	0.0739	0.0763	0.0783	0.0799	0.0829	0.0880

续表

z/b \ l/b	1.0	1.2	1.4	1.6	1.8	2.0	2.4	2.8	3.2	3.6	4.0	5.0	10.0
10.4	0.0496	0.0533	0.0572	0.0601	0.0627	0.0649	0.0686	0.0716	0.0739	0.0759	0.0775	0.0804	0.0857
10.8	0.0479	0.0519	0.0553	0.0581	0.0606	0.0628	0.0664	0.0693	0.0717	0.0736	0.0751	0.0781	0.0834
11.2	0.0463	0.0502	0.0535	0.0563	0.0587	0.0606	0.0644	0.0672	0.0695	0.0714	0.0730	0.0795	0.0813
11.6	0.0448	0.0486	0.0518	0.0545	0.0569	0.0590	0.0625	0.0652	0.0675	0.0694	0.0709	0.0738	0.0793
12.0	0.0435	0.0471	0.0502	0.0529	0.0552	0.0573	0.0606	0.0634	0.0656	0.0674	0.0690	0.0719	0.0774
12.8	0.0409	0.0444	0.0474	0.0499	0.0521	0.0541	0.0573	0.0599	0.0621	0.0639	0.0654	0.0682	0.0739
13.6	0.0387	0.0420	0.0448	0.0472	0.0493	0.0512	0.0543	0.0568	0.0589	0.0607	0.0621	0.0649	0.0707
14.4	0.0367	0.0398	0.0425	0.0448	0.0468	0.0486	0.0516	0.0540	0.0561	0.0577	0.0592	0.0619	0.0677
15.2	0.0349	0.0379	0.0404	0.0426	0.0446	0.0463	0.0492	0.0515	0.0535	0.0551	0.0565	0.0592	0.0650
16.0	0.0332	0.0361	0.0385	0.0407	0.0425	0.0442	0.0492	0.0469	0.0511	0.0527	0.0540	0.0567	0.0625
18.0	0.0297	0.0323	0.0345	0.0364	0.0381	0.0396	0.0442	0.0442	0.0460	0.0475	0.0487	0.0512	0.0570
20.0	0.0269	0.0292	0.0312	0.0330	0.0345	0.0359	0.0383	0.0402	0.0418	0.0432	0.0444	0.0468	0.0524

注：表中 l 和 b 分别为矩形基础长度和宽度的一半。

沉降计算经验系数 φ_s 表 2-4

基底附加应力 \ $\overline{E}_s$ (MPa)	2.5	4.0	7.0	15.0	20.0
$p_0 \geq f_{ak}$	1.4	1.3	1.0	0.4	0.2
$p_0 \leq 0.75 f_{ak}$	1.1	1.0	0.7	0.4	0.2

注：1. f_{ak} 为地基承载力特征值（kPa）。
   2. $\overline{E}_s$ 为变形计算深度范围内压缩模量的当量值，应按下式计算：

$$\overline{E}_s = \frac{\sum A_i}{\sum \dfrac{A_i}{E_{si}}} \tag{2-17}$$

式中 A_i、E_{si}——压缩层内第 i 层土的平均附加应力图形面积（图 2-13 中阴影部分面积）及压缩模量，在实际计算时

$$A_i = 4p_0(\overline{\alpha}_i z_i - \overline{\alpha}_{i-1} z_{i-1}) \tag{2-18}$$

（3）地基变形计算深度 z_n

《规范》法规定地基变形计算深度 z_n 应符合下式要求：

$$\Delta s_n' \leq 0.025 \sum_{i=1}^{n} \Delta s_i' \tag{2-19}$$

式中 $\Delta s_i'$——在计算深度 z_n 范围内，第 i 层土的计算变形值（mm）；

$\Delta s_n'$——在计算深度 z_n 处向上取厚度为 Δz 土层的计算变形值（mm）。Δz 按表 2-5 确定。

Δz 取值表   表 2-5

b (m)	$b \leq 2$	$2 < b \leq 4$	$4 < b \leq 8$	$8 < b$
Δz (m)	0.3	0.6	0.8	1.0

如按式（2-19）确定的地基变形计算深度下部仍有较软土层时，在相同压力条件下，变形会增大，尚应继续向下计算，直至软弱土层中所取规定厚度 Δz 的计算变形满足上式为止。

当无相邻荷载影响，基础宽度在 1~30m 范围内时，基础中点的地基变形计算深度也可按下式简化计算，即

$$z_n = b\ (2.5 - 0.4\ln b) \tag{2-20}$$

式中　b——基础宽度（m）。

提　示

在计算深度范围内存在基岩时，z_n 可取至基岩表面；当存在较厚的坚硬黏性土层，其孔隙比小于 0.5，压缩模量大于 50MPa，或存在较厚的密实砂卵石层，其压缩模量大于 80MPa，z_n 可取至该层土表面。

【工程案例2-2】 已知矩形基础，底面尺寸为 $l \times b = 4.0\text{m} \times 2.0\text{m}$，基础的埋置深度为 $d = 1.5\text{m}$，上部柱传到基础顶面的竖向荷载准永久值为 $F_k = 1100\text{kN}$，持力层土的地基承载力特征值为 $f_{ak} = 125\text{kPa}$，地基土层如图 2-14（a）所示，实测地基沉降量为 78mm，试用规范推荐法计算基础中点处的最终沉降量，并与实测值进行比较。

解：（1）计算基础及其台阶上回填土的平均重量

$$G_k = \gamma_G A \bar{h} = 20 \times 4 \times 2 \times 1.5 = 240\text{kN}$$

（2）计算由准永久值产生的基底压力 p_k

$$p_k = \frac{F_k + G_k}{A} = \frac{1100 + 240}{4 \times 2} = 167.5\text{kPa}$$

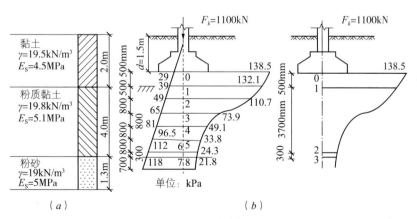

图 2-14　工程案例 2-2 图

（3）计算基底附加压力 p_0

$$p_0 = p_k - \sigma_{cz} = 167.5 - 19.5 \times 1.5 = 138.5\text{kPa}$$

（4）计算压缩层深度 z_n

$$z_n = b\ (2.5 - 0.4\ln b) = 2 \times (2.5 - 0.4\ln 2) = 4.445\text{m} \approx 4.5\text{m}$$

沉降深度计算至粉质黏土层底面。

(5) 划分土层

取天然土层作为分界面，但考虑到复核变形条件是否满足，因为 $b=2m$，按照表 2-5 取 $\Delta z=0.3m$，则从粉质黏土层底面向上取 0.3m 作为一层，具体划分情况见图 2-14 (b)。

(6) 基础沉降量计算过程见表 2-6。

(7) 复核压缩层深度 z_n

由表 2-6 计算可知，$\dfrac{\Delta s_n'}{\sum\limits_1^3 \Delta s_i'} = \dfrac{1.41}{63.37} = 0.022 < 0.025$ 符合要求。

表 2-6

点	z (m)	l/b	z/b	$\bar{\alpha}_i$	$\bar{\alpha}_i z_i$	$\bar{\alpha}_i z_i - \bar{\alpha}_{i-1} z_{i-1}$	p_0 (kPa)	E_{si} (kPa)	$\dfrac{4p_0}{E_{si}}(\bar{\alpha}_i z_i - \bar{\alpha}_{i-1} z_{i-1})$ (mm)
0	0		0	0.25	0	0		4.5	
1	0.5	2/1=2	0.5	0.2468	493.60	493.60	138.5	5.1	0~1 层：15.19
2	4.2		4.2	0.1319	2215.92	1722.32		5.1	1~2 层：46.77
3	4.5		4.5	0.126	2268.00	52.08		5.1	2~3 层：1.41
地基最终沉降量									63.73

(8) 计算沉降经验系数 φ_s

$$\bar{E}_s = \dfrac{\sum A_i}{\sum A_{si}} = \dfrac{p_0 \sum(\bar{\alpha}_i z_i - \bar{\alpha}_{i-1} z_{i-1})}{p_0 \sum(\bar{\alpha}_i z_i - \bar{\alpha}_{i-1} z_{i-1})/E_{si}} = \dfrac{493.6 + 1722.32 + 52.08}{\dfrac{493.6}{4.5} + \dfrac{1722.32}{5.1} + \dfrac{52.08}{5.1}} = 4.96 \text{MPa}$$

因为 $p_0 = 138.5 > f_{ak} = 125 \text{kPa}$，查表 2-4 并用内插法得：

$$\varphi_s = 1.3 - \dfrac{1.3 - 1.0}{7 - 4} \times (4.96 - 4) = 1.2$$

(9) 计算地基最终沉降量

$$s = \varphi_s s' = 1.2 \times 63.37 = 76 \text{mm}$$

计算结果与实测值比较接近实测值。

2.1.5 基础底面积安全计算

基础的底面积的确定一般是根据持力层土的承载力确定，当持力层下存在软弱下卧层时，为保证建筑物的安全，仍应对软弱下卧层进行承载力验算。

2.1.5.1 按持力层土确定基础底面积

1. 轴心受压基础

在轴心荷载作用下，按照地基承载力条件公式 (2-5) 得基础底面积为：

$$A \geqslant \dfrac{F_k}{f_a - \gamma_G \bar{h}} \tag{2-21}$$

矩形基础 基础底面积 $A = bl$，一般取基础长短边之比 $1.5 \leq l/b \leq 2$；

条形基础（基础长度 $l \geq 10b$），沿基础纵向取 1m 宽为计算单元，即长边 $l = 1m$，则

$$b \geq \frac{F_k}{f_a - \gamma_G \bar{h}} \tag{2-22}$$

2. 偏心受压基础

在偏心荷载作用下，基础底面受力不均匀，因此需加大基础底面积。一般情况下可采用试算方法确定，计算步骤为：

（1）先不考虑偏心影响，按轴心受力根据公式（2-21）或（2-22），初算基础面积 A_0。

（2）考虑到偏心荷载作用的影响，将初步计算的基础底面积 A_0 扩大 10%~40%，即 $A = (1.1~1.4) A_0$，然后按长短边之比 $l/b = 1.5~2.0$ 确定基底尺寸。

（3）计算基底边缘最大与最小压力，并按公式（2-6）验算承载力条件是否满足；如果不满足，则重新调整 A，直至满足要求为止。

2.1.5.2 软弱下卧层承载力验算

按照地基持力层承载力条件计算出基底面积后，还应考虑如果地基的主要受力层内存在软弱下卧层，尚需验算下卧层顶面的地基强度，要求作用在下卧层顶面的全部压力不应超过下卧层土的承载力（图 2-15），即：

$$p_z + p_{cz} \leq f_{az} \tag{2-23}$$

式中 p_z——相应于荷载效应标准组合时，软弱下卧层顶面处的附加应力值（kPa）；

p_{cz}——相应于荷载效应标准组合时，软弱下卧层顶面处土的自重应力值（kPa）；

f_{az}——软弱下卧层顶面处经深度修正后的地基承载力特征值（kPa）。

对于软弱下卧层承载力特征值 f_{az}，可将压力扩散至下卧层顶面的面积（或宽度），看作假想深基础的底面，取深度 $(d+z)$ 进行地基承载力特征值修正，即

$$f_{az} = f_{ak} + \eta_d \gamma_m (d + z - 0.5) \tag{2-24}$$

对于矩形基础和条形基础，当上层土与软弱下卧层土的压缩模量比值不小于 3 时，可采用压力扩散的方法求软土层顶面处的附加应力。假设基底处附加压力 p_0 按 θ 角度向下扩散，并按任意深度同一水平面上的附加压力均匀分布考虑（见图 2-15）。根据扩散前后各底面积上的总压力相等的条件，可得

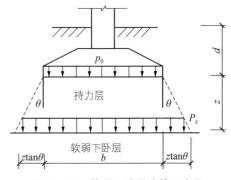

图 2-15 软弱下卧层验算示意图

矩形基础

$$p_z = \frac{blp_0}{(b + 2z\tan\theta)(l + 2z\tan\theta)} \tag{2-25}$$

条形基础沿基础纵向取 1m 宽为计算单元，仅考虑向宽度方向扩散，则

$$p_z = \frac{bp_0}{b + 2z\tan\theta} \qquad (2-26)$$

式中 p_0——基底附加压力（kPa）；

l——矩形基础底面的长边（m）；

b——矩形基础底面的短边，对条形基础指基础宽度（m）；

z——基础底面至软弱下卧层顶面的距离（m）；

θ——地基压力扩散线与垂直线的夹角，可按表2-7采用。

地基压力扩散角　　　　　　　　　　表2-7

E_{s1}/E_{s2}	z/b	
	0.25	0.50
3	6°	23°
5	10°	25°
10	20°	30°

注：1. E_{s1} 为上层土压缩模量，E_{s2} 为下层土压缩模量。

2. $z/b < 0.25$ 时，$\theta = 0°$，必要时宜由试验确定；$z/b > 0.5$ 时，θ 值不变。

提　示

如果验算软弱下卧层承载力不满足要求，说明下卧层承载力不够，这时，需要重新调整基础尺寸，增大基底面积以减小基底压力，从而使传至下卧层顶面的附加压力降低，以满足地基承载力要求；如果承载力仍然不能满足要求，且基础底面积增加受到限制，可采用深基础（如桩基）将基础置于软弱下卧层以下的较坚实的土层上，或进行地基处理提高软弱下卧层的承载力。

【工程案例2-3】 某柱下钢筋混凝土独立基础，上部结构传到基础顶面的轴心压力为 $F_k = 1300\text{kN}$，基础底面尺寸为 $3.0\text{m} \times 5.1\text{m}$，基础埋深 $d = 1.5\text{m}$，持力层为粉质黏土，承载力特征值 $f_{ak} = 140\text{kPa}$，土层分布如图2-16所示，试验算基础底面尺寸是否合适。

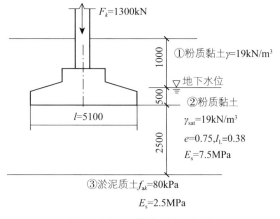

图2-16　工程案例2-3图

解：（1）求修正后的地基承载力特征值

持力层为粉质黏土，由 $e = 0.75$，$I_L = 0.38$，查表得，$\eta_b = 0.3$，$\eta_d = 1.6$，$b = 3\text{m}$，则基底以上土的加权平均重度为：

$$\gamma_m = \frac{1.0 \times 19 + 0.5 \times (19-10)}{1.0 + 0.5} = 15.67\text{kN/m}^3$$

$$f_a = f_{ak} + \eta_d \gamma_m (d - 0.5)$$
$$= 140 + 1.1 \times 15.67 \times (1.5 - 0.5) = 157.2\text{kPa}$$

(2) 持力层承载力验算

基础自重及回填土重量为

$$G_k = 3.0 \times 5.1 \times [1.0 \times 20 + 0.5 \times (20-10)] = 382.5 \text{kN}$$

基底压力 p_k 为：

$$p_k = \frac{F_k + G_k}{A} = \frac{1300 + 382.5}{3.0 \times 5.1} = 110 \text{kPa} < f_a = 157.2 \text{kPa}$$

地基持力层承载力满足设计要求。

(3) 软弱下卧层承载力验算

由软弱下卧层为淤泥质土，查表得，$\eta_b = 0$，$\eta_d = 1.0$。

软弱下卧层顶面以上土的加权平均重度为：

$$\gamma_m = \frac{1.0 \times 19 + 3.0 \times (19-10)}{1.0 + 3.0} = 11.50 \text{kN/m}^3$$

故软弱下卧层修正后的地基承载力特征值为：

$$f_{az} = f_{ak} + \eta_d \gamma_m (d + z - 0.5)$$
$$= 80 + 1.0 \times 11.50 \times (1 + 3 - 0.5) = 120.25 \text{kPa}$$

基底附加压力 p_0 为：

$$p_0 = p_k - \gamma_0 d = \frac{F_k + G_k}{A} - \gamma_0 d = 110 - (19 \times 1.0 + 9 \times 0.5) = 86.5 \text{kPa}$$

地基压力扩散角 θ

$$\frac{E_{s1}}{E_{s2}} = \frac{7.5}{2.5} = 3 \qquad \frac{z}{b} = \frac{2.5}{3} = 0.83 > 0.5$$

查表 2-7，得 $\theta = 23°$

软弱下卧层顶面处的附加应力

$$p_z = \frac{bl p_0}{(b + 2z\tan\theta)(l + 2z\tan\theta)}$$
$$= \frac{3 \times 5.1 \times 86.5}{(3 + 2 \times 2.5 \times \tan 23°)(5.1 + 2 \times 2.5 \tan 23°)} = 35.8 \text{kPa}$$

下卧层顶面处的自重应力 p_{cz} 为：

$$p_{cz} = 19.0 \times 1 + 9 \times 3.0 = 46 \text{kPa}$$

$$p_z + p_{cz} = 35.8 + 46 = 81.8 \text{kPa} < f_{az} = 120.25 \text{kPa}$$

经验算软弱下卧层承载力满足，因此基础底面尺寸 3.0m × 5.1m 合适。

2.1.6 基础截面和配筋安全计算

2.1.6.1 基础截面一般构造

(1) 梁板式基础的底板厚度不宜小于 200mm；阶梯形基础的每阶高度，宜为 300~500mm。

(2) 垫层的厚度不宜小于 70mm，一般为 100mm；垫层混凝土强度等级应为 C10。

(3) 扩展基础底板受力钢筋的最小直径不宜小于 10mm；间距不宜大于 200mm，

也不宜小于100mm；分布钢筋的直径不小于8mm；间距不大于300mm；每延米分布钢筋的面积应不小于受力钢筋面积的1/10。当有垫层时钢筋保护层的厚度不小于40mm；无垫层时不小于70mm。

（4）塔吊混凝土强度等级不应低于C20。

2.1.6.2 基础高度确定

钢筋混凝土独立基础高度主要由抗冲切强度确定。在中心荷载作用下，如果基础高度不够将会沿柱周边发生冲切破坏，形成45°斜裂面冲切角锥体（图2-17），为防止基础发生冲切破坏，必须进行抗冲切验算以保证基础具有足够的高度，使冲切角锥体以外的地基净反力引起的冲切力 F_l 不大于基础冲切面处混凝土的抗冲切能力。

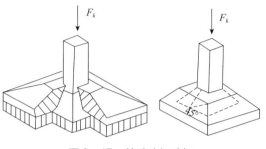

图2-17 基础冲切破坏

对于矩形基础，应验算柱与基础交接处以及基础变阶处的，受冲切承载力应按下列公式验算：

$$F_l \leq 0.7\beta_{hp} f_t a_m h_0 \quad (2-27)$$

$$F_l = p_j A_l \quad (2-28)$$

式中 β_{hp}——受冲切承载力截面高度影响系数，当 h 不大于800mm时，β_{hp} 取1.0；当 h 不小于2000mm时，β_{hp} 取0.9，其间按线性内插法取用；

f_t——混凝土轴心抗拉强度设计值（N/mm²），查表2-8。

混凝土抗拉强度设计值（N/mm²）　　　　　表2-8

强度种类	C15	C20	C25	C30	C35	C40	C45
f_t	0.91	1.10	1.27	1.43	1.57	1.71	1.80
强度种类	C50	C55	C60	C65	C70	C75	C80
f_t	1.89	1.96	2.04	2.09	2.14	2.18	2.22

h_0——基础冲切破坏锥体的有效高度（m）；

a_m——冲切破坏锥体最不利一侧计算长度（m）；

a_t——冲切破坏锥体最不利一侧斜截面的上边长（m）；当计算柱与基础交接处的受冲切承载力时，取柱宽；当计算基础变阶处的受冲切承载力时，取上阶宽；

a_b——冲切破坏锥体最不利一侧斜截面在基础底面积范围内的下边长（m）；当冲切破坏锥体的底面落在基础底面以内（图2-18a、b），计算柱与基础交接处的受冲切承载力时，取柱宽加两倍基础有效高度；当计算基础变阶处的受冲切承载力时，取上阶宽加两倍该处的基础有效高度。当

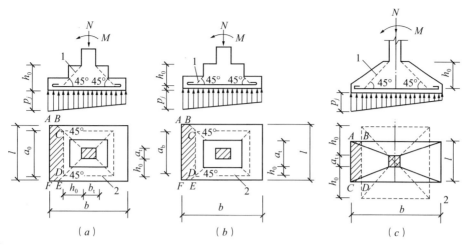

图2-18 计算阶梯形基础的受冲切承载力截面位置
1—冲切破坏锥体最不利一侧的斜截面；2—冲切破坏锥体的底面线

冲切破坏锥体的底面在 l 方向落在基础底面以外，即 $a+2h_0 \geq l$ 时（图 2-18c），$a_b = l$；

p_j——扣除基础自重及其上土重后相应于荷载效应基本组合时的地基土单位面积净反力（kPa）；轴压基础，$p_j = F/A$，对偏心受压基础可取基础边缘处最大地基土单位面积净反力；

F_l——相应于荷载效应基本组合时作用在 A_l 上的地基土净反力设计值（kN）；

F——相应于荷载效应基本组合时作用在基础顶面的竖向荷载值（kN）；

A——基础底面面积（m^2）；

A_l——冲切验算时取用的部分基底面积（图 2-18a、b 中的阴影面积 ABCDEF，或图 2-18c 中的阴影面积 ABCD）（m^2）。

设 a_t、b_t 分别为基础长边 l 方向和短边 b 方向对应的柱边长（变阶处为上阶对应的台阶尺寸），当 $l > a_t + 2h_0$ 时（图 2-18a、b），冲切破坏角锥体的底面积部分落在基底面积以内

$$A_l = \left(\frac{b}{2} - \frac{b_t}{2} - h_0\right)l - \left(\frac{l}{2} - \frac{a_t}{2} - h_0\right)^2 \quad (2-29)$$

$$a_m h_0 = (a_t + h_0) h_0 \quad (2-30)$$

当 $l \leq a_t + 2h_0$ 时（图 2-18c），冲切破坏角锥体的底面积部分落在基底面积以外

$$A_l = \left(\frac{b}{2} - \frac{b_t}{2} - h_0\right)l \quad (2-31)$$

$$a_m h_0 = (a_t + h_0) h_0 - \left(\frac{a_t}{2} + h_0 - \frac{l}{2}\right)^2 \quad (2-32)$$

当基础底面边缘在冲切破坏的45°开裂线以内时，可以不进行基础高度的抗冲切验算。

2.1.6.3 基础底板配筋计算

独立基础在地基净反力作用下，在纵横两个方向都要产生弯矩，使基础沿柱边的

周边向上弯曲,发生抗弯破坏。因此,独立基础底板的配筋应按受弯承载力确定,一般柱下独立基础的长短边尺寸较为接近,需考虑基础双向受弯,应分别在底板纵横两个方向配置受力钢筋。

对于矩形基础,当台阶宽高比不大于2.5和偏心距不大于1/6基础宽度时,地基反力为梯形分布。见图2-19,基础底板两个方向的弯矩按照《规范》可以表示为:

$$M_I = \frac{1}{12}a_1^2 \left[(2l+a') \right] \left(p_{max} + p_I - \frac{2G}{A} \right) + (p_{max} - p_I) l \quad (2-33)$$

$$M_{II} = \frac{1}{48}(l-a')^2 \left[(2b+b') \right] \left(p_{max} + p_{min} - \frac{2G}{A} \right) \quad (2-34)$$

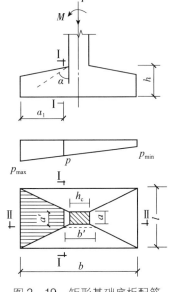

图2-19 矩形基础底板配筋计算示意图

式中 p_{max}、p_{min}——相应于荷载效应基本组合时的基础底面边缘最大和最小地基反力设计值;

p_I——相应于荷载效应基本组合时在任意截面Ⅰ-Ⅰ处基础底面地基反力设计值;

G——考虑荷载分项系数的基础自重及其上的土重;当组合值由永久荷载控制时,$G=1.35G_k$,G_k为基础及其上土的标准自重;

a、h_c——分别为与基础长边和短边相对应的柱子边长;

l、b——基础底面的边长。

当求得计算截面弯矩后,可用下式分别计算基础底板纵横两个方向的钢筋面积,并结合钢筋构造查钢筋面积表2-9或表2-10。

$$A_s = \frac{M}{0.9f_y h_0} \quad (2-35)$$

式中 f_y——钢筋抗拉强度设计值(N/mm²),查表2-11。

钢筋的计算截面面积及公称质量表　　表2-9

直径 (mm)	不同根数直径的计算截面面积 (mm²)									公称质量 (kg/m)
	1	2	3	4	5	6	7	8	9	
6	28.3	57	85	113	142	170	198	226	254	0.222
6.5	33.2	66	100	133	166	199	232	265	299	0.26
8	50.3	101	151	201	252	302	352	402	453	0.395
8.2	52.8	106	158	211	264	317	370	422	475	0.415
10	78.5	157	236	314	393	471	550	628	707	0.617
12	113.1	226	339	452	565	679	792	905	1017	0.888

续表

直径 (mm)	不同根数直径的计算截面面积（mm²）									公称质量 (kg/m)
	1	2	3	4	5	6	7	8	9	
14	153.9	308	462	616	770	924	1078	1232	1385	1.208
16	201.1	402	603	804	1005	1206	1407	1608	1809	1.578
18	254.5	509	763	1018	1272	1527	1781	2036	2290	1.998
20	314.2	628	942	1257	1571	1885	2199	2513	2827	2.466
22	380.1	760	1140	1521	1901	2281	2661	3041	3421	2.984
25	490.9	982	1473	1963	2454	2945	3436	3927	4418	3.853
28	615.8	1232	1847	2463	3079	3695	4310	4926	5542	4.834
32	804.2	1608	2413	3217	4021	4825	5630	6434	7238	6.313
36	1018	2036	3054	4072	5089	6107	7125	8143	9161	7.99
40	1257	2513	3770	5027	6283	7540	8796	10053	11310	9.865

每米板宽钢筋截面面积表（单位：mm²） 表 2-10

间距 \ 直径	8	10	12	14	16	18	20
90	558.51	872.66	1256.64	1710.42	2234.02	2827.43	3490.66
100	502.65	785.4	1130.97	1539.38	2010.62	2544.69	3141.59
110	456.96	714	1028.16	1399.44	1827.84	2313.35	2855.99
120	418.88	654.5	942.48	1282.82	1675.52	2120.58	2617.99
125	402.12	628.32	904.78	1231.5	1608.5	2035.75	2513.27
130	386.66	604.15	869.98	1184.14	1546.63	1957.45	2416.61
140	359.04	561	807.84	1099.56	1436.16	1817.64	2243.99
150	335.1	523.6	753.98	1026.25	1340.41	1696.46	2094.4
160	314.16	490.87	706.86	962.11	1256.64	1590.43	1963.5
170	295.68	462	665.28	905.52	1182.72	1496.88	1848
175	287.23	448.8	646.27	879.65	1148.93	1454.11	1795.2
180	279.25	436.33	628.32	855.21	1117.01	1413.72	1745.33
190	264.56	413.37	595.25	810.2	1058.22	1339.31	1653.47
200	251.33	392.7	565.49	769.69	1005.31	1272.35	1570.8

普通钢筋强度设计值（N/mm²） 表 2-11

种类		f_y	f_y'
热轧钢筋	HPB235（Q235）	210	210
	HRB335（20MnSi）	300	300
	HRB400（20MnSiV、20MnSiNb、20MnTi）	360	360
	RRB400（K20MnSi）	360	360

2.2 塔吊浅基础计算工程案例

学习目标

结合实际工程掌握塔吊浅基础计算内容、计算方法

已知某高层住宅建筑设地下1层,地上18层,地下室作为设备用房和防空地下室,建筑物地上高度为64m,框架—剪力墙结构,建筑物东西长30m,南北宽25m,总建筑面积1436mm²,结构为柱下独立基础,基础底标高为 -7.800m。该工程属深基坑开挖工程,基坑支护采用喷锚网支护。土层分布情况见表2-12。现选用FO/23B塔式起重机作为其中运输设备。试设计该塔式起重机的基础。

土层分布情况　　　　　　表2-12

层号	层　名	深度 z (m)	γ (kN/m³)	E_s (MPa)	f_{ak} (kPa)
1	素填土	2.2	18.5	4.6	—
2	粉质黏土	4.1	19.1	14.6	130
3	全风化含粉砂泥岩	1.5	20.5	38.0	175
4	微风化含粉砂泥岩	12	25	—	210

1. 基础的选型

根据《FO/23B 塔式起重机使用说明书》和《甲花园某栋高层住宅岩土工程勘察报告》,本工程塔吊基础采用整体式混凝土基础,长×宽×高尺寸为5400mm×5400mm×1400mm,考虑与地下室以及土层分布情况,基础埋深 d = 7.8m,选用微风化含粉砂泥岩作为基础持力层。塔吊基础平面及剖面施工见图2-20、图2-21。

2. 塔吊参数信息(参照塔吊使用说明书)

根据塔吊正常运转以及工程实际需要,考虑塔吊的安装高度为78m,共需要标准节26节,每个标准节高3m,塔吊的配重为11.174t,按塔吊使用说明书计算:

塔吊自重为:67.242t = 672.46kN

基础自重为:5.4 × 5.4 × 1.40 × 24 = 980kN

活荷载最大起吊重量:10 t = 100kN

倾覆力矩:1450kN·m

塔身宽度:1.6m

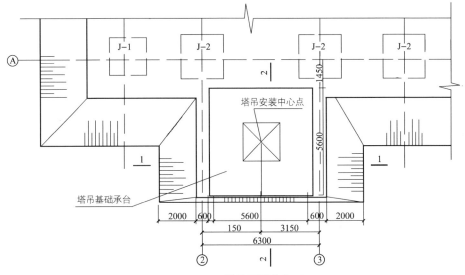

图 2-20 塔吊平面定位图

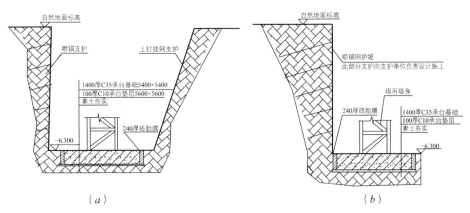

图 2-21 塔吊基础剖面图
(a) 1—1 剖面；(b) 2—2 剖面

3. 荷载计算

(1) 正常使用极限状态下，荷载效应的标准组合值为：

作用于基础顶面的竖向荷载标准组合值为：

$$F_k = 塔吊自重 + 活荷载最大起吊重量 = 672.4 + 100 = 772.46 \text{kN}$$

作用于基础底面的基础及基础上回填土的竖向荷载标准组合值为：

$$G_k = 基础自重 + 基础上回填土重量 = 980 + 20 \times 5.4 \times 5.4 \times (7.8 - 1.4)$$
$$= 4712.48 \text{kN}$$

作用于基础底面的弯矩的标准组合值为：

$$M_k = 倾覆力矩 = 1450 \text{kN} \cdot \text{m}$$

(2) 承载能力极限状态下，荷载效应的基本组合设计值为（按照可变荷载效应控制为主，竖向力分项系数为 1.2，倾覆力矩及扭矩分项系数为 1.4）：

作用于基础顶面的竖向荷载基本组合设计值为：

$$F = 1.2 \times (塔吊自重 + 活荷载最大起吊重量) = 1.2 \times (672.4 + 100)$$
$$= 926.95 \text{kN}$$

作用于基础底面的基础及基础上回填土的竖向荷载基本组合设计值为：
$$G = 1.2 \times (基础自重 + 基础上回填土重量)$$
$$= 1.2 \times (980 + 20 \times 5.4 \times 5.4 \times 6.4) = 5655.0 \text{kN}$$

作用于基础底面的弯矩的基本组合设计值为：
$$M = 1.4 \times 倾覆力矩 = 1.4 \times 1450 = 2030 \text{kN} \cdot \text{m}$$

4. 地基承载力验算

(1) 修正后的持力层土的承载力特征值

根据工程地质资料，持力层为微风化含粉砂泥岩，查表得 $\eta_b = 2.0$，$\eta_d = 3.0$。基础底面以上土的加权重度为：

$$\gamma_m = \frac{\sum \gamma_i h_i}{\sum h_i} = \frac{18.5 \times 2.2 + 19.1 \times 4.1 + 20.5 \times 1.5}{7.8} = 19.2 \text{kN/m}^3$$

$$f_a = f_{ak} + \eta_b \gamma (b-3) + \eta_d \gamma_m (d-0.5)$$
$$= 210 + 2 \times 25 \times (5.4 - 3) + 3.0 \times 19.2 \times 7.8 (1.8 - 0.5) = 750 \text{kPa}$$

(2) 偏心距计算

$$e = \frac{M_k}{F_k + G_k} = \frac{1450}{772.46 + 4712.48} = 0.26 \text{m} < \frac{b}{6} = 0.9 \text{m} \text{ 且 } e < \frac{b}{3} = 1.8 \text{m}$$

满足基础整体倾覆验算。

(3) 基底压力验算：

$$p_{k\max} = \frac{F_k + G_k}{bl} + \frac{M_k}{W} = \frac{772.46 + 4712.48}{5.4 \times 5.4} + \frac{1450}{5.4^3/6} = 243.34 \text{kPa}$$
$$< 1.2 f_a = 1.2 \times 750 = 900 \text{kPa}$$

$$p_{k\min} = \frac{F_k + G_k}{bl} - \frac{M_k}{W} = \frac{772.46 + 4712.48}{5.4 \times 5.4} - \frac{1450}{5.4^3/6} = 132.8 \text{kPa} > 0$$

$$p_k = \frac{p_{k\max} + p_{k\min}}{2} = \frac{243.34 + 132.8}{2} = 188.05 \text{kPa} < f_a = 750 \text{kPa}$$

地基承载力满足要求。

5. 确定基础高度

根据构造要求，基础混凝土等级为C35，查表得混凝土抗拉强度设计值为 $f_t = 1.57 \text{N/mm}^2$，钢筋选用HRB335级，钢筋抗拉强度设计值 $f_y = 300 \text{N/mm}^2$，其下用100厚C10素混凝层，保护层厚度为40mm。选择基础高度 $h = 1400 \text{mm}$，$h_0 = 1400 - 40 = 1360 \text{mm}$，由题得，$l = b = 5.4 \text{m}$，$a_t = b_t = 1.6 \text{m}$。

最大基底净反力计算：

$$p_{j\max} = \frac{F}{bl} + \frac{M}{W} = \frac{926.95}{5.4 \times 5.4} + \frac{2030}{5.4^3/6} = 109.13 \text{kPa}$$

$$p_{j\min} = \frac{F}{bl} - \frac{M}{W} = \frac{926.95}{5.4 \times 5.4} - \frac{2030}{5.4^3/6} = -51.75 \text{kPa} < 0$$

基底出现拉力，此时

$$a = \frac{b}{2} - e = \frac{5.4}{2} - \frac{M}{F} = 2.7 - \frac{2030}{9269.5} = 0.51\text{m}$$

$$p_{j\max} = \frac{2F}{3al} = \frac{2 \times 926.95}{3 \times 0.51 \times 5.4} = 224.39\text{kPa}$$

最后 $\quad p_{j\max} = 224.39\text{kPa}$

因为

$$b_t + 2h_0 = 1.6 + 2 \times 1.36 = 4.32\text{m} < 5.4\text{m}$$

故

$$A_l = \left(\frac{b}{2} - \frac{b_t}{2} - h_0\right)l - \left(\frac{l}{2} - \frac{a_t}{2} - h_0\right)^2$$

$$= \left(\frac{5.4}{2} - \frac{1.6}{2} - 1.36\right) \times 5.4 - \left(\frac{5.4}{2} - \frac{1.6}{2} - 1.36\right)^2 = 2.6244\text{m}^2$$

$$a_m h_0 = (a_t + h_0)h_0 = (1.6 + 1.36) \times 1.36 = 4.0256\text{m}^2$$

冲切力设计值：

$$F_l = p_{j\max}A_l = 224.39 \times 2.6244 = 588.89\text{kN}$$

抗冲切力值：当 $h = 1400\text{mm}$，时，按插入法得：

$$\beta_{hp} = 1.0 - (1400 - 800) \times \frac{1.0 - 0.9}{2000 - 800} = 0.95$$

$$0.7\beta_{hp}f_t a_m h_0 = 0.7 \times 0.95 \times 1.57 \times 4.0256 = 4202.93\text{kN} > F_l = 588.89\text{kN}$$

基础高度 $h = 1400\text{mm}$ 满足抗冲切要求。

6. 基础配筋计算

按荷载效应的基本组合计算的基底压力为：

$$p_{\max} = \frac{F+G}{A} + \frac{M}{W} = \frac{926.95 + 5655}{5.4 \times 5.4} + \frac{2030}{5.4^3/6} = 303\text{kPa}$$

$$p_{\min} = \frac{F+G}{A} - \frac{M}{W} = \frac{926.95 + 5655}{5.4 \times 5.4} - \frac{2030}{5.4^3/6} = 1418.4\text{kPa}$$

按荷载效应的基本组合计算截面 I—I 的基底压力为

$$p = p_{\min} + \frac{b + h_c}{2b}(p_{\max} - p_{\min})$$

$$= 148.4 + \frac{5.4 + 1.6}{2 \times 5.4}(303 - 148.4) = 248.4\text{kPa}$$

I—I 截面处弯矩计算：取塔身边缘为计算截面，则有

$$a_1 = \frac{5.4 - 1.6}{2} = 1.9\text{m}, \quad a' = b' = 1.6\text{m}$$

$$M_I = \frac{1}{12}a_1^2[(2l + a')]\left(p_{\max} + p - \frac{2G}{A}\right) + (p_{\max} - p)l$$

$$= \frac{1}{12} \times 1.9^2 \times [(2 \times 5.4 + 1.6)]\left(303 + 248.4 - \frac{2 \times 5655}{5.4^2}\right)$$

$$+ (303-2148.4) \times 5.4 = 861.2 \mathrm{mm}^2$$

$$A_{s1} = \frac{M_I}{0.9 f_y h_0} = \frac{861.2 \times 10^6}{0.9 \times 300 \times 1360} = 2345 \mathrm{mm}^2$$

$$M_{II} = \frac{1}{48} (l-a')^2 [(2b+b')] \left(p_{max} + p_{min} - \frac{2G}{A}\right)$$

$$= \frac{1}{48} \times (5.4-1.6)^2 \times [(2 \times 5.4 + 1.6)] \left(2303 + 148.4 - \frac{2 \times 5655}{5.4^2}\right)$$

$$= 237 \mathrm{mm}^2$$

$$A_{s1} = \frac{M_{II}}{0.9 f_y h_0} = \frac{237 \times 10^6}{0.9 \times 300 \times 1360} = 645.4 \mathrm{mm}^2$$

查钢筋面积表并结合构造选钢筋为双层双向Φ12@200，拉筋为ϕ10@200，基础配筋图如图2-22所示。

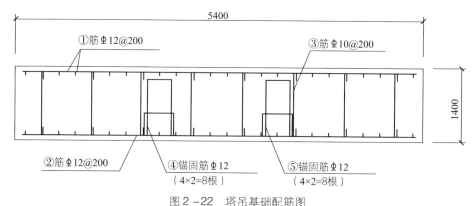

图2-22 塔吊基础配筋图

注：1. 钢筋保护层厚度为40mm；2. 钢筋为箍筋呈梅花形布置；3. ④、⑤钢筋绑扎时配合塔吊支腿安装绑扎到位；4. 马凳筋采用Φ12@1000×1000布置

单元小结

本单元按照《地基基础设计规范》和《建筑施工手册》第四版有关规定，对塔吊基础类型选择、地基承载力安全计算、地基变形安全计算、基础底面积安全计算、基础截面和配筋安全计算等内容进行了详细阐述和讲解，并通过一综合实际工程案例将知识点进行串领，以培养学生综合运用知识、理论联系实际、一丝不苟、严谨认真的职业态度和工作作风。

【课后讨论】

通过网上资源或图书馆查找塔吊十字交叉基础和桩基础设计有关知识，讨论各种基础类型的适用条件。

思考与练习

1. 地基基础设计有哪些要求和基本规定？
2. 选择基础埋深时应考虑哪些因素？
3. 什么是土的自重应力？如何计算？地下水位升降对地基中的自重应力有何影响？
4. 什么是基底压力？工程中如何计算轴心荷载和偏心荷载下的基底压力？
5. 如何按照地基承载力确定基础底面尺寸？
6. 进行地基变形安全计算基本步骤是怎样的？
7. 已知柱下单独基础底面尺寸 $3m \times 2m$，$F_K = 900kN$，$M_k = 150N \cdot m$，试按图 2-23 所给资料计算 p_k、$p_{k\max}$、$p_{k\min}$、p_0，并画出基底压力的分布图。

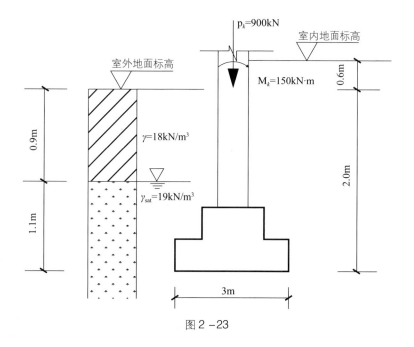

图 2-23

8. 某构筑物基础图 2-24，基底尺寸 $l \times b = 4m \times 2.0m$，基础埋深 2m，顶面作用偏心荷载 $F_k = 680kN$；偏心距 1.31m，试求矩形基底平均压力及边缘最大压力并画出基底压力分布图形。

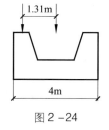

图 2-24

9. 矩形基础竖向轴向力标准组合值为 $F_K = 900kN/m$，地基土分层为
   第一层：黏土，厚 4.5m，重度 $\gamma = 18.9kN/m^3$，$w = 35.7\%$，$w_L = 53.5\%$，$w_P = 25\%$，$d_s = 2.7$，压缩模量 $E_s = 7.5MPa$，承载力特征值 $f_{ak} = 193.05kPa$，基础埋深 2m。
   第二层：淤泥质土，$w = 55\%$，压缩模量 $E_s = 2.5MPa$，承载力标准值 $f_{ak} = 62.14kPa$。
   试确定（1）修正后的持力层承载力特征值。
   （2）确定基础底面尺寸。

(3) 进行软弱下卧层承载力验算。

单元课业

课业名称：塔吊浅基础安全计算
时间安排：安排在本单元结束进行

一、课业说明

本课业是为了完成"能够进行塔吊浅基础安全计算"的职业能力而制定的。根据能力要求，需要学生能够结合实际工程地质勘察报告和工程建筑结构概况进行塔吊类型选择、塔吊荷载计算、塔吊基础选择、地基承载力、地基变形、基础截面和配筋安全计算等内容。

二、背景知识

教材：本学习单元内容。
参考资料：《混凝土结构施工图平面整体表示方法制图规则和构造详图（独立基础、条形基础、桩基承台）》06G101—6、《地基基础设计规范》、《建筑抗震设计规范》和《建筑施工手册》第四版有关规定。

三、任务内容

选择实际工程，由教师给定地质条件及工程建筑结构概况（或由学生根据地质勘察报告及工程实际图纸确定），学生独立完成塔吊浅基础安全计算。教师给定地质条件及工程建筑结构概况时可以按照每5～8人为一相同课题进行。具体任务内容如下：

1. 进行塔吊类型和塔吊基础的选择。
2. 塔吊荷载计算。
3. 地基承载力安全计算。
4. 地基变形安全计算。
5. 基础截面和配筋安全计算。
6. 绘制基础施工图。

四、课业要求

1. 任务要独立完成，小组成员之间可以互相讨论但严禁抄袭。

2. 完成任务中要运用图书馆教学资源、网上资源进行知识的扩充，不断积累知识，增强自学能力。

3. 计算正确，满足施工、经济技术性和实用性要求。

4. 绘图满足制图规范，线条粗细均匀、文字标注规范合理。

5. 按照教师要求的完成时间、上交时间完成。

五、评价

学生课业成绩评定采用小组自评、小组互评和教师评定三部分完成，小组自评占20%，小组互评占20%，教师评定占60%。具体评定见课业成绩评议表。

课业成绩评定分为优秀、良好、中等、及格、不及格五个等级。

课业综合评定成绩在 90 分以上为优秀；课业综合评定成绩在 80~89 分为良好；课业综合评定成绩在 70~79 分为中等；课业综合评定成绩在 60~69 分为及格；课业综合评定成绩在 59 分以下为不及格。

课业成绩评议表

班级		组别		组长		项目名称			成绩	
自评 (20%)	塔吊类型和基础选择合理性（10%）									
	塔吊荷载计算正确性（10%）									
	地基承载力计算正确性（20%）									
	地基变形计算正确性（20%）									
	基础截面和配筋计算正确性（30%）									
	施工图绘制规范性（10%）									
互评 (20%)	组别	塔吊类型和基础选择合理性	塔吊荷载计算正确性	地基承载力计算正确性	地基变形计算正确性	基础截面和配筋计算正确性	施工图绘制规范性			
	一组									
	二组									
	三组									
	…									
教师评定 (60%)	教师评语及改进意见：									
课业成绩综合评定										
学生对课业成绩反馈意见：										

单元3

基坑工程施工

引　言

　　每栋建筑物都会有基础，而且建筑物基础需要埋入地面以下一定深度。经过土方开挖施工形成基坑（槽），这一过程称为基坑工程施工，本章将教你解决基坑施工过程中可能遇到的技术和管理问题，学会编制一个基坑工程施工的施工方案。

学习目标

通过本章学习你将能够：

1. 计算基坑（槽）土方工程量。
2. 根据工程地质勘察报告选择基坑降水方案。
3. 根据工程地质勘察报告确定基坑边坡坡度。
4. 根据工程地质勘察报告和工程图纸确定土方开挖方案。
5. 编制基坑工程施工方案，并指导基坑工程施工。

本单元旨在培养学生具有编制基坑工程施工方案，并依据施工方案组织和指导土方施工的基本能力，通过课程讲解使学生掌握基坑（槽）土方工程量计算、基坑降水方案设计，土方开挖方案确定等知识；通过施工录像、现场参观、案例教学、任务驱动教学法等强化学生对土方施工知识的掌握，进一步培养学生进行基坑工程施工的综合职业能力。

基础工程施工一般需经过场地平整、施工放线、土方开挖、验槽等过程，有时还需进行基坑降水、坑壁支护、计算土方量等准备工作。

3.1 土方工程量计算

学习目标
1. 掌握计算基坑（槽）土方工程量
2. 掌握其他土方工程量计算

关键概念
土方边坡、方格网法

3.1.1 土方工程量计算一般规定

建筑工程的挖土分为平整场地、挖沟槽、挖基坑和挖土方等四种类型。

1. 场地平整

是指建筑场地以找平为目的，挖、填土方深度在300mm以内的工程，一般计算面积以 m^2 为计算单位。

2. 挖基槽

是指挖基槽（或沟槽）槽底宽度在3m以内，槽底长度大于3倍槽底宽度的工程；例如条形基础基槽、管沟的沟槽等。

3. 挖基坑

是指基坑底面积在 $20m^2$ 以内的工程。

4. 挖土方

是指以上三项以外的挖方工程。

3.1.2 土方边坡与工作面

进行基坑工程施工时，一般在周边环境允许时，尽量采用放坡开挖，以保证土方施工时的稳定，防止坍塌，保证施工安全。

当土质为天然湿度，构造均匀，水文地质条件良好（即不会发生坍塌、移动、松散或不均匀下沉），且无地下水时，开挖基坑可不必放坡，采取直立开挖不加支护，但挖方深度应符合表3-1要求。

在山坡整体稳定情况下，如地质条件良好，土质较均匀，高度在10m内的边坡坡度可按表3-2确定。

基坑（槽）和管沟不加支撑时的容许深度　　　　　　　　　　表3-1

项次	土的种类	容许深度（m）
1	密实、中密的砂子和碎石类土（充填物为砂土）	1.00
2	硬塑、可塑的粉质黏土及粉土	1.25
3	硬塑、可塑的黏土和碎石类土（充填物为黏性土）	1.50
4	坚硬的黏土	2.00

土质边坡坡度允许值　　　　　　　　　　表3-2

土的类别	密实度或状态	坡度允许值（高宽比）	
		坡高在5m以内	坡高为5~10m
碎石土	密实	1:0.35~1:0.50	1:0.50~1:0.75
	中密	1:0.50~1:0.75	1:0.75~1:1.00
	稍密	1:0.75~1:1.00	1:1.00~1:1.25
黏性土	坚硬	1:0.75~1:1.00	1:1.00~1:1.25
	硬塑	1:1.00~1:1.25	1:1.25~1:1.50

注：1. 表中碎石土的充填物为坚硬或硬塑状态的黏性土。
　　2. 对于砂土或充填物为砂土的碎石土，其边坡坡度允许值均按自然休止角确定。

但计算工程造价时的土方工程量应按各地方计价定额中规定的边坡坡度计算工程量，作为计价的基础，如《江苏省建筑与装饰工程计价表》规定土方放坡系数见表3-3。

土方放坡系数　　　　　　　　　　表3-3

土壤类别	放坡深度规定（m）	高与宽之比		
		人工挖土	坑内作业	坑上作业
一、二类土	超过1.2	1:0.5	1:0.33	1:0.75
三类土	超过1.5	1:0.33	1:0.25	1:0.67
四类土	超过2.0	1:0.25	1:0.10	1:0.33

注：1. 沟槽、基坑中土壤类别不同时，分别按其土壤类别、放坡比例以不同土壤厚度分别计算。
　　2. 计算放坡工程量时交接处的重复工程量不扣除，符合放坡深度规定时才能放坡，放坡高度自垫层下表面至设计室外地面标高计算。

边坡的形式可做成斜坡式、踏步式、折线式、台阶式等形式，如图3-1所示。

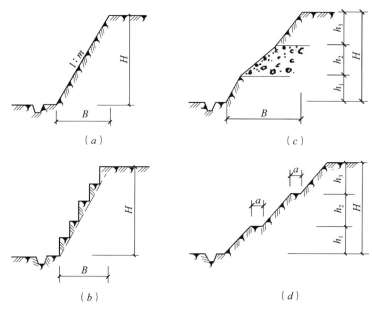

图 3-1 场地、基坑边坡形式
(a) 斜坡式；(b) 踏步式；(c) 折线式；(d) 台阶式

土方边坡坡度用 1∶m 表示，m 为边坡系数，$m = B/H$，它与边坡的使用时间（临时性、永久性等）、土的种类、土的物理力学性质（内摩擦角、黏聚力、密度、湿度等）、水位高低等有关。

基坑开挖时还应为工程施工留有工作面，工作面的尺寸与基础工程施工方法有关，各省计价定额均有规定。例如《江苏省建筑与装饰工程计价表》规定基础施工所需工作面按照表 3-4 的规定取。

基础施工所需工作面宽度　　　　表 3-4

基础材料	每边各增加工作面宽度（mm）
砖基础	以最下一层大放脚边至地槽（坑）边 200
浆砌毛石、条石基础	以基础边至地槽（坑）边 150
混凝土基础支模板	以基础边至地槽（坑）边 300
基础垂直面做防水层	以防水层的外表面至地槽（坑）边 800

3.1.3 基坑土方量计算

基坑土方量的计算可近似地按拟柱体（即上下底为两个平行的平面，所有的顶点都在两个平行平面上的立面体）体积公式按下式计算（如图 3-2）

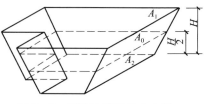

图 3-2 四面放坡基坑土方量

$$V = \frac{1}{6}h\,(A_1 + 4A_0 + A_2) \tag{3-1}$$

式中 V——四面放坡基坑土方量（体积）（m³）；

A_1、A_0、A_2——基坑上、中、下截面面积（m）；基坑下截面面积等于基础外尺寸加上工作面尺寸所形成的面积；基坑中截面与上截面面积，是在下截面面积计算参数的基础上考虑放坡后的尺寸而计算的面积；

h——基坑深度（m），等于基底标高与场地平整高度的差值。

相关知识

场地平整标高的确定

由于基础底面一般为平面，而上底面一般为自然地坪，有高有低。对于高低不平的场地，要准确计算工程量是非常困难的，一般都采用近似的方法，而前面的基坑、基槽土方工程量计算的关键是场地自然标高的确定。一般借助方格网法确定场地自然地坪平均标高，该方法的基本原理是"挖填平衡"。

如图3-3（a），将地形图划分为方格网（方格网边长1~2m），每个方格的角点标高，一般可根据地形图上相邻两等高线的标高用插入法求得。当无地形图时，亦可在现场打设木桩定好方格网，然后用仪器直接测出。

在确定场地平整标高时，一般要求场地内的土方在平整前和平整后相等而达到挖填土方量平衡，如图3-3（b）。设达到挖填平衡的场地平整高度（平均标高）为H_0，由挖填平衡条件得：

$$H_0 Na^2 = \sum_1^n \left(a^2 \frac{H_{11} + H_{12} + H_{21} + H_{22}}{4} \right)$$

$$H_0 = \sum_1^n \frac{(H_{11} + H_{12} + H_{21} + H_{22})}{4N}$$

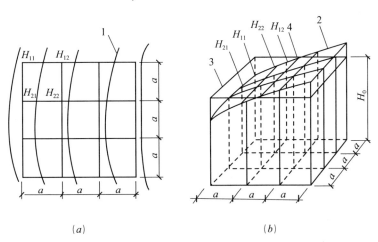

图3-3 场地设计标高计算简图
(a) 地形图上划分方格；(b) 设计标高示意图
1—等高线；2—自然地坪；3—设计标高平面；
4—自然地面与设计标高平面的交线（零线）

此式也可用下式表示：

$$H_0 = \frac{\sum H_1 + 2\sum H_2 + 3\sum H_3 + 4\sum H_4}{4N} \quad (3-2)$$

式中　　a——方格网边长（m）；

　　　　N——方格网数（个）；

$H_{11} \cdots H_{22}$——任一方格的四个角点的标高（m）；

　　　　H_1——一个方格共有的角点标高（m）；

　　　　H_2——两个方格共有的角点标高（m）；

　　　　H_3——三个方格共有的角点标高（m）；

　　　　H_4——四个方格共有的角点标高（m）。

对于边坡为折线形的基坑，可以采用分层计算的方法，然后累加。

（1）实际工程中，对于矩形基坑放坡、留工作面，也可采用下式计算：

$$V = (a + 2c + mh)(b + 2c + mh)h + \frac{1}{3}m^2h^3 \quad (3-3)$$

若不留工作面 $c = 0$。

（2）圆形基坑

$$V = \frac{1}{3}\pi h (R_1^2 + R_1R_2 + R_2^2) \quad (3-4)$$

式中　　V——挖基坑工程量（m³）；

　　　　a——基础底面长度（m）；

　　　　b——基础底面宽度（m）；

　　　　h——基坑开挖深度（m）；

　　　　c——增加工作面宽度（m）；

　　　　m——放坡系数；

　　　　R_1——基坑底挖土半径（m），$R_1 = R + c$；

　　　　R_2——基坑上口挖土半径（m），$R_2 = R_1 + mh$；

　　　　R——基础底面半径（m）。

3.1.4　基槽土方量计算

挖基槽多用于建筑物的条形基础、渠道、管沟等挖土工程。基槽土方量计算可按其长度方向分段计算各段土方量，然后求和即为总土方量。

如该段内基槽截面形状、尺寸不变时，其土方即为该段横截面面积乘以该段基槽长度，一般两边放坡按下式计算：

$$V = H(B + mH)L \quad (3-5)$$

式中　　V——两边放坡基槽土方量（体积）（m³）；

　　　　H——基槽深度（m）；

B——基槽宽度（m）；

L——基槽长度（m）。

如基槽内横截面的形状、尺寸有变化时，也可近似地用按棱柱体体积公式如下式计算（图3-4）。

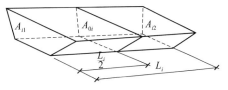

图3-4 基槽土方量计算简图

$$V_i = \frac{1}{6}L_i\ (A_{i1} + 4A_{0i} + A_{i2}) \tag{3-6}$$

式中　V_i——基槽第i段土方量（体积）（m^3）；

　　A_{i1}、A_{i2}——第i段基槽两端横截面面积（m^2）；

　　A_{0i}——第i段基槽中截面面积（m^2）。

【工程案例3-1】大型柱基留工作面后的基坑尺寸如图3-5所示，坡度系数$m=0.33$，试求基坑开挖土方量。

解： 由题意知：

基坑上口截面面积：

$$\begin{aligned} A_1 &= (a + 2mh)\ (b + 2mh) \\ &= (3 + 2 \times 0.33 \times 2.5)(3.4 + 2 \times 0.33 \times 2.5) \\ &= 23.48 m^2 \end{aligned}$$

基坑下口截面面积：$A_2 = a \times b = 3 \times 3.4 = 10.2 m^2$

基坑中截面面积

$$A_0 = \frac{1}{4}(\sqrt{23.48} + \sqrt{10.2})^2 = 16.16 m^2$$

基坑开挖土方量为：

$$\begin{aligned} V &= \frac{1}{6}h\ (A_1 + 4A_0 + A_2) \\ &= \frac{2.5}{6}(23.48 + 4 \times 16.16 + 10.2) \\ &= 40.97 m^3 \end{aligned}$$

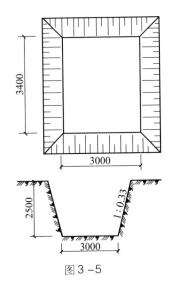

图3-5

或用以下计算公式：

$$\begin{aligned} V &= (a + mh)\ (b + mh)\ h + \frac{1}{3}m^2h^3 \\ &= (3 + 0.33 \times 2.5)(3.4 + 0.33 \times 2.5) \times 2.5 + \frac{1}{3} \times 0.33^2 \times 2.5^3 \\ &= 40.97 m^3 \end{aligned}$$

故知基坑开挖土方量为$40.97 m^3$。

【工程案例3-2】某住宅楼钢筋混凝土条形基础基槽，已知基槽底宽1.1m，基槽开挖深度2.2m，两边留工作面，基槽全长54m，该处土壤类别为二类土，人工挖土，试求基槽开挖土方量。

解： 查表3-4两边预留工作面宽度为300mm，查表3-3的，坡度系数为0.5，则得：

$$\begin{aligned} V &= (b + 2c + mh)\ hl \\ &= (1.1 + 2 \times 0.3 + 0.5 \times 2.2) \times 2.2 \times 54 = 332.64 m^3 \end{aligned}$$

故知基槽开挖土方量为 332.64m³。

3.1.5 边坡土方量计算

边坡土方量用于平整场地、修筑路基、路堑的边坡挖、填土方量计算。需要指出的是，利用土方横截面法计算土方量时，边坡已经计算在内，不需重新计算边坡土方量。边坡土方量有以下两种计算方法：图算法和查表法。图算法用于小面积场地平整边坡土方量计算，方法直观、简便。这里仅介绍图算法。

图算法是根据地形图和边坡竖向布置图或现场测绘，将要计算的边坡划分为两种近似的几何形体（图 3-6），一种为三角棱锥体（如体积①~③、⑤~⑪），另一种为三角棱柱体（如体积④），然后应用表 3-5 中几何公式分别进行土方计算，最后将各块汇总即得场地边坡总挖（+）、填土（-）方量。

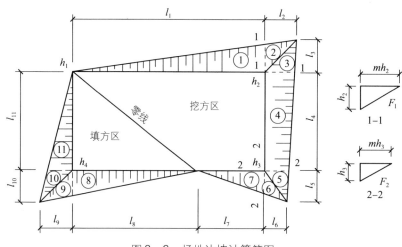

图 3-6 场地边坡计算简图

常用边坡三角棱锥体、棱柱体计算公式　　　　表 3-5

项 目	计算公式	符号意义
边坡三角棱锥体体积	边坡三角棱锥体体积 V 可按下式计算（例如图 3-5 中的①） $V_1 = \dfrac{1}{3} A_1 l_1$ $A_1 = \dfrac{h_2 (mh_2)}{2} = \dfrac{mh_2^2}{2}$ V_1、V_2、V_3、V_5……V_{11} 计算方法同上	V_1、V_2、V_3、V_5……V_{11}——边坡①、②、③、⑤、……⑪三角棱锥体体积（m³）； l_1——边坡①的边长（m）； A_1——边坡①的断面积（m²）； h_2——角点的挖土高度（m）； m——边坡的边坡系数； V_4——边坡④三角棱柱体体积（m³）； l_4——边坡④的边长（m）； A_1、A_2、A_0——边坡④两端及中部横截面面积（m²）
边坡三角棱柱体体积	边坡三角棱柱体体积 V 可按下式计算（例如图 3-5 中的④） $V_4 = \dfrac{A_1 + A_2}{2} l_4$ 当两端横截面积相差很大时，则 $V_4 = \dfrac{l_4}{6} (A_1 + 4A_0 + A_2)$ A_1、A_0、A_2 计算方法同上	

【**工程案例3-3**】场地整平工程,长80m,宽60m,土质为粉质黏土,取挖方区边坡坡度为1∶1.25,填方边坡坡度为1∶1.5,已知平面图挖填方界线尺寸及角点标高如图3-7所示。试求边坡挖、填土方量。

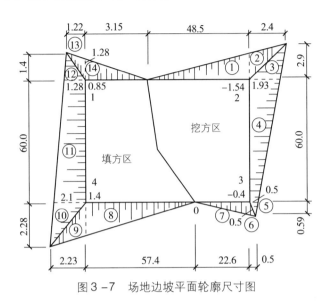

图3-7 场地边坡平面轮廓尺寸图

解:先求边坡角点1-4的挖、填方宽度

角点1 挖方宽度 $0.85 \times 1.50 = 1.28$m

角点2 挖方宽度 $1.54 \times 1.25 = 1.93$m

角点3 挖方宽度 $0.40 \times 1.25 = 0.50$m

角点4 挖方宽度 $1.40 \times 1.50 = 2.10$m

按照场地四个控制角点的边坡宽度,利用作图法可得出边坡平面尺寸(如图3-7所示)。边坡土方工程量,可划分为三角棱锥体和三角棱柱体两种类型,按表3-5公式计算如下:

(1)挖方区边坡土方量

$$V_1 = \frac{1}{3} \times \frac{1.93 \times 1.54}{2} \times 48.5 = +24.03 \text{m}^3$$

$$V_2 = \frac{1}{3} \times \frac{1.93 \times 1.54}{2} \times 2.4 = +1.19 \text{m}^3$$

$$V_3 = \frac{1}{3} \times \frac{1.93 \times 1.54}{2} \times 2.9 = +1.44 \text{m}^3$$

$$V_4 = \frac{1}{2} \times \left(\frac{1.93 \times 1.54}{2} + \frac{0.4 \times 0.5}{2} \right) \times 60 = +47.58 \text{m}^3$$

$$V_5 = \frac{1}{3} \times \frac{0.5 \times 0.4}{2} \times 0.59 = +0.02 \text{m}^3$$

$$V_6 = \frac{1}{3} \times \frac{0.5 \times 0.4}{2} \times 0.5 \approx +0.02 \text{m}^3$$

$$V_7 = \frac{1}{3} \times \frac{0.5 \times 0.4}{2} \times 22.6 = +0.75 \text{m}^3$$

挖方区边坡的土方量合计：

$$V_{挖} \approx 24.03 + 1.19 + 1.44 + 47.58 + 0.02 + 0.02 + 0.75 = +75.03 \text{m}^3$$

（2）填方区边坡土方量

$$V_8 = -\frac{1}{3} \times \frac{2.1 \times 1.4}{2} \times 57.4 = -28.13 \text{m}^3$$

$$V_9 = -\frac{1}{3} \times \frac{2.1 \times 1.4}{2} \times 2.23 = -1.09 \text{m}^3$$

$$V_{10} = -\frac{1}{3} \times \frac{2.1 \times 1.4}{2} \times 2.28 = -1.12 \text{m}^3$$

$$V_{11} = -\frac{1}{2} \times \left(\frac{2.1 \times 1.4}{2} + \frac{1.28 \times 0.85}{2} \right) \times 60 = -60.42 \text{m}^3$$

$$V_{12} = -\frac{1}{3} \times \frac{1.28 \times 0.85}{2} \times 1.4 \approx -0.25 \text{m}^3$$

$$V_{13} = -\frac{1}{3} \times \frac{1.28 \times 0.85}{2} \times 1.22 = -0.22 \text{m}^3$$

$$V_{14} = -\frac{1}{3} \times \frac{1.28 \times 0.85}{2} \times 31.5 = -5.71 \text{m}^3$$

填方区边坡的土方量合计：

$$V_{填} = -(28.13 + 1.09 + 1.12 + 60.42 + 0.25 + 0.22 + 5.71) = -96.94 \text{m}^3$$

3.2 基坑降水设计与施工

学习目标

1. 正确选择施工降水方案
2. 基坑涌水量和抽水设施数量的计算
3. 掌握降水方案设计方法

关键概念

基坑降水、基坑涌水量、井点施工

3.2.1 基坑降排水方案的选择

在开挖基坑、基槽或其他土方工程施工时，当地下水位高于基底标高时，一般选择把地下水位降到坑底以下，以保证基坑能在干燥条件下施工，防止边坡失稳、流砂等现象发生。

降低地下水位的方法常用集水井降水法和井点降水法两类。在软土地区基坑开挖深度超过3m，一般就要用井点降水。开挖深度浅时，亦可边开挖边用排水沟和集水井进行集水井降水。地下水控制方法有多种，其适用条件如表3-6所示，选择时根据土层情况、降水深度、周围环境、支护结构种类等综合考虑后优选。如因降水而危及基坑及周边环境安全时，宜采用截水或回灌方法。

地下水控制方法适用条件　　　　　　　　　　　　　表3-6

方法名称		土体种类	渗透系数（m/d）	降水深度（m）
集水井降水		黏性土、碎石土、粗砂土地基、中等面积建（构）筑物	7~20.0	<5
井点降水	轻型井点	粉质黏土、砂质粉土、粉砂、细砂、中砂、粗砂、砾砂、砾石、卵石（含砂粒）	0.1~20	3~6
	多级轻型井点		0.1~20	6~20
	电渗井点	淤泥质土	<0.1	6~7 宜配合其他井点使用
	喷射井点	粉质黏土、砂质粉土、粉砂、细砂、中砂	0.1~50.0	8~20
	深井（管井）	粗砂、砾砂、砾石、碎石土、可熔岩、破碎带	1.0~200.0	>10
截水		黏土、粉土、砂土、碎石土、岩溶土	不限	不限
回灌		填土、粉土、砂土、碎石土	0.1~200.0	不限

当基坑底为隔水层且层底作用有承压水时，应进行坑底突涌验算，必要时可采取水平封底隔渗或钻孔减压措施，保证坑底土层稳定。否则一旦发生突涌，将给施工带来极大麻烦。

3.2.2　集水井降水法

3.2.2.1　集水井降水法构造设计

集水井降水法如图3-8所示，它是利用基坑（槽）内的明沟、集水井和抽水设备，将地下水汇集到集水井中并不断抽走。排水沟、集水井在挖至地下水位时设置。排水沟、集水井应设在基础轮廓线以外0.4m，根据需要在基坑一侧（两侧或三侧）或四侧设置。排水沟边缘应离开坡脚不小于0.3m；排水沟深度应始终保持比挖土面低0.4~0.5m；集水井应比排水沟低0.5~1.0m，并随基坑的挖深而加深，保持水流畅通，地下水位

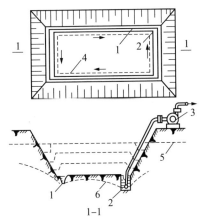

图3-8　集水井降水法
1—排水明沟；2—集水井；3—离心式水泵；
4—设备基础或建筑物基础边线；5—原地下水位线；6—降低后地下水位线

始终低于开挖基坑底 0.5m 以上。一侧设排水沟应设在地下水的上游。

在基坑四角或每隔 30~40m 设集水井,底面应比明沟底面低 0.5~1.0m 以上,并随基坑的挖深而加深,集水井的直径或宽度一般为 0.7~0.8m。当基坑挖至设计标高后,井底应低于坑底 1~2m,并铺设 300mm 碎石滤水层,以免在抽水时将泥砂抽出,并防止井底的土被搅动。

集水井降水法视水量多少采用连续或间断抽水,直至基础施工完毕,回填土为止。

本法施工方便,设备简单,降水费用低,管理维护较易,应用最为广泛。适用于渗水量不大的黏土、碎石土、粗砂土地基、中等面积建(构)筑物基坑(槽)的排水。当土质为细砂或粉砂时,地下水在渗流时容易产生流砂现象,从而增加施工困难,此时可采用井点降水法施工。

3.2.2.2 集水井基坑涌水量计算

基坑采用明沟排水,流入基坑内的渗水量与土的种类、渗透系数、水头、坑底面积等有关,可通过抽水试验或凭经验估计,或按大井法估算。按大井法估算,是把矩形基坑(其长、短边的比值不大于 10)假想为一个半径为 r_0 的圆形大井,其流入基坑内的涌水量 Q,为从四周坑壁和坑底流入的水量之和,可按下式计算:

$$Q = \frac{1.366KS(2H-S)}{\lg \frac{R}{r_0}} + \frac{6.28KSr_0}{1.56 + \frac{r_0}{m_0}\left(1 + 1.185\lg \frac{R}{4m_0}\right)} \quad (3-7)$$

式中 Q——基坑总涌水量(m^3/d);

K——土的渗透系数(m/d);

S——抽水时坑内水位下降值(m);

H——抽水前坑底以上的水位高度(m);

R——抽水影响半径(m),可按表 3-7 选用;

r_0——假想半径(m),矩形基坑,$r_0 = \eta \frac{a+b}{4}$;对不规则形基坑,$\frac{a}{b} < 2~3$ 时,

$r_0 = 0.565\sqrt{A}$;$\frac{a}{b} > 2~3$ 时,$r_0 = \mu/\pi$;

a、b——矩形基坑的边长(m);

μ——基坑周长(m);

A——基坑面积(m^2);

η——系数,由表 3-8 查得;

m_0——从坑底到下卧不透水层的距离(m)。

抽水影响半径 R 值　　　　表 3-7

土的种类	极细砂	细砂	中砂	粗砂	极粗砂	小砾石	中砾石	大砾石
粒径(mm)	0.05~0.1	0.1~0.25	0.25~0.5	0.1~1.0	1.0~2.0	2.0~3.0	3.0~5.0	5.0~10.0
所占重量(%)	<70	>70	>50	>50	>50	—	—	—
R(m)	25~50	50~100	100~200	200~400	400~500	500~600	600~1500	1500~3000

系数 η 值 表 3-8

b/a	0	0.2	0.40	0.60	0.80	1.00
η	1.00	1.12	1.14	1.16	1.18	1.18

3.2.2.3 水泵功率选择

在选择水泵考虑水泵流量时，因最初涌水量较稳定涌水量较大，按式（3-7）计算得出的涌水量应增加 10%~20%。

水泵所需功率 N （kW）按下式计算：

$$N = \frac{K_0 Q H_0}{75 \eta_1 \cdot \eta_2} \quad (3-8)$$

式中 K_0——安全系数，一般取 2；

H_0——包括扬水、吸水以及由各种阻力所造成的水头损失在内的总高度（m）；

η_1——水泵效率，一般取 0.40~0.50；

η_2——动力机械效率，一般取 0.75~0.85。

求得 N，即可选择水泵类型。需用水泵（容量）亦可通过试验求得，在一般面积基坑的集水井，设置口径 50~200mm 水泵即可。水泵类型的选择：当涌水量 $Q<20\text{m}^3/\text{h}$ 时，可用离心式水泵、潜水电泵。

【工程案例 3-4】 某写字楼工程基坑采用明沟排水，基坑长 20m、宽 10m、深 6m，已知地下水位深 1.0m，$K=1.25\text{m/d}$，$R=75\text{m}$，$m_0=8\text{m}$，$H_0=12\text{m}$，$K_0=2$，$\eta_1=0.45$，$\eta_2=0.8$，试求基坑总涌水量和需用水泵功率。

解： 抽水前水位高度 $H=6-1=5\text{m}$

设降低水位到在基坑下 0.5m，则抽水时坑内水位下降值为

$$S = 5.0 + 0.5 = 5.5\text{m}$$

$\dfrac{b}{a} = \dfrac{10}{20} = 0.5$，查表 3-8 得 $\eta = 1.15$

则

$$r_0 = 1.15 \times \frac{(20+10)}{4} = 8.6\text{m}$$

由式（3-7）得基坑总涌用水量为

$$Q = \frac{1.366 \times 1.25 \times 5.5 \,(2 \times 5 - 5.5)}{\lg \dfrac{75}{8.6}} + \frac{6.28 \times 1.25 \times 5.5 \times 8.6}{1.56 + \dfrac{8.6}{8} \times \left(1 + 1.185 \lg \dfrac{75}{4 \times 8}\right)}$$

$$= 44.93 + 119.53 = 164.46 \text{m}^3/\text{d}$$

水泵需用功率

$$N = \frac{K_0 Q H_0}{75 \eta_1 \cdot \eta_2} = \frac{2 \times 164.46 \times 12}{75 \times 0.45 \times 0.8} = 146.2 \text{kW}$$

3.2.3 井点降水法

井点降水法是指在基坑开挖前，预先在基坑四周竖向埋设一定数量的井点管深入

含水层内，用连接管与集水总管连接，再将集水总管与真空泵和离心水泵相连，进行抽水使地下水位降低到基坑底以下。井点降水法可以防止由于地下水冲刷发生边坡塌方；同时，由于没有地下水的渗流，可以有效地消除流砂现象。

井点降水一般有轻型井点、喷射井点、电渗井点、管井井点和深井井点等。各种降水方法可以根据土的渗透系数、要求降低的水位、设备条件以及工程特点等按照表3-6选用。

3.2.3.1 轻型井点降水设计与施工

1. 轻型井点构造设计

轻型井点降水主要设备由井点管、弯联管、集水总管及抽水设备等组成如图3-9所示。

井点管一般用直径38~55mm的钢管（或镀锌钢管），长度5~7m，管下端配有滤管和管尖；滤管通常采用长1.0~1.5m，直径$\phi38mm$或$\phi50mm$的无缝钢管，管壁钻有直径为12~19mm的呈星棋状排列的滤孔，滤孔面积为滤管表面积的20%~25%。钢管外面包扎两层孔径不同的铜丝布或纤维布滤网，滤网外面再绕一层8号钢丝保护网，滤管下端为一锥形铸铁头。

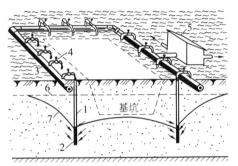

图3-9 轻型井点降低地下水位全貌图
1—井点管；2—滤管；3—总管；4—弯联管；
5—水泵房；6—原有地下水位线；
7—降低后地下水位线

弯联管一般用塑料透明管、橡胶管或钢管制成，其上装有阀门，以便调节或检修井点。

总管一般用直径为75~110mm的无缝钢管分节连接而成，每节长4m，每隔0.8~1.6m设一个与井点管连接的短接头，按2.5‰~5‰坡度坡向泵房。

抽水设备宜布置在地下水的上游，并设在总管的中部，抽水泵可采用真空泵。

2. 轻型井点布置

（1）井点管平面布置

根据基坑平面形状与大小、地质和水文情况、工程性质、降水深度等而定。当基坑（槽）宽度小于6m，且降水深度不超过6m时，可采用单排井点（图3-10），布

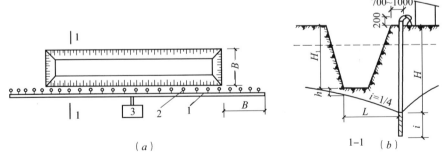

图3-10 单排线状井点布置简图
(a) 平面布置；(b) 高程布置
1—总管；2—井点管；3—抽水设备

置在地下水上游一侧，两端延伸长度不小于基坑宽为宜；当宽度大于 6m 或土质不良，宜采用双排井点（图 3-11），布置在基坑（槽）的两侧；当基坑面积较大时，宜采用环形井点（图 3-12）。挖土运输设备出入口可不封闭，间距可达 4m，宜留在地下水下游方向。井点管距坑壁一般可取 0.7~1.0m，间距一般为 0.8~1.6m，最大可达 2.0m。在确定井点管数量时可在基坑四角部分适当加密 1~2 根。

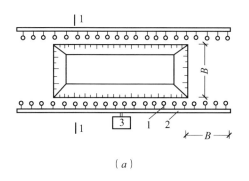
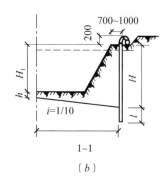

图 3-11 双排线状井点布置简图
（a）平面布置；（b）高程布置
1—井点管；2—总管；3—抽水设备

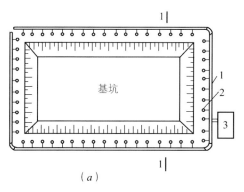
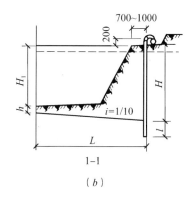

图 3-12 环状井点布置简图
（a）平面布置；（b）高程布置
1—总管；2—井点管；3—抽水设备

（2）井点管竖向布置

井点管的埋置深度应根据降水深度及含水层所在位置决定，必须将滤水管埋入含水层内。井点管的埋置深度（包括滤管）一般可按下式计算（图 3-13）：

$$H \geqslant H_1 + h + iL + l \tag{3-9}$$

式中 H——井点管的埋置深度（m）；

H_1——井点管埋设面至基坑底的距离（m）；

h——降低后地下水位至基坑中心点的距离，一般为 0.5~1.0m；

L——井点管中心至基坑中心短边距离（m）；

i——降水曲线坡度，双排或环状井点可取 1/10~1/8，单排井点可取 1/4~1/5；

l——滤管长度（m）。

H 计算出后，为安全考虑，可增加 1/2 滤管长度。井点管露出地面高度，一般取 0.2~0.3m。

3. 井点计算

轻型井点计算的主要内容包括：根据确定的井点系统的平面和竖向布置图计算井点系统涌水量，确定井点管数量和间距，校核水位降低数值，选择抽水系统（抽水机组、管路）的类型、规格和数量以及进行井点管的布置等。

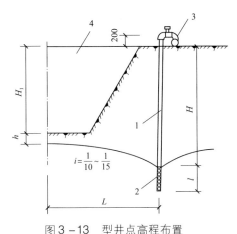

图 3-13 型井点高程布置
1—井点管；2—滤水管；3—总管；4—基坑

（1）涌水量计算

井点系统涌水量是以水井理论为依据的。水井根据其井底是否达到不透水层分为完整井与非完整井如图 3-14 所示。井底到达不透水层的称完整井；井底未到达不透水层的称非完整井。根据地下水有无压力又分为承压井和无压井：水井布置在两层不透水层之间充满水的含水层内，地下水有一定的压力的称为承压井；水井布置在无压力的潜水层内的，称为无压井。其中以无压完整井的理论较为完善，应用较普遍。

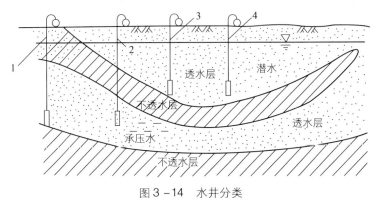

图 3-14 水井分类
1—承压完整井；2—承压非完整井；3—无压完整井；4—无压非完整井

1）无压完整井井点系统涌水量计算

无压完整井环形井点系统涌水量（图 3-15）可用下式计算：

$$Q = 1.366K \frac{(2H - S)S}{\lg R - \lg x_0} \qquad (3-10)$$

式中　Q——井点系统总涌水量（m³/d）；

　　　K——土的渗透系数（m/d）；

　　　H——含水层厚度（m）；

　　　S——抽水时坑内水位下降值（m）；

　　　R——抽水影响半径（m），$R = 1.95S\sqrt{HK}$，也可由现场抽水试验确定；

x_0——基坑假想半径（m），对于矩形基坑，当其长宽比不大于 5 时，$x_0 = \sqrt{\dfrac{A}{\pi}}$；

A——环状井点系统所包围的面积（m^2）。

2）无压非完整井环状井点系统涌水量计算

为简化计算，一般仍用无压完整井群井涌水量计算公式，但式中的 H 换成有效深度 H_0（图 3-16），H_0 值可根据表 3-9 确定，当计算的 H_0 值大于实际含水层厚度时，仍取 H。

含水层有效深度 H_0 值　　　　　　　表 3-9

$S'/(S'+l)$	0.2	0.3	0.5	0.8
H_0	1.3 $(S'+l)$	1.5 $(S'+l)$	1.7 $(S'+l)$	1.85 $(S'+l)$

注：S' 为井点管中水位降低值，l 为滤管长度。

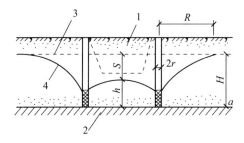

图 3-15　无压完整井涌水量计算简图
1—基坑；2—不透水层；
3—原水位线；4—降低后水位

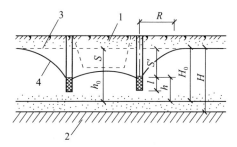

图 3-16　无压非完整井涌水量计算简图
1—基坑；2—不透水层；
3—原水位线；4—降低后水位

3）承压完整井环状井点系统的涌水量计算（图 3-17）

承压完整井涌水量按下式计算：

$$Q = 2.73K \frac{MS}{\lg R - \lg x_0} \quad (3-11)$$

式中　M——承压含水层厚度（m）。

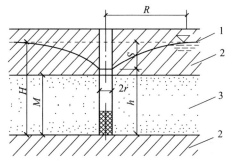

图 3-17　承压完整井涌水量计算简图
1—承压水位；2—不透水层；3—含水层

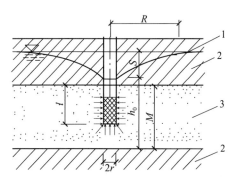

图 3-18　承压非完整井涌水量计算简图
1—承压水位；2—不透水层；3—含水层

4）承压非完整井井点系统的涌水量计算（图3-18）

承压非完整井涌水量按下式计算：

$$Q = 2.73K \frac{MS}{\lg R - \lg x_0} \sqrt{\frac{M}{1+0.5r}} \sqrt{\frac{2M-l}{M}} \qquad (3-12)$$

式中 l——井点管进入含水层的厚度（m）。

(2) 确定井点管的数量与间距

1) 井点管根数按下式计算：

$$n = 1.1 \frac{Q}{q} \qquad (3-13)$$

式中 n——井点管的根数；

Q——井点系统涌水量（m³/d）；

q——单根井点管的出水量（m³/d），$q = 65\pi dl \cdot \sqrt[3]{K}$；

d——滤管的直径（m）；

l——滤管的长度（m）；

K——渗透系数（m/d）；

1.1——考虑井点管堵塞等因素的备用系数。

2) 井点管的间距可按下式计算：

$$D = \frac{L}{n} \qquad (3-14)$$

式中 D——井点管的平均间距（m）；

L——总管长度（m）。

求出的井点管间距应大于15倍滤管直径，以防因井点太密影响抽水效果，并应符合总管接头间距（800mm、1200mm、1600mm）的要求。

4. 抽水设备的选择

轻型井点抽水设备一般采用干式真空泵井点设备。干式真空泵型号有W5型和W6型，根据所带动的总管长度、井点管根数进行选择。当选W5型水泵时，总管长度不大于100m，井点管数量约80根；采用W6型水泵时，总管长度不大于120m，井点管数量约100根。

轻型井点一般选用单级离心泵，型号根据流量、吸水扬程和总扬程确定。水泵的流量应比井点系统的涌水量大10%~20%；水泵的吸水扬程要大于降水深度加各项水头损失；水泵的总扬程应满足吸水扬程与出水扬程之和的要求。

5. 轻型井点施工

井点管的埋设程序为：先排放总管，再沉设井点管，用弯联管和井点管与总管接通，然后安装抽水设备。其中沉设井点管是关键性工序之一。

井点管沉设一般用水冲法进行，并分为冲孔与埋管填料两个过程（图3-19）。冲孔时先用起重设备将冲管吊起并插在井点的位置上，然后开动高压水泵将土冲松。冲孔时冲管应垂直插入土中，并做上下左右摆动，加速土体松动，边冲边沉。冲孔直径一般为 300mm，以保证井管周围有一定厚度的砂滤层。冲孔深度宜比滤管底深 0.5~1.0m，以防冲管拔出时，部分土颗粒沉淀于孔底面触及滤管底部。冲孔时冲水压力不宜过大或过小。井孔冲成后，应立即拔出冲管，插入井点管，并在井点管与孔壁之间迅速填灌砂滤层，以防孔壁塌土（图 3 - 19b）。一般宜选用干净粗砂，填灌均匀，并填至滤管顶上 1~1.5m，以保证水流畅通。井点填好砂滤料后，须用黏土封好井点管与孔壁上部空隙，以防漏气。

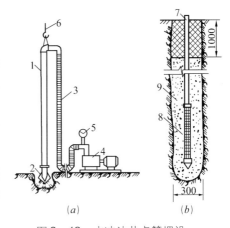

图 3 - 19　水冲法井点管埋设
(a) 冲孔；(b) 埋管
1—冲管；2—冲嘴；3—胶皮管；4—高压水泵；
5—压力表；6—起重机吊钩；7—井点管；
8—滤管；9—黏土封口

井点系统全部安装完毕后，应进行抽水试验，检查有无漏水、漏气现象，若有异常，应检修好后方可使用。如发现井点管不出水，表明滤管已被泥沙堵塞，属于"死井"，在同一范围内有连续几根"死井"时，应逐根用高压水反向冲洗或拔出重新沉设。

轻型井点使用时，一般应连续抽水。时抽时停滤网容易堵塞，也易抽出土颗粒，使水浑浊，并引起附近建筑物由于土颗粒流失而沉降开裂。正常的出水规律是"先大后小，先浑后清"，否则应立即查出原因，采取相应措施。真空泵的真空度是判断井点系统工作情况是否良好的尺度，应通过真空表经常观测，一般真空度应不低于 55.3~66.7kPa。若真空度不够，通常是由于管路漏气，应及时修复。井点降水工作结束后所留的井孔，必须用砂砾或黏土填实。

【工程案例 3 - 5】某商住楼工程地下室基坑平面尺寸如图 3 - 20，基坑底宽 10m，长 19m，深 4.0m，挖土边坡为 1∶0.48。地下水位在地面下 0.6m，根据地质勘查资料，该处地面下 0.7m 为杂填土，此层下面有 6.6m 的细砂层，土的渗透系数 $K = 5m/d$，再往下为不透水的黏土层，现采用轻型井点设备进行人工降低地下水位，机械开挖土方。试对该轻型井点系统进行设计计算。

解：(1) 井点系统布置

挖土边坡为 1∶0.48，则基坑顶部平面尺寸为

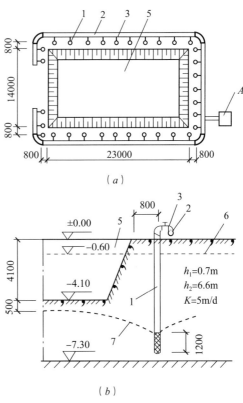

图 3 - 20　工程案例 3 - 5 图

基坑上口宽　$10 + 0.48 \times 4.1 \times 2 = 14\text{m}$
基坑上口长　$19 + 0.48 \times 4.1 \times 2 = 23\text{m}$

此时基坑上口平面尺寸为 $14\text{m} \times 23\text{m}$，井点系统布置成环状，总管离基坑边缘 0.8m。总管长度为

$$L = [(14 + 1.6) + (23 + 1.6)] \times 2 = 80.4\text{m}$$

基坑中心要求降水深度

$$S = 4.1 - 0.6 + 0.50 = 4.0\text{m}$$

故用一级轻型井点系统即可满足要求，总管和井点布置在同一水平面上。
井点管的埋设深度为（不包括滤管）：

$$H \geq H_1 + h + iL + l$$

$$\geq 4.1 + 0.5 + \frac{1}{10} \times \frac{14 + 1.6}{2} = 5.38\text{m}，取 6.0\text{m}。$$

设井点管长 6m，井点管和滤管直径 50mm，滤管长 1.2m，另外增加井点管高出地面 0.2m，实际埋入土中包括滤管的长度为 $5.8 + 1.2 = 7.0\text{m}$。由井点系统布置处至下面一层不透水黏土层的深度为 $0.7 + 6.6 = 7.3\text{m}$；故滤管底距离不透水黏土层只差 0.3m，可按无压完整井进行设计。

（2）基坑总涌水量计算
含水层厚度：$H = 7.3 - 0.6 = 6.7\text{m}$
基坑中心降水深度：$S = 4.1 - 0.6 + 0.5 = 4.0\text{m}$
基坑假想半径：由于该基坑长宽比不大于5，所以可化简为一个假想半径为 x_0 的圆井进行计算：

$$x_0 = \sqrt{\frac{A}{\pi}} = \sqrt{\frac{(14 + 0.8 \times 2)(23 + 0.8 \times 2)}{3.14}} = 11\text{m}$$

抽水影响半径：$R_0 = 1.95S\sqrt{HK} = 1.95 \times 4\sqrt{6.7 \times 5} = 45.1\text{m}$
基坑总涌水量按无压完整井公式计算：

$$Q = 1.366K\frac{(2H - S)S}{\lg R - \lg x_0}$$

$$= 1.366 \times 5 \times \frac{(2 \times 6.7 - 4) \times 4}{\lg 45.1 - \lg 11} = 419\text{m}^3/\text{d}$$

（3）计算井点管数量和间距
单井出水量：

$$q = 65\pi dl \cdot \sqrt[3]{K} = 65 \times 3.14 \times 0.05 \times 1.2 \times \sqrt[3]{5} = 20.9\text{m}^3/\text{d}$$

需井点管数量：

$$n = 1.1\frac{Q}{q} = 1.1 \times \frac{419}{20.9} = 22 \text{ 根}$$

在基坑四角处井点管应加密，如考虑每个角加 2 根井管，则采用的井点管数量为 $22 + 8 = 30$ 根，井点管间距平均为：

$$D = \frac{L}{n} = \frac{80.4}{30-1} = 2.77\text{m}，取 2.4\text{m}$$

布置时，为使机械挖土有开行路线，宜布置成端部开口（即留 3 根井点管距离），因此实际需要井点管数量为：

$$D = \frac{80.4}{2.4} - 2 = 31.5 \text{ 根，用 32 根}$$

(4) 抽水设备选择

抽水设备所带动的总管长度为 80.4m，可选用 W5 型干式真空泵。

水泵流量：$Q_1 = 1.1Q = 1.1 \times 419 = 460.9 \text{m}^3/\text{d} = 19.2 \text{m}^3/\text{h}$

水泵吸水扬程（水头损失为 1.0m）：$H_s \geq 4.0 + 1.0 = 5.0\text{m}$

根据水泵流量和扬吸水程选用 2B19 型离心泵。

3.2.3.2 喷射井点降水计算

喷射井点降水是在井点管内部装设特制的喷射器，用高压水泵或空气压缩机通过井点管中的内外管向喷射器输入高压水（喷水井点）或压缩空气（喷气井点），形成水汽射流，将地下水经井点管抽出排走，图 3-21 所示。本法由于具有设备较简单，排水强度大（可达 8~20m），比使用多层轻型井点降水设备少，基坑土方开挖量节省，施工速度快，费用低等特点，应用较为广泛。

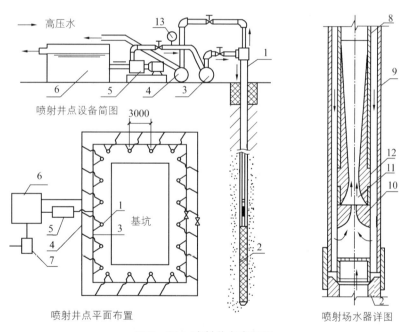

图 3-21 喷射井点布置图

1—喷射井管；2—滤管；3—供进水总管；4—排水总管；5—高压离心水泵；6—集水池；7—排水泵；8—喷射井管内管；9—喷射井点外管；10—喷嘴；11—混合室；12—扩散室；13—压力表

1. 井点管及其布置

喷射井点管布置、井点管的埋设等与轻型井点相同。基坑面积较大时，采用环形布置；基坑宽度小于10m时，采用单排布置；大于10m时做双排布置。井点间距一般为2.0~3.5m；采用环形布置，施工设备进出口（道路）处的井点间距为5~7m；冲孔直径为400~600mm，冲孔深度比滤管底深1m以上。

井点管与孔壁之间填灌滤料（粗砂），孔口到填灌滤料之间用黏土封填，封填高度为0.5~1.0mm。

每套喷射井点的井点数不宜超过30根。总管直径宜为150mm，总长不宜超过60m。每套井点应配备相应的水泵和进、回水总管。如果由多套井点组成环圈布置，各套进水总管宜用阀门隔开，自成系统。

每根喷射井点管埋设完毕，必须及时进行单井试抽，排出的浑浊水不得回入循环管路系统，试抽时间要持续到水由浑浊变清为止。喷射井点系统安装完毕，需进行试抽，不应有漏气或翻砂冒水现象。工作水应保持清洁，在降水过程中应视水质浑浊程度及时更换。

2. 井点计算

喷射井点的涌水量计算及确定井点管数量和间距、抽水设备等均与轻型井点相同。

3. 水泵工作需用压力计算

喷射井点水泵工作需用压力按下式计算：

$$P = \frac{P_0}{\alpha} \tag{3-15}$$

式中 P——水泵工作压力，以扬程（m）计；

P_0——扬水高度，即水箱至井管底部的总高度（m），$P_0 = l + y$；

l——井管长度；

y——工作水箱高度；

α——扬水高度与喷嘴前面工作水头之比，一般取0.2。

3.2.3.3 电渗井点降水计算

电渗井点降水是在轻型井点或喷射井点管的内侧加设电极，通以直流电，利用黏土的电渗现象和电泳特性，使渗透系数较小（$K < 0.1$m/d）的黏土空隙中的水流动加速，从而使地基排水效率得到提高。

1. 构造及布置

电渗井点一般是利用轻型或喷射井点管本身作阴极；沿基坑（槽、沟）外围布置，用直径50~70mm钢管或直径25mm以上钢筋作阳极。埋设在井点管环圈内侧1.25m处，上端露出地面20~40cm，入土深度比井点管深50cm。阴阳极间距：对轻型井点为0.8~1.0m；对喷射井点为1.2~1.5m，并成平行交错排列；阴阳极数量应相等，必要时阳极数量可多于阴极；阴阳极分别用BX型钢芯橡皮线或扁钢、钢筋等连成通路，并分别接到直流发电机的相应电极上，如图3-22所示。一般可用9.6~20kW的直流电焊机代替直流发电机使用；工作电压为45V或60V，土中电流密度为0.5~1.0A/m²。为减少电耗，可在阳极上部涂以沥青绝缘。

2. 电渗井点计算

电渗井点的计算（以电渗喷射井点为例，电渗轻型井点基本相同），内容包括以下几项：

（1）总吸水量计算

电渗井点总吸水量可按无压完整井用式（3-10）计算。

（2）井点间距、井管长度和需用水泵数量

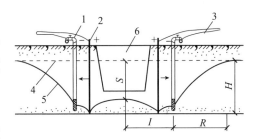

图3-22 电渗井点按潜流完整井计算简图
1—喷射或轻型井点管；2—钢筋或钢管；
3—接直流发电机或直流电焊机；4—原地下水位线；
5—降低后地下水位线；6—基坑

井点管间距一般为 1.2~2.0m。

井点管需要长度按照式（3-9）计算。

井点管分组设置，每组 30~40 个井管，各由一个水泵系统带动，每组设 2 台水泵（一台备用）。

3. 水泵工作水需用压力计算

水泵工作水需用压力用式（3-15）计算。

4. 电焊机的选择

电焊机电渗功率（N）按下式计算：

$$N = \frac{UJA}{1000} \tag{3-16}$$

式中 N——电焊机功率（kW）；
U——电渗电压，一般取 45V 或 60V；
J——电流密度，取 0.5~1.0 A/m²；
A——电渗面积（m²），$A = H \times L$；
H——导电深度（m），为电极长度与绝缘深度的差值；
L——井点管布置周长（m）。

【工程案例 3-6】 商贸大厦地下室工程，位于地面下 10.5m，基坑开挖面积为 40m×50m，土层为淤泥质粉质黏土，含水层厚度 $H=12$m，渗透系数 $K=0.054$m/d，井点影响半径 $R=60$m，采用电渗喷射井点降水，要求降水深度 $S=11$m。试计算总吸水量，并确定井点间距、井点管长度、需要水泵水压及电渗的功率。

解： 基层假想半径

$$x_0 = \sqrt{\frac{A}{\pi}} = \sqrt{\frac{40 \times 50}{3.14}} = 25\text{m}$$

总吸水量：

$$Q = 1.366K \frac{(2H-S)S}{\lg R - \lg x_0} = 1.366 \times 0.054 \frac{(2 \times 12 - 11) \times 11}{\lg 60 - \lg 25} = 27.8 \text{m}^3/\text{d}$$

井点按常规 2m 的间距布置。井点系统的矩形周长为 188m，共用喷射井点管 188/2 = 94 根。

井点管需要长度 $l = 10.5 + \dfrac{1}{10} \times 21 + 0.5 = 13.1\text{m}$

用 11.5m 长井点管，再加过滤器，并将总管下挖埋深，确保实际有效长度达到 13.1m。

喷射井管 94 根，分为 3 组，各由一个水泵系统带动，每组设 2 台水泵（其中 1 台备用）。

泵送需要工作水压由式（3-15）得：

取 $y = 4.4\text{m}$，则 $P_0 = l + y = 11.5 + 4.4 = 15.9\text{m}$

$$P_1 = \dfrac{P_0}{\alpha} = \dfrac{15.9}{0.2} = 79.5\text{m}$$

选用 150S-78 型水泵，扬程 78m。

阳极采用直径 25mm，长 11.5m 钢筋，布置于紧靠基坑旁与井管相距 1.25m，为减少能耗，钢筋上部 5.5m 涂以沥青绝缘。则

$$A = H \times L = (11.5 - 5.5) \times 180 = 1080\text{m}^2$$

选用电渗电压 $U = 45\text{V}$，电流密度 $J = 1\text{A/m}^2$ 则电渗功率：

$$N = \dfrac{UJA}{1000} = \dfrac{45 \times 1080}{1000} = 48.6\text{W}$$

采用 AX-500 型，功率为 20kW 的直流电焊机 3 台。

3.2.3.4 深井井点降水计算

深井井点，又称大口径井点，系由滤水井管、吸水管和抽水设备等组成。具有井距大，易于布置，排水量大，降水深（>15m），降水设备和操作工艺简单，可代替多组轻型井点作用等特点。适用于渗透系数大（20~250m³/d），土质为砂类土，地下水丰富，降水深，面积大、时间长的降水工程应用。

1. 井点构造及布置

深井系统由深井井管和潜水泵等组成。深井井点有钢管井管和混凝土管井管两种，如图 3-23 所示。一般沿工程基坑周围离边坡上缘 0.5~1.5m 呈环形布置；当基坑宽度较窄，亦可在一侧呈直线布置。井点宜深入到透水层 6~9m，通常还应比所需降水的深度深 6~8m，间距一般相当于埋深，约 10~30m。基坑开挖深 8m 以内，井距为 10~15m；8m 以上井距为 15~20m。

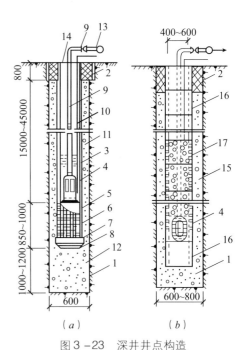

图 3-23 深井井点构造
（a）钢管井点；（b）混凝土管井管
1—井孔；2—井口（黏土封口）；3—φ300~375 钢管井管；4—潜水电泵；5—过滤段（内填碎石）；6—滤网；7—导向段；8—井孔底板（下铺滤网）；9—φ50 出水管；10—电缆；11—小砾石或中粗砂；12—中粗砂；13—φ50~75 出水管；14—20mm 厚钢板井盖；15—小砾石；16—沉砂管（混凝土实管）；17—混凝土过滤管

井管由滤水管、吸水管和沉砂管三部分组成。可用钢管、塑料管或混凝土管制成，管径一般为 300mm，内径宜大于潜水泵外径 50mm。

滤水管长度取决于含水层厚度、透水层的渗透速度和降水的快慢，一般为 3~9m。当土质较好，深度在 15m 内，亦可采用外径 380~600mm、壁厚 50~60mm、长 1.2~1.5m 的无砂混凝土管作滤水管，或在外再包棕树皮两层作滤网。

吸水管连接滤水管，起挡土、贮水作用，采用与滤水管同直径的实钢管制成。

沉砂管在降水过程中，起砂粒的沉淀作用，一般采用与滤水管同直径的钢管，下端用钢板封底。

深井井点降水应根据排水流量选用潜水电泵或长轴深井水泵，排水量应大于设计值的 20%。每井一台，并带吸水铸铁管或胶管，并配上一个控制井内水位的自动开关，在井口安装阀门调节流量的大小。每个基坑井点群应有 2 台水泵备用。

2. 井点计算

深井（管井）井点计算内容包括：计算井点系统总涌水量、深井进水过滤器需要的总长度、群井抽水单个深井过滤器浸水部分长度、群井总涌水量、选择抽水设备和深井井点的布置等。

(1) 深井井点计算　深井井点系统总涌水量计算与轻型井点计算相同。

(2) 深井进水过滤器需要总长度计算

深井单位长度进水量 q 可按下式计算：

$$q = 2\pi r l \frac{\sqrt{K}}{15} \tag{3-17}$$

深井进水过滤器部分需要的总长度 L 为：

$$L = \frac{Q}{q} \tag{3-18}$$

式中　K——渗透系数（m/s）；

　　　l——过滤管长度（m）；

　　　r——深井井点半径（m）；

　　　Q——深井系统总涌水量（m³/d）。

(3) 单个深井过滤器长度计算

计算时可以先根据经验确定深井井点数量 n，单个深井过滤器浸水部分长度按下式计算：

$$h_0 = \sqrt{H^2 - \frac{Q}{\pi K n} \cdot \ln \frac{x_0}{nr}} \tag{3-19}$$

式中　H——抽水影响半径为 R 的一点水位（m）；

　　　h_0——单个深井过滤器浸水部分长度（m）；

　　　n——深井数（个）；

　　　x_0——假想半径（m）。

计算出 h_0 后，nh_0 应满足不小于 L 的条件。

(4) 群井涌水量核算

多个相互之间距离在影响半径范围内的深井井点同时抽水时的总涌水量可按下式进行核算：

$$Q = 1.366K \frac{(2H-S)S}{\lg R - \frac{1}{n}\lg(x_1 \cdot x_2 \cdots x_n)} \qquad (3-20)$$

式中　　S——井点群重心处水位降低数值（m）；

x_1、x_2、$\cdots x_n$——各井点至井点群重心的距离。

若计算出的群井涌水量 Q 与前面计算的基本相同，表示井点管设计合理。

【工程案例 3-7】 某写字楼工程平面为 L 形，尺寸如图 3-24，该地基土层为粉土，已知渗透系数 $K=1.3\text{m/d}$（≈0.000015m/s）；影响半径 $R=13\text{m}$，含水层厚为 13.8m，其下为淤泥质粉质黏土类黏土，为不透水层。要求建筑物中心的最低水位降低值 $S=6\text{m}$，取深井井点半径 $r=0.35\text{m}$。试计算建筑物范围内所规定的水位降低时的总涌水量和需设置的深井井点数量及井的布置距离。

解： 基坑假想半径 x_0 为：$x_0 = \sqrt{\dfrac{A}{\pi}} = \sqrt{\dfrac{60 \times 13 + 8 \times 7}{3.14}} \approx 17\text{m}$

降水系统的总涌水量，采用无压完整井计算，抽水影响半径 R 以基坑中心计算，则

$$R_0 = 13 + 17 = 30\text{m}$$

井点系统涌水量为：

$$Q = 1.366K\frac{(2H-S)S}{\lg R - \lg x_0} = 1.366 \times 1.3 \frac{(2 \times 13.8 - 6) \times 6}{\lg 30 - \lg 17} = 932.9\text{m}^3/\text{d} = 0.0108\text{m}^3/\text{s}$$

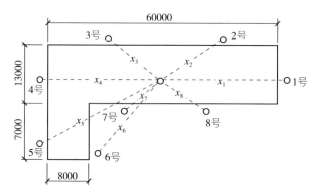

图 3-24

深井过滤器进水部分每米井的单位进水量

$$q = 2\pi r l \frac{\sqrt{K}}{15} = 2 \times 3.14 \times 0.35 \times 1 \times \frac{\sqrt{0.000015}}{15} = 0.00057\text{m}^3/\text{s}$$

深井过滤器进水部分需要的总长度为：

$$\frac{Q}{q} = \frac{0.0108}{0.00057} = 18.95\text{m} \approx 19.0\text{m}$$

按假定深井数进行试算确定深井井点数量，当井数为8个时，

$$H = 13.8 - 6 = 7.8\text{m}$$

则 $h_0 = \sqrt{H^2 - \dfrac{Q}{\pi K n} \cdot \ln \dfrac{x_0}{nr}} = \sqrt{7.8^2 - \dfrac{932.9}{3.14 \times 1.3 \times 8} \ln \dfrac{17}{8 \times 0.35}} = 3.0\text{m}$

此数值符合 $nh_0 = 8 \times 3 = 24 \geqslant \dfrac{Q}{q}$（$=18.95 \approx 19\text{m}$）条件。井的深度钻孔打到不透水层，取16m。

深井井点的布置要考虑工程的平面尺寸。经多次试排后，确定的8个深井井点距建筑物中心的距离如下（图3-24）：

$x_1 = 30\text{m}$，$\lg x_1 = 1.477$；$x_5 = 34\text{m}$，$\lg x_5 = 1.532$

$x_2 = 10\text{m}$，$\lg x_2 = 1.000$；$x_6 = 30\text{m}$，$\lg x_6 = 1.477$

$x_3 = 10\text{m}$，$\lg x_3 = 1.000$；$x_7 = 10\text{m}$，$\lg x_7 = 1.000$

$x_4 = 30\text{m}$，$\lg x_4 = 1.477$；$x_8 = 10\text{m}$，$\lg x_8 = 1.000$

$\therefore \lg(x_1、x_2 \cdots x_8) = 1.477 + 1.000 + 1.000 + 1.477 + 1.532 + 1.477 + 1.000 + 1.000 = 9.963$

核算总涌水量：

$$Q = 1.366 K \dfrac{(2H-S)S}{\lg R - \dfrac{1}{n}\lg(x_1 \cdot x_2 \cdots x_n)} = 1.366 \times 1.3 \dfrac{(2 \times 13.8 - 6) \times 6}{\lg 30 - \lg 9.963}$$

$$= 992 \text{m}^3/\text{d} \approx 0.0114 \text{m}^3/\text{s}$$

按图3-24布置的总涌水量与前式计算的总涌水量相近，故深井总涌水量、井点数和布置距离满足工程降水要求。

3.2.4 降水对周围建筑的影响及防治措施

在降水过程中，由于会随水流带出部分细微土粒，再加上降水后土体的含水量降低，使土壤产生固结，因而会引起周围地面的沉降，在建筑物密集地区进行降水施工，如因长时间降水引起过大的地面沉降，会带来较严重的后果，在软土地区曾发生过不少事故例子。

为防止或减少降水对周围环境的影响，避免产生过大的地面沉降，可采取下列技术措施：

3.2.4.1 采用回灌技术

降水对周围环境的影响，是由于土壤内地下水流失造成的。回灌技术即在降水井点和要保护的建（构）筑物之间打设一排井点，在降水井点抽水的同时，通过回灌井点向土层内灌入一定数量的水（即降水井点抽出的水），形成一道隔水帷幕，从而阻止或减少回灌井点外侧被保护的建（构）筑物地下的地下水流失，使地下水位基本保持不变，这样就不会因降水使地基自重应力增加而引起地面沉降。

回灌井点可采用一般真空井点降水的设备和技术，仅增加回灌水箱、闸阀和水表

等少量设备。采用回灌井点时，回灌井点与降水井点的距离不宜小于6m。回灌井点的间距应根据降水井点的间距和被保护建（构）筑物的平面位置确定。

回灌井点宜进入稳定降水曲面下1m，且位于渗透性较好的土层中。回灌井点滤管的长度应大于降水井点滤管的长度。

回灌水量可通过水位观测孔中水位变化进行控制和调节，通过回灌宜不超过原水位标高。回灌水箱的高度，可根据灌入水量决定。回灌水宜用清水。实际施工时应协调控制降水井点与回灌井点。

许多工程实例证明，用回灌井点回灌水能产生与降水井点相反的地下水降落漏斗，能有效地阻止被保护建（构）筑物下的地下水流失，防止产生有害的地面沉降。

回灌水量要适当，过小无效，过大会从边坡或钢板桩缝隙流入基坑。

3.2.4.2 采用砂沟、砂井回灌

在降水井点与被保护建（构）筑物之间设置砂井作为回灌井，沿砂井布置一道砂沟，将降水井点抽出的水，适时、适量排入砂沟，再经砂井回灌到地下，实践证明亦能收到良好效果。

回灌砂井的灌砂量，应取井孔体积的95%，填料宜采用含泥量不大于3%的纯净中粗砂。

3.2.4.3 使降水速度减缓

在砂质粉土中降水影响范围可达80m以上，降水曲线较平缓，为此可将井点管加长，减缓降水速度，防止产生过大的沉降。亦可在井点系统降水过程中，调小离心泵阀，减缓抽水速度。还可在邻近被保护建（构）筑物一侧，将井点管间距加大，需要时甚至暂停抽水。

为防止抽水过程中将细微土粒带出，可根据土的粒径选择滤网。另外确保井点管周围砂滤层的厚度和施工质量，亦能有效防止降水引起的地面沉降。

在基坑内部降水，掌握好滤管的埋设深度，如支护结构有可靠的隔水性能，一方面能疏干土壤、降低地下水位，便于挖土施工，另一方面又不使降水影响到基坑外面，造成基坑周围产生沉降。

相关知识

基坑排水与降水施工质量控制与检验

（1）施工前应有排水与降水设计。当在基坑外降水时，应有降水范围的估算，对重要建筑物公共设施在降水过程中应监测。

（2）井点管理设位置、间距、深度、过滤砂砾料应符合设计要求。各组井点系统的真空度应保持在60kPa以上，压力应保持在0.16MPa。

（3）深井、管井井点埋设井底沉渣厚度应小于80mm，使用应无严重淤塞，没有出水不畅或死井等情况，降低降水深度应符合设计要求。

（4）降水系统施工完后，应试运转，如发现井管失效，应采取措施使其恢复正常，如无可能恢复，则应报废，另行设置新的井管。

(5) 降水系统运转过程中应随时检查观测孔中的水位。

(6) 排水与降水施工质量检验标准见下表 3-10。

排水与降水施工质量检验标准　　　　表 3-10

序	检查项目	允许值或允许偏差		检查方法
		单位	数值	
1	排水沟坡度	‰	1~2	目测：沟内不积水，沟内排水畅通
2	井管（点）垂直度	%	1	插管时目测
3	井管（点）间距（与设计相比）	mm	≤150	钢尺量
4	井管（点）插入深度（与设计相比）	mm	≤200	水准仪
5	过滤砂砾料填灌（与设计值相比）	%	≤5	检查回填料用量
6	井点真空度：真空井点 喷射井点	kPa kPa	>60 >93	真空度表 真空度表
7	电渗井点阴阳极距离：真空井点 喷射井点	mm mm	80~100 120~150	钢尺量 钢尺量

3.3 基坑工程施工

学习目标

1. 掌握基坑（槽）挖土的方法
2. 掌握深基坑支护的设计和施工要求
3. 能够进行基坑验槽

关键概念

机械挖土、深基坑、验槽

3.3.1 基坑（槽）开挖方法

3.3.1.1 基坑（槽）开挖

一般采用反铲挖掘机配合自卸汽车进行施工，当开挖岩石地基时，一般采用爆破方法。

3.3.1.2 反铲挖掘机

反铲挖掘机的挖土特点是："后退向下，强制切土"。根据挖掘机的开挖路线与运输汽车的相对位置不同，一般有以下几种。

1. 沟端开挖法

反铲停于沟端，后退挖土，同时往沟一侧弃土或装汽车运走（图3-25a）。挖掘宽度可不受机械最大挖掘半径的限制，臂杆回转半径仅45°~90°，同时可挖到最大深度。对较宽的基坑可采用（图3-25b）的方法，其最大一次挖掘宽度为反铲有效挖掘半径的两倍，但汽车须停在机身后面装土，生产效率降低，或采用几次沟端开挖法完成作业，适于一次成沟后退挖土，挖出土方随即运走时采用，或就地取土填筑路基或修筑堤坝等。

2. 沟侧开挖法

反铲停于沟侧沿沟边开挖，汽车停在机旁装土或往沟一侧卸土（图3-25c）。本法铲臂回转角度小，能将土弃于距沟边较远的地方，但挖土宽度比挖掘半径小，边坡不好控制，同时机身靠沟边停放，稳定性较差。用于横挖土体和需将土方甩到离沟边较远的距离时使用。

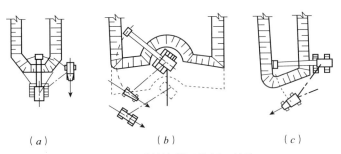

图3-25 反铲沟端及沟侧开挖法
(a)、(b) 沟端开挖法；(c) 沟侧开挖法

3. 沟角开挖法

反铲位于沟前端的边角上，随着沟槽的掘进，机身沿着沟边往后作"之"字形移动（图3-26）。臂杆回转角度平均在45°左右，机身稳定性好，可挖较硬的土体，并能挖出一定的坡度。适于开挖土质较硬，宽度较小的沟槽（坑）。

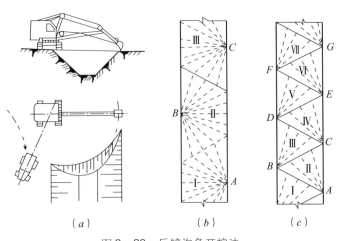

图3-26 反铲沟角开挖法
(a) 沟角开挖平剖面；(b) 扇形开挖平面；(c) 三角开挖平面

4. 多层接力开挖法

用两台或多台挖土机设在不同作业高度上同时挖土,边挖土,边将土传递到上层,由地表挖土机连挖土带装土(图 3-27);上部可用大型反铲,中、下层用大型或小型反铲,进行挖土和装土,均衡连续作业。

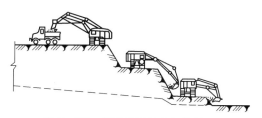

图 3-27　反铲多层接力开挖法

一般两层挖土可挖深 10m,三层可挖深 15m 左右。本法开挖较深基坑,一次开挖到设计标高,一次完成,可避免汽车在坑下装运作业,提高生产效率,且不必设专用垫道。适于开挖土质较好、深 10m 以上的大型基坑、沟槽和渠道。

3.3.2　基坑(槽)开挖的一般要求

(1) 基坑(槽)开挖,应先进行定位放线,定出开挖宽度,按放线分段分层开挖,根据土质和水文情况采取直立或放坡开挖,以保证施工操作安全。

(2) 基坑(槽)开挖程序一般是:测量放线→分层开挖→排降水→修坡→整平等。开挖时应边控边检查开挖深度,严禁超挖。

(3) 基坑开挖应尽量防止对地基土的扰动,当基坑挖好后不能立即进行下道工序时,应至少预留 150mm 的土,待下道工序开始前再挖到设计标高。

(4) 在地下水位以下挖土,应将水位降至坑底以下 500mm,以利挖方施工。降水工作应持续到基础施工完成。

(5) 雨期施工时,基坑(槽)应分段开挖,挖好一段浇筑一段垫层,并应采取措施,防止地面雨水流入基坑(槽)。

(6) 在基坑(槽)边缘上堆土或堆放材料以及移动施工机械时,应与基坑边缘保持 1.5m 以上距离,以保证坑边直立或边坡的稳定。当土质良好时,堆土或材料应距挖方边缘 0.8m 以外,高度不宜超过 1.5m。

3.3.3　深基坑支护

深基坑和浅基坑的界限没有明确规定,一般认为 6m 为深浅基坑的界限较为合适。

3.3.3.1　支护结构的类型和组成

支护结构(包括围护墙和支撑)按其工作机理和围护墙的形式分为下列几种类型,见图 3-28 所示。

水泥土挡墙式,依靠其本身自重和刚度保护坑壁,一般不设支撑,特殊情况下经采取措施后亦可局部加设支撑。

排桩与板墙式,通常由围护墙、支撑(或土层锚杆)及防渗帷幕等组成。

土钉墙由密集的土钉群、被加固的原位土体、喷射的混凝土面层等组成。

在施工之前应做专项施工设计,并应经过专门审查通过后方可施工。基坑支护结构设计,应根据对基坑周边环境及地下结构施工的影响程度,按表 3-11 选用。

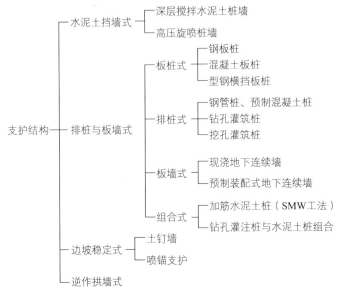

图 3-28 支护结构的类型和组成

常用支护结构形式的选择 表 3-11

类型、名称	支护形式、特点	适用条件
挡土灌注排桩或地下连续墙	挡土灌注排桩系以现场灌注桩按队列式布置组成的支护结构；地下连续墙系用机械施工方法成槽浇灌钢筋混凝土形成的地下墙体 特点：刚度大，抗弯强度高，变形小，适应性强，需工作场地不大，振动小，噪声低，但排桩墙不能止水，连续墙施工需机具设备	1. 适于基坑侧壁安全等级一、二、三级 2. 悬臂式结构在软土场地中不宜大于 5m 3. 当地下水位高于基坑底面时，宜采用降水、排桩与水泥土桩组合截水帷幕或采用地下连续墙 4. 适用于逆作法施工 5. 变形较大的基坑边可选用双排桩
排桩土层锚杆支护	系在稳定土层钻孔，用水泥浆或水泥砂浆将钢筋与土体粘结在一起拉结排桩挡土 特点：能与土体结合承受很大拉力，变形小，适应性强，需工作场地小，省钢材，费用低	1. 适于基坑侧壁安全等级一、二、三级 2. 适用于难以采用支撑的大面积深基坑 3. 不宜用于地下水大、含有化学腐蚀物的土层或松散软弱土层
排桩内支撑支护	系在排桩内侧设置型钢或钢筋混凝土水平支撑，用以支挡基坑侧壁进行挡土 特点：受力合理，易于控制变形，安全可靠；但需大量支撑材料，基坑内侧施工不便	1. 适于基坑侧壁安全等级一、二、三级 2. 适用于各种不宜设置锚杆的较松软土层及软土地基 3. 当地下水位高于基坑底面时，宜采用降水措施或采用止水结构
水泥土墙支护	系由水泥土桩相互搭接形成的格栅状、壁状等形式的连续重力式挡土止水墙体 特点：具有挡土、截水双重功能；施工机具设备相对较简单；成墙速度快，使用材料单一，造价较低	1. 适于基坑侧壁安全等级二、三级 2. 水泥土墙施工范围内地基土承载力不宜大于 150kPa 3. 基坑深度不宜大于 6m 4. 基坑周围具备水泥土墙的施工宽度

续表

类型、名称	支护形式、特点	适用条件
土钉墙或喷锚支护	系用土钉或预应力锚杆加固的基坑侧壁土体,与喷射钢筋混凝土护面组成的支护结构 特点:结构简单,承载力较高;可阻水,变形小,安全可靠,适应性强,施工机具简单,施工灵活,污染小,噪声低,对周边环境影响小,支护费用低	1. 基坑侧壁安全等级宜为二、三级的非软土场地 2. 土钉墙基坑深度不宜大于12m;喷锚支护适于无流砂、含水量不高、不是淤泥等流塑土层的基坑,开挖深度不大于18m 3. 当地下水位高于基坑底面时,应采取降水或截水措施
逆作拱墙支护	系在平面上将支护墙体或排桩作成闭合拱形的支护结构 特点:结构主要承受压力,可充分发挥材料特性,结构截面小,底部不用嵌固,可减少埋深、受力安全可靠,变形小,外形简单,施工方便、快速,质量易保证,费用低	1. 基坑侧壁安全等级宜为二、三级 2. 淤泥和淤泥质土场地不宜采用 3. 基坑平面尺寸近似方形或圆形,基坑施工场地适合拱圈布置 4. 基坑深度不宜大于12m;拱墙轴线的矢跨比不宜大于1/8 5. 地下水高于基坑底面时,应采取降水或截水措施
钢板桩	采用特制的型钢板桩,机械打入地下,构成一道连续的板墙,作为挡土、挡水围护结构 特点:承载力高、刚度大、整体性好、锁扣紧密、水密性强,能适应各种平面形状和土质,打设方便、施工快速、可回收使用,但需大量钢材,一次性投资较高	1. 基坑侧壁安全等级二、三级 2. 基坑深度不宜大于10m 3. 当地下水位高于基坑底面时,应采取降水或截水措施
放坡开挖	对土质较好、地下水位低、场地开阔的基坑,采取按规范允许坡度放坡开挖或仅在坡脚叠袋护脚,坡面做适当保护 特点:不用支撑支护,需采用人工修坡,加强边坡稳定检测,土方量大,土需外运	1. 基坑侧壁安全等级宜为三级 2. 基坑周围场地应满足放坡条件,土质较好 3. 可独立或与上述其他结构结合使用 4. 当地下水位高于坡脚时,应采取降水措施

1. 水泥土挡墙式支护

水泥土挡墙式支护是在基坑侧壁形成一个具有相当厚度和重量的刚性实体结构,以其重量抵抗基坑侧壁土压力,满足该结构的抗滑移和抗倾覆要求。这类结构一般采用深层搅拌水泥土桩墙,有时也采用高压旋喷桩墙,使桩体相互搭接形成块状或格栅状等形状的重力结构,如图3-29所示。

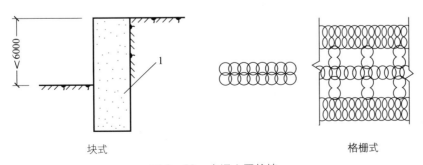

图3-29 水泥土围护墙

深层搅拌水泥土桩墙围护墙是用深层搅拌机就地将土和输入的水泥浆强制搅拌，形成连续搭接的水泥土柱状加固体挡墙。

高压旋喷桩是利用高压经过旋转的喷嘴将水泥浆喷入土层与土体混合形成水泥土加固体，相互搭接形成桩排，用来挡土和止水。高压旋喷桩的施工费用要高于深层搅拌水泥土桩，但它可用于空间较小处。

水泥土加固体的渗透系数不大于 10^{-7}cm/s，能止水防渗，因此这种围护墙属重力式挡墙，利用其本身重量和刚度进行挡土和防渗，具有双重作用。

水泥土围护墙截面呈格栅形时，相邻桩搭接长宽不小于 200mm，截面置换率对淤泥不宜小于 0.8，淤泥质土不宜小于 0.7，一般黏性土、黏土及砂土不宜小于 0.6。格栅长度比不宜大于 2。

墙体宽度 b 和插入深度 h_d，根据坑深、土层分布及其物理力学性能、周围环境情况、地面荷载等计算确定。在软土地区当基坑开挖深度 $h \leqslant 5m$ 时，可按经验取 $b = (0.6 \sim 0.8)h$，$h_d = (0.8 \sim 1.2)h$。基坑深度一般不应超过 7m，此种情况下较经济。墙体宽度以 500mm 进位，即 $b = 2.7m、3.2m、3.7m、4.2m$ 等。插入深度前后排可稍有不同。

水泥土加固体的强度取决于水泥掺入比（水泥重量与加固土体重量的比值），围护墙常用的水泥掺入比为 12%～14%。常用的水泥品种是强度等级为 32.5 级的普通硅酸盐水泥。

水泥土围护墙的强度以龄期 1 个月的无侧限抗压强度 q_u 为标准，应不低于 0.8MPa。水泥土围护墙未达到设计强度前不得开挖基坑。

如为改善水泥土的性能和提高早期强度，可掺加木钙、三乙醇胺、氯化钙、碳酸钠等。

水泥土的施工质量对围护墙性能有较大影响。要保护设计规定的水泥掺合量，要严格控制桩位和桩身垂直度；要控制水泥浆的水灰比不大于 0.45，否则桩身强度难以保证；要搅拌均匀，采用二次搅拌工艺，喷浆搅拌时控制好钻头的提升或下沉速度；要限制相邻桩的施工间歇时间，以保证搭接成整体。

水泥土墙支护相对位移较大，不适宜用于深基坑，当基坑长度大时，要采取中向加墩、起拱等措施，以控制产生较大位移。该法适用于淤泥、淤泥质土、黏土、粉质黏土、粉土、具有薄夹土层的土、素填土等地基承载力特征值不大于 150kPa 的土层，作为基坑截水及浅基坑（不大于 5m）的支护工程。

2. 板桩式支护

板桩的种类有钢板桩、钢筋混凝土板桩和型钢横挡板桩等。由于钢板桩强度高、打设方便又可重复利用，因而广泛应用，目前钢板桩常用的截面形式如图 3-30 所示。

（1）钢板桩　将正反扣搭接或并排组成的槽钢、U 形、L 形、一字形、H 形和组合型的热扎锁口钢板桩打入地下后在近地面处设一道拉锚或支撑形成的围护结构。

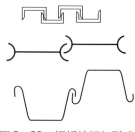

图 3-30　钢板桩锁扣形式

钢板桩的优缺点：①优点：材料质量可靠，软土地区打设方便，施工速度快，有一定的挡水能力，可多次重复用，具有良好的耐久性。②缺点：一次性投资较大；透水性较好的土中不能完全挡水和土中的细小颗粒，在地下水位高的地区需采取隔水或降水措施；支护刚度小，抗弯能力较弱，顶部宜设置一道支撑或拉锚（图 3 - 31）；开挖后变形较大。

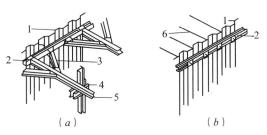

图 3 - 31 钢板桩支护结构
（a）内撑方式；（b）锚拉方式
1—钢板桩；2—围檩；3—角撑；4—立柱与支撑；5—支撑；6—锚拉杆

槽钢钢板桩的槽钢长 6 ~ 8m，适用于深度不超过 4m 的小型基坑；热扎锁口钢板桩适于周围环境要求不很高的深度为 5 ~ 8m 的基坑，视支撑（拉锚）加设情况而定。

(2) 钢筋混凝土板桩

钢筋混凝土板桩具有施工简单、现场作业周期短等特点，曾在基坑中广泛应用，但由于钢筋混凝土板桩的施打一般采用锤击方法，振动与噪声大，同时沉桩过程中挤土也较为严重，在城市工程中受到一定限制。此外，其制作一般在工厂预制，再运至工地，成本较灌注桩等略高。但由于其截面形状及配筋对板桩受力较为合理并且可根据需要设计，目前已可制作厚度较大（如厚度达 500mm 以上）的板桩，并有液压静力沉桩设备，故在基坑工程中仍是支护板墙的一种使用形式。

(3) 型钢横挡板

型钢横挡板（图 3 - 32）围护墙亦称桩板式支护结构。这种围护墙由工字钢（或 H 型钢）桩和横挡板（亦称衬板）组成，再加上围檩、支撑等的一种支护体系。施工时先按一定间距打设工字钢或 H 型钢桩，然后在开挖土方时边挖边加设横挡板。施工结束拔出工字钢或 H 型钢桩，并在安全允许条件下尽可能回收横挡板。

横挡板直接承受土压力和水压力，由横挡板传给工字钢桩，再通过围檩传至支撑或拉锚。横挡板长度取决于工字钢桩的间距和厚度，由计算确定，多用厚度 60mm 的木板或预制钢筋混凝土薄板。

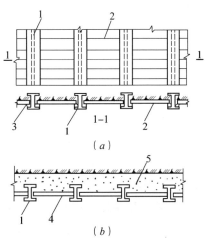

图 3 - 32 型钢横挡板支护
（a）型钢桩横挡板；
（b）预制式水泥土固化挡墙
1—型钢桩；2—横向挡土板；3—木楔；
4—预制混凝土板；5—背面注入浆液止水

型钢横挡板围护墙多用于土质较好、地下水位较低的地区，我国北京地下铁道工程和某些高层建筑的基坑工程曾使用过。

3. 排桩式支护

(1) 钻孔灌注桩 (图3-33)

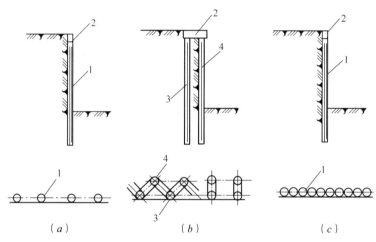

图 3-33 挡土灌注桩支护形式
(a) 间隔式；(b) 双排式；(c) 连续式
1—挡土灌注桩；2—连续梁（圈梁）；3—前排桩；4—后排桩

根据目前的施工工艺，钻孔灌注桩为间隔排列，缝隙不小于100mm，因此它不具备挡水功能，需另做挡水帷幕，目前我国应用较多的是1.2m厚的水泥土搅拌桩。用于地下水位较低地区则不需做挡水帷幕。

钻孔灌注桩施工无噪声、无振动、无挤土，刚度大，抗弯能力强，变形较小，几乎在全国都有应用。多用于基坑侧壁安全等级为一、二、三级，坑深7~15m的基坑工程，在土质较好地区已有8~9m悬臂桩，在软土地区多加设内支撑（或拉锚），悬臂式结构不宜大于5m。桩径和配筋计算确定，常用直径600mm、700mm、800mm、900mm、1000mm。

有的工程为不用支撑简化施工，采用相隔一定距离的双排钻孔灌注桩与桩顶横梁组成空间结构围护墙，使悬臂桩围护墙可用于14.5m深的基坑。

如基坑周围狭窄，不允许在钻孔灌注桩后再施工1.2m厚的水泥土桩挡水帷幕时，可考虑在水泥土桩中套打钻孔灌注桩。

(2) 挖孔桩

挖孔桩围护墙也属桩排式围护墙，多在我国东南沿海地区使用。其成孔是人工挖土，多为大直径桩，宜用于土质较好地区。如土质松软、地下水位高时，需边挖土边施工衬圈，衬圈多为混凝土结构。在地下水位较高地区施工挖孔桩，还要注意挡水问题，否则地下水大量流入桩孔，大量的抽排水会引起邻近地区地下水位下降，因土体固结而出现较大的地面沉降。

挖孔桩由于人下孔开挖，便于检验土层，亦易扩孔；可多桩同时施工，施工速度可保证；大直径挖孔桩用作围护桩可不设或少设支撑。但挖孔桩劳动强度高，施工条件差，如遇有流砂还有一定危险。

4. 板墙式—地下连续墙

地下连续墙是于基坑开挖之前，用特制的挖槽机械在泥浆护壁的情况下，每次开挖一个单元槽段后，吊放钢筋笼与浇筑混凝土，各槽段用特制的接头连接形成的连续的地下墙体。通常连续墙的厚度为600mm、800mm、1000mm，也有厚达1200mm的，多用于12m以上的深基坑。地下连续墙施工工艺见图3-34。

地下连续墙技术已相当成熟，其中以日本在此技术上最为发达，目前地下连续墙的最大开挖深度为140m，最薄的地下连续墙厚度为20cm。

地下连续墙用作围护墙的优点是：施工时对周围环境影响小，能紧邻建（构）筑物等进行施工；刚度大、整体性好、变形小，能用于深基坑；处理好接头能较好地抗渗止水；如用逆作法施工，可实现两墙合一，能降低成本。

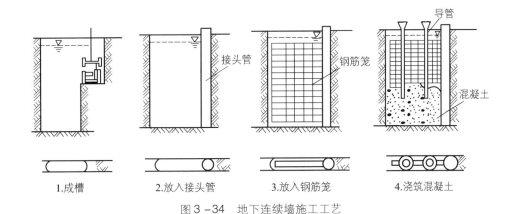

图3-34 地下连续墙施工工艺

由于具备上述优点，我国一些重大、著名的高层建筑的深基坑，多采用地下连续墙作为支护结构围护墙。适用于基坑侧壁安全等级为一、二、三级者；在软土中悬臂式结构不宜大于5m。

地下连续墙如单纯用作围护墙，只为施工挖土服务则成本较高；泥浆需妥善处理，否则影响环境。

5. 组合式—加筋水泥土桩法（SMW工法）

加筋水泥土桩法是指在水泥土搅拌桩内插入H型钢，使之成为同时具有受力和抗渗两种功能的支护结构围护墙（图3-35）。坑深大时亦可加设支撑。国外已用于深20m的基坑，我国已开始用于8~10m基坑。

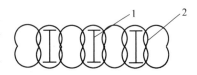

图3-35 SMW工法围护墙
1—插在水泥土桩中的H型钢；
2—水泥土桩

加筋水泥土桩法施工机械应为三根搅拌轴的深层搅拌机，全断面搅拌，H型钢靠自重可顺利下插至设计标高。

加筋水泥土桩法围护墙的水泥掺入比达20%，因此水泥土的强度较高，与H型钢粘结好,能共同作用。

6. 混凝土灌注桩与水泥土桩（墙）组合支护

挡土灌注桩支护一般采用每隔一定距离设置,缺乏阻水抗渗功能,在地下水较大的基坑应用,会造成桩间土大量流失,桩背土体被掏空,影响支护土体的稳定。为了提高挡土灌注桩的抗渗透功能,一般在挡土排桩的基础上在桩间再加设水泥土桩以形成一种挡土灌注桩与水泥土桩相结合的支护体系（图3-36）。

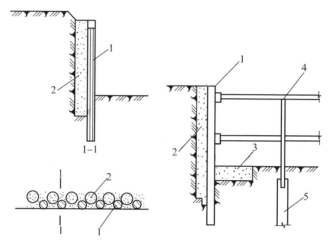

图3-36 混凝土灌注桩与水泥土桩组合支护
1—挡土灌注桩；2—水泥土桩
1—挡土灌注桩；2—水泥土搅拌桩挡水帷幕；3—坑底水泥土搅拌桩加固；
4—内支撑；5—工程桩用于软土地基

这种组合支护的做法是：先在深基坑的内侧设置直径0.6~1.0m的混凝土灌注桩,间距1.2~1.5m；然后在紧靠混凝土灌注桩的内侧与外径相切设置直径0.8~1.5m的高压喷射注浆桩（又称旋喷桩）,以旋喷水泥浆方式使形成具有一定强度的水泥土桩与混凝土灌注桩紧密结合,组成一道防渗帷幕,既可起抵抗土压力、水压力作用,又起挡水抗渗透作用,使基坑开挖处于无水状态。挡土灌注桩与高压喷射注浆桩采取分段间隔施工。当缺乏高压喷射注浆机具设备时,亦可采用深层搅拌桩或粉体喷射桩（又称粉喷桩）,但机具设备和施工较旋喷桩简易。

当基坑为淤泥质土层,除采用挡土灌注桩与水泥土桩组合支护外,还有可能在基坑底部产生管涌、涌泥现象时,此时亦可在基坑底部以下用高压喷射注浆桩局部或全部封闭（图3-36）,有利于支护结构稳定；加固后能有效减少作用于支护结构上的主、被动土压力,防止边坡坍塌、渗水和管涌等现象发生。

也有的在挡土灌注桩后面设一道1.2m厚的水泥土墙；在砂性土或含砂多的黏性土中,有时在灌注桩与水泥土墙的间隙中进行注浆。

7. 边坡稳定式—土钉墙（图3-37）

土钉墙支护技术是一种原位土体加固技术,是在分层分段挖土和施工的条件下,由原位土体、在基坑侧面土中斜向设置的土钉与喷射混凝土面层三者组成共同工作的土钉墙,其受力特点是通过斜向土钉对基坑边坡土体的加固,增加边坡的抗滑力和抗滑力矩,达到稳定基坑边坡的作用。

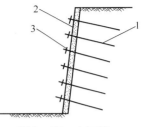

图 3-37 土钉墙
1—土钉;2—喷射细石混凝土面层;3—垫板

(1) 土钉墙适用条件

土钉墙可用于基坑侧壁安全等级为二、三级的非软土场地;基坑深度不宜大于 12m;当地下水位高于基坑底面时,应采取降水或截水措施。目前在软土场地亦有应用。

1) 土钉墙适用于地下水位以上或经人工降水后的人工填土、黏性土和弱胶结砂土的基坑和边坡,当土钉墙与水泥土桩截水帷幕组合时,也可用于存在地下水的条件。不能用于淤泥、淤泥质土等无法提供足够锚固力的饱和软弱土层。

2) 土钉墙一般宜用于深度不大于 12m 的基坑,当土钉墙与水泥土桩组合使用时,深度可适当增加。

3) 当基坑旁边有地下管线或建筑物基础时,阻碍土钉成孔,或遇密实卵石层无法成孔,不能采用土钉墙。

4) 不宜用于含水丰富的粉细砂层容易造成塌孔的情况。

5) 不宜用于邻近有对沉降变形敏感的建筑物的情况,以免造成周边建筑物的损坏。

6) 在土质较好地区应积极推广。目前我国华北和华东北部一带应用较多。

(2) 土钉墙施工

土钉的施工一般采用钻孔中内置钢筋后,然后向孔中注浆,坡面用配有钢筋网的喷射混凝土形成的土钉墙;也有采用打入式钢管再向钢管内注浆的土钉;也有采用土钉和预应力锚杆等结合的复合土钉墙结构。

土钉主要分为钻孔注浆土钉与打入土钉两类。钻孔注浆土钉为最常用的土钉类型,先在土中钻孔,一般钻孔直径 $\phi 100 \sim 120$mm,采用 $\phi 16 \sim 32$mm 的 HPB235 级或 HRB400 级钢筋置入孔内,为使土钉钢筋处于孔的中心位置,有足够的浆体保护层,需沿钉长每隔 2~3m 设对中支架。然后采用强度等级不低于 M10 水泥浆或水泥砂浆沿全长注浆。水泥浆水灰比一般为 0.5 左右,水泥砂浆配合比一般 1:1~1:2,水灰比为 0.38~0.45。注浆方式常用常压注浆。

打入式土钉一般采用钢管等材料打入土中形成,可用人力或振动冲击钻、液压锤等机具打入,打入式土钉的优点是不需要预先钻孔,施工速度快。打入式土钉一般长度受到限制,不易用于密实砂卵石和胶结土中。打入钢管一般采用周围带孔的闭口钢管,可在打入后管内高压注浆,增强土钉与土的粘结力,提高土钉的抗拔能力。这种土钉特别适合于成孔困难的砂层和较软土层。

8. 排桩土层锚杆支护

排桩土层锚杆支护,系在排桩支护的基础上,沿开挖基坑或边坡,每隔 2~5m 设置一层向下稍微倾斜的土层锚杆,以增强排桩支护抵抗土压力的能力,同时可减少排桩的数量和截面积,常用排桩土层锚杆支护的形式如图 3-38 所示。

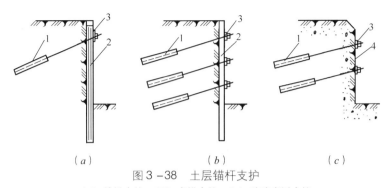

图 3-38 土层锚杆支护
(a) 单锚支护；(b) 多锚支护；(c) 破碎岩层支护
1—土层锚杆；2—挡土灌注桩或地下连续墙；3—钢横梁（撑）；4—破碎岩土层

土层锚杆，又称锚杆，是在深开挖的基坑立壁（挡土灌注桩、地下连续墙或岩土层）的土层钻孔（或掏孔）至要求深度，或再扩大孔的端部形成柱状或球状扩大头，在孔内放入钢筋、钢管或钢丝束、钢绞线，灌入水泥浆或化学浆液，使与土层结合成为抗拉（拔）力强的锚杆。在锚杆的端部通过横撑（钢横梁）借螺母连接或再张拉施加预应力将灌注排桩（或地下连续墙，下同）受到的侧压力，通过拉杆传给远离灌注排桩的稳定土层，以达到控制基坑支护的变形，保持基坑土体和基坑外建筑物稳定的目的。

排桩土层锚杆支护施加一般先将排桩施工完成，开挖基坑时每挖一层土，至土层锚杆标高，随设置一层施工锚杆，逐层向下设置，直至完成。

采用排桩土层锚杆支护的优点是：能与土体结合在一起承受很大的拉力，以保持支护的稳定；可用高强度钢材，并可施加预应力，可有效控制邻近建筑物的变形量；同时可简化支护结构，适应性强，所需钻孔孔径小，施工不用大型机械和较大场地，经济效益显著；可节省大量材料和劳动力，特别是为基坑内施工提供了良好空间，有利于机械化挖土作业，加快工程进度。

适用于难以采用支撑的大面积深基坑、各种土层的坑壁支护，在国内外均得到广泛采用。例如北京新东安市场、东方广场等分别有三层、四层地下室，基坑深度达 15.1~17.3m，分别采用直径 ϕ400mm 和 ϕ600 挡土灌注桩加 1~3 层锚杆支护，使用效果良好。但不适于在地下水较大或含有化学腐蚀物的土层或在松散、软弱的土层内使用。

3.3.3.2 支撑体系

对深度较深，地基土质较差的基坑，为减少排桩悬臂长度，使围护排桩受力合理和受力后变形小，一般可采用设置内支撑或设土层锚杆两种方法。

1. 内支撑构造

排桩内支撑结构体系，一般由挡土结构和支撑结构组成（图3-39），二者构成一个整体，共同抵抗外力的作用。支撑结构一般由围檩（横挡）、立柱、对撑、角撑、八字撑（图3-40）等组成。围檩固定在排桩墙上，将排桩承受的侧压力传给纵横支撑。支撑为受压构件，长度超过一定限度时，一般再在中间加设立柱，以承受支撑自重和施工荷载，立柱下端插入工程桩内，当其下无工程桩时，则设专用灌注桩。

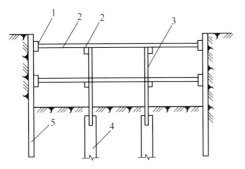

图 3-39 内支撑结构构造
1—围檩；2—纵、横向水平支撑；3—立柱；
4—工程灌注桩或专设桩；5—围护排桩（或墙）

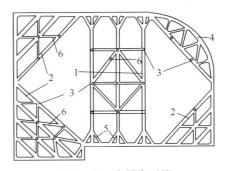

图 3-40 角撑和对撑
1—对撑；2—角撑；3—立柱；4—拱形撑；
5—八字撑；6—连系杆

内支撑一般有钢支撑和混凝土支撑两种。

(1) 钢支撑：钢支撑常用钢管支撑和型钢支撑两种。钢管支撑多用 $\phi 609$ 钢管，有多种壁厚（10mm、12mm、14mm）可供选择，壁厚大者承载能力高。亦有用较小直径钢管者，如 $\phi 580$、$\phi 406$ 钢管等；型钢支撑（图 3-41）多用 H 型钢，有多种规格以适应不同的承载力。不过作为一种工具式支撑，要考虑能适应多种情况。在纵、横向支撑的交叉部位，可用上下叠交固定；亦可用专门加工的十字形定型接头，以便连接纵、横向支撑构件。前者纵、横向支撑不在一个平面上，整体刚度差；后者则在一个平面上，刚度大，受力性能好。在端头的活络头子和琵琶斜撑的具体构造参见图 3-42。

钢支撑的优点是安装和拆除方便、速度快，能尽快发挥支撑的作用，减小时间效应，使围护墙因时间效应增加的变形减小；可以重复使用，多为租赁方式，便于专业化施工；可以施加预应力，还可根据围护墙变形发展情况，多次调整预应力值以限制围护墙变形发展。其缺点是整体刚度相对较弱，支撑的间距相对较小。

(2) 混凝土支撑：随着挖土的加深，根据设计规定的位置现场支模浇筑而成。其

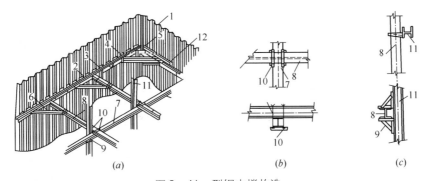

图 3-41 型钢支撑构造
(a) 示意图；(b) 纵横支撑连接；(c) 支撑与立柱连接
1—钢板桩；2—型钢围檩；3—连接板；4—斜撑连接件；5—角撑；6—斜撑；7—横向支撑；
8—纵向支撑；9—三角托架；10—交叉部紧固件；11—立柱；12—角部连接件

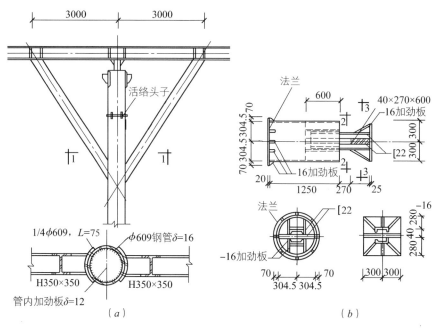

图3-42 琵琶撑与活络头子
(a) 琵琶撑;(b) 活络头子

优点是形状多样性,可浇筑成直线、曲线构件,可根据基坑平面形状,浇筑成最优化的布置型式;整体刚度大,安全可靠,可使围护墙变形小,有利于保护周围环境;可方便地变化构件的截面和配筋,以适应其内力的变化。其缺点是支撑成型和发挥作用时间长,时间效应大,使围护墙因时间效应而产生的变形增大;属一次性支撑,不能重复利用;拆除相对困难,如用控制爆破拆除,有时周围环境不允许,如用人工拆除,时间较长、劳动强度大。

混凝土支撑的混凝土强度等级多为C30,截面尺寸经计算确定。腰梁的截面尺寸常用600mm×800mm(高×宽)、800mm×1000mm和1000mm×1200mm;支撑的截面尺寸常用600mm×800mm(高×宽)、800mm×1000mm,800mm×1200mm和1000mm×1200mm。支撑的截面尺寸在高度方向要与腰梁高度相匹配。配筋要经计算确定。

对平面尺寸大的基坑,在支撑交叉点处需设立柱,在垂直方向支承平面支撑。立柱可为四个角钢组成的格构式钢柱、圆钢管或型钢。考虑到承台施工时便于穿钢筋,格构式钢柱较好,应用较多。立柱的下端最好插入作为工程桩使用的灌注桩内,插入深度不宜小于2m,如立柱不对准工程桩的灌注桩,立柱就要做专用的灌注桩基础。

在软土地区有时在同一个基坑中,上述两种支撑同时应用。为了控制地面变形、保护好周围环境,上层支撑用混凝土支撑;基坑下部为了加快支撑的装拆、加快施工速度,采用钢支撑。

3.3.4 深基坑土方开挖

深基坑土层的挖土方案,主要有放坡挖土、中心岛式挖土、盆式挖土和逐层挖土。第一种无支护结构,后三种有支护结构。

3.3.4.1 放坡挖土

放坡开挖时最经济的挖土方案。当基坑开挖深度不大、周围环境又允许时,一般优先采用放坡开挖。

开挖深度较大的基坑,当采用放坡挖土时,宜设置多级平台分层开挖。

在地下水位较高的软土地区,应在降水达到要求后再进行土方开挖,宜采用分层开挖的方式进行开挖。分层挖土厚度不宜超过 2.5m。挖土时要注意保护工程桩,防止碰撞或因挖土过快、高差过大使工程桩受侧压力而倾斜。

如有地下水,放坡开挖应采取有效措施降低坑内水位和排除地表水,严防地表水或坑内排出的水倒流回渗入基坑。

基坑采用机械挖土,坑底应保留 150~300mm 厚基土,用人工清理整平,防止坑底土扰动。待挖至设计标高后,应清除浮土,经验槽合格后,及时进行垫层施工。

3.3.4.2 中心岛式挖土

中心岛式挖土,宜用于大型基坑,支护结构的支撑形式为角撑、环梁式或边桁(框)架式,中间具有较大空间情况下。此时可利用中间的土墩作为支点搭设栈桥。挖土机可利用栈桥下到基坑挖土,运土的汽车亦可利用栈桥进入基坑运土。这样可以加快挖土和运土的速度(图3-43)。

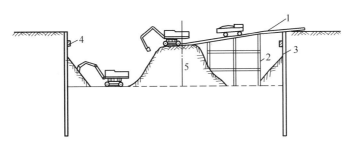

图 3-43 中心岛(墩)式挖土示意图
1—栈桥;2—支架(尽可能利用工程桩);3—围护墙;4—腰梁;5—土墩

中心岛式挖土,中间土墩的留土高度、边坡的坡度、挖土层次与高差都要经过仔细研究确定。由于在雨期遇有大雨土墩边坡易滑坡,必要时对边坡尚需加固。

挖土亦分层开挖,多数是先全面挖去第一层,然后中间部分留置土墩,周围部分分层开挖。开挖多用反铲挖土机,如基坑深度大则用向上逐级传递方式进行装车外运。

整个的土方开挖顺序,必须与支护结构的设计工况严格一致,要遵循开槽支撑、先撑后挖、分层开挖、严禁超挖的原则。

挖土时，除支护结构设计允许外，挖土机和运土车辆不得直接在支撑上行走和操作。

为减少时间效应的影响，挖土时应尽量缩短围护墙无支撑的暴露时间。一般对一、二级基坑，每一工况挖至规定标高后，钢支撑的安装周期不宜超过一昼夜，混凝土支撑的完成时间不宜超过两昼夜。

对面积较大的基坑，为减少空间效应的影响，基坑土方宜分层、分块、对称、限时进行开挖，土方开挖顺序要为尽可能早的安装支撑创造条件。

土方挖至设计标高后，对有钻孔灌注桩的工程，宜边破桩头边浇筑垫层，尽可能早一些浇注垫层，以便利用垫层（必要时可做加厚配筋垫层）对围护墙起支撑作用，以减少围护墙的变形。

挖土机挖土时严禁碰撞工程桩、支撑、立柱和降水的井点管。分层挖土时，层高不宜过大，以免土方侧压力过大使工程桩变形倾斜，在软土地区尤为重要。

同一基坑内当深浅不同时，土方开挖宜先从浅基坑处开始，如条件允许可待浅基坑处底板浇筑后，再挖基坑较深处的土方。

3.3.4.3 盆式挖土法

盆式挖土是先开挖基坑中间部分的土，周围四边留土坡，土坡最后挖除。这种挖土方式的优点是周边的土坡对围护墙有支撑作用，有利于减少围护墙的变形。其缺点是大量的土方不能直接外运，需集中提升后装车外运，如图3-44所示。

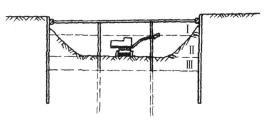

图3-44 盆式挖土

盆式挖土周边留置的土坡，其宽度、高度和坡度大小均应通过稳定验算确定。如留的过小，对围护墙支撑作用不明显，失去盆式挖土的意义。如坡度太陡边坡不稳定，在挖土过程中可能失稳滑动，不但失去对围护墙的支撑作用，影响施工，而且有损于工程桩的质量。盆式挖土需设法提高土方上运的速度，对加速基坑开挖起很大作用。

3.3.4.4 逐层挖土法

开挖深度超过挖土机最大挖掘高度（5m）时，宜分2~3层开挖，一般有两种做法，一种是一台大型挖掘机挖上层土，用起重机吊运一台小型挖掘机挖下层土，小型挖掘机边挖边将土转运到大型挖掘机的作业范围内，由大型挖掘机将土全部挖走，最后再用起重机械将小型挖掘机吊上来；另一种做法是修筑10%~15%的坡道，利用坡道作为挖掘机分层施工的道路。

3.3.5 验槽

施工单位土方开挖完成后，应对土方开挖工程质量进行检验，其标准与方法见表3-12。

土方开挖工程质量检验标准（mm）　　　表 3-12

项	序	项 目	允许偏差或允许值					检验方法
			柱基、基坑、基槽	挖方场地平整		管沟	地（路）面基层	
				人工	机械			
主控项目	1	标高	-50	±30	±50	-50	-50	水准仪
	2	长度、宽度（由设计中心线向两边量）	+200 / -50	+300 / -100	+500 / -150	+100	—	经纬仪、用钢尺量
	3	边坡	设计要求					观察或用坡度尺检查
一般项目	1	表面平整度	20	20	50	20	20	用2m靠尺和楔形塞尺检查
	2	基底土性	设计要求					观察或土样分析

注：地（路）面基层的偏差只适用于直接在挖、填方做地（路）面的基层。

合格后应由设计、监理、建设和施工部门共同进行验槽，核对地质资料，检查地基与工程地质勘察报告、设计图纸是否相符，有无破坏原状土结构或发生较大的扰动现象。基坑（槽）常用检验方法有以下三种。

3.3.5.1　表面检查验槽法

（1）根据槽壁土层分布情况及走向，初步判明全部基底是否已挖至设计所要求的土层。

（2）检查槽底是否已挖至原（老）土，是否需继续下挖或进行处理。

（3）检查整个槽底土的颜色是否均匀一致；土的坚硬程度是否一样，有否局部过松软或过坚硬的情况；有否局部含水量异常现象，走上去有没有颤动的感觉等。如有异常部位，要会同设计等有关单位进行处理。

3.3.5.2　钎探检查验槽法

基坑挖好后，用锤把钢钎打入槽底的基土内，根据每打入一定深度的锤击次数，来判断地基土质情况。

1. 钢钎的规格和重量

钢钎用直径 22～25mm 的钢筋制成，钎尖呈 60°尖锥状，长度 1.8～2.0m（图 3-45）。大锤用重 3.6～4.5kg 铁锤。打锤时，举高离钎顶 50～70cm，将钢钎垂直打入土中，并记录每打入土层 30cm 的锤击数。

2. 钎孔布置和钎探深度

应根据地基土质的复杂情况和基槽宽度、形状而定，一般可参考表 3-13。

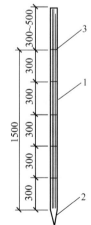

图 3-45　钢钎
1—钎杆 ϕ22～25mm；
2—钎尖；3—刻痕

钎孔布置 表3-13

槽宽（cm）	排列方式及图示	间距（m）	钎探深度（m）
小于80	中心一排	1~2	1.2
80~200	两排错开	1~2	1.5
大于200	梅花形	1~2	2.0
柱基	梅花形	1~2	≥1.5m，并不浅于短边宽度

注：对于较软弱的新近沉积黏性土和人工杂填土的地基，钎控间距应不大于1.5m。

3. 钎探记录和结果分析

先绘制基槽平面图，在图上根据要求确定钎探点的平面位置，并依次编号制成钎探平面图。钎探时按钎探平面图标定的钎探点顺序进行，最后整理成钎探记录表。

全部钎探完后，逐层分析研究钎探记录，然后逐点进行比较，将锤击数显著过多或过少的钎孔在钎探平面图上做上记号，然后再在该部位进行重点检查，如有异常情况，要认真进行处理。

3.3.5.3 洛阳铲探验槽法

在黄土地区基坑挖好后或大面积基坑挖土前，根据建筑物所在地区的具体情况或设计要求，对基坑底以下的土质、古墓、洞穴用专用洛阳铲进行钎探检查。

1. 探孔的布置

探孔布置见建筑施工手册相关规定。

2. 探查记录和成果分析

先绘制基础平面图，在图上根据要求确定探孔的平面位置，并依次编号，再按编号顺序进行探孔。探查过程中，一般每3~5铲看一下土，查看土质变化和含有物的情况。遇有土质变化或含有杂物情况，应测量深度并用文字记录清楚。遇有墓穴、地道、地窖、废井等时，应在此部位缩小探孔距离（一般为1m左右），沿其周围仔细探查清其大小、深浅、平面形状，并在探孔平面图中标注出来。全部探查完后绘制探孔平面图和各探孔不同深度的土质情况表，为地基处理提供完整的资料。探完以后，尽快用素土或灰土将探孔回填。

3.3.6 土方回填

3.3.6.1 土方填筑压实

回填土选择与填筑方法如下：

(1) 填土土料选择

填土土料应符合以下要求：含水量符合压实要求的黏性土，可用作各层土填料；

碎石类土、爆破石渣和砂土（使用细砂、粉砂时应取得设计单位同意），可用作表层以下的填料，但其最大粒径不得超过每层铺填厚度的 2/3；碎块草皮和有机质大于 8% 的土，石膏或水溶性硫酸盐含量大于 5% 的土，冻结或液化状态的泥炭、黏土或粉状砂质黏土等，均不能用作填方土料；淤泥和淤泥质土一般不能用作填料，但在软土或沼泽地区，经过处理使含水量符合要求后，可用于填方中的次要部位。对于无压实要求的填方所用的土料，则不受上述限制。此外，当地下结构外防水层为油毡时，则对填土土料的细度有更高的要求，并应采用相应的压实方法，以防破坏防水层。

（2）填筑方法

填土应分层进行，并尽量采用同类土填筑。如填方中采用不同透水性的土料填筑时，必须将透水性较大的土层置于透水性较小的土层之下。不得将各种土料任意混杂使用。

填方施工应接近水平地分层填筑压实，每层的厚度根据土的种类及选用的压实机械而定。当填方基底位于倾斜地面（如山坡）时，应先将斜坡挖成阶梯状，阶宽不小于 1m，然后分层填筑，以防填土横向移动。应分层检查填土压实质量，符合设计要求后，才能填筑上层。

3.3.6.2 填土的压实

填土的压实方法有：碾压法、夯实法和振动压实法等。碾压法是利用沿着土的表面滚动的鼓筒或轮子的压力压实填土的，主要适用于场地平整和大型基坑回填工程。碾压机械有平碾、羊足碾和振动碾。夯实法是利用夯锤自由落下的冲击力来压实填土的。夯实法主要适用于小面积的回填土。常用的夯实机械主要有蛙式打夯机、夯锤和内燃夯土机等。振动压实法是将振动压实机放在土层表面，借助振动设备的振动使土压实。振动压实法主要适用于振实无黏性土。

为了使填土压实后达到规定要求的密实度（用压实系数和土的干密度衡量）。在压实过程中，要考虑压实功、土的含水量及每层铺土厚度与压实遍数等因素的影响。

填土压实后的密度与压实功有一定的关系，但不成线性关系。在实际施工中，对松土先用轻碾压实，再用重碾压实，会取得较好压实效果。不宜用重型碾压机械直接滚压；在同一压实条件下，土料的含水量对压实质量有直接的影响。在使用同样的压力功使填土压实获得最大密实度时的含水量，称为最优含水量。为达到最优含水量，当含水量偏高时，应翻松晾干，或掺入干土或吸水性填料，当含水量偏低时，应预先洒水润湿，增加压实遍数或使用大功率的压实机械等措施；土在压实功的作用下，一般表层土的密实度增加最大，超过一定的深度后，则增加较小，甚至没有增加。因此施工时每层土的铺土厚度和压实遍数要满足一定要求，如表 3-14 所示。

3.3.6.3 填土质量控制与检验

（1）填土施工过程中应检查排水措施，每层填筑厚度、含水量控制和压实程序。

每层土的铺土厚度和压实遍数　　　　　　　表 3-14

压实机具	每层铺土厚度	每层压实遍数	压实机具	每层铺土厚度	每层压实遍数
平碾	200~300	6~8	蛙式打夯机	200~250	3~4
羊足碾	200~350	8~16	人工打夯	≤200	3~4

（2）对有密实度要求的填方，在夯实或压实之后，要对每层回填土的质量进行检验，一般采用环刀法（或灌砂法）取样测定土的干密度，求出土的密实度，或用小轻便触探仪直接通过锤击数来检验干密度和密实度，符合设计要求后，才能填筑上层。

（3）基坑和室内填土，每层按 100~500m² 取样 1 组；场地平整填方，每层按 400~900m² 取样 1 组；基坑和管沟回填每 20~50m 取样 1 组，但每层均不少于 1 组，取样部位在每层压实后的下半部。用灌砂法取样应为每层压实后的全部深度。

（4）填土压实后的干密度应有 90% 以上符合设计要求，其余 10% 的最低值与设计值之差，不得大于 $0.08t/m^3$，且不应集中。

（5）填方施工结束后应检查标高、边坡坡度、压实程度等，检验标准参见表 3-15。

填土工程质量检验标准 （mm）　　　　　　　表 3-15

项	序	检查项目	允许偏差或允许值					检查方法
			桩基、基坑、基槽	场地平整		管沟	地（路）面基础层	
				人工	机械			
主控项目	1	标高	-50	±30	±50	-50	-50	水准仪
	2	分层压实系数	设计要求					按规定方法
一般项目	1	回填土料	设计要求					取样检查或直观鉴别
	2	分层厚度及含水量	设计要求					水准仪及抽样检查
	3	表面平整度	20	20	30	20	20	用靠尺或水准仪

3.4　深基坑施工案例

学习目标

1. 掌握深基坑施工方案的编制方法
2. 掌握深基坑施工方案的编制内容

关键概念

腰梁

前面我们已经学习了基坑开挖的工作内容和方法,如何将这些知识运用到实际工程中去,如何编制深基坑施工方案以及深基坑施工方案的编制内容有哪些,本项目通过一个具体的案例提供一个讨论的内容,也为大家编制基坑施工方案提供一个示例。

3.4.1 工程概况

1. 施工场地和施工范围

基大型旅游饭店工程场地平整已经完成,场地平整后标高为37.58m,基槽开挖范围(包括放坡)南北约110m,东西约140m,由以下几部分组成(图3-46)。

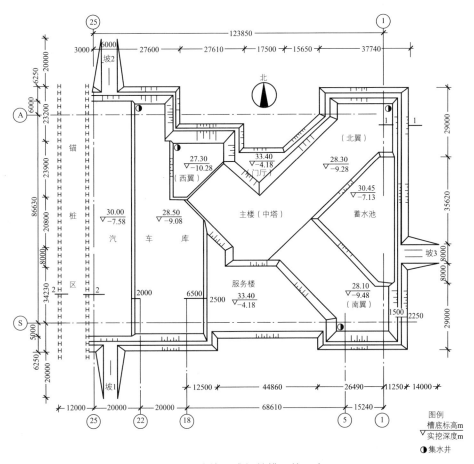

图3-46 建筑组成与基槽开挖示意图

(1) 主楼:包括中央塔楼及三个翼楼。有三个开挖标高分别为28.10m,28.30m和27.30m,实际挖深分别为9.48m、9.28m和10.28m。

(2) 蓄水池:在主楼的东侧,开挖标高30.45m,实际挖深7.13m。

(3) 服务楼和门厅:分别在主楼的南北侧,开挖标高33.40m,实际挖深4.18m。

(4) 汽车库:在主楼的西侧,开挖标高分别为30.00m和28.50m,实际挖深7.58m和9.08m。

另外，在机械开挖标高以下还有若干柱基和条基，需配合人工开挖，将土送至机械开挖半径以内，由机械挖走。

2. 土方量和卸土场地

根据基槽开挖的几何尺寸计算基槽开挖土方量为113979m²（包括坡道）；卸（弃）土场地暂定以下几处。

一区：卸土面积约5000m²，卸土45000m³，运距1.5km。

二区：卸土面积约15000m²，卸土43000m³，运距6.6km。

三区：某小区场地回填，卸土15000m³，运距2km。

四区：卸土5000m³，运距12km。

五区：现场东侧存土场，存土面积约2000m²，存土7000m³，运距0.3km。

3. 土质和水位情况

在挖深范围内，土质和水位分布情况如下。

(1) 37.58~36.00m，即由自然地面挖深1.58m以内为人工杂填土，大部分由粉质黏土组成，夹杂砖头、石块等，分布不均匀。

(2) 36.00~32.50m，即挖深1.58~5.08m以内，为黏质粉土，含水量为18%~26%，呈饱和状态。

(3) 32.50~28.50m，即挖深5.08~9.08m以内，为粉质黏土组成的饱和土层，在32.17m附近还有层厚约0.65m的滞水层，水量不大。

(4) 28.50m以下为中细砂。地下静止水位在25.11~26.17m之间，对施工无影响。

4. 工程特点

本工程具有基槽深，土方量大、工期紧以及土质情况复杂等特点。组织施工时，要针对这些特点，合理选择施工机械，精心安排工作面，采用多机组，多层段、多班次立体交叉流水作业，做到充分利用空间和时间，同时要制定两层施工的防陷措施，做好各工种、各工序的配合，保持多机组连续作业，确保32d全部完成基槽土方114000m³，体现机械化施工高效率、高速度。

3.4.2 施工准备

1. 地上、地下障碍物清除

(1) 土方工程开工前应对施工现场地上、地下障碍物进行全面调查，并制定排障计划和处理方案。

(2) 基槽南部有平房三间，东部有原轻工展览馆旧基础，需在开工前拆除，基槽南侧的果树也要迁移。

(3) 基槽西侧有地下输水管和通信电缆各一条，埋深约2m，拟采用护坡桩保护，但必须经市政、电信部门派专人将埋深和走向探查清楚，树立明显标志后方可进行护坡桩施工。

2. 测量放线及测量桩、点的保护

(1) 土方工程开工前，红线桩及建筑物的定位桩需经市规划部门检验核准后方可动工。

(2) 土方工程开工前，要根据施工图纸及轴线桩测放基槽开挖上下口白灰线。

(3) 机械施工易碰压测量桩，因此，基槽开挖范围内所有轴线桩和水准点都要引出机械施工活动区域以外，并设置涂红白漆的钢筋支架以保护。

3. 现场道路和出入口

根据土建总平面布置，结合机械化施工的特点来确定现场施工道路和现场出入口。

(1) 现场道路分别设在基槽南北、东侧、距槽边线 15m，路宽 6m，路基采用 8t 压路机压实后，铺垫砂石或碎石 30cm 厚。

(2) 现场开设东、南、北三个出入口，要根据运土路线确定和调整出入方向，防止发生堵车现象。

4. 施工用水、用电及夜间施工照明

一般情况下，土建施工组织设计选定的水源、电源及水电线路均可满足土方工程机械化施工的要求，但机械施工单位应提出需用量计划，有条件时由土建负责安装。

(1) 冬施期间施工机械在班前需用 85℃ 以上热水预温，为防止现场和道路起尘污染环境，每班配备 4t 洒水车一台，日用水量约 40t，要在现场设置 50mm 水管作为水源。

(2) 机械施工用电，主要是夜间照明和机械现场小修用电，可在基槽北侧、东侧土建已设现场临时用电线路上接引，但接线位置必须征得土建电工的同意或由土建电工做好杆下接线闸箱。

夜间照明采用活动灯架，每个灯架安装碘钨灯 500~1000W。每台挖土机配备活动灯架三个其中槽底挖土工作面 1 个，槽上装车工作面 2 个。

卸土场可安装固定灯架，每 m^2 卸土面积安装照明 1W。运土道路、现场出入口、坡道口及其他危险地段也要安装必要的散光灯和警戒灯。

机修用电主要是电焊机和电钻，耗电量不超过 30kW。

5. 临时设施

挖土现场搭建木板房 $60m^2$ 作为职工休息室和工具室。搭建机修棚 $20m^2$。

每个卸土场设休息室一间，如现场解决不了时，可用旧轿车拖斗代替。

6. 准备工程和工序

本工程虽于 2 月底开工，但施工现场仍有 40cm 冻土层，必须采用破冻措施后方可挖土。

大面积破冻土采用带有松土器的推土机，该机可破冻土层 50cm 以内。小面积或含水量大，土质坚硬的冻土可将拉铲挖土机改装成重锤破冻，可破冻层厚 60cm 以上。挖土过程中如遇旧基础或其他硬块，机械挖不动时，也可采用松土器或重锤破碎。

3.4.3 施工平面布置

土方工程机械化施工的施工平面布置除满足本专业的施工要求外,还要结合土建施工的施工总平面布置,为土建施工创造条件。本工程施工平面布置见图3-47。它包括施工场地、施工道路、现场出入口,水电及临时暂设,一层施工分段及施工机械布置。

3.4.4 主要施工方法

1. 基槽开挖

(1) 施工分层

当基槽开挖深度大于目前常用挖土机最大挖土深度时,可采用分层开挖。分层的主要依据是:基槽开挖深度,现有挖土机的合理挖土,深度,土质、水位情况以及综合考虑基槽的其他要求和做法等。

本工程各组成部分的开挖深度,大部分超过常用反铲挖土机最大挖土深度,同时结合浅槽的标高,边坡的台阶做法以及挖土机的生产效率等,本工程拟分为两层开挖:第一层除服务楼、门厅挖至标高33.40m外,其他部位均挖至标高33.10m,实际挖深4.18和4.48m,第二层在33.10m基础上铺垫30cm厚防陷层后,再分别挖至各自的槽底标高。实际挖深分别为:汽车库3.48m和4.90m,主楼中央塔楼和北翼5.10m,主楼西翼6.10m,南翼5.30m,蓄水池2.95m,见图3-47所示。

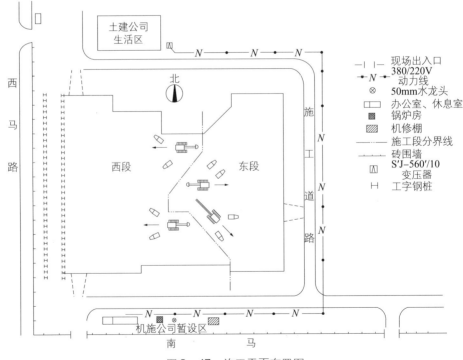

图3-47 施工平面布置图

(2) 边坡确定

根据基槽开挖深度，土质和施工场地情况参照规范要求及有关规定确定边坡坡度。在水文地质条件良好的地区可参考表 3-16。

深度 5m 以内基槽（管沟）边坡最陡坡度表　　　　表 3-16

土的名称	土的状态	边坡坡度（高：宽）	
		坡顶无荷载	坡顶有荷载
黏土	坚硬	1：0.33	1：0.50
粉质黏土	硬塑	1：0.33	1：0.67
黏质粉土	硬塑	1：0.50	1：0.75
粗砂、中砂	密实，含水量适中	1：0.75	1：1.00
卵（砾）石土	密实	1：0.50	1：0.75

注：1. 坡顶有荷载系指坡顶有机械作业或堆土与材料，其堆放范围符合规范规定；但机械沟（槽）端开行、沟边无机械开行或停放时，可按坡顶无荷载放坡。
2. 杂填土按其主要组成的土质加大一级放坡，细粉砂参考内摩擦角放坡并及时加固坡面。
3. 挖深超过 5m 时，重要工程专门设计，一般工程可采用分层放坡，层间加设 1~3m 平台，下层也要适当加大放坡率。
4. 本表适用于土层构造均匀、水文地质条件良好、地下水位在槽底标高以下的工程。
5. 坡顶有建筑物（构筑物）或材料、机械堆、停放不能按规范要求放坡时，要采取护坡措施。

根据本工程分层的开挖深度，土质情况参考表 3-16 第一层按 1：0.50 放坡，第二层按 1：0.75 放坡，层间加设 1.5m 宽平台，见图 3-48 所示。

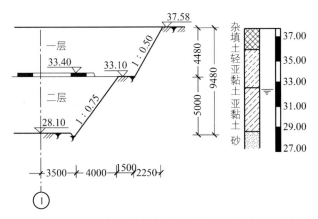

图 3-48　施工分层与土质分布图（即图 3-46 中 1-1 剖面）

基槽西侧因有地下管道和电缆，不能放坡，采用 I63a 钢桩护坡，做法见图 3-49。

考虑到本工程基槽挖深度大、土的含水量大并有滞水层存在以及边坡使用期在一年以上等原因，为防止滞水，雨水冲刷以及冻融造成的边坡剥落和塌方，边坡坡面要采用挂金属网，外抹 3cm 厚 M5 水泥砂浆的加固措施。金属网可采用 20 号铅丝网，用 ϕ10mm 长 500mm 钢筋嵌入土坡内固定，嵌入筋纵横间距 1.5m。

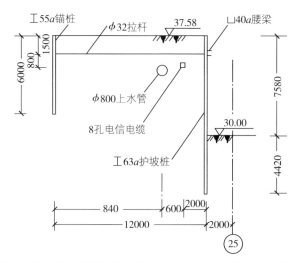

图 3-49 地下障碍与护坡桩图（即图 3-46 中 2—2 剖面）

(3) 坡道的开设

坡道的开设要根据机械配备，开行路线以及施工现场的情况而定，坡道开设是否合理是深基础土方施工成败的关键之一。坡道的宽度一般为 6~8m，坡度为 1∶6~1∶10。坡道可开设在槽外或槽内，也可采用槽内外相结合的方法，其中槽内坡道可节省场地，但将给坡道处理带来困难。

考虑到本工程采用多机组、多层段流水作业，在场地允许的情况下，分别开设三个二层施工的坡道（见图 3-46）采用槽内外相结合的方法，即坡道 1、坡道 2 槽内 16m 长，槽外 20m 长，宽度 6m，坡度 1∶8；坡道 3 槽内 20m 长，槽外 15m 长，宽度 8m，坡度 1∶8。

基槽挖完后，除土建要求保留外，坡道都要加以处理；槽内部分要挖除，槽外部分要回填。

(4) 二层施工的防陷措施

施工分层要考虑水位和土质情况，分层底标高要高出水位 0.5m 以上，也尽量不要落在细粉砂层和其他含水量大的软土层上。如不可避免地要落在不良土层时，要采取防陷措施。

细粉砂土层表层抗剪能力差，将造成汽车起步困难，可铺垫 10~20cm 厚黏性土，以改良工作面的土质，因土层含水量大或其他软土层造成机械陷车时，可铺垫 30~50cm 厚砂石或粗粒房碴土，用来稳定工作面，铺垫厚度以土质，含水量以及工作面可能晾晒的时间来确定，也可铺垫木排、钢筋排、钢板等。

根据本工程土的含水量大、而且呈湿—饱和状态的特点，除采用晾晒措施外，必须在二层开挖的停机面上铺垫 30cm 厚的防陷层；土（料）源来自场地平整施工的旧路基、房碴土，不足部分可外运砂石进场。

为节省铺垫料，减少重复挖土土方量，非机械活动区域可不铺垫。

(5) 排水方法

确定排水方法前,要综合分析土质情况及其渗透系数,降低水位深度与出水量,基槽开挖深度和宽度以及场地情况等技术资料,并进行各种排水方法的经济效果对比。

本工程虽有滞水存在,但含水层较薄(0.65m)而且出水量不大,又由于基槽开挖范围较大,采用其他排水降水方法将需要较多的费用。因此,采用明沟排水同时配合坡面挂网加固和铺垫防陷层等措施是可以满足施工需要的。具体做法是:在槽底边侧开挖深50cm、底宽40cm的边沟,并设置若干集水井,位置见图3-46。集水井直径不小于80cm,深度不小于1m,井壁用木板或钢筋笼加固。每个集水井安装50mm潜水泵或离心水泵1台,由于基槽较深,离心水泵的吸程一般不够,要搭设泵架,尽量降低水泵的吸水高度,发挥水泵效率。

槽上要铺设 $\phi300$mm 水泥管排水管道,将水排至污水或雨水管道内,防止排水回灌基槽。

2. 机械选择和配备

(1) 施工段的划分

为了合理选择配备施工机械,划分施工工作面,保持多机组连续作业,本工程以各建筑组成部分的平面尺寸、开挖深度、土方量以及坡道的位置为依据,划分为东、西两个施工段,东段包括主楼的中部、北翼、南翼和西翼的二层,蓄水池等。西段包括主楼的西翼一层、服务楼、汽车库。两个施工段的土方量大致相等,可以施工段为单位选择配备机械,组织施工流水。

(2) 机械选择

城市建设中深基础的基槽开挖,一般选择反铲挖土机,配备自卸汽车挖运施工;深而土质条件差,不宜分层开挖或深而窄的基槽,也可选择拉铲或抓铲挖土机配备自卸汽车挖运施工,但生产率比反铲挖土机低20%~50%。

挖土机的选择主要以施工层、段的开挖深度,断面尺寸和土质情况为依据;而一个工程或一个施工段所配备的挖土机数最主要考虑工作面大小、土方量、施工进度要求、坡道及道路情况以及经济效果等因素。

本工程各层段的开挖深度除主楼西翼和南翼二层分别为6.10m和5.30m以外,其余均为3.48~5.10m。机械挖深土质折减系数取0.85,同时结合工作面情况、施工进度要求及现有机械设备情况,西段选择2台反铲挖土机,东段选择1台反铲挖土机,1台拉铲挖土机。

(3) 汽车的选择配备

运土汽车的选择配备主要考虑运土道路情况、运距,工作面以及同挖土机斗容量和生产效率相配套。每台挖土机配备汽车的数量可按下式计算:

$$N = T/n + 1$$

式中　N——汽车数量(辆);

T——汽车装、卸土每一循环所需时时间(s或min);

n——挖土机每装一辆汽车所需时间（s 或 min）；

1——挖土机旁保持两辆汽车的备份车辆（辆）。

编制施工方案对运土道路及汽车装卸土每一循环时间估计不足时，每台挖土机配备汽车的数量可参考表 3-17。施工中根据实际情况再作适当调整。

1 台挖土机配备汽车数量参考表　　　　　表 3-17

汽车运距（km）	挖土机									
	斗容量 0.5~0.8m³，班产 350m³					斗容量 1~1.2m³，班产 500m³				
	3.5t	5t	6.5t	8t	10t	3.5t	6.5t	8t	12t	15t
0.5 以内	5	4	3	3	3	8	5	4	4	3
1 以内	6	5	4	4	3	9	6	5	4	4
1.5 以内	7	6	5	4	4	11	7	6	5	4
2 以内	8	6	5	5	4	12	8	7	5	5
2.5 以内	9	7	6	5	5	14	8	8	6	5
3 以内	10	7	6	6	5	15	9	9	6	5
4 以内	11	8	7	6	5	17	10	10	7	6
5 以内	12	9	7	6	6	19	12	11	7	7
6 以内	13	10	8	7	6	21	14	11	8	7
7 以内	14	11	9	8	7	23	15	12	9	8
8 以内	16	12	10	9	7	26	17	13	10	9
10 以内	19	14	11	10	8	31	18	14	11	10
13 以内	23	17	13	11	10	38	21	18	13	11
16 以内	28	20	16	13	12	46	26	21	15	13
20 以内	34	24	19	16	13	50	31	24	18	15

汽车容载量与挖土机的斗容量应成整倍数关系，以防止挖土机装半斗而影响生产效率。

东段一区、五区卸土场运距分别为 1.5km 和 0.3km，反铲挖土机运距 1.5km，卸土每班配备 15t 大翻斗汽车 5 辆。拉铲挖土机在一区，五区搭配卸土，每班配备 3.5t 解放汽车 6 辆。

西段二区、三区、四区卸土场运距分别为 6.6km、2km 和 12km。W-1001 反铲挖土机，每台班配备 15t 大翻斗汽车 8 辆。

根据现场实际情况及时做好现场汽车的调度工作，是提高生产效率、确保施工进度的有力措施，当汽车不足时可增加近运距卸土。当个别挖土机因故障停机时，汽车可到其他挖土机处装车，采用远运距卸土。

推土机配合挖运施工，一般情况下，1 台挖土机配备 1 台推土机。

3. 施工顺序

土方工程的施工顺序既要考虑机械开行路线，也要满足土建施工的部位进度要求。根据这一原则和土建提出的主楼西翼提前完工的要求，一层施工，西段 2 台反铲挖土机分别就位于门厅和服务楼，由东向西顺序开挖。东段反铲挖土机就位于中楼由西向东，拉铲挖土机就位于主楼南翼由北向南顺序开挖（见图3-47），待门厅，主楼西翼、中楼一层和蓄水池南半部一层完工后，下槽开挖主楼西翼二层土方。这样，采用层段间立体交叉流水作业，既保证了主楼西翼提前完工的部位进度，又充分利用了空间，较长时间保持4台挖土机同时作业，对缩短工期具有重要意义。

西段二层，开设坡道1、坡道2、2台反铲挖土机就位于汽车库东边线采用由东向西同步开挖的方法，尽量保持西侧通道，以利坡道1、坡道2形成循环路线。当通道切断后，2台反铲挖土机便各自成为独立的工作段，分别利用坡道1、2收尾。

东段二层的施工顺序是，由主楼三个翼楼的顶端向中间收拢，最后开挖蓄水池。

3.4.5 施工进度计划

综合本工程各层、段的机械配备、施工顺序和土建施工的部位进度要求，编制了施工进度计划表，见表3-18。

施工进度计划表　　　　　　　表3-18

施工段	施工部位	土方量（m³）	主楼施工机械				工作日	工作日进度
			机号	班产量（m³）	班制	日产量（m³）		2-32
西段	门厅、服务楼主楼西翼一层	16012	1号反铲	500	2	1000	8	
			2号反铲	500	2	1000	8	
	汽车库一层	25834	1号反铲	500	2	1000	13	
			2号反铲	500	2	1000	13	
	汽车库二层	21471	1号反铲	480	2	960	11	
			2号反铲	480	2	960	11	
东段	主楼北翼、蓄水池一层	19850	3号反铲	520	2	1040	19	
	主楼南翼一层	6400	4号拉铲	400	2	800	8	
	主楼北翼、蓄水池二层	13032	3号反铲	500	2	1000	13	
	主楼西翼、南翼二层	11380	4号拉铲	380	2	760	15	
	二层及坡道防陷层	2500	605L装载机	500	1	500	5	

注：工作日进度不包括节假日、自然影响及其他因素造成的停工。

表3-18仅安排了机械挖土的进度计划。施工准备工作、护坡桩施工，坡面修整和加固，排水、槽底人工挖土等工序，要分别编制施工方案和进度计划，或随时配合机械挖土插入施工。

挖土机的班产量和日产量均为平均产量计划,考虑了不同施工部位,不同机型的产量差别当完成进度计划有困难时,可适当推迟4号拉铲的退场日期,本工程采用双班作业。坡道的开设、二层铺垫防陷料都不占工期,可同机械挖土交叉作业,也可利用第三班作业。

3.4.6 劳动组织

本工程工地人员配备情况见表3-19、表3-20。

机上人员定员及配备表　　　　　　表3-19

机械及工种	机械台数	定员人数	班制	配备人数	备注
挖土机司机	4	2	2	16	定员为单机单班人员
推土机司机	6	2	2	24	
运土汽车司机	68	1	1	68	
油罐车司机	1	1	1	2	包括油工1人
工程车司机	1	1	2	2	
洒水车司机	1	1	2	2	
装载机司机	1	2	1	2	
合计				106	

其他人员或工种配备表　　　　　　表3-20

工种	每班定员	班制	配备人数	备注
工长	1	2	2	
测量工	2	2	5	白班3人,夜班2人
记数工	3	2	6	记录汽车运土车数
机修工			7	大型、汽车修班各3人,电焊1人
电工	2	1	2	夜间值班,移照明
安全工	2	2	4	站路口,指挥车辆
普工	10	2	20	汽车清槽
其他			3	
合计			49	不包括清槽,修坡和排水工

工地总人数　　106+49=155人

3.4.7 质量要求和措施

1. 质量要求

(1) 一层开挖标高:门厅、服务楼允许偏差+30cm,其他部位允许偏差±15cm。

(2) 二层开挖标高:主楼允许偏差+30cm,汽车库允许偏差±15cm。

(3) 边坡和边线：允许偏差 ±25cm，但边坡不得挖陡。

2. 质量措施

(1) 开工前要做好各级技术准备和技术交底工作。施工技术人员（工长）、测量工要熟悉图纸，掌握现场测量桩及水准点的位置尺寸，同业主代表办理验桩、验线手续。

(2) 施工中要配备专职测量工进行质量控制。要及时复撒灰线，将基槽开挖下口线测放到槽底。及时控制开挖标高，做到5m扇形挖土工作面内，标高白灰点不少于2个。

(3) 认真执行开挖样板制，开挖边坡槽底时，由操作技术较好的工人开挖一段后，经测量工或质检人员，检查合格后作为样板，继续开挖。操作者换班时，要交接挖深、边坡、操作方法，以确保开挖质量。

(4) 开挖边坡时，尽量采用沟端开行，挖土机的开行中心线要对准边坡下口线。要坚持先修坡后挖土的操作方法，特别是拉铲，否则将造成土斗翻滚，影响开挖质量。

(5) 机械挖土过程中，土建要配备足够的人工。一般每台挖土机要每班配备4～5人，随时配合清槽修坡，将土送至挖土机开挖半径内。这种方法既可一次交成品，确保工程质量，又可节省劳动力，降低工程成本。

(6) 服务楼、门厅一层开挖后即为设计槽底标高，要注意成品保护。如土建不能立即施工时，可预留20cm保护层。

(7) 认真执行技术、质量管理制度。施工中要注意积累技术资料，如施工日记、设计变更、洽商记录、验桩验线记录等。土方工程竣工后要绘制竣工图，由土建代表和质量检查人员共同检查评定工程质量等级。

3.4.8 安全要求和措施

(1) 开工前要做好各级安全交底工作。根据本工程施工机械多，配合工种多，土质条件差以及运土路线复杂等特点，制定安全措施，组织职工贯彻落实，并定期开展安全活动。

(2) 要向全体职工做好现场地上、地下障碍物交底。基槽西侧边线外严禁挖土，其他部位除指定坡道位置外，也不准挖土。要注意对测量桩、点、树木以及地上物的保护，严禁机械碰轧。

(3) 现场施工机械多，配合工种多，特别是二层开挖，工作面较窄，各类机械、各工种要遵守安全操作规程，注意相互间的安全距离。施工机械不准撞击护坡桩、腰梁及拉杆。机械挖土与人工清槽修坡要采用轮换工作面作业，确保配合施工的安全。

(4) 挖、卸土场出入口要设安全岗，配备专人指挥车辆，汽车司机要遵守交通法规和有关规定。要按指定路线行驶，按指定地点卸土。

(5) 要遵守本地区、本工地有关环卫、市容、场容管理的有关规定。汽车驶出现场前要配备专人检查装土情况，关好车槽，拍实车槽内土方，以防途中撒土，影响市容。为防止汽车轮胎带土污染市容，现场出口铺设一段碎石路面，必要时要对轮胎进行冲洗。

（6）本工程基槽挖深大，地质情况复杂，机械开挖边坡严禁挖陡，并及时进行坡面加固。要密切观察边坡段情况，发现问题及时采取防护措施。

距基槽边线 5m 以内，不准机械行驶和停放，也不准堆放其他物品，以防边坡超载失稳。

（7）坡道处理和收尾要设置机械就位平台，不得在斜坡道上就位挖土。

（8）本工程土的含水量大，给汽车卸土带来一定困难，可采用轮换工作面卸土和推土机推堆等措施，防止汽车陷车。卸土场要配备专人指挥卸土，清理车槽。

单元小结

基坑工程施工是地基基础分部工程的重要组成部分，基坑施工方案又是指导土方施工，进行资料存档的重要资料。本单元按照基坑施工中典型工作任务对土方量计算、基坑降水设计与施工、基坑支护、土方开挖、验槽以及土方回填等内容结合《建筑基坑支护技术规程规范》JGJ 120—99、《建筑地基基础工程施工质量验收规范》GB 50202—2002、《建筑施工手册》等进行了综合论述，并通过一个实际工程具体阐述了深基坑施工方案的编制内容、方法等，以培养学生理论联系实际、正确编制基坑施工方案和进行基坑施工、质量检查的职业能力。本单元在进行内容阐述时与现行施工规范和施工图集紧密结合，为将来学生走上工作岗位，实现"零距离"就业打下了坚实的基础。

【实训】

1. 模拟计算一个单位工程基坑土方量。在高低起伏的山坡上，基础采用大开挖方式，在开挖深度范围内上层为土，下层为石，用方格网法确定自然地面的相对平均标高，并注明基坑土方工程量的计算方法。

2. 根据某写字楼地下室基坑降水方案，画出平面布置图和剖面图，细化施工方案。

（1）工程概况

某住宅区两座写字楼，为 13 层钢筋混凝土框架结构，有地下室一层，为整体式钢筋混凝土箱形结构，深 -5.9m，其中电梯间深 -7.5m。地下室矩形平面尺寸为 32m × 20.8m，设计采用混凝土灌注桩基，在基坑开挖前已施工完成。该工程地质和水文情况较为复杂，土质自地面从上至下为：耕植土，厚 0.6~0.9m；粉土，厚 3.2~6.0m，中等压缩性；粉质黏土，厚 2.3~3.7m，中等高压缩性；粉土，厚 1.0~2.7m，中等压缩性；粉质黏土，厚 1.5~2.2m，中等压缩性；粉细砂夹细姜结石，厚 5~20m，上部含泥、稍密，下部中密、密实。自然地面下 1.3m 见地下水，附近有故河道，土的渗透系数为 0.5~1.0m/d，因此地下室施工时应进行大面积降水，降水位降低至 -8.0m 以下。该工程施工降水的特点是地下水丰富，水位较高，需降水面积和深度较大，降水时间较长，要求采取比较持久和可靠的降低地下水位措施，以免造成基土浸泡破坏和边坡塌方，影响工程顺利进行。根据工程规模、特点及工地设备条件，经多方案比较，确定采用无砂混凝土管深井井点降水。

（2）井点布置及施工情况

井点管采用无砂混凝土管，外直径 400mm（壁厚 60mm），每节长 1.5m，深 15.0m，沿基四周布置深井 6 个，间距为 15~15.5m，约等于埋深。采用一台简易回转钻机在自成泥浆护壁条件下钻孔至设计深度后清孔，成孔直径 600~620mm，泵入清水置换泥浆密度至 $1.15t/m^3$。预制好的无砂混凝土管用一台汽车吊，借托板逐节下放，接头应顺直对齐，并用油胶贴玻璃丝布连接，井管直下到井底，位置应在井孔中间，上部一节为实管，管顶比自然地面高 200mm，吊入后随即在四周填塞 100mm 厚、粒径 5~10mm 细砂砾滤料，填至自然地面下 1.0m；上部用黏土分层回填，最后进行洗井。用绳吊入一台 QY-25 型潜水电泵，设于管井抽水的最低水位以下，接通电源，即可抽水，每 3 个井为一组，每组电源集中一个配电盘上，单泵单阀，基坑开挖前一周将水位降至要求深度，全部井管水位落差控制不大于 0.5m。

（3）效果及评价

本工程采用无砂混凝土管井点降水，由农村打井队施工，一台钻井每班可完成 2 个井，施工速度快，井完后可立即降水，井群同时排水，约 5~6d 即可将地下水位降至 -7.7m 以下，基坑开挖至地下室底板、墙壁施工完成未见地下水，保证了边坡稳定和施工正常进行。本法施工简便，每班只需一人管理，占场地小，不影响其他工序作业，费用仅为一般轻型井点的 1/3~1/2，为深基础、坑施工较实用、简便、经济有效的一种降水方法。

3. 编写具体工程机械挖土施工作业指导书：主要包括适用范围、主要机械设备、作业条件、施工工艺、质量标准、成品保护、安全措施、施工注意事项、质量记录；填写土方开挖分项工程检验批质量验收记录表；填写土方回填分项工程检验批质量验收记录表。

【课后讨论】

1. 在各种降水方法中，试对其经济效益进行比较分析。
2. 对地面积水和地下潜水造成的施工降水在本质上有何不同？
3. 在建筑物密集地区基坑降水造成的周边地表沉降，应采取的应对措施？
4. 方格网边长尺寸长短对土方工程量计算结果的有何影响？
5. 对于梁板式筏板基础当基础梁顶与板顶相平时，该基础土方工程量如何计算？

思考与练习

1. 挖土过程中如何在保证质量的前提下，尽量减少人工清土量？
2. 挖土前撒石灰线是撒底口边线还是上口边线？
3. 由于房间较小、柱子预留钢筋等因素的影响使房间内的回填土用大型机械回填确有困难，如何在保证回填土质量的前提下，加快回填土的回填进度？
4. 如何在保证回填质量的前提下，利用施工废料进行回填，以减少环境污染？

单元课业

课业名称：编写一单位工程深基础土方工程施工方案

时间安排：安排在本单元开课期间，按照讲课顺序循序进行，单元授课结束后一周内完成此项任务。

一、课业说明

本课业是为了完成"编写施工方案"的职业能力而制定的。要求学生根据要完成工程的地质勘察报告中的土层分布、地下水位及土的其他相关指标，考虑周边建筑及设施分布、远近，选择基础土方工程施工方法。

二、背景知识

教材：本学习单元内容。

参考资料：1.《土木工程施工组织设计精选系列》 中国建筑工业出版社 2007 版
     2.《建筑施工手册》 第四版第一册 中国建筑工业出版社
     3.《建筑地基基础工程施工质量验收规范》GB 50202—2002

三、任务内容

进行分组学习，按每 5~8 人为一组，选择一单位工程：基础占地面积 600~1500 平方米，深度 6~10 米，有地下室。共同完成深基础土方工程施工方案编写工作，每小组的课业内容不能相同。教师可以给定若干份实际工程基础施工图或从专业资源库调用 CAD 基础施工图。学生要求完成下列内容：

1. 描述工程概况和工程特点；
2. 进行施工准备；
3. 布置施工平面图；
4. 确定主要施工方法；
5. 编制施工进度计划和人机配备计划
6. 编写质量、安全、文明施工措施；

四、课业要求

1. 完成任务中小组要团结合作、共同工作，培养团队精神；
2. 完成任务中要运用图书馆教学资源、网上资源进行知识的扩充，不断积累知识，增强自学能力；
3. 编制的文件内容应满足实用、技术措施、工艺方法正确合理；
4. 语言文字简洁、技术术语引用规范、准确；
5. 方案汇报最好采用 PPT 进行。

五、评价

学生课业成绩评定采用小组自评、小组互评和教师评定三部分完成，小组自评占 20%，小组互评占 20%，教师评定占 60%。具体评定见课业成绩评议表。

课业成绩评定分为优秀、良好、中等、及格、不及格五个等级。

课业综合评定成绩在 90 分以上为优秀；课业综合评定成绩在 80~89 分为良好；课业综合评定成绩在 70~79 分为中等；课业综合评定成绩在 60~69 分为及格；课业综合评定成绩在 59 分以下为不及格。

课业成绩评议表

班级		组别		组长		项目名称			成绩	
自评 (20%)	工程概况和工程特点描述；进行施工准备（20%）		评语：							
	技术措施、工艺方法正确合理（40%）		评语：							
	语言简洁、技术术语规范、准确（10%）		评语：							
	施工方案实用性（20%）		评语：							
	工作量大小（10%）		评语：							
互评 (20%)	组别	工程概况和工程特点描述；进行施工准备		技术措施、工艺方法正确合理		语言简洁、技术术语规范、准确		施工方案实用性	工作量大小	
	一组									
	二组									
	三组									
	…									
教师评定 (60%)	教师评语及改进意见：									
课业成绩综合评定										
学生对课业成绩反馈意见：										

单元4
基础工程施工

引 言

　　地基与基础工程是建筑施工的主导工程之一,也是建筑施工技术最为复杂、难度最大、工期最长、占投资最多的分部工程。它的施工质量的好坏,直接影响到建筑物的安危和寿命,以及施工成本和工程整体的顺利进行。在进行基础施工时,必须科学进行施工,制定有效的保证质量和安全措施,按工程施工质量验收规范要求认真、精心进行施工,以确保优质、安全、高速、低耗、高效益地顺利完成工程施工任务。

学习目标

通过本单元学习,你将能够:
1. 对独立基础、条形基础、筏形基础、箱形基础进行图纸交底。
2. 对独立基础、条形基础、筏形基础、箱形基础进行钢筋配料、审查。
3. 编写独立基础、条形基础、筏形基础、箱形基础模板工程施工技术方案。
4. 编写独立基础、条形基础、筏形基础、箱形基础钢筋工程施工技术方案。
5. 编写独立基础、条形基础、筏形基础、箱形基础混凝土施工技术方案。
6. 编写独立基础、条形基础、筏形基础、箱形基础分部工程施工方案。
7. 指导独立基础、条形基础、筏形基础、箱形基础工程施工。
8. 对独立基础、条形基础、筏形基础、箱形基础进行质量检查验收。

本学习单元旨在培养学生识读独立基础、条形基础、筏形基础、箱形基础施工图，进行图纸交底、施工方案编制和基础施工及质量检查的能力，通过施工录像、现场参观、案例教学、任务驱动教学法等强化学生对常见浅基础施工知识的掌握，进一步培养学生进行独立基础、条形基础、筏形基础、箱形基础施工的综合职业能力。

4.1 独立基础工程施工

学习目标

1. 掌握独立基础平法标注及施工构造相关知识
2. 掌握地下框架梁、基础连梁等平法标注及施工构造
3. 掌握独立基础基础底板、基础插筋、地下框架梁、基础连梁的钢筋下料长度计算
4. 掌握独立基础钢筋工程施工要点
5. 掌握独立基础模板工程施工要点
6. 掌握独立基础混凝土工程施工要点
7. 掌握独立基础质量检查内容与方法

关键概念

独立基础、插筋、地下框架梁、基础连梁、保护层、锚固长度、量度差值、下料长度、钢筋接头面积百分率

4.1.1 独立基础图纸交底

在《结构施工图平面整体表示方法制图规则和构造详图》06G101-6（以下简称图集）中，独立基础分为普通独立基础和杯口独立基础两类。普通独立基础又分为单柱独立基础，两柱无梁广义独立基础，两柱有梁广义独立基础和多柱双梁广义独立基础四种类型，本部分仅介绍普通独立基础有关知识。图4-1为独立基础平法设计施工图示意。

4.1.1.1 平面注写方法

（1）单柱独立基础平面标注，分为集中标注和原位标注，如图4-2。集中标注内容为基础编号、截面竖向尺寸、配筋三项必注值和基础底面标高与基准标高的相对高差以及必要的文字说明两项选注值。基础底板截面形状又分为阶形和坡形，各种独立基础编号见表4-1。

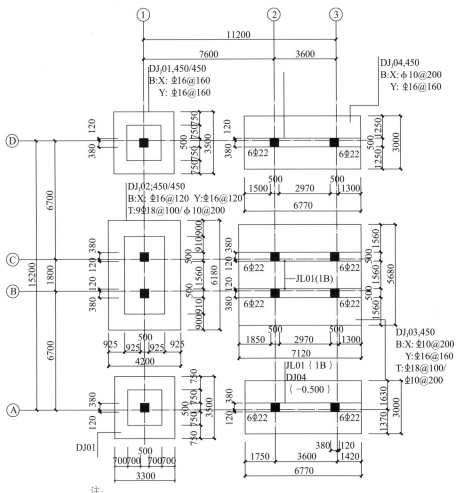

图4-1 独立基础平法设计施工图示意

注：
1. X、Y为图面方向。
2. 基础底面标高-2.150m；±0.000的绝对标高为16.897m。
3. 未标注偏轴的KZ轴线居中布置。

独立基础编号　　　　　　表4-1

类型	基础底板截面形状	代号	序号	说明
普通独立基础	阶形	DJ_J	xx	1. 单阶截面即为平板独立基础 2. 坡形截面基础底板可为四坡、三坡、双坡和单坡
普通独立基础	坡形	DJ_P	xx	
杯形独立基础	阶形	BJ_J	xx	
杯形独立基础	坡形	BJ_P	xx	

基础截面竖向尺寸为 $h_1/h_2/h_3$ 表示自下而上如图4-3。基础底板配筋以 B 打头表示，X 向配筋以 X 打头、Y 向配筋以 Y 打头注写；当两向配筋相同时，则以 X&Y 打头注写。

原位标注 x、y、x_c、y_c、x_i、y_i，$i=1、2、3\cdots$。其中 x、y 为独立基础两向边长，x_c、y_c 为柱截面尺寸，x_i、y_i 为阶宽或坡形平面尺寸。

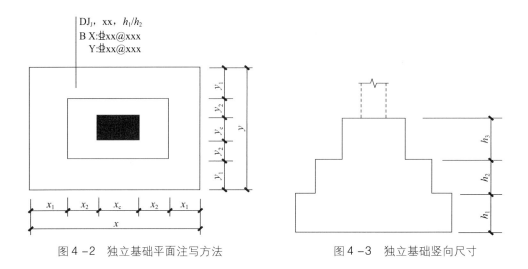

图 4-2 独立基础平面注写方法　　图 4-3 独立基础竖向尺寸

（2）双柱无梁独立基础平面标注方法与单柱独立基础基本相同，基础配筋除底板配筋外，双柱无梁独立基础的顶部钢筋，通常对称分布在双柱中心线两侧，注写为"双柱间纵向受力钢筋/分布钢筋"（图 4-4），当纵向受力钢筋在基础底板顶面非满布时，应注明其总根数。T：10Φ18@100/ϕ10@200：表示独立基础顶部配置纵向受力钢筋 HRB335 级，直径 18mm，设置 10 根，间距 100mm；分布筋为 HPB235 级，直径 10mm，间距 200mm。

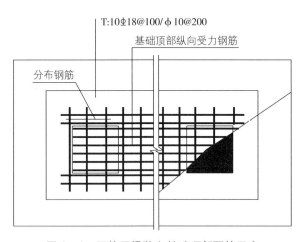

图 4-4 双柱无梁独立基础顶部配筋示意

（3）当双柱独立基础底板与基础梁结合时，形成双柱有梁独立基础如图 4-5 所示（06G101-6 P44）。此时基础底板一般有短向的单向受力筋和长向的分布筋，基础底板的标注与前相同。基础梁应标注梁编号、几何尺寸和配筋。分为集中标注和原位标注。一般情况，双柱独立基础宜采用端部有外伸的梁，基础梁宽度一般比柱截面宽至少 100mm（每边至少 50mm）。当具体设计不满足以上要求时，施工时增设梁包柱侧腋，具体做法参照条形基础施工部分。

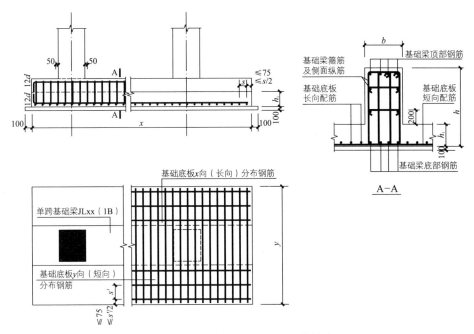

图 4-5 双柱有梁独立基础配筋构造

(4) 当多柱独立基础设置两道平行的基础梁时，与双柱有梁独立基础相比，除在双梁之间及梁长度范围内配置基础顶部钢筋不同外，其余完全相同。双梁之间及梁长度范围内基础顶部钢筋注写为"T：梁间受力钢筋/分布钢筋"，如图4-6所示。基础顶板钢筋有关构造与双柱无梁独立基础顶部钢筋类似。

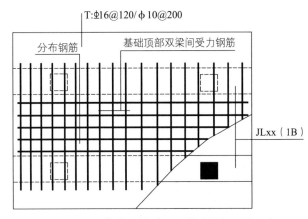

图 4-6 四柱独立基础顶部基础梁间配筋示意

T：16⌀16@120/φ10@200；表示四柱独立基础顶部两道基础梁之间配置受力钢筋 HRB335 级，直径 16mm，间距 120mm；分布筋 HPB235 级，直径 10mm，间距 200mm。

4.1.1.2 独立基础底板施工构造

1. 板钢筋位置

普通独立基础底部双向交叉钢筋长向设置在下，短向设置在上。

提 示

普通独立基础在设计阶段按照双向板理论进行，双向配置钢筋均为受力筋。在独立基础配筋计算中，按照悬臂板理论求得支座根部弯矩，悬挑长度越长，弯矩越大，配筋越大。

2. 底板配筋长度减短10%的规定

按照图集第2.5.1条（06G101-6 P47），当独立基础底板的 X 向或 Y 向宽度 $\geq$ 2.5m 时，除基础边缘的第一根钢筋外，X 向或 Y 向的钢筋长度可减短10%。对偏心基础的某边自柱中心至基础边缘尺寸 <1.25m 时，沿该方向的钢筋长度不应减短，自柱中心至基础边缘尺寸 >1.25m 时，除最外侧钢筋一根钢筋外，内部钢筋隔一根缩短，如图4-7（06G101-6 P47）。

说明：按我国现行《建筑地基基础设计规范》第8.2.3第5款规定：当柱下钢筋混凝土独立基础的边长和墙下钢筋混凝土条形基础的宽度大于或等于2.5m时，底板受力钢筋的长度可取边长或宽度的0.9倍。

3. 底板钢筋排布范围

独立基础底板钢筋的排布范围是底板边长减 $2\min$（75，$S/2$），如图4-7所示，其中 S 为底板钢筋间距。

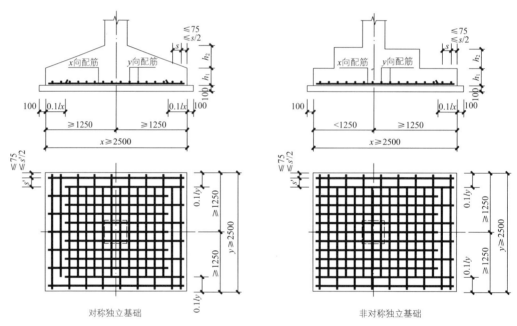

图4-7 独立基础底板配筋长度减短10%构造

4. 双柱无梁独立基础底部与顶部配筋构造（图4-8，图集06G101-6 P45）

（1）双柱独立基础底部双向交叉钢筋，施工时何在上，何在下，根据基础两个方向从柱外缘至基础外缘的延伸长度 ex 和 ex' 的大小确定，两者中较大方向的钢筋在下，较小方向的钢筋在上。

（2）双柱独立基础顶部双向交叉钢筋，纵向受力筋在下，横向分布筋在上。这样既施工方便又能提高混凝土对受力钢筋的粘结强度。

（3）顶部配置的钢筋长度确定。顶部配置的纵向受力筋有短钢筋和长钢筋两种。短钢筋长度是两柱内皮间净距 $+2l_a$；长钢筋长度是两柱中心线之间的距离 $+2l_a$；顶部

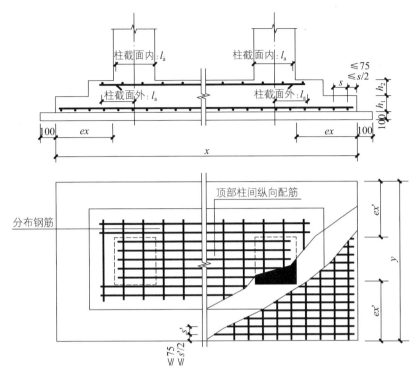

图 4-8 双柱无梁独立基础底部与顶部配筋构造

分布钢筋长度为纵向受力筋间距×（受力筋根数-1）+2×50，分布范围沿梁长方向两柱外侧外缘 50mm 之间的距离。

5. 双柱有梁独立基础

在施工时，双柱有梁独立基础底部短向受力钢筋设置在基础梁纵筋之下，与基础梁箍筋的下水平段位于同一层面，梁筋范围不再布置基础底板分布钢筋，分布钢筋不得缩短，光圆钢筋也可不带弯钩，如图 4-5（图集 06G101-6 P44）。基础梁外伸部位上下纵向钢筋锚固长度为 $12d$。

提　示

将梁独立基础看作梁板式条形基础，底板配筋在设计阶段计算按照单向板理论进行，短向为受力筋，长向为分布筋。

4.1.1.3　钢筋配料单和钢筋下料长度

1. 钢筋配料单

钢筋配料单是根据施工图纸中钢筋的品种、规格及外形尺寸进行编号，同时计算出每一编号钢筋的需用数量及下料长度并用表格形式表达的单据或表册。如表 4-2 为某办公楼 L1 梁钢筋配料单。编制钢筋配料单的步骤如下：

钢筋配料单　　　　　　　　　　　　　表 4-2

构件名称	钢筋编号	简图	直径 (mm)	钢号	长度 (mm)	单位根数	合计根数	重量 (kg)
某办公楼 L1 梁共五根	1	⌐ 5950 ⌐	18	φ	6180	2	10	
	2	…						
	…	…						

（1）熟悉图纸，识读构件配筋图，弄清每一编号钢筋的品种、规格、形状和数量及在构件中的位置和相互关系。

（2）熟悉有关国家规范和施工图集对钢筋混凝土构件配筋的一般规定（如保护层厚度、钢筋接头及钢筋弯钩、施工构造等）。

提　示

规范和图集是施工中必备的工具，作为优秀的技术人员，对规范和图集中的内容要熟练掌握，对规范中的强制性标准应严格执行。目前基础常用施工图集有：《混凝土结构施工图平面整体表示方法制图规划和构造详图（筏形基础）04G101-3、（独立基础、条形基础、桩基承台）06G101-6、（箱形基础和地下结构）08G101-5》。

相关知识

（1）混凝土保护层

钢筋混凝土构件中从受力钢筋外边缘到构件边缘的混凝土层叫做混凝土保护层，其厚度根据构件的构造、用途及周围环境等因素确定。在基础工程中，施工图中没有注明时按表 4-3 确定。

受力钢筋的混凝土保护层最小厚度（mm）　　　　　　　表 4-3

环境类别		墙			柱			基础梁（有垫层）		基础底板（有垫层/无垫层）
		≤C20	C25~C45	≥C50	≤C20	C25~C45	≥C50	≤C20	C25~C45	C25~C45
一		20	15	15	30	30	30	30	25	—
二	a	—	20	20	—	30	30	—	30	顶筋20，底筋40/70
	b	—	25	20	—	35	30	—	35	顶筋25，底筋40/70
三		—	30	25	—	40	35	—	40	顶筋30，底筋40/70
四、五		混凝土保护厚度应符合国家有关标准规定								

注：1. 受力钢筋保护层厚度除符合表的规定外，不应小于钢筋的公称直径。
　　2. 设计使用年限为 100 年的结构：一类环境中混凝土保护层厚度按表中规定增加 40%，二类和三类环境中，混凝土保护层厚度应采取专门有效措施；环境类别见表 4-4。
　　3. 三类环境中的结构构件，其受力钢筋宜采用环氧树脂涂层带肋钢筋。
　　4. 墙中分布钢筋的保护层厚度不应小于表中相应数值减 10mm，且不应小于 10mm；柱中箍筋和构造钢筋保护层厚度不应小于 15mm。
　　5. 当桩直径或桩截面边长小于 800mm 时，桩顶嵌入承台 50mm，承台底部纵筋最小保护层厚度为 50mm；当桩直径或桩截面边长不小于 800mm 时，桩顶嵌入承台 100mm，承台底部纵筋最小保护层厚度为 100mm。

混凝土环境类别　　　　　　　　　表 4-4

环境类别		条件
一		室内正常环境
二	a	室内潮湿环境，非严寒和非寒冷地区的露天环境、与无侵蚀性的水或土壤直接接触的环境
	b	严寒和寒冷地区的露天环境、与无侵蚀性的水或土壤直接接触的环境
三		使用除冰盐的环境，严寒和寒冷地区冬季水位变动的环境；滨海室外环境
四		海水环境
五		受人为或自然的侵蚀性物质影响的环境

(2) 钢筋的连接

钢筋的连接可分为两类：绑扎连接、机械连接或焊接。这两类接头有关规定如下：

1) 受力钢筋的接头宜设置在受力较小处，在同一根钢筋上宜少设接头。

2) 轴心受拉及小偏心受拉杆件的纵向受力钢筋不得采用绑扎搭接接头；受拉钢筋直径 $d>28mm$ 及受压钢筋直径 $d>32mm$，不宜采用绑扎搭接接头。

3) 位于同一连接区段内的受拉钢筋搭接接头面积百分率（接头钢筋截面面积与全部钢筋截面面积之比）：对梁、板、墙构件不宜大于 20%、柱不宜大于 50%。

4) 在纵向受力钢筋搭接范围内应配置箍筋，其直径不应小于搭接钢筋较大直径的 0.25 倍。当钢筋受拉时，箍筋间距不应大于搭接钢筋较小直径的 5 倍，且不应大于 100mm；当钢筋受压时，箍筋间距不应大于搭接钢筋较小直径的 10 倍，且不应大于 200mm。当受压钢筋直径 $d>25mm$ 时，尚应在搭接接头两个端面外 100mm 范围内各设置两个箍筋。

5) 在受力较大处设置机械或焊接接头时，位于同一连接区段内纵向受拉钢筋接头面积面分率不宜大于 50%，纵向受压钢筋的接头面积百分率可不受限制。

(3) 钢筋锚固长度

混凝土与钢筋这两种材料结合在一起能够共同工作，除了两者具有相同的线膨胀系数外，主要由于混凝土硬化后，钢筋与混凝土之间具有良好的粘结力。

受力钢筋通过混凝土与钢筋的粘结将所受的力传递给混凝土所需的长度称为钢筋的锚固长度。表 4-5 和表 4-6 列出了纵向受拉钢筋的最小锚固长度 l_a（非抗震）和纵向受拉钢筋抗震锚固长度 L_{aE}。

受拉钢筋最小锚固长度 l_a　　　　　　　　　表 4-5

钢筋种类		混凝土强度等级								
		C20		C25		C30		C35		≥C40	
		$d≤25$	$d>25$	$d≤25$	$d>25$	$d≤25$	$d>25$	$d≤25$	$d>25$	$d≤25$	$d>25$
HPB235	普通钢筋	$31d$	$31d$	$27d$	$27d$	$24d$	$24d$	$22d$	$22d$	$20d$	$20d$

续表

钢筋种类		混凝土强度等级								
		C20		C25		C30		C35		≥C40	
		$d≤25$	$d>25$	$d≤25$	$d>25$	$d≤25$	$d>25$	$d≤25$	$d>25$	$d≤25$	$d>25$
HRB335	普通钢筋	$39d$	$42d$	$34d$	$37d$	$30d$	$33d$	$27d$	$30d$	$25d$	$27d$
	环氧树脂涂层钢筋	$48d$	$53d$	$42d$	$46d$	$37d$	$41d$	$34d$	$37d$	$31d$	$34d$
HRB400 RRB400	普通钢筋	$46d$	$51d$	$40d$	$44d$	$36d$	$39d$	$33d$	$36d$	$30d$	$33d$
	环氧树脂涂层钢筋	$58d$	$63d$	$50d$	$55d$	$45d$	$49d$	$41d$	$45d$	$37d$	$41d$

1. 当弯锚时,有些部位的锚固长度不小于 $0.4l_a+15d$; 2. 当钢筋易受挠动时(如滑膜施工),锚固长度乘以1.1; 3. 任何情况受拉钢筋锚固长度不得小于250mm; 4. 当锚固长度混凝土保护层厚度大于3d且配有箍筋时,锚固长度可乘以0.8; 5. HPB235级钢筋受拉时,末端做180°弯钩,弯钩平直长度不小于3d,当为受压时,可不做弯钩。

受拉钢筋抗震最小锚固长度 l_{aE} 表 4-6

混凝土强度等级与抗震等级 钢筋种类与直径			C20		C25		C30		C35		≥C40	
			一二级抗震等级	三级抗震等级	一二级抗震等级	三级抗震等级	一二级抗震等级	三级抗震等级	一二级抗震等级	三级抗震等级	一二级抗震等级	三级抗震等级
HPB235	普通钢筋		$36d$	$33d$	$31d$	$28d$	$27d$	$25d$	$25d$	$23d$	$23d$	$21d$
HRB335	普通钢筋	$d≤25$	$44d$	$41d$	$38d$	$35d$	$34d$	$31d$	$31d$	$29d$	$29d$	$26d$
		$d>25$	$46d$	$45d$	$42d$	$39d$	$38d$	$34d$	$34d$	$31d$	$32d$	$29d$
	环氧树脂涂层钢筋	$d≤25$	$55d$	$51d$	$48d$	$44d$	$43d$	$39d$	$39d$	$36d$	$36d$	$33d$
		$d>25$	$61d$	$56d$	$53d$	$48d$	$47d$	$43d$	$43d$	$39d$	$39d$	$36d$
HRB400 RRB400	普通钢筋	$d≤25$	$53d$	$49d$	$46d$	$42d$	$41d$	$37d$	$37d$	$34d$	$34d$	$31d$
		$d>25$	$58d$	$53d$	$51d$	$46d$	$45d$	$41d$	$41d$	$38d$	$38d$	$34d$
	环氧树脂涂层钢筋	$d≤25$	$66d$	$61d$	$57d$	$53d$	$51d$	$47d$	$47d$	$43d$	$43d$	$39d$
		$d>25$	$73d$	$67d$	$63d$	$58d$	$56d$	$51d$	$51d$	$47d$	$4/d$	$43d$

1. 四级抗震等级, $l_{aE}=l_a$; 2. 当弯锚时,有些部位的锚固长度不小于 $0.4l_a+15d$; 3. 当钢筋易受挠动时(如滑膜施工),锚固长度乘以1.1; 4. 任何情况受拉钢筋抗震锚固长度不得小于250mm; 5. 当HRB335、HRB400和RRB400级纵向受拉钢筋末端采用机械锚固措施时,包括附加锚固端头在内的锚固长度按其是否抗震可取为相应锚固长度的0.7倍(基础中通常不采用机械锚固措施)。

(4)绘制钢筋简图,计算每种编号钢筋的下料长度。
(5)计算每种编号钢筋的需用数量。
(6)填写钢筋配料单。

提 示

钢筋简图需要结合工程图纸和有关图集进行,只有正确理解图集施工构造和设计人员设计意图后才能正确绘制钢筋简图和进行钢筋下料长度的计算。钢筋下料长度的计算与工程造价息息相关。

2. 钢筋下料长度

在结构施工图纸中钢筋尺寸是钢筋外缘到外缘之间的长度，即外皮尺寸。在钢筋加工时钢筋弯曲或弯钩会使弯曲处内皮收缩、外皮延伸，轴线长度不变，弯曲处形成弯弧。因此，钢筋的下料尺寸就是钢筋中心线长度。钢筋外皮尺寸与下料长度之间的差值称为钢筋弯曲调整值，简称量度差值。

钢筋下料长度按下列方法计算：

(1) 直钢筋下料长度 = 构件长度 − 混凝土保护层厚度 + 弯钩增加长度
(2) 弯起钢筋下料长度 = 直段长度 + 斜段长度 + 弯钩增加长度 − 弯曲调整值
(3) 箍筋下料长度 = 箍筋外皮周长（或箍筋内皮周长）直段长度 + 箍筋调整值

箍筋调整值是弯钩增加长度和弯曲调整至两项之差或和。

钢筋需要搭接的话，还应增加钢筋搭接长度。

相关知识

1. 钢筋弯曲一般规定

根据《混凝土结构工程施工质量验收规范》GB 50204—2002 钢筋弯曲时受力钢筋的弯钩和弯折应符合下列规定：

(1) HPB235 级钢筋末端应作 180°弯钩，其弯弧内直径不应小于钢筋直径的 2.5 倍，弯钩的弯后平直部分长度不应小于钢筋直径的 3 倍（图 4-9a）。

(2) 当设计要求钢筋末端作 135°弯折时，HRB335 级、HRB400 级钢筋的弯弧内直径 D 不宜小于钢筋直径 d 的 4 倍，弯钩的弯后平直部分长度应符合设计要求（图 4-9c）。

(3) 钢筋作不大于 90°弯折时，弯折处的弯弧内直径 D 不应小于钢筋直径 d 的 5 倍（图 4-9b）。

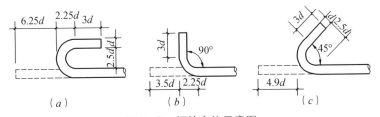

图 4-9　钢筋弯钩示意图
(a) 半圆弯钩；(b) 直弯钩；(c) 斜弯钩

(4) 箍筋弯钩的弯折角度：对一般结构，不应小于 90°；对有抗震等要求的结构应为 135°（图 4-10）。箍筋弯后的平直部分长度（图 4-11）：对一般结构，不宜小于箍筋直径的 5 倍；对有抗震等要求的结构，不应小于箍筋直径的 10 倍，且不应小于 75mm。

2. 钢筋弯曲调整值、弯钩增加长度、弯起钢筋斜长

钢筋下料长度需要常用角度的弯曲调整值、弯钩增加长度及弯起钢筋的斜长等。

钢筋弯曲调整值根据理论（附录 B）证明并结合实践经验，钢筋各种弯折角度时的弯曲调整值见表 4-7。钢筋各种弯钩的增加长度见表 4-8。

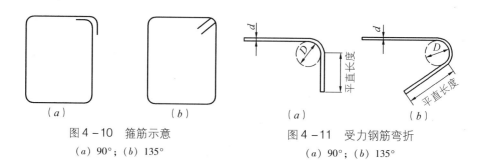

图 4-10 箍筋示意
(a) 90°；(b) 135°

图 4-11 受力钢筋弯折
(a) 90°；(b) 135°

钢筋弯曲调整值   表 4-7

钢筋弯折角度	30°			45°		135°
弯弧内直径	$D=4d$	$D=5d$	$D=4d$	$D=5d$		$D=4d$
弯曲调整值	$0.298d$	$0.304d$	$0.52d$	$0.55d$		$0.11d$
钢筋弯折角度	60°			90°		说明：135°上面的计算值仅用于 HRB335、HRB400 级钢筋
弯弧内直径	$D=4d$	$D=5d$	$D=4d$	$D=5d$		
弯曲调整值	$0.85d$	$0.9d$	$2.08d$	$2.29d$		

注：由于实际操作时并不能完全准确地按照有关规定的最小弯曲直径取用，有时偏大有时偏小，也有成型工具性能不一定满足规定要求。因此，除按照有关计算方法计算弯曲调整值外，还可以根据当地实际情况或操作经验取值。

钢筋弯钩增加长度   表 4-8

序号	弯钩形式	计算公式	弯弧内直径	l_p 平直段长度	弯钩增加长度	说明
1	半圆弯钩 (180°)	$1.071D+0.571d+l_p$	$D=2.5d$	$3d$	$6.25d$	仅用于 HPB235 级
2	斜弯钩 (135°)	$0.678D+0.178d+l_p$	$D=5d$	$5d$	$8.568d$	一般结构
				$10d$	$13.568d$	抗震结构
			$D=4d$	$5d$	$7.89d$	一般结构
				$10d$	$12.89d$	抗震结构
3	直弯钩 (90°)	$0.285D-0.215d+l_p$	$D=2.5d$	$5d$	$6.876d$	一般结构
				$10d$	$11.876d$	抗震结构
			$D=5d$	$5d$	$6.21d$	一般结构
				$10d$	$11.21d$	抗震结构
			$D=2.5d$	$5d$	$5.498d$	一般结构
				$10d$	$10.498d$	抗震结构

根据设计需要，梁、板类构件常配置有一定数量的弯起钢筋，其弯起角度一般分为 30°、45°、60° 三种，如图 4-12 所示。弯起钢筋直段的平直长度根据图纸标注的尺寸直接得到，弯起钢筋的斜段长度及中直段水平尺寸均需通过计算得到。一般采用直角三角形勾股定理计算。弯起钢筋的斜段长度见表 4-9。

弯起钢筋斜段长度及计算表 表 4-9

弯起角度	30°	45°	60°
s	2h	1.414h	1.155h
	1.155l	1.414l	2l

注：s—弯起钢筋斜段长度；h—弯起钢筋弯起的垂直高度，是外包尺寸；l—弯起钢筋斜段水平投影长度。

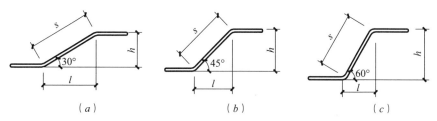

图 4-12　弯起钢筋斜长计算简图

图示 4-13 (a)，梁长为 B，设保护层厚度为 c，钢筋直径为 d，则钢筋下料长度为：

$$钢筋下料长度 L = B - 2c + 2 \times 6.25d$$

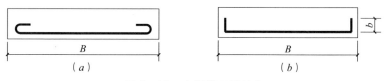

图 4-13　直钢筋下料长度

若如图 4-13 (b) 所示，钢筋为 90°弯钩，梁长为 B，设保护层厚度为 c，钢筋直径为 d，弯钩平直长度为 b，则钢筋下料长度为（按 90°量度差值近似取 2d）：

$$钢筋下料长度 L = B - 2c + 2b - 2 \times 2d$$

图示 4-14，梁截面尺寸为 $b \times h$，设保护层厚度为 c，箍筋直径为 d，根据附录 C，箍筋下料长度计算如下：

① 一般结构：

$L = 2b + 2h - 8c + (16 \sim 18)d =$ 箍筋内包尺寸 $+ (16 \sim 18)d$

② 抗震结构：

当 $10d > 75\text{mm}$ 时，$L = 2b + 2h - 8c + (26 \sim 28)d$
= 箍筋内包尺寸 $+ (26 \sim 28)d$

当 $75\text{mm} > 10d$ 时，$L = 2b + 2h - 8c + 150 + (16 \sim 18)d$
d = 箍筋内包尺寸 $+ 150 + (16 \sim 18)d$

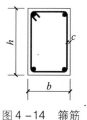

图 4-14　箍筋下料长度

箍筋根数 n：$n = \left(\dfrac{箍筋分布范围}{箍筋间距}\right)$ 取整 ± 1

【工程案例 4-1】结合图 4-15 识读 DJ_J01 标注内容，计算底板钢筋下料长度并编制钢筋配料单。图中基础设垫层，垫层混凝土等级为 C15，基础混凝土等级为 C30。

解：1. 图纸识读

集中标注：

$DJ_J 01$　450/450——表示独立基础，阶形，基础编号01，基础台阶自下而上第一阶台阶高度450mm，第二阶台阶高度450mm。

$B:X:\Phi 16@160$ ——表示基础底板钢筋 X 向配置直径为16mm 间距为160mm 的HRB335级钢筋。

$Y:\Phi 16@160$ ——表示基础底板钢筋 Y 向配置直径为16mm 间距为160mm 的HRB335级钢筋。

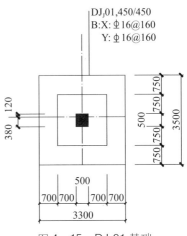

图4-15　DJ_J01 基础

原位标注：

基础底板 X、Y 向边长分别为 3300mm，3500mm；X 向第一阶台阶宽度为700mm，第二阶台阶宽度为700mm，柱子尺寸为500mm；Y 向第一阶台阶宽度为750mm，第二阶台阶宽度为750mm，柱子尺寸为500mm。

2. 钢筋下料长度计算　基础做垫层，保护层厚度40mm

（1）因 X 向的尺寸3300mm>2500mm，除基础边缘第一根钢筋外，内部钢筋长度可减短10%交错排布。

X 向外侧钢筋下料长度 l：l = 底板边长 - 2 倍保护层厚度
$$= 3300 - 2 \times 40 = 3220mm （2根）$$

内部钢筋长度 l'：$l' = 0.9 \times 3220 = 2898mm$

根数：$n = \dfrac{1}{@} + 1 = \dfrac{3500 - 2\min(75, 160/2)}{160} + 1 - 2 = 20$ 根

（2）因 Y 向的尺寸3500mm>2500mm，除基础边缘第一根钢筋外，内部钢筋长度可减短10%交错排布。

Y 向外侧钢筋下料长度 l：l = 底板边长 - 2 倍保护层厚度
$$= 3500 - 2 \times 40 = 3500 - 80 = 3420mm （2根）$$

内部钢筋长度 l'：$l' = 0.9 \times 3420 = 3078mm$，

根数：$n = \dfrac{L}{@} + 1 = \dfrac{3300 - 2\min(75, 160/2)}{160} + 1 - 2 = 9$ 根

DJ_J01 钢筋配料单见表4-10。

DJ_J01 钢筋配料单　　　表4-10

构件名称	钢筋编号	简图	直径（mm）	钢号	长度（mm）	单位根数	合计根数
DJ_J01	1	3220	16	Φ	3220	2	2
	2	2898	16	Φ	2898	20	20
	3	3420	16	Φ	3420	2	2
	4	3078	16	Φ	3078	9	9

【工程案例 4-2】结合图 4-16，识读 DJ_J02 标注内容，并计算基础底板和顶板钢筋下料长度，并编制钢筋配料单。图中基础设垫层，垫层混凝土等级为 C15，基础混凝土等级为 C30。

解：1. 图纸识读

集中标注：

DJ_J02 450/450——表示独立基础，阶形，基础编号 02，基础台阶自下而上第一阶台阶高度 450mm，第二阶台阶高度 450mm。

B：X：$\Phi16@120$ ——表示基础底板钢筋 X 向配置直径为 16mm 间距为 120mm 的 HRB335 级钢筋。

Y：$\Phi16@120$ ——表示基础底板钢筋 Y 向配置直径为 16mm 间距为 120mm 的 HRB335 级钢筋。

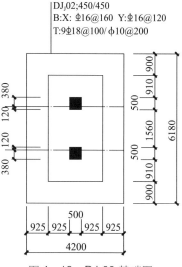

图 4-16 DJ_J02 基础图

T：$9\Phi18@100/\phi10@200$——表示独立基础顶部配置纵向受力钢筋 HRB335 级，直径 18mm，设置 9 根，间距 100mm；分布筋为 HPB235 级，直径 10mm，间距 200mm。

原位标注：

基础底板 X、Y 向边长分别为 4200mm，6180mm；X 向第一阶台阶宽度为 925mm，第二阶台阶宽度为 925mm，柱子尺寸为 500mm；Y 向第一阶台阶宽度为 900mm，第二阶台阶宽度为 910mm，柱子尺寸为 500mm，柱间净尺寸为 1560mm。柱在 Y 向相对于轴线为偏心柱，柱边相对于轴线的距离分别为 120mm、380mm。

2. 钢筋下料长度计算

（1）基础底板钢筋

由于基础底板 X 向柱外缘至基础外缘的延伸长度为 925+925=1850mm；

Y 向柱外缘至基础外缘的延伸长度为 910+900=1810mm<1850mm；

则：施工时 X 向钢筋布置在下，Y 向钢筋布置在上。

1）X 向钢筋下料长度计算：

X 向钢筋为 HRB335 级钢筋，基础做垫层，保护层厚度 40mm，因为 X 向底板边长 4200mm>2500mm，所以除了基础边缘第一根钢筋外，内部钢筋长度可减短 10% 交错排布。

独立基础底板 X 向外侧钢筋下料长度 l_x：

$$l_x = X \text{ 向底板边长} - 2 \text{ 倍保护层厚度}$$
$$= 4200 - 2 \times 40 = 4120 \text{mm}（2 \text{根}）$$

内部钢筋长度 l_x'：$l_x' = 0.9 \times 4120 = 3708 \text{mm}$

根数 n_x：$n_x = \dfrac{L}{@} + 1 = \dfrac{6180 - 2\min(75, 120/2)}{120} + 1 - 2 \text{（取整）} = 50 \text{ 根}$

2）Y 向钢筋下料长度计算：

Y 向钢筋为 HRB335 级钢筋，基础做垫层保护层厚度 40mm，Y 向底板边长

6180mm＞2500mm，所以除了基础边缘第一根钢筋外，内部钢筋长度可减短10%交错排布。

独立基础底板 Y 向外侧钢筋下料长度 l_y：

$$l_y = Y\text{向底板边长} - 2\text{倍保护层厚度}$$
$$= 6180 - 2 \times 40 = 6100\text{mm}$$

内部钢筋长度 l_y'：$l_y' = 1560 + 120 + 120 + (910 + 900 + 380 - 40) \times 2 \times 0.9$
$$= 5670\text{mm}$$

Y 向钢筋的排布范围 L：$L = 4200 - 2\min(75, 120/2) = 4200 - 2 \times 60 = 4080\text{mm}$

则，Y 向钢筋根数 n_y：$n_y = \dfrac{L}{@} + = \dfrac{4200 - 2\min(75, 120/2)}{120} + 1 - 2$（取整）
$$= 33 \text{ 根}$$

（2）基础顶板钢筋

施工时，顶部纵向受力钢筋即 Y 向在下，分布筋即 X 向在上。纵向受力钢筋这样排布，500mm 的柱两外缘以内 50mm 区域开始排布 5 根短钢筋，柱外缘以外 50mm 开始布置第一根长钢筋，第一根长钢筋外 100mm 第二根长钢筋，两侧共 4 根长钢筋。

1）顶板纵向受力钢筋下料长度计算：

混凝土等级为 C30，查表 4-4，锚固长度 $l_a = 30d = 30 \times 18 = 540$mm

则短钢筋长度为：$1560 + 2l_a = 1560 + 2 \times 540 = 2640$mm

长钢筋长度为：$1560 + 250 + 250 + 2l_a = 2060 + 2 \times 540 = 3140$mm

2）顶板分布钢筋下料长度计算：

分布钢筋下料长度：$100 \times (9 - 1) + 2 \times 50 = 900$mm

分布钢筋数：$\dfrac{1560 + 500 + 500 + 50 \times 2}{200} + 1 = 15$ 根

DJ$_J$02 钢筋配料单见表 4-11。

DJ$_J$02 钢筋配料单　　　　表 4-11

构件名称	钢筋编号	简图	直径（mm）	钢号	长度（mm）	单位根数	合计根数
DJ$_J$02	1	4120	18	Φ	4120	2	2
	2	3708	18	Φ	3708	50	50
	3	6100	18	Φ	6100	2	2
	4	5670	18	Φ	5670	33	33
	5	2640	18	Φ	2640	5	5
	6	3140	18	Φ	3140	4	4
	7	900	10	φ	900	15	15

【工程案例 4-3】结合图 4-17 识读并计算 DJ₁03 中基础梁、基础底板和基础顶板钢筋下料长度。基础设垫层,垫层混凝土等级为 C15,基础混凝土等级为 C30。本题中缩短长度按照基础边长的 10% 计算,梁保护层厚度 25mm。

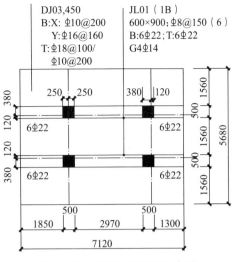

图 4-17 DJ₁03 基础平法标注

解:1. 基础底板钢筋计算

(1) 底板下部受力钢筋

相对每根柱子来说,基础为偏心基础,此时当从柱中心至基础边缘长度大于 1.25m 时,该侧钢筋缩短 10%。因此最外侧两根钢筋外,内部钢筋按照从柱中心至基础边缘长度的 10% 缩短,保护层厚度为 40mm。

最外侧两根钢筋长度:$5680 - 2 \times 40 = 5600$mm(2 根)

内部缩短的单根钢筋长度为:

$1560 + 120 + 120 + (1560 + 380 - 40) \times 2 \times 0.9 = 5220$mm

根数:

$(7120 - 2\min(75, 160/2))/160 + 1$(取整)$- 2 = 43$ 根

(2) 底板下部分布钢筋(不做弯钩)

长度:$7120 - 2 \times 40 = 7040$mm

排布范围及根数:

1) 基础梁外面区域分布钢筋排布范围和根数:

$1560 - 50$(梁宽出柱边尺寸)$+ 25$(梁保护层)$- \min(75, 200/2) = 1460$mm

根数:$1460/200$(取整)$+ 1 = 9$ 根

2) 两梁之间区域的分布钢筋排布范围为:

$1560 - 2 \times 50 + 25 \times 2 = 1510$mm

根数:$1510/200$(取整)$- 1 = 7$ 根

分布钢筋总的排布范围:$1460 \times 2 + 1485 = 4405$mm,总根数:$2 \times 9 + 7 = 25$ 根

2. 基础顶板钢筋计算(请读者参照工程案例 4-2 完成)

3. 基础梁钢筋计算

结合集中标注和原位标注识图:

集中标注信息为:基础梁,编号为 01,两端外伸,梁宽 600mm,高 900mm;箍筋配置为直径为 8mm,间距 150mm,6 肢箍;梁底部配置 6 根直径为 22mm 的 HRB335 级钢筋的通长钢筋,梁顶部配置 6 根直径为 22mm 的 HRB335 级钢筋的通长钢筋。基础梁两个侧面共配置 4 根直径为 14mm 的 HPB235 级钢筋,每侧 2 根。

原位标注信息为:梁两外伸部位下部都配置 6 根直径为 22mm 的 HRB335 级钢筋的钢筋。

1）基础梁底部纵向钢筋下料长度（共6根）

基础梁底部纵向钢筋下料长度为水平段长度和弯钩长度之和，即：

$7120 - 2 \times 25 + 2 \times 12 \times 22 - 2 \times 2 \times 22$（量度差值）$= 7510 \text{mm}$

2）基础梁顶部纵向钢筋下料长度（共6根），与底部相同，只是弯钩方向朝下。

3）基础梁箍筋计算

基础梁箍筋复合形式见图4-18。基础梁箍筋为6肢箍，为大箍套小箍形式。箍筋采用封闭箍形式。

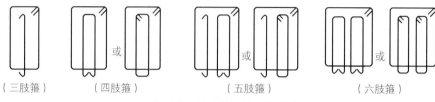

（三肢箍） （四肢箍） （五肢箍） （六肢箍）

图4-18 基础梁箍筋复合形式

箍筋根数：

$\left(\dfrac{1850-50-25-50}{150}+1\right)+\left(\dfrac{2970-50-50}{150}+1\right)+\left(\dfrac{1300-50-50-25}{150}+1\right)$

$+\left(\dfrac{500+50+50}{150}-1\right)\times 2 = 49$ 根

大箍长度（$10 \times 8 > 75\text{mm}$）（49根）：$2 \times 600 + 2 \times 900 - 8 \times 25 + 28 \times 8 = 3024 \text{mm}$

小箍长度（$10 \times 8 > 75\text{mm}$）（$49 \times 2 = 98$根）：

$3024 - \left(\dfrac{600 - 25 \times 2 - 6 \times 22}{5} \times 4 + 4 \times 22\right) \times 2 = 2179 \text{mm}$

4）构造钢筋计算

构造钢筋长度：$7120 - 2 \times 25 = 7070 \text{mm}$

说明：基础底板钢筋排布顺序：先排布底板下部受力钢筋，然后在其上排布基础梁底部6根的纵向钢筋和箍筋以及在基础梁两侧排布分布筋。

4.1.1.4 基础插筋构造

为了便于施工，底层柱中的纵筋在基础施工时预先在基础中留设一定长度的钢筋称为基础插筋。

1. 基础顶面以上插筋长度

柱插筋在基础顶面以上的长度，要依据基础顶面以上结构抗震等级、基础顶面到上层梁底面柱的净高、钢筋直径、钢筋连接方式、接头百分率等因素综合确定。一般最短钢筋为柱净高的1/3，即 $H_n/3$。H_n 为基础顶面到上层梁底面的垂直高度。

提　示

当某柱东西南北4个方向梁底标高各不相同时，基础顶面到上层梁底面以下柱的净高取4个方向 H_{ni} 中的最大值 $H_{n,\max}$（图4-19）。

考虑抗震设计时，基础顶面以上插筋长度要考虑钢筋连接方式、接头百分率综合确定，见图4-20。

提 示

钢筋连接方式有绑扎搭接、焊接、机械连接。一般施工现场直径较小的钢筋（例如14mm以下的钢筋）才使用绑扎搭接，直径较大的钢筋都采用机械连接或焊接。当两根不同直径的钢筋进行连接时，钢筋直径在两个级差以内时采用机械连接或焊接，只有钢筋直径在两个级差以上时才使用绑扎连接。

相关知识

（1）纵向受拉钢筋绑扎搭接应满足最小搭接长度要求，当考虑抗震时，抗震搭接长度为 $l_{lE}=\xi l_{aE}$，非抗震时，搭接长度为 $l_1=\xi l_a$。

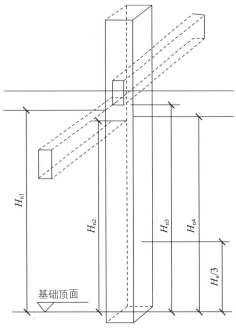

$H_n/3 = \max(H_{n1}, H_{n2}, H_{n3}, H_{n4})/3$

图4-19 柱净高最大长度 $H_{n,\max}$

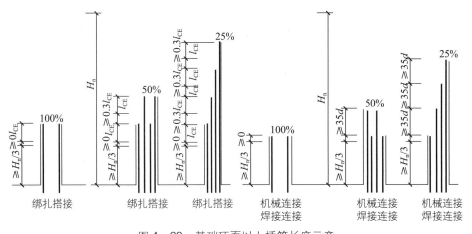

图4-20 基础顶面以上插筋长度示意

（2）ξ 为搭接长度修正系数，与纵向钢筋搭接接头面积百分率有关。当接头面积百分率不大于25%时，取1.2，当接头面积百分率为50%时，取1.4，当接头面积百分率为100%时，取1.6。

（3）当不同直径钢筋搭接时，搭接长度按照较小直径计算。

（4）任何情况下非抗震时搭接长度不得小于300mm。

2. 基础顶面以下插筋长度

基础顶面以下的插筋长度，当基础高度较小时，柱全部钢筋应伸到基础底板钢筋的上方（图4-21a，图集06G101-6 P66）。插筋的下端宜做成直钩，放在基础底板钢筋网上。当柱为轴心受压或小偏心受压时，基础高度不小于1200mm或者柱为大偏心受压时，基础高度不小于1400mm时，可仅将4角的插筋伸至底板钢筋网上，其余插筋锚固在基础顶面下 l_a 或 l_{aE}（有抗震设防要求时）（图4-21b，图集06G101-6 P66）。在施工时，当不能明确是否满足图4-21（b）要求时，在图纸设计交底时，请设计人员予以明确；或者当1200mm≤基础高度<1400mm时，全部插筋均伸至底板钢筋网上，以偏于安全。图4-21（a）中90°弯钩的水平投影长度a按照表4-12选用。

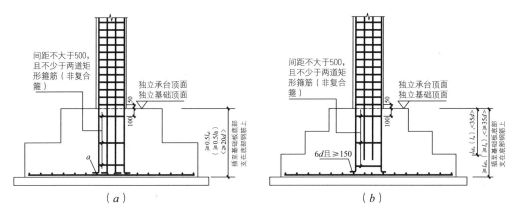

图4-21 柱插筋在独立基础或独立承台的锚固构造

注：〈 〉中的第三个锚长控制仅适用于独立承台。

柱、墙插筋锚固竖直长度与弯钩长度对照　　　　　表4-12

竖直长度（mm）	弯钩长度a	竖直长度（mm）	弯钩长度a
≥$0.5l_{aE}$（$0.5l_a$）	12d且≥150	≥$0.7l_{aE}$（$0.7l_a$）	8d且≥150
≥$0.6l_{aE}$（$0.6l_a$）	10d且≥150	≥$0.8l_{aE}$（$0.8l_a$）	6d且≥150
≥20d	35d减竖直长度且≥150（适用于桩基独立承台和承台梁中的锚固）		

【工程案例4-4】已知某柱抗震等级为二级，基础顶面到首层梁底面的最大值 $H_{n,max}=4200mm$，柱混凝土强度等级为C40，配置8根直径25mm的HRB400钢筋，机械连接，接头面积50%。独立基础抗震等级为三级，独立基础高度为750mm，基础混凝土强度等级为C30，基础垫层厚100mm，基础底板配置双向HRB335级直径16mm的钢筋。计算基础插筋长度。

解：1. 基础顶面以上长度

$$H_n/3 = 4200/3 = 1400mm$$

接头面积百分率为50% 基础顶面以上两种长度分别为：

短筋：　　　　　$H_n/3 = 4200/3 = 1400mm$

长筋：　　　　　$H_n/3 + 35d = 1400 + 35 \times 25 = 2275mm$

2. 基础顶面以下长度

独立基础三级抗震，C30混凝土，HRB400级钢筋，直径为25mm时的抗震锚固

长度为查表得：$l_{aE} = 37d = 37 \times 25 = 925$ mm

伸入到基础底板钢筋网上表面的竖直段高度：

$750 - 40 - 2 \times 16 = 678$ mm $= 0.7330 l_{aE} \geqslant 0.7 l_{aE}$，参照图 4-21（a）图施工，全部钢筋插到基础底板做弯钩，弯钩长度查表 4-12，得：

$$a = \max(8d \text{ 且} \geqslant 150) = \max(200, 150) = 200 \text{ mm}$$

3. 插筋长度

短筋：$H_n/3 + 678 + 200 - 2d = 1400 + 678 + 200 - 2 \times 25 = 2228$ mm（4 根）

长筋：$H_n/3 + 35d + 678 + 200 - 2d = 2275 + 678 + 200 - 2 \times 25 = 3103$ mm（4 根）

4.1.1.5 地下框架梁

基础中的梁有各种形式。按照建筑行业习惯，基础中的梁分为基础主梁、基础次梁、基础梁、承台梁、基础连梁、地下框架梁等多种，它们的代号和定义见表 4-13。本部分仅介绍地下框架梁和基础连梁，其他的梁在后面详述。

基础梁的类型、代号和定义 表 4-13

类别	代号	定义	适用图集
地下框架梁	DKL	在基础顶面以上且低于 ±0.000（室内地面）并以框架柱为支座的梁，除代号不同外，集中标注、原位标注和构造均与（03G101-1）中的 KL 相同，地下框架梁是为了防止在 ±0.000m 以下的柱超过规范规定的侧移而设置的	
基础连梁（基础拉梁）	JLL	各种基础之间的拉结构件，可以是连接独立基础、条形基础或桩基承台的梁；也可以是连接桩基承台和条形基础、连接独立基础与桩基承台梁等	（独立基础、条形基础、桩基承台）06G101-6
基础梁	JL	条形基础的基础梁，也可以是两柱广义独立基础的基础梁和多柱广义独立基础（局部小筏板）的梁	
承台梁	CTL	桩基承台分两种：柱下承台和梁下承台梁，承台梁又分为单排桩承台梁和双排桩承台梁两类。承台梁不是结构意义上的受弯构件，它是多个承台的条状结合构件，并不以弯曲变形为主	
基础主梁	JZL	梁板式筏形基础主梁	（筏形基础）04G101-3
基础次梁	JCL	梁板式筏形基础次梁	

地下框架梁的平法施工图设计，除梁编号不同以外，其集中标注与原位标注的内容与楼层框架梁相同。

1. 地框梁平法标注

（1）编号

DKLxx（xx）、DKLxx（xxA）、DKLxx（xxB），xx 表示序号，（xx）表示端部无外伸或无悬挑；（xxA）表示一端带外伸或悬挑，（xxB）表示两端带外伸或悬挑。

（2）截面尺寸

$b \times h$ 无加腋，$b \times h$ $Yc_1 \times c_2$ 有加腋，c_1 为腋长，c_2 为腋高。

(3) 梁箍筋

注写箍筋级别、直径、加密区与非加密区间距（用"/"分开）及肢数（写在括号中）。箍筋加密区范围从柱边算起为：一级抗震，不小于 $2h_b$ 且不小于 $500mm$（h_b 地框梁截面高度），二~四级抗震不小于 $1.5h_b$ 且不小于 $500mm$。当梁采用不同的箍筋间距和肢数时，也可分别注写梁支座端部箍筋和梁跨中部分的箍筋，但用"/"分开。端部箍筋在前，跨中部分的箍筋在"/"后。

如 φ8@100（4）/200（2）表示箍筋为 HPB235 级钢筋，直径 8mm，加密区间距为 100mm，四肢箍，非加密区间距为 200mm，双肢箍。

如 14φ8@100（4）/200（2）表示箍筋为 HPB235 级钢筋，直径 8mm，梁的端部各有 14 个，四肢箍，间距为 100mm，梁跨中部分间距为 200mm，双肢箍。

(4) 梁上部通长筋和架立筋

当同排纵筋中既有通长筋又有架立筋时，应用"+"将通长筋（角部纵筋写在加号前）和架立筋（写在加号后面括号内）相连；当梁的上部纵筋和下部纵筋均为通长筋时，可同时将梁上部、下部的贯通筋表示，用"；"分隔开。

如 2Φ25 +（4φ12）表示梁中有 2 根直径为 25mm 的 HRB335 级通长筋，4 根直径为 12mm 的 HPB235 级架立筋。

如"3Φ22；3Φ25"表示梁上部配置 3 根直径为 22mm 的 HRB335 级通长筋，下部配置 3 根直径为 25mm 的 HRB335 级通长筋。

提 示

通长筋不一定是"一根钢筋通到头"的意思。在一根梁的各跨中有可能不是同一直径的钢筋一通到底，而可能是几根不同直径的钢筋通过连接，形成一种通常的连续的力学作用。

(5) 以 G 或 N 打头注写梁两侧面对称设置的纵向构造钢筋（当梁腹板净高 $h_w \geq 450mm$ 时设置）或受扭钢筋的总配筋值。

提 示

构造钢筋的规格和数量是由设计师在施工图中标注的，施工部门照图施工即可。当设计图纸遗漏时，施工人员只能向设计师质询构造钢筋的规格和数量，而不能对构造钢筋进行自行设计。

(6) 选注地框梁底面对于基础底板底面基准标高的相对高差，写在( )中。

(7) 当地框梁支座上部需要设置非贯通钢筋时，原位标注支座上部包括贯通筋和非贯通筋在内的全部纵向钢筋。

(8) 地框梁跨中下部纵筋由原位标注说明。

2. 地框梁施工构造

(1) 地框梁上部纵筋在端支座锚固当不能满足直锚（直锚长度不小于 l_{aE} 〈l_a〉）

且不小于 $(0.5h_c + 5d)$ 要求时采用弯锚。弯锚平直段为伸至柱纵筋内侧且不小于 $0.4l_{aE}$ (l_a)，做 90°弯钩，弯钩长度为 $15d$（d 为钢筋直径）。在中间支座当满足钢筋足尺要求时，能连续通过就连续通过，否则，可在跨中 1/3 净跨范围内进行连接（图 4-22）。

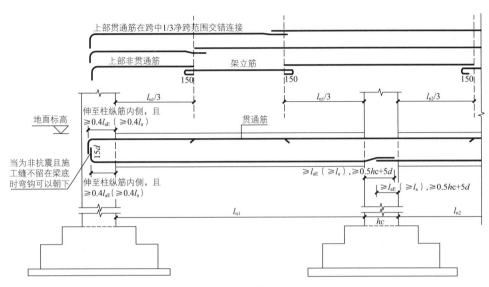

图 4-22 地框梁纵筋构造

提 示

作为端支座的框架柱，从过中线 $5d$ 到柱外侧纵筋的内侧区域是一个"竖向锚固带"。梁受拉纵筋在支座的锚固原则：要满足弯锚直段 $\geq 0.4l_{aE}$ (l_a)，弯钩 $15d$，且应进入边柱的"竖向锚固带"，同时应使钢筋弯钩不与柱纵筋平行接触。

（2）地框梁上部支座负筋（非通长筋）自柱边向跨内延伸长度其取各跨自身净跨的 1/3，即 $l_n/3$。其中 l_n 为相邻两柱之间的净距。在进行实际计算时，按照各跨的实际净距计算该跨钢筋的截断长度。这与上部结构在支座两侧均取左右两跨较大值的 1/3 是不一样的（图 4-22，图集 06G101-6 P68）。

（3）当地框梁上部设置架立筋时，支座受力钢筋与架立钢筋的搭接长度为 150mm。为防止端点扎丝脱漏，光面架立钢筋端部设 180°弯钩（图 4-22）。

提 示

（1）架立筋就是把箍筋架立起来所需要的贯穿箍筋角部的纵向构造钢筋。只有在箍筋肢数多于上部通长筋的根数时，才需要配置架立筋。

架立筋的根数 = 箍筋肢数 - 上部通长筋的根数

（2）架立筋是连接跨中"支座负筋够不着的地方"，因此架立筋和支座负筋在一个多跨梁中的连接顺序一般是：

支座负筋 - 架立筋 - 支座负筋 - 架立筋 - 支座负筋

(3) 当梁上部纵筋在梁跨中（净跨）1/3 范围采用搭接连接时，搭接长度范围应增加加密箍筋，加密的箍筋可半数采用向下开口箍筋，且应与该范围内封闭箍筋交替设置（图集 06G101 - 6 P69）。

(4) 地框梁下部钢筋按跨布置钢筋，在端支座锚固当不能满足直锚（直锚长度不小于 $l_{aE}\langle l_a \rangle$）且 $\geqslant (0.5h_c + 5d)$ 要求时采用弯锚。弯锚平直段为伸至柱纵筋内侧且不小于 $0.4l_{aE}$（l_a），90°弯钩，弯钩长度为 $15d$（d 为钢筋直径）。在中间支座当连续两跨满足钢筋足尺尺寸时连续通过，否则伸入中间支座的长度为 $\max (l_{aE}\langle l_a \rangle, 0.5h_c + 5d)$（图 4 - 22）。

(5) 地框梁的箍筋，在柱内不需设置，第一根箍筋从柱边 50mm 处开始设置。地框梁顶面以下到基础顶面范围的柱箍筋，同地框梁顶面上层柱下端的加密箍筋规格，如图 4 - 23（图集 06G101 - 6 P69）所示。

(6) 当 DKL 中间支座两侧梁宽不同或截面高度不同时，中间支座向钢筋的构造详见 03G101 - 1 P61。这里不再叙述。

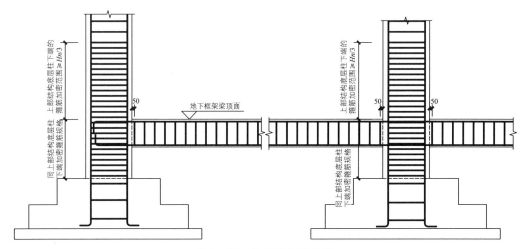

图 4 - 23 地框梁箍筋构造

【工程案例 4 - 5】图示 4 - 24 地框梁，混凝土 C30，三级抗震，保护层厚度 $c = 30$mm，框架柱纵筋均为 HRB335 级直径为 25mm 的钢筋，试计算钢筋下料长度。

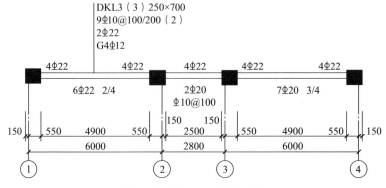

图 4 - 24 地框梁平法标注示意

解：1. 钢筋模拟初步放样如图 4-25。

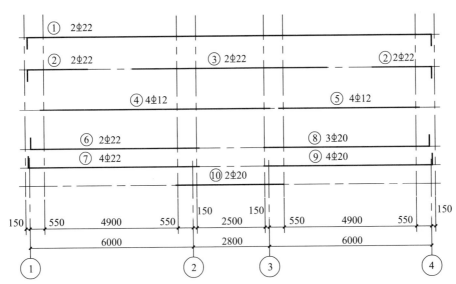

图 4-25 地框梁钢筋模拟初步放样

提 示

正确识读梁钢筋布置可以采用钢筋模拟放样的方式进行，这样可以使钢筋的布置一目了然，同时有利于检查计算是否错误。地框梁钢筋计算严格按照施工构造进行。

2. 地框梁上部钢筋计算：

相关知识

(1) 上部通长筋长度：通跨净跨长 + 首、尾端支座锚固值。
(2) 端支座的非通长筋（支座负筋）长度：$l_{n1}/3$ + 端支座的锚固值。
(3) 中间支座非通长筋（支座负筋）长度：$l_{ni}/3$ + 支座宽度 + $l_{ni+1}/3$。

上部钢筋端支座锚固判断与计算：

1) 当端支座为宽支座时，即柱宽 - 柱保护层 - 柱外侧纵筋直径不小于 l_{aE} 且不小于 $0.5h_c + 5d$，可以直锚不做 15d 弯钩。

2) 当端支座不是宽支座时，端支座锚固为钢筋至柱纵筋内侧平直段和 15d 两部分组成。钢筋至柱纵筋内侧平直段要不小于 $0.4l_{aE}$ 且 $\geq 0.5h_c + 5d$。若有两排纵筋，则：

①第一排钢筋至柱纵筋内侧平直段 = 柱宽 - 柱保护层 - 柱外侧纵筋直径 - 25（钢筋净距）

②第二排钢筋至柱纵筋内侧平直段 = 柱宽 - 柱保护层 - 柱外侧纵筋直径 - 25（钢筋净距）- 第一排梁纵筋直径 - 25

(1) 抗震锚固长度 l_{aE} 计算：

三级抗震，HRB335 钢筋，$d = 22\text{mm} \leq 25\text{mm}$，C30，查教材表 4-6（06G101-6 第

40页)得纵向受拉钢筋 $l_{aE}=31d$。当 $d=22mm$，$l_{aE}=31\times22=682mm$。

(2) 端支座锚固值计算：

1) 宽支座判断：

柱宽 - 柱保护层 - 柱外侧纵筋直径 = 700 - 30 - 25 = 645mm < $l_{aE}=31\times22=682mm$，采用弯锚。

2) 弯锚计算：弯钩长度 $15d=15\times22=330mm$；

第一排钢筋至柱纵筋内侧平直段 = 700 - 30 - 25 - 25 = 620mm

620mm > $0.4l_{aE}=272.8mm$ 且 > $0.5h_c+5d=350+5\times22=460mm$，满足要求，则第一排钢筋至柱纵筋内侧平直段为620mm。

第二排钢筋至柱纵筋内侧平直段 = 700 - 30 - 25 - 25 - 22 - 25 = 573mm

573mm > $0.4l_{aE}=272.8mm$ 且 > $0.5h_c+5d=350+5\times22=460mm$，满足要求，则第二排钢筋至柱纵筋内侧平直段为573mm。

3. 地框梁下部钢筋计算：

相关知识

(1) 若满足钢筋足尺尺寸，下部可以做通长筋，其长度 = 各净跨长度之和 + 中间支座宽度 + 左、右端支座锚固值。

(2) 若不满足钢筋足尺尺寸，下部钢筋按跨布置，其长度 = 净跨长 + 左、右支座锚固值。

(3) 下部钢筋端支座锚固值同上部钢筋。

(4) 下部钢筋中间支座锚固值取 Max{l_{aE} (l_a), $0.5h_c+5d$}。

(1) 抗震锚固长度 l_{aE} 计算：

三级抗震，HRB400钢筋，$d=22$ (20) mm≤25mm，C30，查表，$l_{aE}=31d$

当 $d=22mm$，$l_{aE}=31\times22=682mm$

当 $d=20mm$，$l_{aE}=31\times20=620mm$

(2) 端支座锚固值计算：

当 $d=22mm$ 时，计算同上部钢筋，不再重复；仅计算当 $d=20mm$ 时的端支座锚固值

柱宽 - 柱保护层 - 柱外侧纵筋直径 = 700 - 30 - 25 = 645mm > $l_{aE}=31\times20=620mm$，为宽支座采用直锚，直锚长度为620mm，不做弯钩。

(3) 中间支座锚固值计算：

当 $d=22mm$，Max {l_{aE} (l_a), $0.5h_c+5d$} = Max {682, 460} = 682mm

当 $d=20mm$，Max {l_{aE} (l_a), $0.5h_c+5d$} = Max {620, 450} = 620mm

4. 侧面纵向（腰筋）钢筋计算方法

相关知识

当梁腹板高度 h_w≥450mm 时，需要在梁的两个侧面沿高度配置纵向构造钢筋，间

距不大于 200mm。构造钢筋伸入支座的长度为 15d，每跨构造钢筋的计算长度 = 净跨长度 + 2×15d。

构造钢筋按照跨度进行计算，
第一、三跨长度为：$4900 + 2 \times 15d = 4900 + 2 \times 15 \times 12 = 5260 \text{mm}$
第二跨长度为：$2500 + 2 \times 15d = 2500 + 2 \times 15 \times 12 = 2860 \text{mm}$

5. 箍筋计算方法

相关知识

箍筋从柱边 50mm 处开始布置，两端按照加密区箍筋布置，中间按照非加密区箍筋布置。箍筋长度：按照前面公式进行计算。

加密区根数：若图中明确标注加密区根数，按照图示标注确定，此时加密区长度为 $(n-1) \times$ 加密区间距；若图中无明确标注加密区根数，则加密区长度加从柱边算起为：一级抗震，不小于 $2h_b$ 且不小于 500mm（地框梁截面高度），二级 ~ 四级抗震不小于 $1.5h_b$ 且不小于 500mm，确定长度后再进一步求加密区箍筋根数；

非加密区长度：相邻两柱净距 $-50 \times 2 - 2$ 倍加密区长度

非加密区箍筋根数：非加密区长度/非加密箍筋间距 -1

(1) 1~2 轴线之间箍筋计算（3~4 轴同 1~2 轴）
箍筋长度：$10d = 10 \times 10 = 100\text{mm} > 75\text{mm}$
长度 $L = 2b + 2h - 8c + 28d$
$= 2 \times 250 + 2 \times 700 - 8 \times 30 + 28 \times 10 = 1940\text{mm}$

梁每端加密区根数 9 根，两端共有 18 根

非加密区根数：$\dfrac{4900 - 50 \times 2 - (9-1) \times 100 \times 2}{200} - 1 = 15$ 根

(2) 2~3 轴线之间箍筋计算
箍筋长度：同上
箍筋根数：$(2500 - 100) / 100 + 1 = 25$ 根

6. 纵向钢筋下料长度模拟放样见图 4-26，图中量度差值没有计入。地框梁 DKL3 (3) 钢筋配料单见表 4-14 所示。

①号纵向钢筋下料长度：$620 + 4900 + 700 + 2500 + 700 + 4900 + 620 + 330 + 330 - 4 \times 22 = 15512\text{mm}$

②号纵向钢筋下料长度：$620 + 1633 + 330 - 2 \times 22 = 2539\text{mm}$

③号纵向钢筋下料长度：$1633 + 700 + 2500 + 700 + 1633 = 7166\text{mm}$

④号纵向钢筋下料长度：$180 + 4900 + 700 + 2500 + 180 = 8460\text{mm}$

⑤号纵向钢筋下料长度：$180 + 4900 + 180 = 5260\text{mm}$

⑥号纵向钢筋下料长度：$573 + 4900 + 682 + 330 - 2 \times 22 = 6441\text{mm}$

⑦号纵向钢筋下料长度：$620 + 4900 + 682 + 330 - 2 \times 22 = 6488\text{mm}$

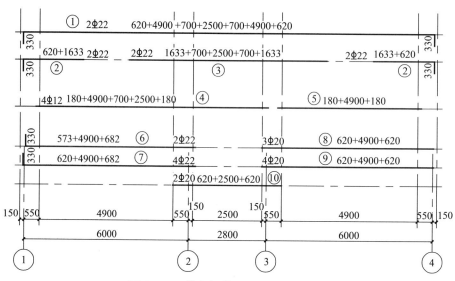

图 4-26 纵向钢筋下料长度模拟放样

⑧号纵向钢筋下料长度：$620+4900+620=6140$mm

⑨号纵向钢筋下料长度：$620+4900+620=6140$mm

⑩号纵向钢筋下料长度：$620+2500+620=3740$mm

⑪号钢筋下料长度见前述。

地框梁 DKL3（3）钢筋配料单　　　　表 4-14

名称	编号	钢筋型式	直径	单根长度(mm)	根数(个)	总长(m)	重量(kg)	备注
上部筋	①	330⌐ 14940 ⌐330	φ22	15512	2	31.03	92.6	
	②	330⌐ 2253	φ22	2539	4	10.156	30.3	
	③	7166	φ22	7166	4	28.664	85.5	
腰筋	④	8460	φ12	8460	4	33.840	30.04	
	⑤	5260	φ12	5260	4	21.04	18.7	
下部筋	⑥	330⌐ 6155	φ22	6441	2	12.882	38.4	
	⑦	330⌐ 6202	φ22	6488	4	25.952	77.4	
	⑧	6140	φ20	6140	3	18.420	45.4	
	⑨	6140	φ20	6140	4	24.56	60.6	
	⑩	3740	φ20	3740	2	7.480	18.4	
箍筋	⑪	100 / 190 / 640	φ10	1940	91	176.54	108.9	

钢筋总重：606.24kg

注：表中的单根长度值为考虑量度差值后的下料长度。

4.1.1.6 基础连梁

基础连梁从受力角度来说，一般不承受地基反力的作用，仅是为了保证基础之间的均匀沉降而在各种基础之间设置的拉结构件（图4-27）。

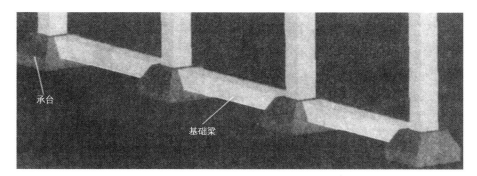

图4-27 基础连梁示意

基础连梁直接在基础平面图上进行标注。基础连梁标注分为集中标注和原位标注。具体标注内容和要求如下：

1. 基础连梁平法标注

（1）编号：JLL xx（xx）、JLLxx（xxA）、JLLxx（xxB），xx 表示序号，（xx）表示端部无外伸或无悬挑；（xxA）表示一端带外伸或悬挑，（xxB）表示两端带外伸或悬挑。

（2）截面尺寸：$b \times h$ 无加腋，$b \times h\ Yc_1 \times c_2$ 有加腋，c_1 为腋长，c_2 为腋高。

（3）注写基础连梁的箍筋

1）当具体设计箍筋在全梁只采用一种间距时，注写钢筋级别、直径、间距与肢数；如 11ϕ10@150（4）。

2）当具体设计箍筋在梁跨内采用两种间距时。用斜线"/"分隔两种间距及肢数，按照从基础连梁两端向跨中的顺序依次标注。例如 12ϕ16@100/200。

（4）标注基础连梁底部、顶部及侧向构造钢筋

1）以 B 打头注写梁底部贯通钢筋，以 T 打头注写梁顶部贯通钢筋。同排架立筋写在该排"+"后面的"（）"内，当梁钢筋多于一排时，用斜线"/"将各排自上而下隔开。

2）以 G 打头注写梁两侧面对称设置的纵向构造钢筋的总配筋值（当梁腹板净高 $h_w \geqslant 450mm$ 时设置）。

（5）选注基础连梁底面相对于基础底板底面基准标高的相对高差，写在（ ）中。

（6）当基础连梁的设计有特殊要求时，加注必要的文字说明。

2. 基础连梁施工构造

（1）基础连梁纵向钢筋在基础内锚固的构造（图4-28和图4-29，图集06G101-6 P68、P70），图4-28表示当基础连梁距离基础所承载的柱外边缘小于 l_a 时构造。图4-29表示当基础连梁距离基础所承载的柱外边缘大小于 l_a 时构造。计算锚固长度 l_a 时，当连梁混凝土强度等级与基础混凝土强度等级不同时，要有连梁钢筋等级、直径和基础的混凝土强度等级（有抗震设防要求时，还要注意基础的抗震等级）。

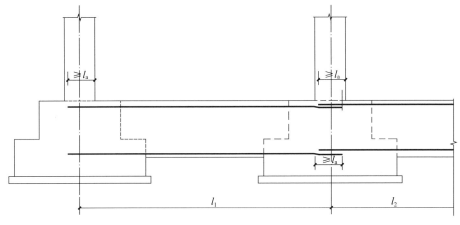

图4-28 基础连梁纵向钢筋在基础内锚固的构造（一）

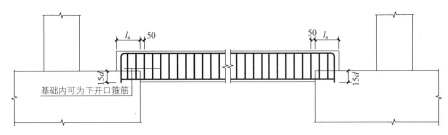

（基础连梁顶面高于但梁底面低于基础顶面）

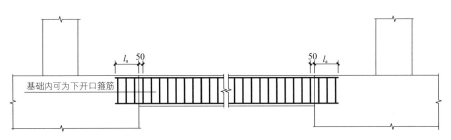

（基础连梁顶面与基础顶面平或连梁顶面低于基础顶面小于5d）

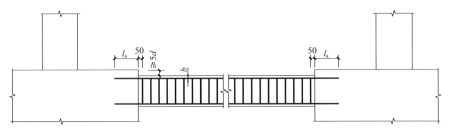

（基础连梁顶面低于基础顶面不小于5d）

图4-29 基础连梁纵向钢筋在基础内锚固的构造（二）

（2）梁上部纵筋也可在梁跨中（净跨）1/3 范围内连接。当连接形式采用搭接连接时，搭接长度范围应增加加密箍筋，加密的箍筋可半数采用向下开口箍筋，且应与该范围内封闭箍筋交替设置。

（3）基础连梁箍筋构造见图4-30（图集06G101-6 P69）。

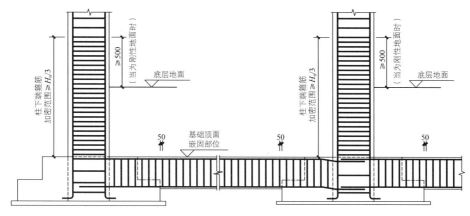

图 4-30 基础连梁箍筋构造

4.1.2 独立基础模板支设

4.1.2.1 木模板

木模板一般用拼板拼装形成。拼板一般用宽度小于 200mm 的木板，再用 25mm × 25mm 的木档钉成。侧模厚度一般为采用 20~30mm，底板厚度为 40~50mm。

1. 阶形基础的模板

阶形基础的模板每一台阶模板由四块侧板拼钉而成，其中两块侧板的尺寸与相应的台阶侧面尺寸相等；另两块侧板长度应比相应的台阶侧面长度大 150~200mm，高度与其相等。四块侧板用木档拼成方框。上台阶模板的其中两块侧板的最下一块拼板要加长，以便搁置在下层台阶模板上，下层台阶模板的四周要设斜撑及平撑。斜撑和平撑一端钉在侧板的木档（排骨档）上；另一端顶紧在木桩上。上

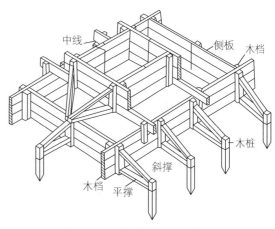

图 4-31 阶形独立基础模板

台阶模板的四周也要用斜撑和平撑支撑住，斜撑和平撑的一端钉在上台阶侧板的木档上，另一端可钉在下台阶侧板的木档顶上（图 4-31）。

模板安装前，在侧板内侧划出中线，在基坑底弹出基础中线。把各台阶侧板拼成方框。安装时，先把下台阶模板放在基坑底，两者中线互相对准，并用水平尺校正其标高，在模板周围钉上木桩，在木桩与侧板之间，用斜撑和平撑进行支撑，然后把钢筋网放入模板内，再把上台阶模板放在下台阶模板上，两者中线互相对准，用斜撑和平撑加以钉牢。

2. 杯形基础模板

杯形基础模板与阶形基础相似，只是在杯口位置要装设杯芯模。杯芯模两侧钉上轿杠，以便搁置在上台阶模板上。如果下台阶顶面带有坡度，应在上台阶模板

的两侧钉上轿杠,轿杠端头下方加钉托木,以便于搁置在下台阶模板上。近旁有基坑壁时,可贴基坑壁设垫木,用斜撑和平撑支撑侧板木档(图4-32)。

杯芯模有整体式和装配式两种(图4-33)。杯芯模的上口宽度要比柱脚宽度大100~150mm,下口宽度要比柱脚宽度大40~60mm,杯芯模的高度(轿杠底到下口)应比柱子插入基础杯口中的深度大20~

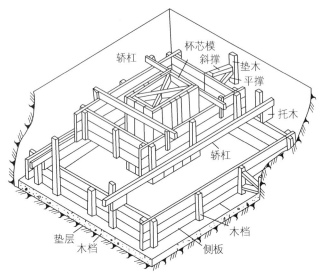

图4-32 杯形独立基础模板

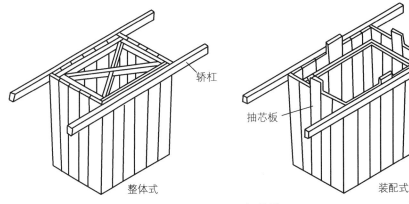

图4-33 杯芯模

30mm,以便安装柱子时校正柱列轴线及调整柱底标高。

杯形基础模板安装同阶形基础,杯芯模应最后安装,对准中线,再将轿杠搁于上台阶模板上,并加木档予以固定。

4.1.2.2 组合钢模板

组合钢模板的部件有钢模板、连接件和支承件三部分组成,其中钢模板包括平面模板、阳角模板、阴角模板、连接角模;连接件有U形卡、L形插销、钩头螺栓、紧固螺栓、扣件、对拉螺栓等;支承

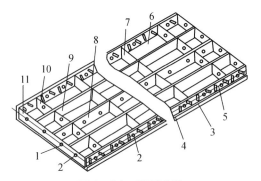

图4-34 平面模板

1—L形插销;2—U形卡孔;3—凸鼓;4—凸棱;5—边肋;6—主板;7—无孔横肋;8—有孔纵肋;9—无孔纵肋;10—有孔横肋;11—端肋

件有钢楞（包括圆钢管、方钢管）、柱箍、钢管脚手支架等。模板常用部件见图 4-34~图 4-40。

独立基础支模示意如图 4-41。独立基础各台阶的模板用平面模板和角模连接成方框，模板宜横排，不足部分改用竖排组拼。模板高度方向如用两块以上模板组拼时，一般应用竖向钢楞连固，其接缝齐平布置时，竖楞间距一般宜为 750mm；当接缝错开布置时，竖楞间距最大可为 1200mm。竖楞可采用 $\phi 48 \times 3.5$ 钢管。横楞可采用 $\phi 48 \times 3.5$ 钢管，四角交点用钢管扣件连接固定。

模板安装时就地拼装各侧模板，并用支撑撑于土壁上。搭设柱模井字架，使立杆下端固定在基础模板外侧，用水平仪找平井字架水平杆后，先将第一块柱模用扣件固定在水平杆上，同时搁置在混凝土垫块上。然后按单块柱模组拼方法组拼柱模，直至

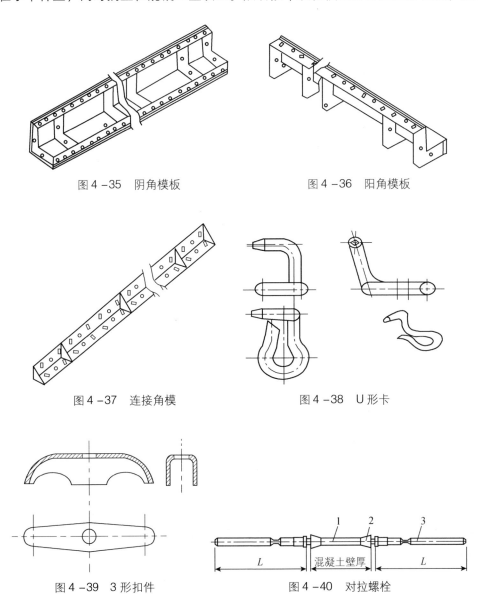

图 4-35 阴角模板　　　　　　　图 4-36 阳角模板

图 4-37 连接角模　　　　　　　图 4-38 U 形卡

图 4-39 3 形扣件　　　　　图 4-40 对拉螺栓
　　　　　　　　　　　　　1—内拉杆；2—顶帽；3—外拉杆

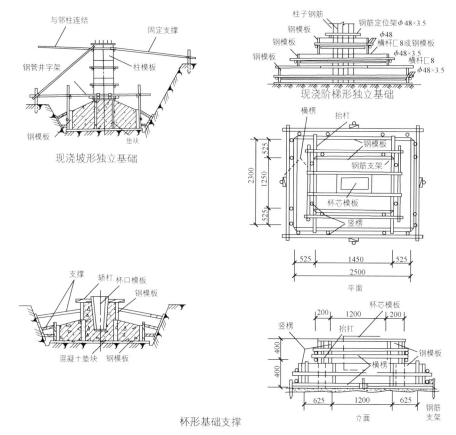

图 4-41 独立基础支模示意图

柱顶。上台阶的模板可用抬杠固定在下台阶模板上，抬杠可用钢楞。最下一层台阶模板，最好在基底上设锚固桩或斜撑支撑。杯形基础的芯模可用楔形木条与钢模板组合。

阶形基础，可分次支模。当基础大放脚不厚时，可采用斜撑；当基础大放脚较厚时，应按计算设置对拉螺栓，上部模板可用工具式梁卡固定，亦可用钢管吊架固定。参照条形基础图示。

4.1.3 基础钢筋工程

钢筋在使用前要进行钢筋加工，钢筋加工主要包括调直、除锈、切断、弯曲等工序。

4.1.3.1 钢筋除锈

钢筋除锈一般通过两个途径：一是在钢筋冷拉或调直过程中除锈，二是机械方法除锈，如电动除锈机除锈。此外，还可以采用手工除锈（用钢丝刷、砂盘）、喷砂和酸洗除锈等。

4.1.3.2 钢筋调直

主要通过调直机、卷扬机张拉。

4.1.3.3 钢筋切断

钢筋的切断主要用切断机和手动剪切器。钢筋切断参照钢筋配料单进行。

4.1.3.4 钢筋弯曲

1. 机械弯曲　钢筋在弯曲机上成型时（图4-42），心轴直径应是钢筋直径的2.5~5.0倍，成型轴宜加偏心轴套，以便适应不同直径的钢筋弯曲需要。弯曲细钢筋时，为了使弯弧一侧的钢筋保持平直，挡铁轴宜做成可变挡架或固定挡架（加铁板调整）。

钢筋弯曲点线和心轴的关系，如图4-43所示。由于成型轴和心轴在同时转动，就会带动钢筋向前滑移。因此，钢筋弯90°时，弯曲点线约与心轴内边缘齐；弯180°时，弯曲点画线距心轴内边缘为$1.0~1.5d$。注意：对HRB335与HRB400钢筋，不能弯过头再弯过来，以免钢筋弯曲点处发生裂纹。

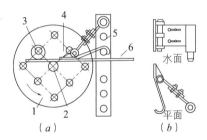 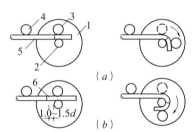

图4-42　钢筋弯曲成型
(a)工作简图；(b)可变挡架构造
1—工作盘；2—心轴；3—成型轴；
4—可变挡架；5—插座；6—钢筋

图4-43　弯曲点线与心轴关系
(a)弯90°；(b)弯180°
1—工作盘；2—心轴；3—成型轴；
4—固定挡铁；5—钢筋；6—弯曲点线

2. 手工弯曲　当钢筋直径在12mm以下时，通常用手摇扳手弯曲。当钢筋弯曲90°以内时，弯曲点与扳柱外缘相平，当钢筋弯曲135°~180°时，弯曲点线据扳柱外缘1倍钢筋直径，图4-44所示。

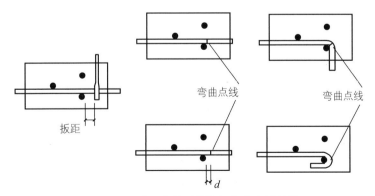

图4-44　手工弯曲时扳柱与弯曲点线关系

提　示

钢筋弯曲前，对形状复杂的钢筋（如弯起钢筋），根据钢筋配料单上标明的尺寸，用石笔将各弯曲点位置划出,称为划线。

相关知识

划线基本步骤如下:

(1) 根据不同的弯曲角度扣除弯曲调整值(见表4-7),其扣法是从相邻两段长度中各扣一半;

(2) 钢筋端部带半圆弯钩时,该段长度划线时增加$0.5d$(d为钢筋直径)。

(3) 划线工作宜从钢筋中线开始向两边进行;两边不对称的钢筋,也可从钢筋一端开始划线,如划到另一端有出入时,则应重新调整。

图4-45为直径20mm的弯起钢筋所需的形状和尺寸,划线方法如下进行:

第一步在钢筋中心线上划第一道线

第二步取中段$4000/2 - 0.5d/2 = 1995mm$,划第二道线

第三步取斜段$635 - 2 \times 0.5d/2 = 625mm$,划第三道线

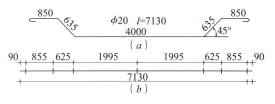

图4-45 弯起钢筋的划线
(a) 弯起钢筋的形状和尺寸;(b) 钢筋划线

第四步取直段$850 - 0.5d/2 + 0.5d = 855mm$,划第四道线

上述划线方法仅供参考。第一根钢筋成型后应与设计尺寸校对一遍,完全符合后再成批生产。

4.1.3.5 钢筋加工的质量检验

检查数量要求:每一工作班同一类型钢筋、同一加工设备抽查不应少于3件。

检查方法:钢尺检查,允许偏差见表4-15。

钢筋加工的允许偏差 表4-15

项目	允许偏差(mm)
受力钢筋顺长度方向全长的净尺寸	±10
弯起钢筋的弯折位置	±20
箍筋内的净尺寸	±5

4.1.3.6 钢筋绑扎

1. 施工工艺

基础垫层清理→划线(底板钢筋位置线、中线、边线、洞口位置线)→钢筋半成品运输到位→布放钢筋→钢筋绑扎→垫块→插筋设置→钢筋质量检查→下一道工序

双层钢筋网施工工艺:基础垫层清理→划线(底板钢筋位置线、中线、边线、洞口位置线)→钢筋半成品运输到位→绑扎下层钢筋网→放钢筋撑脚→绑扎上层钢筋网→垫块→插筋设置→钢筋质量检查→下一道工序

2. 施工要点

(1) 普通单柱独立基础为双向弯曲,其底面短边的钢筋应放在长边钢筋的上面。

(2) 钢筋的弯钩应朝上,不要倒向一边;但双层钢筋网的上层钢筋弯钩应朝下。

(3) 钢筋网的绑扎:四周两行钢筋交叉点应每点扎牢,中间部分交叉点可相隔交错扎牢,但必须保证受力钢筋不发生位移。双向主筋的钢筋网,则须将全部钢筋相交点扎牢。绑扎时应注意相邻绑扎点的钢丝扣要成八字形,以免网片歪斜变形。

(4) 基础底板采用双层钢筋网时,当板厚小于 1m 时,在上层钢筋网下面应设置钢筋撑脚或混凝土撑脚,以保证钢筋位置正确。

钢筋撑脚的形式与尺寸如图 4-46 所示,每隔 1m 放置一个。其直径选用:当板厚 $h \leqslant 300$mm 时为 8~10mm;当板厚 $h = 300 \sim 500$mm 时为 12~14mm;当板厚 $h > 500$mm 时为 16~18mm。

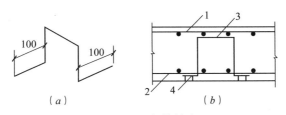

图 4-46 钢筋撑脚
(a) 钢筋撑脚;(b) 撑脚位置
1—上层钢筋网;2—下层钢筋网;3—撑脚;4—水泥垫块

(5) 现浇柱与基础连接用的插筋,其箍筋应比柱的箍筋缩小一个柱筋直径,以便连接。基础插筋一般与底板钢筋绑扎在一起,插筋位置一定要固定牢靠,以免造成柱轴线偏移。

4.1.4 独立基础混凝土施工

在地基上浇筑混凝土前,对地基应事先按设计标高和轴线进行校正,并应清除淤泥和杂物;同时注意排除开挖出来的水和开挖地点的流动水,以防冲刷新浇筑的混凝土。

4.1.4.1 施工工艺

浇筑前准备工作→混凝土浇筑→混凝土振捣→混凝土养护→模板拆除→下一道工序

4.1.4.2 施工要点

(1) 台阶式基础施工时,可按台阶分层一次浇筑完毕(预制柱的高杯口基础的高台部分应另行分层),不允许留设施工缝。每层混凝土要一次卸足,顺序是先边角后中间,务必使混凝土充满模板。

(2) 浇筑台阶式柱基时,为防止垂直交角处可能出现吊脚(上层台阶与下口混凝土脱空)现象,可采取如下措施:

1) 在第一级混凝土捣固下沉 2~3cm 后暂不填平，继续浇筑第二级，先用铁锹沿第二级模板底圈做成内外坡，然后再分层浇筑，外圈边坡的混凝土于第二级振捣过程中自动摊平，待第二级混凝土浇筑后，再将第一级混凝土齐模板顶边拍实抹平（图 4-47）。

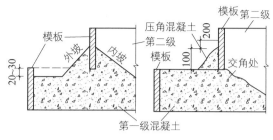

图 4-47 台阶式柱基础交角处混凝土浇筑方法示意图

2) 捣完第一级后拍平表面，在第二级模板外先压以 20cm×10cm 的压角混凝土并加以捣实后，再继续浇筑第二级。待压角混凝土接近初凝时，将其铲平重新搅拌利用。

3) 如条件许可，宜采用柱基流水作业方式，即顺序先浇一排杯基第一级混凝土，再回转依次浇第二级。这样给已浇好的第一级一个下沉的时间，但必须保证每个柱基混凝土在初凝之前连续施工。

（3）锥式（坡形）基础，应注意斜坡部位混凝土的捣固质量，在振捣器振捣完毕后，用人工将斜坡表面拍平，使其符合设计要求。

（4）现浇柱下基础时，要特别注意连接钢筋的位置，防止移位和倾斜，发现偏差及时纠正。

（5）为保证杯形基础杯口底标高的正确性，宜先将杯口底混凝土振实并稍停片刻，再浇筑振捣杯口模四周的混凝土，振动时间尽可能缩短。同时还应特别注意杯口模板的位置，应在两侧对称浇筑，以免杯口模挤向一侧或由于混凝土泛起而使芯模上升。

（6）高杯口基础，由于这一级台阶较高且配置钢筋较多，可采用后安装杯口模的方法，即当混凝土浇捣到接近杯口底时，再安杯口模板后继续浇捣。

（7）为提高杯口芯模周转利用率，可在混凝土初凝后终凝前将芯模拔出，并将杯壁划毛。

4.1.5 基础混凝土施工质量检查

现浇结构拆模后，应由监理（建设）单位、施工单位对外观质量和尺寸偏差进行检查，做出记录，并应及时按施工技术方案对缺陷进行处理。

4.1.5.1 外观质量

1. 主控项目

现浇结构的外观质量不应有严重缺陷，现浇结构外观质量缺陷见表 4-16。

对已经出现的严重缺陷，应由施工单位提出技术处理方案，并经监理（建设）单位认可后进行处理，并重新检查验收。

2. 一般项目

现浇结构的外观质量不宜有一般缺陷，一般缺陷见表 4-16。

对已经出现的一般缺陷，应由施工单位按技术处理方案进行处理，并重新检查验收。

现浇结构外观质量缺陷　　　　　　　　　表 4-16

名称	现象	严重缺陷	一般缺陷
露筋	构件内钢筋未被混凝土包裹而外露	纵向受力钢筋有露筋	其他钢筋有少量露筋
蜂窝	混凝土表面缺少水泥砂浆而形成石子外露	构件主要受力部位有蜂窝	其他部位有少量蜂窝
孔洞	混凝土中孔穴深度和长度均超过保护层厚度	构件主要受力部位有孔洞	其他部位有少量孔洞
夹渣	混凝土中夹有杂物且深度超过保护层厚度	构件主要受力部位有夹渣	其他部位有少量夹渣
疏松	混凝土中局部不密实	构件主要受力部位有疏松	其他部位有少量疏松
裂缝	缝隙从混凝土表面延伸至混凝土内部	构件主要受力部位有影响结构性能或使用功能的裂缝	其他部位有少量不影响结构性能或使用功能的裂缝
连接部位缺陷	构件连接处混凝土缺陷及连接钢筋、连接件松动	连接部位有影响结构传力性能的缺陷	连接部位有基本不影响结构传力性能的缺陷
外形缺陷	缺棱掉角、棱角不直、翘曲不平、飞边凸肋等	清水混凝土构件有影响使用功能或饰面效果的外形缺陷	其他混凝土构件有不影响使用功能的外形缺陷
外表缺陷	构件表面麻面、掉皮、起砂、粘污等	具有重要装饰效果的清水混凝土表面有外表缺陷	其他混凝土构件有不影响使用功能的外表缺陷

4.1.5.2 尺寸偏差

1. 主控项目

现浇结构不应有影响结构性能和使用功能的尺寸偏差。混凝土设备基础不应有影响结构性能和设备安装的尺寸偏差。

对超过尺寸允许偏差且影响结构性能和安装、使用功能的部位，应由施工单位提出技术处理方案，并经监理（建设）单位认可后进行处理。对经处理的部位，应重新检查验收。

2. 一般项目

现浇结构和混凝土设备基础拆模后的尺寸偏差应符合表 4-17、表 4-18 的规定。

现浇结构尺寸允许偏差和检验方法　　　　　　表 4-17

项目			允许偏差（mm）	检验方法
轴线位置	基础		15	钢尺检查
	独立基础		10	
	墙、柱、梁		8	
	剪力墙		5	
垂直度	层高	≤5m	8	经纬仪或吊线、钢尺检查
		>5m	10	经纬仪或吊线、钢尺检查
	全高（H）		$H/1000$ 且 ≤30	经纬仪、钢尺检查
标高	层高		±10	水准仪或拉线、钢尺检查
	全高		±30	

续表

项目		允许偏差（mm）	检验方法
电梯井	截面尺寸	+8，-5	钢尺检查
	井筒长、宽对定位中心线	+25，0	钢尺检查
	井筒全高（H）垂直度	H/1000 且 ≤30	经纬仪、钢尺检查
表面平整度		8	2m 靠尺和塞尺检查
预埋设施中心线位置	预埋件	10	钢尺检查
	预埋螺栓	5	
	预埋管	5	
预留洞中心线位置		15	钢尺检查

注：检查轴线、中心线位置时，应沿纵、横两个方向量测，并取其中的较大值。

混凝土设备基础尺寸允许偏差和检验方法　　　　表 4-18

项目		允许偏差（mm）	检验方法
坐标位置		20	钢尺检查
不同平面的标高		0，20	水准仪或拉线、钢尺检查
平面外形尺寸		±20	钢尺检查
凸台上平面外形尺寸		0，-20	钢尺检查
凹穴尺寸		+20，0	钢尺检查
平面水平度	每米	5	水平尺、塞尺检查
	全长	10	水准仪或拉线、钢尺检查
垂直度	每米	5	经纬仪或吊线、钢尺检查
	全高	10	
预埋地脚螺栓	标高（顶部）	+20，0	水准仪或拉线、钢尺检查
	中心距	±2	钢尺检查
预埋地脚螺栓孔	中心线位置	10	钢尺检查
	深度	+20，0	钢尺检查
	孔垂直度	10	吊线、钢尺检查
预埋活动地脚螺栓锚板	标高	+20，0	水准仪或拉线、钢尺检查
	中心线位置	5	钢尺检查
	带槽锚板平整度	5	钢尺、塞尺检查
	带螺纹孔锚板平整度	2	钢尺、塞尺检查

注：检查坐标、中心线位置时，应沿纵、横两个方向量测，并取其中的较大值。

4.2 条形基础工程施工

学习目标

1. 掌握条形基础平法标注及施工构造
2. 掌握基础梁平法标注及施工构造
3. 掌握条形基础基础底板、基础梁的钢筋下料长度计算
4. 掌握条形基础钢筋工程施工要点
5. 掌握条形基础模板工程施工要点
6. 掌握条形基础混凝土工程施工要点
7. 掌握条形基础质量检查验收内容与方法

关键概念

条形基础、基础梁、贯通筋、"反梁"

4.2.1 条形基础图纸交底

条形基础整体上可分为梁板式条形基础和板式条形基础两类,如图4-48所示。

梁板式条形基础适用于钢筋混凝土框架结构、框架—剪力墙结构、框支结构和钢结构。平法施工图将梁板式条形基础分解为基础梁和条形基础底板分别进行表达。

梁板式条形基础

板式条形基础

图4-48 条形基础示意

板式条形基础适用于钢筋混凝土剪力墙结构和砌体结构。

4.2.1.1 条形基础底板平法标注及施工构造

1. 条形基础底板平法标注

条形基础底板标注分为集中标注和原位标注。

集中标注内容为:条形基础底板编号、截面竖向尺寸、基础底板底部与顶部配筋三项必注内容,以及条形基础底板底面相对标高高差、必要的文字注解两项选注内容。素混凝土条形基础底板的集中标注,除无底板配筋内容外,其形式、内容与钢筋混凝土条形基础底板相同。

条形基础底板编号如表 4-19 所示。条形基础底板截面竖向尺寸标注为 $h_1/h_2/h_3$ 表示自下而上的尺寸,如图 4-49、图 4-50 所示。

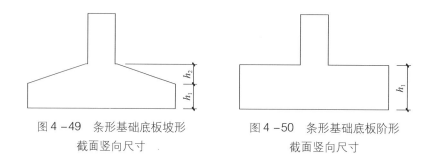

图 4-49 条形基础底板坡形截面竖向尺寸   图 4-50 条形基础底板阶形截面竖向尺寸

以 B 打头注写条形基础底板底部横向受力钢筋与分布筋,注写时,用"/"分隔横向受力筋与分布筋,如图 4-51;当为双梁(或双墙)条形基础底板时,除在底板底部配置钢筋外,一般尚需在两根梁或两道墙之间的底板顶部配置钢筋,标注时以 T 打头,注写条形基础底板顶部的横向受力筋与分布筋,用"/"分隔受力钢筋与分布筋,如图 4-52。

条形基础底板编号   表 4-19

类型	基础底板截面形状	代号	序号	跨数及有否外伸
条形基础底板	坡形 阶形	TJB_P TJB_J	xx	(xx) 端部无外伸 (xxA) 一端有外伸 (xxB) 两端有外伸

当条形基础底板配筋标注为:B:$\Phi 14@150/\phi 8@250$:表示条形基础底板底部配置 HRB335 级横向受力钢筋,直径为 14mm,分布间距 150mm;配置 HPB235 级构造钢筋,直径为 8mm,分布间距 250mm。

原位标注条形基础底板的平面尺寸,用 b、b_i,$i=1,2\cdots\cdots$ 其中 b 为基础底板总宽度,b_i 为基础底板台阶的宽度,如图 4-53 所示。除此以外,当集中标注内容不适用于某跨或某外伸部位时,进行原位中注写修正内容,施工时"原位标注取值优先"。

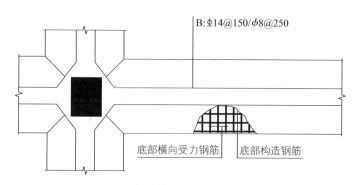

图 4-51 条形基础底板底部配筋示意图

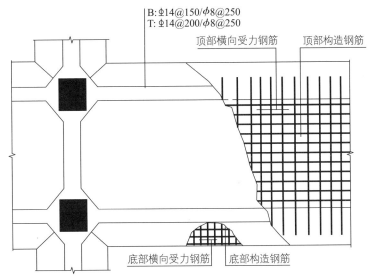

图 4-52 双梁条形基础底板顶部配筋示意

2. 条基底板施工构造

(1) 条形基础底板的宽度不小于 2.5m 时,除条形基础端部第一根钢筋和交接部位的钢筋外,底板受力钢筋的长度可减少 10%,按照长度的 0.9 倍交错排布,但非对称条形基础梁中心至基础边缘的尺寸小于 1.25m 时,朝该方向的钢筋长度不应减短,如图 4-54 (图集 06G101-6 P59) 所示。

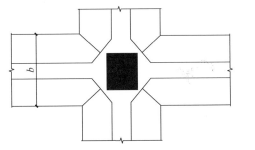

图 4-53 条基底板原位标注示意

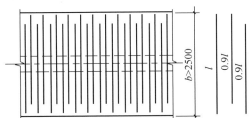

图 4-54 条基配筋减少 10% 构造

(2) 条形基础钢筋可按下列要求排布,如图 4-55 (图集 06G101-6 P58) 所示。

1) 外墙转角两个方向均应布置受力钢筋,不设置分布钢筋。

2) 外墙基础底板受力钢筋应拉通,分布钢筋应与角部另一方向的受力钢筋连接 150mm,光面钢筋可不做 180°弯钩。

3) 内墙基础底板受力钢筋伸入外墙基础底板的范围是外墙基础底板宽度的 $b/4$。如果外墙是不对称基础,就伸到外墙基础中心到内侧边缘宽度的 1/2。

4) 内墙十字相交的条形基础。较宽的基础连通设置,较窄的基础受力钢筋伸入较宽基础的范围是较宽基础宽度的 $b/4$;如果较宽基础是双墙条形基础,则较窄的基础受力钢筋伸入双墙基础的范围是双墙基础一侧墙中线到该侧基础边缘的宽度的 1/2。

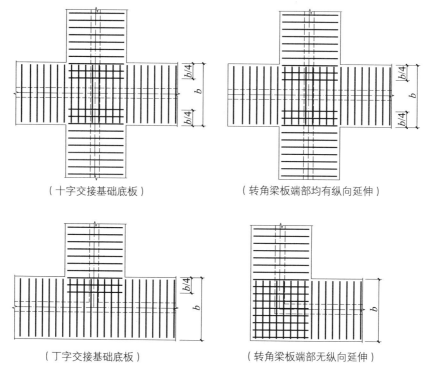

图 4-55 条形基础底板钢筋构造

5）条形基础无交接时基础底板端部设置双向受力筋，如图 4-56（图集 06G101-6 P59）。

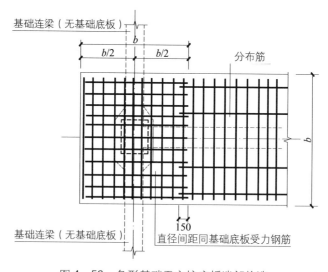

图 4-56 条形基础无交接底板端部构造

（3）当条形基础设有基础梁或基础圈梁时，基础底板是的分布钢筋在梁宽范围内不设置。如图 4-57（图集 06G101-6 P58）所示。

（4）根据条形基础底板的力学特征，底板短向是受力钢筋，先铺在下；长向是不受力的分布钢筋,后铺,在受力钢筋的上面。

(5) 在实际工程中会有少数双墙条形基础,双墙条形基础往往在顶部两墙之间也会配置受力钢筋和分布钢筋。垂直于两道墙的方向是受力钢筋,应当在最上层,分布筋与墙长方向平行,放在上部受力筋的下方。双墙条形基础的上部受力钢筋,可以做成门

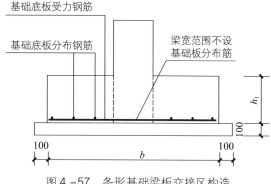

图 4-57 条形基础梁板交接区构造

形,站立在基础垫层上;也可以做成一字筋,与分布筋绑扎后用马凳筋或采取其他措施将其架起。横向受力钢筋的锚固从梁或墙边缘算起。

(6) 当条形基础底板出现高差时,要根据基础底板底面高差是否大于或小于底板厚度来确定施工构造,如图 4-58(图集 06G101-6 P59)。

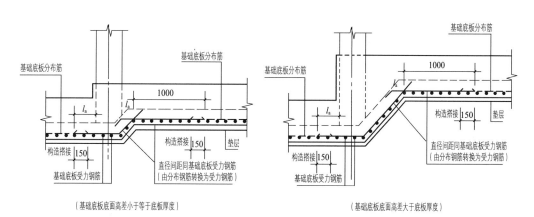

图 4-58 条形基础底板板底不平构造

【工程案例 4-6】结合图 4-59,识读条形基础标注内容,并计算底板钢筋下料长度,并编制钢筋配料单。基础设垫层,垫层混凝土等级为 C15,基础混凝土等级为 C30。

解:通过读图,我们看到纵向Ⓐ轴和Ⓓ轴都是 TJB_P3 (8),这是一种型号;Ⓑ、Ⓒ轴双墙基础 TJB_P4 (8) 又是一种型号,① 轴和 ⑨ 轴各有一道 TJB_P1 (3),②~⑧轴有 7 道 TJB_P2 (3)。总共 4 个型号 12 道条形基础。在本工程中计算中外墙基础底板受力钢筋全部通过,内墙在交接区钢筋布置为伸入外墙基础为 $b/4$。内横墙基础底板在交接区受力钢筋全部通过,内纵墙伸入内横墙基础 $b/4$。现以Ⓐ轴、① 轴、Ⓑ、Ⓒ轴双墙基础为例计算钢筋下料长度,计算中分布钢筋不考虑做 180°弯钩。

1. Ⓐ轴 TJB_P3 (8) 钢筋计算 (外墙)

(1) 底板受力钢筋

底板受力钢筋长度:l = 底板边长 - 2 倍保护层厚度

$= 1600 - 2 \times 40 = 1520mm$

排布范围：$L = $ 总长 $- 2\min(75,180/2) = 33600 + 2 \times 1800/2 - 2 \times 75 = 35250$mm

受力钢筋根数：$n = \dfrac{L}{@} + 1 = \dfrac{35250}{180} + 1$ 取整数 $= 197$ 根

（2）底板分布钢筋

底板贯通分布钢筋长度：$33600 - 2 \times 1800/2 + 2 \times 40 + 2 \times 150 = 32180$mm

分布钢筋根数：$n = \dfrac{L}{@} + 1 = \dfrac{1600 - 2\min(75,250/2)}{250} + 1$ 取整数 $= 7$ 根

分布钢筋实际间距 $(1600-150)/(7-1) = 241.67$mm

正交方向②~⑧轴TJB_p2（3）底板受力钢筋伸入Ⓐ轴TJB_p3（8）的范围：

$$1600/4 = 400 \text{mm}$$

与正交方向②~⑧轴TJB_p2（3）底板受力钢筋搭接150mm的Ⓐ轴TJB_p3（8）分布钢筋根数为：

$$n = \dfrac{L}{@} + 1 = \dfrac{400-75}{241.67} + 1 \text{ 取整数} = 2 \text{ 根}$$

则底板贯通分布钢筋共有5根，长度为32180mm。

交接区分布钢筋长度在①~②和⑧~⑨轴之间的长度为：

$4200 - 1800/2 - 2000/2 + 2 \times 40 + 2 \times 150 = 2680$mm，共有 4 根。

交接区分布钢筋长度在②~⑧各相邻轴线之间的长度均为：

$4200 - 2000/2 - 2000/2 + 2 \times 40 + 2 \times 150 = 2580$mm，共有 14 根。

2. ①轴TJB_p1（3）的钢筋计算

（1）底板受力钢筋

底板受力钢筋长度：$l = $ 底板边长 -2 倍保护层厚度
$$= 1800 - 2 \times 40 = 1720 \text{mm}$$

排布范围：$L - $ 总长 $- 2\min(75,160/2) = 12000 + 2 \times 1600/2 - 2 \times 75 = 13450$mm

受力钢筋根数：$n = \dfrac{L}{@} + 1 = \dfrac{13450}{160} + 1$ 取整数 $= 86$ 根

（2）底板分布钢筋

底板贯通分布钢筋长度：$12000 - 2 \times 1600/2 + 2 \times 40 + 2 \times 150 = 10780$mm

分布钢筋根数：$n = \dfrac{L}{@} + 1 = \dfrac{1800 - 2\min(75,250/2)}{250} + 1$ 取整数 $= 8$ 根

分布钢筋实际间距 $(1800-150)/(8-1) = 235.71$mm

正交方向Ⓑ、Ⓒ轴TJB_p4（8）底板受力钢筋伸入①轴TJB_p18（3）的范围：

$$1800/4 = 450 \text{mm}$$

与正交方向Ⓑ、Ⓒ轴TJB_p4（8）底板受力钢筋搭接150mm的①轴TJB_p1（3）分布钢筋根数为：

$$n = \dfrac{L}{@} + 1 = \dfrac{450-75}{235.71} + 1 \text{ 取整数} = 2 \text{ 根}$$

则底板贯通分布钢筋共有6根，长度为10780mm。

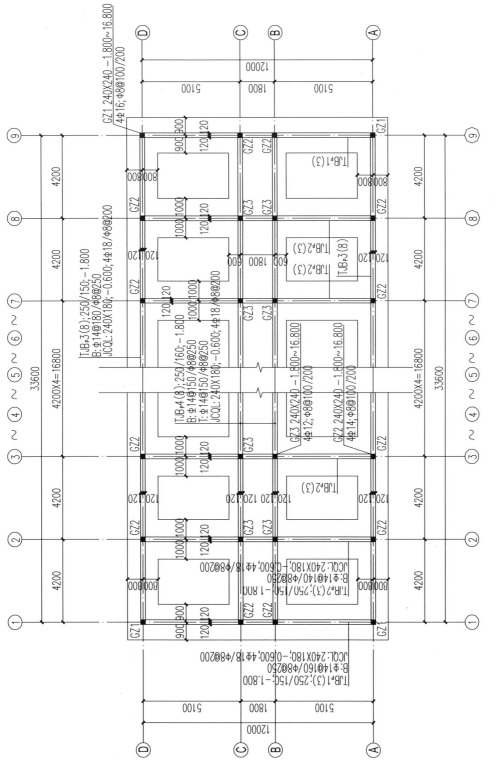

图4-59 某教学楼基础平面布置图

交接区分布钢筋长度在Ⓐ~Ⓑ、Ⓒ~Ⓓ各轴线之间的长度均为：
$$5100 - 1600/2 - 600 + 2 \times 40 + 2 \times 150 = 4080 \text{mm}，共有 4 根$$

3. Ⓑ、Ⓒ轴双墙基础 TJB_p4（8）的钢筋计算

（1）底板受力钢筋

底板受力钢筋长度：l = 底板边长 -2 倍保护层厚度
$$= 3000 - 2 \times 40 = 2920 \text{mm}$$

排布范围：L = 总长 $-2\min(75,180/2) = 33600 - 2 \times 1800/2 + 2 \times 1800/4 - 2 \times 75$
$$= 32550 \text{mm}$$

受力钢筋根数：$n = \dfrac{L}{@} + 1 = \dfrac{32550}{150} + 1$ 取整数 $= 219$ 根

（2）底板分布钢筋

底板贯通分布钢筋长度：$33600 - 2 \times 1800/2 + 2 \times 40 + 2 \times 150 = 32180 \text{mm}$

分布钢筋根数：$n = \dfrac{L}{@} + 1 = \dfrac{3000 - 2\min(75,250/2)}{250} + 1$ 取整数 $= 13$ 根

分布钢筋实际间距 $(3000 - 150)/(14 - 1) = 237.50 \text{mm}$

正交方向②~⑧轴 TJB_p2（3）底板受力钢筋伸入Ⓑ、Ⓑ轴 TJB_p4（8）的范围：
$$600/2 = 300 \text{mm}$$

与正交方向②~⑧轴 TJB_p2（3）底板受力钢筋搭接 150mm 的Ⓑ、Ⓒ轴 TJB_p4（7）分布钢筋根数为：
$$n = \dfrac{L}{@} + 1 = \dfrac{300 - 75}{237.5} + 1 \text{ 取整数} = 2 \text{ 根}$$

则底板贯通分布钢筋共有 11 根，长度分别为 32180mm。

交接区分布钢筋长度在①~②和⑧~⑨轴之间的长度为：
$$4200 - 1800/2 - 2000/2 + 2 \times 40 + 2 \times 150 = 2680 \text{mm}，共有 4 根。$$

交接区分布钢筋长度在②~⑧各相邻轴线之间的长度均为：
$$4200 - 2000/2 - 2000/2 + 2 \times 40 + 2 \times 150 = 2580 \text{mm}，共有 14 根$$

（3）双墙基础底板上部钢筋长度：

底板上部受力钢筋

底板上部受力钢筋长度：$1800 + 2 \times 240/2 + 2 \times 50 = 2140 \text{mm}$

顶部分布钢筋长度：
$$33600 - 2 \times 1800/2 + 2 \times 40 + 2 \times 150 = 32180 \text{mm}$$

分布钢筋根数：
$$n = \dfrac{L}{@} + 1 = \dfrac{1800 - 2 \times 120 - 2 \times 75}{250} + 1 \text{ 取整数} = 7 \text{ 根}$$

4. ②~⑧轴 7 道 TJB_p2（3）钢筋计算，以②轴为例计算

（1）底板受力钢筋

底板受力钢筋长度：l = 底板边长 -2 倍保护层厚度
$$= 2000 - 2 \times 40 = 1920 \text{mm}$$

Ⓒ~Ⓓ轴之间排布范围：

$L = 总长 - 2\min(75, 160/2) = 5100 - 1600/2 - 600 + 1600/4 + 600/2 - 2 \times 75$
$= 4300 \text{mm}$

Ⓒ~Ⓓ轴之间受力钢筋根数：$n = \dfrac{L}{@} + 1 = \dfrac{4300}{140} + 1$ 取整数 = 33 根

Ⓐ~Ⓓ轴之间受力钢筋共有 $33 \times 2 = 66$ 根，长度分别为 1950mm。

（2）底板分布钢筋

底板分布钢筋长度：$5100 - 1600/2 - 600/2 + 2 \times 40 + 2 \times 150 = 4080 \text{mm}$

Ⓒ~Ⓓ轴之间分布钢筋根数：

$$n = \dfrac{L}{@} + 1 = \dfrac{2000 - 2\min(75, 250/2)}{250} + 1 \text{ 取整数} = 9 \text{ 根}$$

Ⓐ~Ⓓ轴之间分布钢筋共有 $9 \times 2 = 18$ 根。

该工程的钢筋配料单见表 4-20。

钢筋配料单　　　　　　　　　表 4-20

构件名称	基础编号	简图	直径 (mm)	钢号	长度 (mm)	单位根数	合计根数
某办公楼条形基础	ⒶⒹ轴 TJB_P 16 (8)	1520	14	Φ	1520	197	394
		32180	8	φ	32180	5	10
		2680	8	φ	2680	4	8
		2580	8	φ	2580	14	84
	ⒷⒸ轴 TJB_P 17 (8)	2920	14	Φ	2920	219	219
		32180	8	φ	32180	11	11
		2680	8	φ	2680	4	4
		2580	8	φ	2580	14	84
	①⑨轴 TJB_P 18 (3)	1720	14	Φ	1720	86	152
		10780	8	φ	10780	6	12
		4080	8	φ	4080	4	8
	②~⑧轴 TJB_P 19 (3)	1920	14	Φ	1920	66	462
		4080	8	φ	4080	18	126

提　示

在实际工程计算中，外墙的条形基础计算只有一种计算方案，即拉通外墙基础，打断内墙基础。而内墙的计算有两种方案，一种方案是拉通纵墙条形基础打断横墙条形基础，本例题即是采用此方案；另一个方案是拉通横墙条形基础打断纵墙条形基。

请读者自己结合本题按照第二种方案计算并从经济角度进行对比。

4.2.1.2 基础梁平法标注及施工构造

1. 基础梁平面注写方式

基础梁是指在墙下或柱下条形基础中的梁,也称为肋梁,如图4-48中的肋梁。该梁由于承受地基反力作用,与上部结构的楼层梁相比也称为"反梁"。

基础梁的平面注写方式分为集中标注和原位标注,其具体标注详见表4-21所示。

基础梁平面注写方式   表4-21

类别	数据项	注写形式	表达内容	示例及备注
集中标注	梁编号	JLxx(xx) JLxx(xA) JLxx(xB)	代号、序号、跨数及外伸状况	JL1(3) JL2(2A) 一端外伸 JL3(3B) 两端外伸
	截面尺寸	$b \times h$,$b \times h$ $Yc_1 \times c_2$,	梁宽×梁高,加腋用 $Yc_1 \times c_2$,c_1 为腋长,c_2 为腋高	若外伸端部变截面,在原位注写 $b \times h_1/h_2$,h_1 为根部高度,h_2 为尽端高度
	箍筋	xxϕxx@xxx/ xxx(x)	箍筋道数、钢筋级别、直径、第一种间距/第二种间距、肢数	11ϕ12@150/200(4) 两种间距 8ϕ16@100/10ϕ12@150/200(6) 三种间距
	纵向钢筋	B:xΦxx; T:xΦxx	底部(B)、顶部(T)贯通纵筋根数、钢筋级别、根数	B:4Φ25;T:4Φ20 B:8Φ25 6/2;T:4Φ20
	侧面构造钢筋	G xϕxx	梁两侧面对称布置纵向钢筋总根数	当梁腹板高度大于450mm时设置拉筋直接为8mm,间距为箍筋间距的2倍。G4Φ12 两侧各两根
	梁底标高差	(x,xxx)	梁底面相对于基准标高的高差	
	必要文字说明			
原位标注	支座区域底部钢筋	xΦxx	包括贯通筋和非贯通筋在内的全部纵筋	多于一排用/分隔,同排中有两种直径用+连接
	附加箍筋及反扣筋	xΦxx(x)	附加箍筋总根数、钢筋级别、直径(肢数)	两向基础梁十字交叉,但交叉位置无柱时,直接在刚度较大的基础梁上标注总配筋值(肢数在括号中);多数相同时可以集中说明
	外伸部位变截面高度	若外伸端部变截面,在原位注写 $b \times h_1/h_2$,h_1 为根部高度,h_2 为尽端高度		
	原位注写修正内容	当集中标注某项内容不适用于某跨或外伸部分时,原为注写,施工时原位标注优先		

2. 施工构造

(1) 基础梁上部贯通钢筋能通则通,不能满足钢筋足尺要求时,可在距柱根1/4跨度($l_0/4$)范围内采用搭接连接、机械连接或对焊连接,同一连接区段内接头面积不应大于50%,当钢筋长度可以穿过一连接区到下一连接区并满足连接要求时,宜穿越通过,如图4-60(图集06G101-6 P51)所示。

（2）基础梁下部贯通钢筋能通则通，不能满足钢筋足尺要求时，可在跨中 1/3（$l_0/3$）范围内采用搭接连接、机械连接或对焊连接。同一连接区段内接头面积不应大于 50%，当钢筋长度可以穿过一连接区到下一连接区并满足连接要求时，宜穿越通过。

跨度是指两相邻柱轴线之间的中心距离。计算时，对于边跨取边跨中心跨度值 l_0，对中间跨，取左跨 l_{0i} 和右跨 l_{0i+1} 的较大值，即 $l_0 = \max（l_{0i}、l_{0i+1}）$，如图 4-60 所示。当底部贯通纵筋经原位注写修正出现两种不同配置的底部贯通纵筋时，配置较大一跨的底部贯通纵筋须延伸至毗邻跨的跨中连接区域。

（3）基础梁支座下部非贯通钢筋不多于两排时，其向跨内的延伸长度自支座中心算起取 $l_0/3$。第三排非贯通钢筋向跨内的延伸长度由设计者注明，如图 4-60 所示。

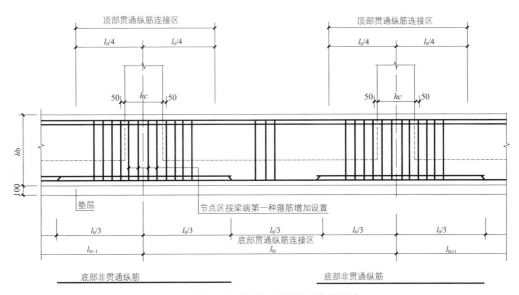

图 4-60 基础梁纵向钢筋与箍筋构造

（4）基础梁箍筋自柱边 50mm 处开始布置，在梁柱节点区中的箍筋按照梁端第一种箍筋增加设置（不计入总道数）。在两向基础梁相交位置，无论该位置上有无框架柱，均有一向截面较高的基础梁箍筋贯通设置，当两向基础梁等高时，则选择跨度较小的基础梁箍筋贯通设置，当两向基础梁等高且跨度相同时，则任选一向基础梁的箍筋贯通设置。

（5）基础梁宽度一般比柱截面宽至少 100mm（每边至少 50mm）。当具体设计不满足以上要求时，施工时按照图 4-61（图集 06G101-6 P53）规定增设梁包柱侧腋。

（6）基础梁端部与外伸部位钢筋构造见图 4-62（图集 06G101-6 P52）。端部有外伸时，悬挑梁上部第一排钢筋伸至端部并向下做 90°弯钩，弯钩长度为 $12d$（d 为钢筋直径），第二排钢筋自边柱内缘向外伸部位延伸锚固长度 l_a。悬挑梁下部第一排钢筋伸至端部并向上做 90°弯钩，弯钩长度为 $12d$，第二排钢筋伸至梁端部。悬挑梁部位

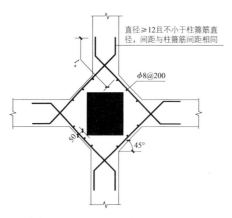

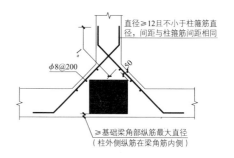

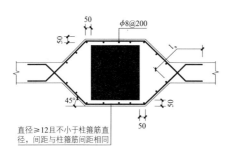

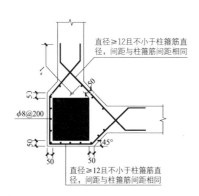

图 4-61 梁包柱侧腋构造

箍筋按照第一种箍筋设置。

当基础梁端部无外伸时，基础梁钢筋伸入梁包柱侧腋中，上部钢筋伸至梁端部且不小于 $0.4l_a$，并向下做 $90°$ 弯钩，弯钩长度为 $12d$；下部钢筋伸至梁端部且不小于 $0.4l_a$，并向上做 $90°$ 弯钩，弯钩长度为 $15d$。

(7) 原位标注的附加箍筋和附加吊筋构造如图 4-63（图集 06G101-6 P56）所示。

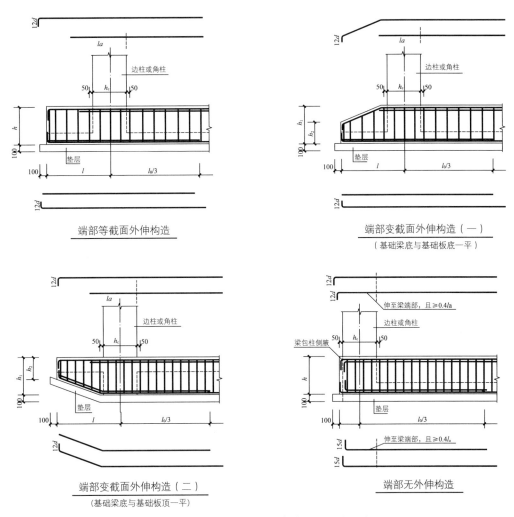

图 4-62 基础梁端部与外伸部位钢筋构造

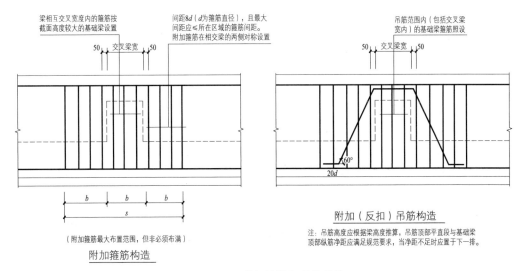

图 4-63 附加箍筋和吊筋构造

(8) 构造钢筋设置十字相交的基础梁,侧面构造钢筋锚入梁包柱侧腋或交叉梁内 15d,丁字相交的基础梁当相交位置无柱时,横梁外侧的构造纵筋应贯通,横梁内侧的构造钢筋锚入交叉梁内 15d,如图 4-64(图集 06G101-6 P57)。

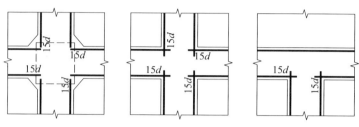

图 4-64 侧面构造钢筋构造

提 示

梁的侧面纵向钢筋俗称"腰筋",包括侧面构造钢筋和侧面抗扭钢筋。侧面纵向钢筋由设计人员设计。有构造钢筋必然会有拉筋。拉筋在设计图中一般不进行设计,施工时按照图集要求施工。

相关知识

(1) 构造钢筋之间的拉筋直径为 8mm,间距为箍筋间距的 2 倍,呈梅花状布置。

(2) 拉筋紧靠纵向钢筋并勾住箍筋,拉筋弯钩角度为 135°,弯钩平直段长度为 10d 和 75mm 中的最大值。

(9) 梁底、梁顶有高差以及柱两边梁宽不同时的钢筋相关构造详见图集(06G101-6),这里不再叙述。

【工程案例 4-7】 图 4-65 为某工程基础梁,梁底设垫层,垫层混凝土等级为 C15,基础梁和框架柱混凝土强度等级均为 C30,框架柱子截面尺寸为 400mm ×

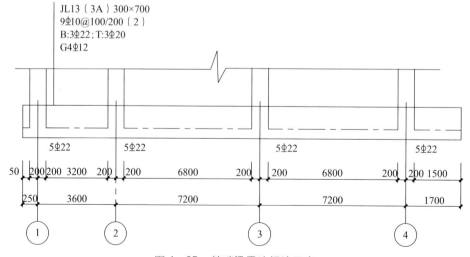

图 4-65 基础梁平法标注示意

400mm，设基础梁保护层厚度为30mm，结合施工构造计算基础梁钢筋下料长度。

解： 1. 按照基础梁平法标注以及施工构造，画出基础梁的纵向钢筋模拟初步放样如图4-66所示。

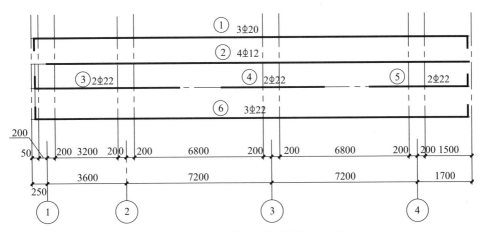

图4-66 基础梁纵向钢筋模拟初步放样

2. 梁纵筋下料长度计算

外伸梁上部纵筋弯钩长度：$12d = 12 \times 20 = 240$mm

外伸梁下部纵筋弯钩长度：$12d = 12 \times 22 = 264$mm

无外伸端部上部纵筋弯钩长度：$12d = 12 \times 20 = 240$mm

无外伸端部下部纵筋弯钩长度：$15d = 15 \times 20 = 300$mm

构造钢筋支座锚固：$15d = 15 \times 12 = 180$mm（图中简化计算未按跨进行计算）

下部纵筋支座锚固长度：C30，$d = 22$，查表 $l_a = 30d = 30 \times 22 = 660$mm

①轴线处：3600/3 = 1200mm，

②轴线处：max（3600，7200）/3 = 2400mm

③轴线处：7200/3 = 2400mm

④轴线处：左边 7200/3 = 2400mm；右边按照外伸长度计算：1700 − 30 = 1670mm

①号纵向钢筋下料长度：$250 - 30 + 3600 + 7200 + 7200 + 1500 - 30 + 240 + 240 - 4 \times 20 = 20090$mm

②号纵向钢筋下料长度（简化计算按照通长考虑）：
$$180 + (3600 - 200) + 7200 + 7200 + 1500 - 30 = 19450 \text{mm}$$

③号纵向钢筋下料长度：$250 - 30 + 3600 + 2400 + 330 - 2 \times 22 = 6506$mm

④号纵向钢筋下料长度：$2400 + 2400 = 4800$mm

⑤号纵向钢筋下料长度：$2400 + 200 + 264 + 1500 - 30 - 2 \times 22 = 4290$mm

⑥号纵向钢筋下料长度：$250 - 30 + 3600 + 7200 + 7200 + 1500 - 30 + 330 + 264 - 4 \times 22 = 20196$mm

钢筋下料长度模拟放样如图4-67所示，钢筋配料单略。

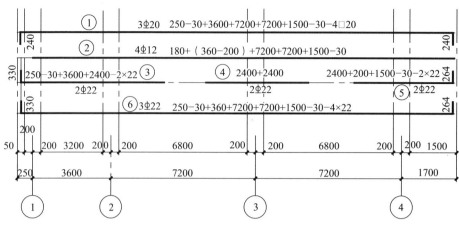

图4-67 基础梁纵向钢筋下料长度模拟放样

3. 箍筋计算

各跨箍筋是自柱边50mm起先布置9道直径10mm的HPB 235级箍筋,双肢箍,间距为100mm,9道密箍有8个空档,加密区长度为8×100mm=800mm,非加密区箍筋计算及箍筋汇总见表4-22。

箍筋计算汇总　　　　表4-22

序号	计算范围	计算公式	加密区箍筋根数	非加密区箍筋根数
1	①~②轴	$n = \dfrac{L}{@} - 1 = \dfrac{3600 - 200 - 200 - 50 \times 2 - 800 \times 2}{200} - 1$ 取整数 = 7 根	9×2=18	7
2	②~③轴 ③~④轴	$n = \dfrac{L}{@} - 1 = \dfrac{7200 - 200 - 200 - 50 \times 2 - 800 \times 2}{200} - 1$ 取整数 = 25 根	9×2=18	25×2=50
3	外伸部分	$n = \dfrac{L}{@} + 1 = \dfrac{1700 - 200 - 50 \times 2 - 30}{100} + 1$ 取整数 = 15 根		15
4	节点区	$n = \dfrac{L}{@} - 1 = \dfrac{400 + 50 \times 2}{100} - 1$ 取整数 = 4 根	4,共有4个节点区,箍筋总根数为16根	
	合　　计			124 根
5	箍筋长度	10×10>75mm　2×300+2×700-8×30+28×10=2040mm		

4.2.2 条形基础模板工程

4.2.2.1 木模板

条形基础模板一般由侧板、斜撑、平撑组成侧板可用长条木板加钉竖向木档拼制,也可用短条木板加横向木档拼成斜撑和平撑钉在木桩(或垫木)与木档之间(图4-68)。

(1)条形基础模板安装时,先在基槽底弹出基础边线,再把侧板对准边线垂直竖立,同时用水平尺校正侧板顶面水平,无误后,用斜撑和平撑钉牢。如基础较长,则

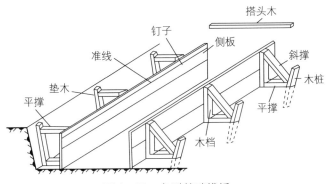

图 4-68 条形基础模板

先立基础两端的两块侧板，校正后，再在侧板上口拉通线、依照通线再立中间的侧板。当侧板高度大于基础台阶高度时，可在侧板内侧按台阶高度弹准线，并每隔 2m 左右在准线上钉圆钉，作为浇筑混凝土的标志。为了防止浇筑时模板变形，保证基础宽度的准确，应每隔一定距离在侧板上口钉上搭头木。

(2) 带有地梁的条形基础，轿杠布置在侧板上口，用斜撑、吊木将侧板吊在轿杠上。在基槽两边铺设通长的垫板，将轿杠两端搁置在其上，并加垫木楔，以便调整侧板标高（图 4-69）。

安装时，先按前述方法将基槽中的下部模板安装好，拼好地梁侧板，外侧钉上吊木（间距 800～1200mm），将侧板放入基槽内。在基槽两边地面上铺好垫板，把轿杠搁置于垫板上，并在两端垫上木楔。将地梁边线引到轿杠上，拉上通线，再按通线将侧板吊木逐个钉在轿杠上，用线坠校正侧板的垂直，再用斜撑固定，最后用木楔调整侧板上口标高。

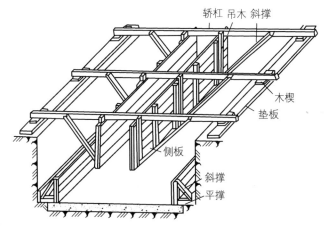

图 4-69 有地梁的条形基础模板

4.2.2.2 组合钢模板

条形基础模板两边侧模，一般可横向配置，模板下端外侧用通长横楞连固，并与预先埋设的锚固件楔紧。竖楞用 $\phi 48 \times 3.5$mm 钢管，用 U 形钩与模板固连。竖楞上端可对拉固定（图 4-70a）。

模板安装根据基础边线就地拼模板。将基槽土壁修正后用短木方将钢模板支撑在土壁上。然后在基槽两侧地坪上打入钢管锚固桩，将钢管吊架，使吊架保持水平，用线锤将基础中心引测到水平杆上，按中心线安装模板，用钢管、扣件将模板固定在吊架上，用支撑拉紧模板（图 4-70b），也可用工具式梁卡支模（图 4-70c）。

阶形基础，可分次支模。当基础大放脚不厚时，可采用斜撑（图4-70b）；当基础大放脚较厚时，应按计算设置对拉螺栓（图4-70c），上部模板可用工具式梁卡固定，亦可用钢管吊架固定。

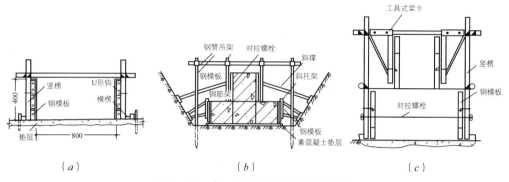

图4-70 条（阶）形基础支撑示意图
(a) 竖楞上端对拉固定；(b) 斜撑；(c) 对拉螺栓

4.2.3 条形基础混凝土工程

4.2.3.1 施工工艺

浇筑前准备工作→混凝土浇筑→混凝土振捣→表面修正→混凝土养护

4.2.3.2 施工要点

（1）浇筑前，应根据混凝土基础顶面的标高在两侧木模上弹出标高线；如采用原槽土模时，应在基槽两侧的土壁上交错打入长10cm左右的标杆，并露出2~3cm，标杆面与基础顶面标高平，标杆之间距离约3m左右。

（2）清除垫层上浮土、杂物、木屑等排除积水；检查垫块设置是否正确，板缝是否漏浆，模板支撑是否牢固，木模浇筑前可先浇水湿润。

（3）根据基础深度分段分层连续浇筑混凝土，一般不设施工缝。各段、层间应相互衔接，每段间浇筑长度控制在2~3m距离，做到逐段逐层呈阶梯形推进。

（4）混凝土振捣采用交错式为宜，浇筑时"快插快拔"，浇筑完后拍平压实抹光并做好养护。

4.3 筏形基础工程施工

学习目标

1. 掌握筏形基础平法标注及施工构造相关知识

2. 掌握基础主梁、基础次梁、基础平板等平法标注及施工构造
3. 掌握梁板式筏形基础基础平板、基础主梁、基础次梁等钢筋下料长度计算
4. 掌握筏形基础钢筋工程施工要点
5. 掌握筏形基础模板工程施工要点
6. 掌握筏形基础混凝土工程施工要点
7. 掌握大体积混凝土裂缝防止措施

关键概念

基础主梁、基础次梁、基础平板、"高板位"、"低板位"、"中板位"、全面分层、分段分层、斜面分层

4.3.1 筏形基础图纸交底

多层和高层建筑，当采用条形基础不能满足建筑上部结构的容许变形和地基承载力时，或当建筑物要求基础具有足够刚度以调节不均匀下沉时，采用筏形基础。

筏形基础像一个倒置的楼盖，又称为满堂基础。筏形基础分为板式和梁板式两大类，如图 4 - 71。它广泛用于地基承载能力差，荷载较大的多层或高层住宅、办公楼等民用建筑。本部分仅介绍梁板式筏形基础。

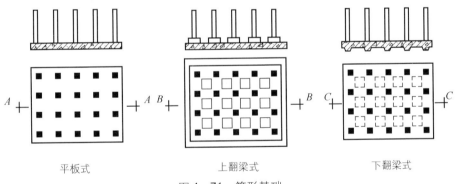

图 4 - 71 筏形基础

4.3.1.1 筏形基础有关构造

(1) 平板式筏板基础的板厚不应小于 400mm。梁板式筏板基础的筏板厚度不宜小于 200mm，对 12 层以上建筑的梁板式筏基底板厚度不应小于 400mm。梁截面尺寸按照计算确定，梁宽不小于 250mm，梁高不宜小于平均柱距的 1/6。梁高出底板顶面的厚度不小于 300mm。筏板悬挑墙外长度从轴线算起，横向不宜大于 1500mm，纵向不宜大于 1000mm。

(2) 筏形基础一般采用双向钢筋网片配置在板的顶面和底面。钢筋间距不应小于 150mm，宜为 200~300mm，受力钢筋直径不宜小于 12mm。平板式的筏板，当筏板的厚度大于 2000mm 时，宜在板厚中间部位设置直径不小于 12mm、间距不大于 300mm 的双向钢筋网。

(3) 筏形基础的混凝土强度等级不应低于 C30。当采用防水混凝土，防水混凝土的抗渗等级不应小于 0.6MPa。

4.3.1.2 梁板式筏形基础平法表达

梁板式筏形基础由基础主梁（JZL）、基础次梁（JCL）、基础平板（LPB）三种构件组成如图 4-72。

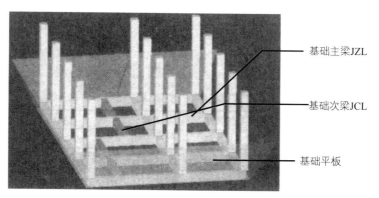

图 4-72 梁板式筏形基础组成

梁板式筏形基础根据梁底和基础板底的位置关系分为"高板位"（梁顶与板顶一平）、"低板位"（梁底与板底一平）以及"中板位"（板在梁的中部）三种类型，如图 4-73 所示。

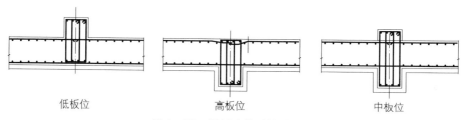

图 4-73 梁板式筏形基础类型

1. 基础主梁、基础次梁平法标注和施工构造

（1）基础主梁、基础次梁平法标注

基础梁主梁、基础次梁的平面注写方式分为集中标注和原位标注。它们的标注除编号不同外基本相同，具体标注详见表 4-23。

基础主梁、基础次梁平面注写方式 表 4-23

类别	数据项	注写形式	表达内容	示例及备注
集中标注	梁编号	JZL（或 JCL）xx（xx） JZL（或 JCL）xx（xA） JZL（或 JCL）xx（xB）	代号、序号、跨数及外伸状况	JZL1（3）基础主梁1，3 跨 JCL2（2A）基础次梁2，2 跨一端外伸 JZL3（3B）基础主梁3，3 跨两端外伸
	截面尺寸	$b \times h$，$b \times h$ $Yc_1 \times c_2$，	梁宽×梁高，加腋用 $Yc_1 \times c_2$，c_1 为腋长，c_2 为腋高	若外伸端部变截面，在原位注写 $b \times h_1 / h_2$，h_1 为根部高度，h_2 为尽端高度

续表

类别	数据项	注写形式	表达内容	示例及备注
集中标注	箍筋	xxφx@xxx/xxx(x)	箍筋道数、钢筋级别、直径、第一种间距/第二种间距、肢数	11φ12@150@200（4）两种间距 9φ16@100/10φ16@150/φ16@200（6）三种间距，均为6肢箍
	纵向钢筋	B: xΦxx; T: xΦxx	底部（B）、顶部（T）贯通纵筋根数、钢筋级别、根数	B: 4Φ25；T: 4Φ20 B: 8Φ25 6/2；T: 4Φ20
	侧面构造钢筋	GxΦxx	梁两侧面对称布置纵向钢筋总根数	当梁腹板高度大于450mm时设置拉筋直接为8mm，间距为箍筋间距的2倍。G8Φ16两侧各四根 G6Φ16+4Φ16，腹板较高一侧6根，另一侧4根
	梁底标高差	(x, xxx)	梁底面相对于筏形基础平板底面标高的高差值	
			必要文字说明	
原位标注	基础主梁柱下或基础次梁支座区域底部钢筋	xΦxx	包括贯通筋和非贯通筋在内的全部纵筋	多于一排用/分隔，同排中有两种直径用+连接
	附加箍筋及反扣筋	xΦxx(x)	附加箍筋总根数、钢筋级别、直径（肢数）	基础主次梁交叉时，在基础主梁上标注总配筋值（肢数在括号中）；多数相同时可以集中说明

（2）基础主梁施工构造

1）基础主梁上部贯通钢筋能通则通，不能满足钢筋足尺要求时，可在距柱根1/4跨度（$l_0/4$）范围内采用搭接连接、机械连接或对焊连接，同一连接区段内接头面积不应大于50%，当钢筋长度可以穿过一连接区到下一连接区并满足连接要求时，宜穿越通过，如图4-74（筏形基础04G101-3 P28）所示。

2）基础主梁下部贯通钢筋能通则通，不能满足钢筋定尺要求时，可在跨中1/3（$l_0/3$）范围内采用搭接连接、机械连接或对焊连接。同一连接区段内接头面积不应大于50%，当钢筋长度可以穿过一连接区到下一连接区并满足连接要求时，宜穿越通过。

跨度是指两相邻柱轴线之间的中心距离。计算时，对于边跨取边跨中心跨度值l_0，对中间跨，取左跨l_{0i}和右跨l_{0i+1}的较大值，即$l_0 = \max(l_{0i}、l_{0i+1})$，如图4-74所示。当底部贯通纵筋经原位注写修正出现两种不同配置的底部贯通纵筋时，配置较大一跨的底部贯通纵筋须延伸至毗邻跨的跨中连接区域。

3）基础主梁支座下部非贯通钢筋不多于两排时，其向跨内的延伸长度自柱中心算起取$\max(l_0/3、a=1.2l_a+h_b+0.5h_c)$，$h_b$其中为基础主梁截面高度，$h_c$为沿基础梁跨度方向的柱截面高度，如图4-74所示。

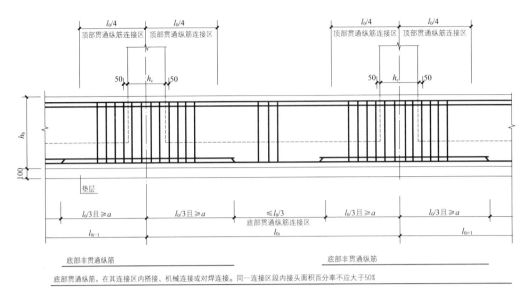

图 4-74 基础主梁纵向钢筋与箍筋构造
(节点区箍筋按第一种箍筋设置)

4) 基础主梁箍筋自柱边 50mm 处开始布置,在梁柱节点区中的箍筋按照梁端第一种箍筋增加设置 (不计入总道数)。当纵筋采用搭接连接时,在受拉搭接区域的箍筋间距不应大于搭接钢筋较小直径的 5 倍,且不应大于 100mm,在受压搭接区域的箍筋间距不应大于搭接钢筋较小直径的 10 倍,且不应大于 200mm。

在两向基础梁相交位置,截面较高的基础梁箍筋贯通设置,当两向基础梁等高时,则选择跨度较小的基础梁箍筋贯通设置,当两向基础梁等高且跨度相同时,则任选一向基础梁的箍筋贯通设置。

5) 基础主梁端部与外伸部位钢筋构造见图 4-75 (筏形基础 04G101-3 P29)。端部有外伸时,悬挑梁上部第一排钢筋伸至端部并向下做 90°弯钩,弯钩长度为 12d (d 为钢筋直径),第二排钢筋自边柱内缘伸至边柱外缘并向下做 90°弯钩,弯钩长度为 12d。悬挑梁下部第一排钢筋伸至端部并向上做 90°弯钩,弯钩长度为 12d,第二排钢筋伸至梁端部。悬挑梁部位箍筋按照第一种箍筋设置。

当基础主梁端部无外伸时,基础梁钢筋伸入梁包柱侧腋中,基础梁底部与顶部纵筋成对连通设置 (可采用通长钢筋或将底部与顶部钢筋对焊连接后弯折成型),成对连通后,底部或顶部多出的钢筋伸至梁端部,做 90°弯钩 (底部上弯,顶部下弯),弯钩长度为 15d。

6) 基础主梁宽度一般比柱截面宽至少 100mm (每边至少 50mm)。当具体设计不满足以上要求时,施工时按照图 4-61 (筏形基础 04G101-3 P31) 规定增设梁包柱侧腋。

7) 原位标注的附加箍筋和附加吊筋构造以及梁侧面构造钢筋构造要求同条形基础中的基础梁,这里不再重复。

8) 基础主梁梁底、梁顶有高差以及柱两边梁宽不同时的钢筋相关构造详见图集

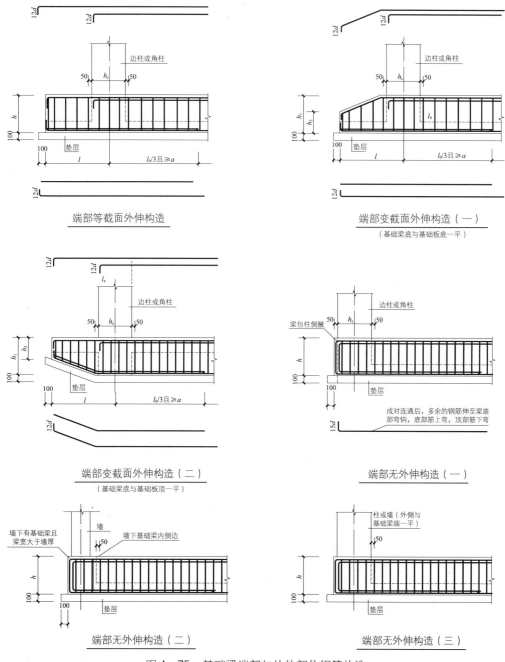

图 4-75 基础梁端部与外伸部位钢筋构造

04G101-3 P30，这里不再叙述。

【工程案例 4-8】图 4-76 所示为某梁板式筏形基础布置图，基础的工程室内外高差 0.45m，基础筏板埋深 -1.600m，筏板厚度为 300mm，筏板基础的混凝土强度等级为 C30。筏板侧边设置一道 HRB235 级直径 12mm 的通长构造钢筋，框架柱截面尺寸为 600mm×600mm，设柱保护层厚度为 30mm。试根据图中平法标注信息以及施工构造计算 JZL3（5B）钢筋下料长度。

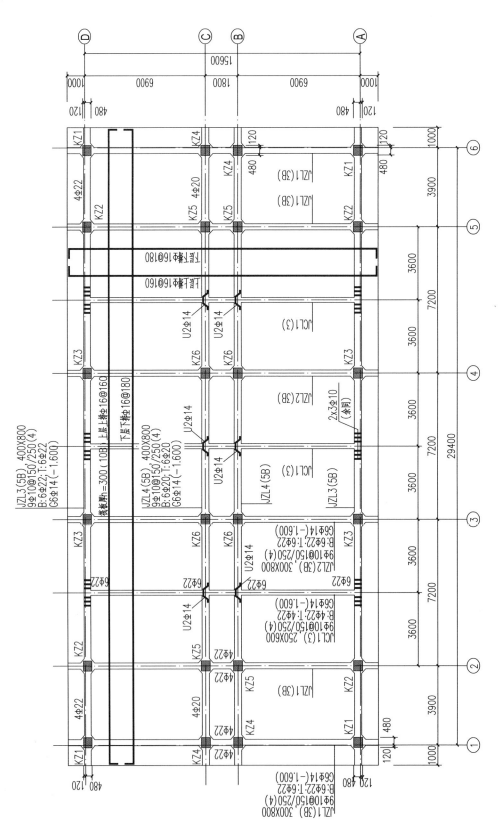

图4-76 梁板式筏形基础布置图

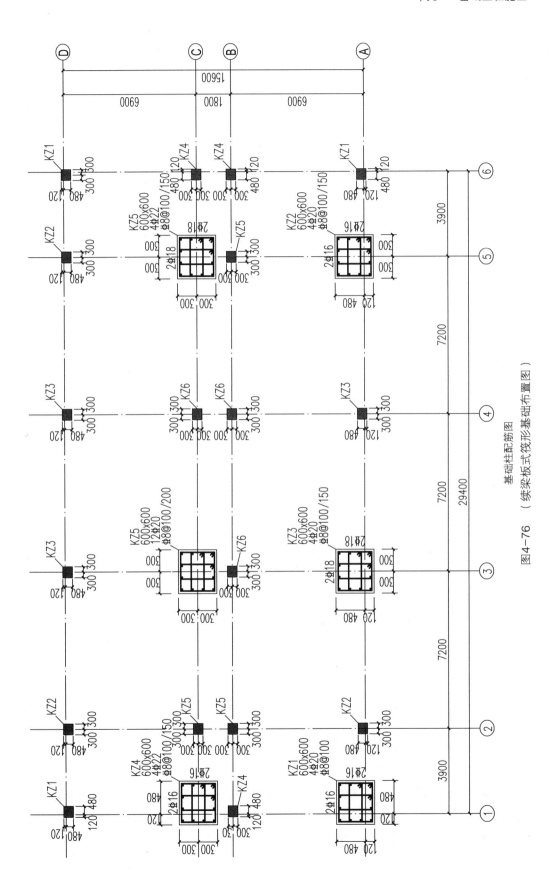

图4-76（续梁板式筏形基础布置图）

解：综合读图可以知道图中纵向Ⓐ轴和Ⓓ轴各有一道 JZL3（5B），Ⓑ轴和Ⓒ轴各有一道 JZL4（5B）。横向①轴和⑥轴各有一道 JZL1（3B），③轴和④轴各有1 道 JZL2（3B），此外②~③轴之间、③~④轴之间和④~⑤轴之间各有1 道 JCL1（3）。

1. 基础主梁纵筋下料长度计算

JZL3（5B）截面尺寸宽400mm、高800mm，5 跨，两端带外伸。结合平法读图和施工构造，梁底部、顶部纵筋以及侧面构造钢筋钢筋模拟放样见图 4 - 77，图中尺寸未计入量度差值。钢筋下料长度计算如下：

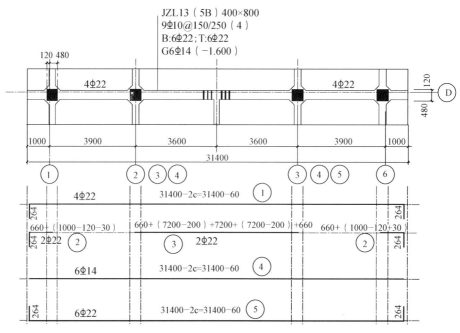

图 4 - 77 基础主梁3 钢筋下料长度模拟放样

外伸端弯钩长度：$12d = 12 \times 22 = 264$mm

中间支座锚固：C30，$d = 22$，查表 $l_a = 30d = 30 \times 22 = 660$mm

①、⑤号纵向钢筋下料长度：$31400 - 60 + 12 \times 22 + 12 \times 22 - 4 \times 22 = 31780$mm

②号纵向钢筋下料长度：$30 \times 22 + (1000 - 120 - 30) + 12 \times 22 - 22 = 1730$mm

③号纵向钢筋下料长度：$30 \times 22 + (7200 - 200) + 7200 + (7200 - 200) + 30 \times 22$
$= 28460$mm

④号纵向钢筋下料长度：$31400 - 2 \times 30 = 31340$mm

2. JZL3（5B）箍筋计算

各跨箍筋是自柱边50mm 起先布置9 道直径10mm 的 HRB 335 级钢筋的 4 肢箍，间距为150mm，9 道密箍有8 个空档，加密区长度为 8×150mm $= 1200$mm。非加密区箍筋计算汇及箍筋汇总见表 4 - 24。

箍筋计算汇总　　　　　　　　　　　　　　表 4-24

序号	计算范围	计算公式	加密区箍筋根数	非加密区箍筋根数
1	①~②轴 ⑤~⑥轴	$n = \dfrac{L}{@} - 1 = \dfrac{3900 - 480 - 300 - 50 \times 2 - 1200 \times 2}{250} - 1$ 取整数 = 2 根	$18 \times 2 = 36$	$2 \times 2 = 4$
2	②~③轴 ③~④轴 ④~⑤轴	$n = \dfrac{L}{@} - 1 = \dfrac{7200 - 300 - 300 - 50 \times 2 - 1200 \times 2}{250} - 1$ 取整数 = 16 根	$18 \times 3 = 54$	$16 \times 3 = 48$
3	外伸部分	$n = \dfrac{L}{@} + 1 = \dfrac{1000 - 120 - 50 \times 2 - 30}{150} + 1$ 取整数 = 6 根	6,两端外伸共 12 根	
4	节点区	$n = \dfrac{L}{@} - 1 = \dfrac{600 + 50 \times 2}{150} - 1$ 取整数 = 4 根	4,共有 6 根柱子,箍筋总根数为 24 根	
	合　计		178 根	
5	箍筋长度	大箍长度($10 \times 10 > 75\text{mm}$):$2 \times 400 + 2 \times 800 - 8 \times 30 + 28 \times 10 = 2440\text{mm}$ 小箍长度:$2440 - \left(\dfrac{400 - 30 \times 2 - 6 \times 22}{5} \times 4 + 4 \times 22\right) \times 2 = 1931\text{mm}$		

3. JZL3(5B)与柱结合部位侧腋构造钢筋的计算(图 4-78)

柱子截面 600mm × 600mm,左右梁宽 400mm,上下梁宽 300mm,侧腋距柱角 50mm。

(1)侧腋水平筋

每边侧腋净长度为:

$$(100 + 150 + 50\sqrt{2})\sqrt{2} = 454\text{mm}$$

自侧腋八字倒角起锚入梁内 l_a,C30,HRB335 级钢筋。

$$l_a = 30d = 30 \times 12 = 420\text{mm}$$

单根侧腋水平筋长度:

$$454 + 2 \times 420 = 1294\text{mm}$$

筏板厚度内不设,则需要的根数:

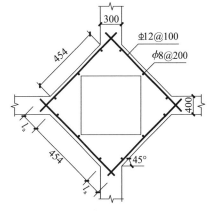

图 4-78　侧腋构造

$$n = \frac{L}{@} + 1 = \frac{800 - 30 - 300}{100} + 1 \text{ 取整数} = 6 \text{ 根}$$

有 4 条边,共有 $4 \times 6 = 24$ 根,6 根柱子就需要 144 根。

(2)侧腋竖向钢筋

竖向钢筋根数:$n = \dfrac{L}{@} + 1 = \dfrac{454}{200} + 1$ 取整数 = 4 根

4 条边 16 根,6 根柱子需要 96 根。

竖向钢筋高度:

$$800 - 30 \times 2 + 80 \text{(下部水平段 } 10d\text{)} + 6.25 \times 8 \text{(顶部 } 180° \text{ 弯钩)}$$
$$- 2 \times 8 = 854\text{mm}$$

(3) 基础次梁施工构造

基础次梁是以基础主梁为支座的梁，与基础主梁相比有许多相似的地方。

1) 基础次梁上部贯通钢筋按跨布置，满足钢筋足尺要求时能通则通，不能满足钢筋定尺要求时，可在支座（基础主梁）内断开。伸入支座（主梁）的锚固值为 max ($12d$，主梁宽/2)，如图 4-79（筏形基础 04G101-3 P36）所示。

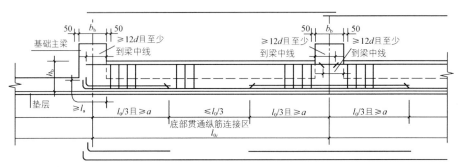

图 4-79 基础次梁纵向钢筋与箍筋构造

2) 基础次梁下部贯通钢筋能通则通，不能满足钢筋足尺要求时，可在跨中 1/3 ($l_0/3$) 范围内采用搭接连接、机械连接或对焊连接。这里所指跨度是指两相邻基础主梁轴线之间的中心距离，计算时，对于边跨取边跨中心跨度值 l_0，对中间跨，取左跨 l_{0i} 和右跨 l_{0i+1} 的较大值，即 $l_0 = \max(l_{0i}、l_{0i+1})$。边跨端部底部钢筋直锚长度不小于 l_a，可不设弯钩，如图 4-79 所示。

3) 基础次梁支座下部非贯通钢筋不多于两排时，其向跨内的延伸长度自支座中心算起取 $\max(l_0/3, a = 1.2l_a + h_b + 0.5b_b)$，其中 h_b 为基础次梁截面高度，b_b 为基础次梁支座的基础主梁宽度。第三排非通钢筋向跨内的延伸长度由设计者注明，如图 4-79 所示。

4) 基础主梁端部与外伸部位钢筋构造见图 4-80（筏形基础 04G101-3 P36）。

5) 基础次梁梁底、梁顶有高差以及支座两边梁宽不同时的钢筋相关构造详见图集 04G101-3，这里不再叙述。

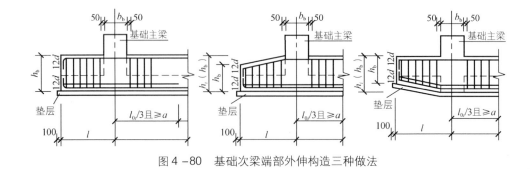

图 4-80 基础次梁端部外伸构造三种做法

【工程案例 4-9】已知条件同工程案例 4-8，试根据图中平法标注信息以及施工构造画出 JCL1（3）的钢筋下料长度。

解：1. 梁纵筋计算

上部纵筋支座锚固长度：$\max(12d, 0.5b_b) = \max(12 \times 22 = 264, 200)$
$= 264 \text{mm}$

构造钢筋支座锚固：$15d = 15 \times 14 = 210 \text{mm}$

下部纵筋支座锚固长度：C30，$d = 22$，查表 $l_a = 30d = 30 \times 22 = 660 \text{mm}$

下部非贯通纵筋从主梁中心线向跨内延伸长度为：

$\max(l_0/3, 1.2l_a + h_b + 0.5b_b) = \max((6900-180)/3, 1.2 \times 660 + 600 + 0.5 \times 400)$
$= \max(2240, 1592) = 2240 \text{mm}$

①号纵向钢筋下料长度：$264 + (6900 - 380) + 1800 + 264 = 8848 \text{mm}$

②号纵向钢筋下料长度：$264 + (6900 - 380 - 200) + 264 = 6848 \text{mm}$

③号纵向钢筋下料长度（简化计算按照通长考虑）：
$210 + (6900 - 380) + 1800 + (6900 - 380) + 210 = 15260 \text{mm}$

④号纵向钢筋下料长度：$660 + (2240 - 200) - 2 \times 22 = 2656 \text{mm}$

⑤号纵向钢筋下料长度：$2240 + 1800 + 2240 = 6280 \text{mm}$

⑥号纵向钢筋下料长度：$660 + (6900 - 380) + 1800 + (6900 - 380) + 660 - 4 \times 22 =$
16072mm 纵向钢筋模拟放样见图 4-81，钢筋配料单略。

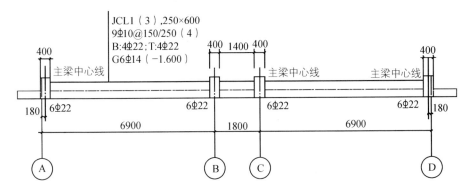

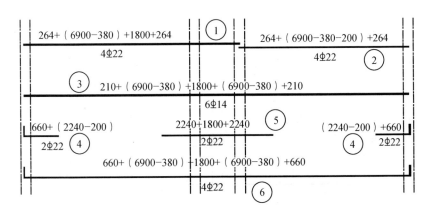

图 4-81 基础次梁纵筋钢筋模拟放样

2. 箍筋计算 各跨箍筋是自柱边 50mm 起先布置 9 道直径 10mm 的 HRB 335 级钢筋的 4 肢箍，间距为 150mm，9 道密箍有 8 个空档，加密区长度为 8×150mm = 1200mm。非加密区箍筋计算汇总见表 4-25。

箍筋计算汇总　　　　　表 4-25

序号	计算范围	计算公式	加密区箍筋根数	非加密区箍筋根数
1	Ⓐ~Ⓑ轴 Ⓒ~Ⓓ轴	$n = \dfrac{L}{@} - 1 = \dfrac{6900 - 380 - 200 - 50 \times 2 - 1200 \times 2}{250} - 1$ 取整数 = 15 根	$18 \times 2 = 36$	$15 \times 2 = 30$
2	Ⓑ~Ⓒ轴	按照加密区箍筋布置，根数为： $n = \dfrac{L}{@} - 1 = \dfrac{1800 - 400 - 50 \times 2}{150} - 1$ 取整数 = 8 根	8	
	合　计		74 根	
3	箍筋长度	大箍长度（$10 \times 10 > 75$mm）：$2 \times 250 + 2 \times 600 - 8 \times 30 + 28 \times 10 = 1740$mm 小箍长度：$1740 - \left(\dfrac{250 - 30 \times 2 - 4 \times 22}{3} \times 2 + 2 \times 22 \right) \times 2 = 1516$mm		

2. 梁板式筏形基础平板平法标注和施工构造

（1）基础平板平法标注

梁板式筏形基础平板 LPB 的平面注写，分板底部与顶部贯通纵筋的集中标注与板底部附加非贯通纵筋的原位标注两部分。基础平板集中标注和原位标注内容及注写形式见表 4-26。梁板式基础平板标注示意见图 4-82。

集中标注在所表达的板区双向均为第一跨（X 与 Y 向）的板上引出（从左至右为 X 向，从下至上为 Y 向）。在进行板区划分时，板厚度相同，底部贯通纵筋和顶部贯通纵筋配置相同时为一板区，否则为另一板区。基础平板的跨数是以构成柱网的主轴

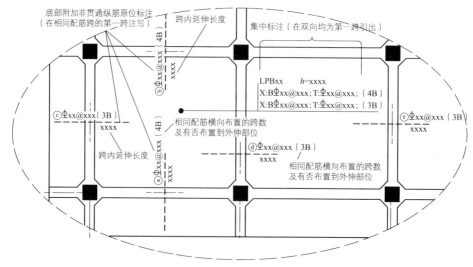

图 4-82　梁板式基础平板标注示意图

线为准,两主轴线之间无论有几道辅助轴线,均按一跨考虑。因此,所谓的"跨度"是相邻两道主轴线之间的距离,这与楼板的跨度计算不同。

梁板式筏形基础平板集中标注和原位标注　　　　　　　表 4-26

类别	注写形式	表达内容	示例及备注
集中标注	LPBxx	基础平板编号,包括代号与序号	LPB1 梁板式基础平板 1
	$h = xxx$	平板厚度	$h = 300$　基础平板厚度 300mm
	X：BΦxx@xxx; 　　TΦxx@xx; 　　(x, xA, xB) Y：BΦxx@xxx; 　　TΦxx@xxx; 　　(x, xA, xB)	X 向与 Y 向底部与顶部贯通纵筋强度等级、直径、间距(总长度:跨数及有无延伸) 用 B 标注板底部贯通纵筋,以 T 标注板顶部贯通纵筋	X：BΦ22@150; TΦ20@150; (5B) Y：BΦ20@200; TΦ18@200; (7A) 当贯通纵筋在跨内有两种不同间距时,先注写跨内两端的第一种间距,并在前面注写根数,再注写跨中第二种间距。如: X：B12Φ22@200/150; 　　T10Φ20@200/150; (5B)
原位标注	Φxx@xxx (x,xA,XB) 　　xxxx ——基础梁	底部附加非贯通纵筋强度等级、直径、间距(相同配筋横向布置的跨数及是否布置在外伸部位);自梁中心线分别向两边跨内的延伸长度值;当向两侧对称延伸时,仅在一侧注写延伸长度值;外伸部位一侧的延伸长度可以不标注	Φ10@200 (3B) 　　1500
	修正内容	某部位与原位标注不同的内容	原位标注优先
	在图中注明的其他内容	1. 当在基础平板周边侧面设置纵向构造钢筋时,应在图中注明; 2. 应注明基础平板边缘的封边方式与配筋; 3. 基础平板外伸部位变截面高度时,注明外伸部位 h_1(根部高度)/h_2(尽端高度); 4. 基础平板厚度大于 2m 时,注明在平板中部的水平构造钢筋; 5. 当在板中采用拉筋时,注明拉筋的配置及布置方式(双向或梅花双向); 6. 注明混凝土垫层厚度及强度等级; 7. 平板阳角部位设置放射筋时,注明放射筋强度、直径、根数、设置方式	

(2) 施工构造

1) 基础底板底部贯通钢筋与非贯通钢筋布置

隔一布一　当原位注写底部附加非贯通钢筋注写为Φ22@250;底部该跨范围集中标注的底部贯通纵筋为 BΦ22@250 (5) 时,施工时按照底部贯通纵筋与非贯通钢筋"隔一布一"的方式排布钢筋,见图 4-83 (a) 所示。

隔一布二　当原位注写底部附加非贯通钢筋注写为Φ20@100/200;底部该跨范围集中标注的底部贯通纵筋为 BΦ20@300 (3) 时,施工时按照底部贯通纵筋与非贯通钢筋"隔一布二"的方式排布钢筋,见图 4-83 (b)。

2) 基础平板 (LPB) 钢筋构造

梁板式筏形基础平板钢筋构造分为柱下区域和跨中区域两种部位构造。柱下区域构造见图 4-84 (04G101-3 P39),跨中区域钢筋构造见图 4-85 (04G101-3 P39)。

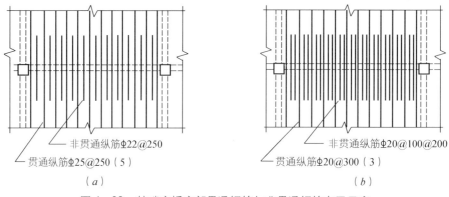

图 4-83 基础底板底部贯通钢筋与非贯通钢筋布置示意
(a) 隔一布一;(b) 隔一布二

其实,就基础平板的钢筋构造来看,这两个区域的顶部、底部贯通纵筋和非贯通纵筋构造是一样的。

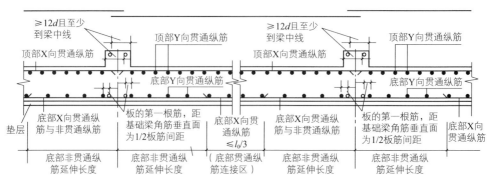

图 4-84 梁板式基础平板柱下区域钢筋构造

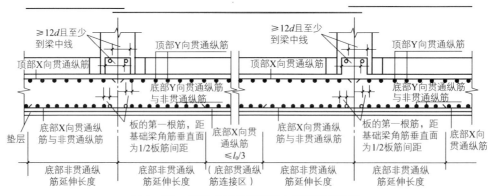

图 4-85 梁板式基础平板跨中区域钢筋构造

底部非贯通钢筋的延伸长度根据原位标注的延伸长度确定;底部贯通纵筋在基础平板内能通则通,不能满足钢筋定尺要求时,可在跨中底部纵筋连接区域(不大于 $l_a/3$)进行连接,当某跨底部贯通纵筋直径大于邻跨时,如果板底一平,则配置较大的板跨的底部贯通纵筋须越过板区分界线伸至毗邻板跨跨中连接区域连接。

顶部贯通纵筋按跨布置,两端伸至梁内长度为 max(12d,梁宽/2);基础平板底部和顶部第一根筋,从距梁角筋1/2板筋间距布置。

3)基础平板 LPB 端部与外伸部位钢筋构造(图4-86)(04G101-3 P40)

基础平板下部纵筋伸至外端,再弯直钩(详见封边构造)。上部纵筋(直筋)伸入边梁内的长度为 max(12d,边梁宽/2),另一端伸至外端,再弯直钩(详见封边构造)。

基础平板 LPB 端部无外伸构造见图4-87(04G101-3 P40)。当基础平板厚度大于2m时,在平板中部应增加一层双向构造钢筋,中层筋端部构造见图4-88(04G101-3 P40)。

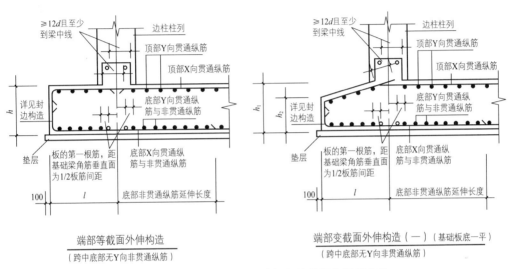

图4-86 基础平板 LPB 端部与外伸部位钢筋构造

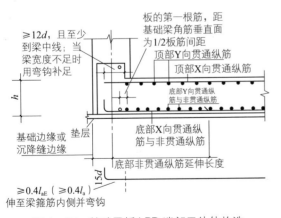

图4-87 基础平板 LPB 端部无外伸构造

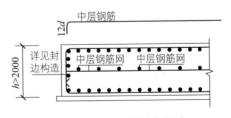

图4-88 中层筋端部构造

4)板封边构造

板封边构造有两种做法(图4-89a、b,04G101-3 P43):第一种纵筋弯钩交错封边方式,顶部钢筋向下弯钩,底部钢筋向上弯钩,两个弯钩交错150mm;第二种是U形筋封边构造,其中U形筋的高度等于板厚减去上下保护层厚度,U形筋两个直钩

为 $12d$，顶部和底部纵筋的均为 $12d$。当板边缘侧面无封边时，底部非贯通纵筋的端部向上弯钩为 $12d$，如图 4-89 (c)。

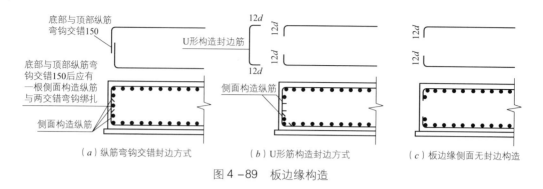

图 4-89 板边缘构造

【工程案例 4-10】 图示 4-90 为某筏形基础布置图，基础混凝土等级为 C30，框架柱截面尺寸为 500mm×500mm，基础中钢筋接头百分率为 50%，板边采用无封边构造，其他标注见图所示。试计算 1. 板底、板顶贯通钢筋的下料长度及根数（本题仅计算 X 向钢筋）；2. 板底非贯通钢筋的长度及根数。

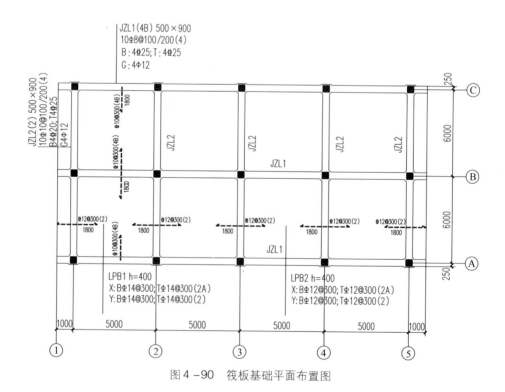

图 4-90 筏板基础平面布置图

解： 解题分析，本题中板底贯通纵筋和非贯通纵筋采用"隔一布一"的方式布置钢筋，LPB1 钢筋布置为轴线③~①~外伸范围，LPB2 钢筋布置为轴线④~⑤~外伸范围。由于 LPB1 的板底 X 向贯通纵筋直径为 14mm，LPB2 的板底 X 向贯通纵筋直径为 12mm，则 LPB1 的板底 X 向直径为 14mm 的贯通纵筋应越过③轴线在③~④轴线之间的连接区域进行连接，由于钢筋直径不大于14mm，则钢筋采用搭接方式连接。另外板底部与顶部钢筋分布范围从距梁角筋1/2板筋间距布置开始布置，计算时可以从梁角筋中心线算起。

1. 板底 X 向钢筋计算

（1）底部贯通钢筋根数

由于LPB1和LPB2分布范围相同，则根数相同，则每一跨根数为：

$$n = \frac{L}{@} + 1 = \frac{6000 - 250 \times 2 + 30 \times 2 + (25/2) \times 2 - (300/2) \times 2}{300} + 1 \text{ 取整数}$$

$$= 19 \text{ 根}$$

则 X 向贯通钢筋总根数为 $19 \times 2 = 38$ 根。

（2）底部贯通钢筋长度

LPB1底部贯通纵筋从外伸部位开始越过③轴线1800mm，伸入第三跨③~④轴线连接区与LPB2的直径为12mm的钢筋进行搭接，则板底部贯通钢筋连接区长度为：

$$5000 - 1800 - 1800 = 1400 \text{mm}$$

搭接长度计算：查表得搭接长度 $l_l = 1.4 l_a$ 且 $\geqslant 300$mm；C30，$d \leqslant 25$，锚固长度 $l_a = 30d$ 则：$l_l = 1.4 l_a = 1.4 \times 30 d = 1.4 \times 30 \times 12 = 504$mm，取510mm（搭接按较小直径计算）LPB2底部贯通纵筋长度，$d = 12$mm。

第一个搭接点钢筋长度：$1000 - 40 + 5000 \times 2 + 1800 + 510 + 12d - 2d = 13410$mm（10根）

第二个搭接点钢筋长度：$1000 - 40 + 5000 \times 2 + 1800 + 510 + 1.3 \times 510 + 12d - 2d = 14073$mm（9根）

LPB2底部贯通纵筋长度，$d = 12$mm。

第一个搭接点钢筋长度：$1000 - 40 + 5000 + 1800 + 1400 + 12d - 2d = 9280$mm（10根）

第二个搭接点钢筋长度：$9280 - 1.3 \times 510 = 8617$mm（9根）

2. 板底 X 向板底非贯通钢筋计算

①、⑤轴线上非贯通钢筋长度：$1800 + 1000 - 40 + 12 \times 12 - 2 \times 12 = 2880$mm

Ⓐ~Ⓒ轴线上非贯通钢筋长度：$1800 + 250 - 30 + 12 \times 12 - 2 \times 12 = 2140$mm

其余轴线上的上非贯通钢筋长度均为 $1800 + 1800 = 3600$mm

非贯通钢筋根数：底部贯通纵筋和非贯通纵筋采用"隔一布一"的方式布置钢筋，则实际间距为150mm。

则每一跨总根数为：

$$n = \frac{L}{@} + 1 = \frac{6000 - 250 \times 2 + 30 \times 2 + (25/2) \times 2 - (150/2) \times 2}{150} + 1 \text{ 取整数}$$

$$= 38 \text{ 根}$$

底部贯通纵筋和非贯通纵筋各19根。

则底部非贯通纵筋总根数为：

①、⑤轴线上非贯通钢筋根数：$19 \times 4 = 76$ 根

②、③、④轴线上非贯通钢筋根数：$19 \times 6 = 114$ 根

3. 板底 Y 向底部贯通钢筋和非贯通钢筋计算请读者自己完成。

4. 板顶 X、Y 向贯通钢筋计算请读者自己完成。

4.3.1.3 柱插筋在筏形基础的锚固构造

（1）对于梁板式筏形基础，柱插筋要伸至基础梁底部并支在基础梁底部纵筋上，其锚固竖直长度和弯钩长度对照见表 4-27。插筋内箍筋的构造见图 4-91（04G101-3 P32）。

柱插筋锚固竖直长度与弯钩长度对照表　　表 4-27

竖直长度（mm）	弯钩长度 a
$\geq 0.5 l_{aE}$（$0.5 l_a$）	$12d$ 且 ≥ 150
$\geq 0.6 l_{aE}$（$0.6 l_a$）	$10d$ 且 ≥ 150
$\geq 0.7 l_{aE}$（$0.7 l_a$）	$8d$ 且 ≥ 150
$\geq 0.8 l_{aE}$（$0.8 l_a$）	$6d$ 且 ≥ 150

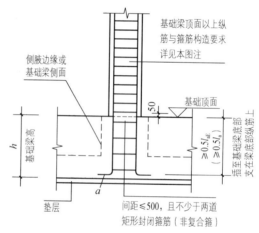

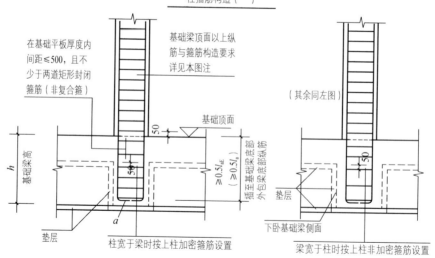

图 4-91　柱在梁板式筏形基础插筋构造

(2) 对于平板式筏形基础,当平板厚度不大于2m时,柱插筋要伸至基础板底部并支在底部纵筋上;当平板厚度大于2m时,柱插筋要伸至基础板中部,并支在中层钢筋上;其锚固竖直长度和弯钩长度对照见表4-27。插筋内箍筋间距不大于500,且不少于两道矩形封闭箍筋(非复合箍),见图4-92(04G101-3 P45)。

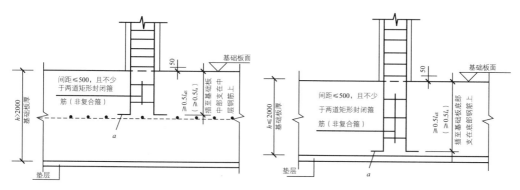

图4-92 柱在平板式筏形基础插筋构造

【工程案例4-11】已知某框架结构建筑,二级抗震等级,该建筑具有层高为4.5m的地下室,地下室是低板位梁板式筏形基础,基础布置见图4-90,地下室顶板的框架梁采用KL1(300mm×700mm),图中②~⑧轴线相交的KZ1截面尺寸为400mm×400mm,柱纵筋为8Φ25,柱和基础混凝土强度等级均为C30,基础抗震等级为三级。试计算图中KZ1的基础插筋。

解:(1)基础顶面以上插筋长度:

地下室柱净高为:$H_n = 4500 - 700 - (600 - 400) = 3600$mm

基础顶面以上短筋长度:$H_n/3 = 3600/3 = 1200$mm

基础顶面以上长筋长度:

$$H_n/3 + 35d = 1200 + 35 \times 25 = 2075 \text{mm}$$

(2)基础顶面以下长度

筏形基础三级抗震,C30混凝土,HRB335级钢筋直径为25mm时的抗震锚固长度为

$$l_{aE} = 31d = 31 \times 25 = 775 \text{mm}$$

由图4-90可知,基础主梁截面尺寸为400mm×600mm,基础主梁下部纵筋直径为25mm,筏板下层纵筋双向直径均14mm,基础保护层厚度为40mm,则KZ1基础插筋在基础内竖直段长度为:

$$600 - 25 - 14 - 14 - 40 = 507 \text{mm} = 0.65 l_{aE} \geq 0.6 l_{aE}$$

则弯钩长度为:max(10d 且 ≥150)= max(250, 150)= 250mm

(3)插筋总长度计算

短筋:$H_n/3 + 507 + 250 - 2d = 1200 + 507 + 250 - 2 \times 25 = 1907$m

长筋:$H_n/3 + 35d + 507 + 250 - 2d = 2075 + 507 + 250 - 2 \times 25 = 2782$mm

4.3.1.4 基坑 JK 的表达

当基础设置集水井或电梯井时,在基础内设置基坑,基坑在图上直接标注,标注内容有编号,几何尺寸(如果是圆形基坑,按照"基坑深度/基坑直径 $D=xxx$"顺序标注)以及原位标注的基坑平面定位尺寸,见图4-93,基坑施工构造见图4-94(04G101-3 P57)。

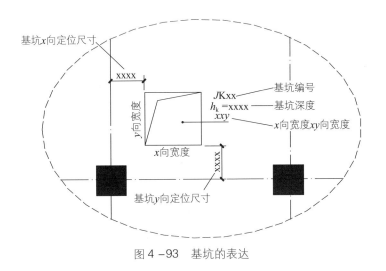

图4-93 基坑的表达

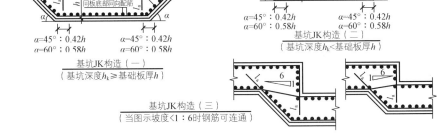

图4-94 基坑施工构造

(1)基坑侧立面的竖向钢筋和横向钢筋的直径和间距同筏板顶部同向配筋。竖向钢筋以及侧立面的横向钢筋的锚固长度为 l_a。

(2)坑底板的顶部钢筋,其直径和间距同筏板顶部同向配筋。坑底板的顶部钢筋的锚固长度为 l_a。

(3)坑底板的底部钢筋,其直径和间距同筏板底部同向配筋。坑底板的底部钢筋的锚固长度为 l_a。

(4)在基坑构造(三)与前面两图有较大的不同,那就是当筏板底部钢筋到坑底板的顶部钢筋的坡度在1/6之内时,可以把筏板底部钢筋与坑底板的顶部钢筋连通。

4.3.1.5 后浇带的标注及施工构造见图 4-95（04G101-3 P57）

其中贯通留筋方式有全部贯通、100%搭接留筋、50%搭接留筋三种方式。

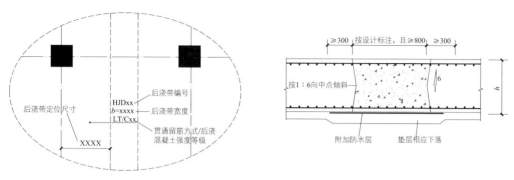

图 4-95 后浇带标注

4.3.2 筏形基础钢筋工程

（1）筏形基础底板上层的水平钢筋网，常悬空搁置，高差大，且单根钢筋重量较大，一般多采用人工直接绑扎。当高度在 1m 以内，可按常规用"⌐⌐"形钢筋铁来支承固定层次和位置。当高度在 1m 以上，宜采用型钢焊制的支架或混凝土支柱或利用基础内的钢管脚手架，在适当标高焊上型钢横担，或利用桩头钢筋用废短钢筋组成骨架（图 4-96）来支承上层钢筋网片的重量和上部操作平台上的施工荷载。

图 4-97 为用钢管支撑上部钢筋网片示意图。在上部钢筋网片绑扎完毕后，需置换出水平钢管；为此另取一些垂直钢管通过直角扣件与上部钢筋网片的下层钢筋连接起来（该处需另用短钢筋段加强），替换了原支撑体系，见图 4-97（b）。在混凝土浇筑过程中，逐步抽出垂直钢管，见图 4-97（c）。此时，上部荷载可由附近的钢管及上、下端均与钢筋网焊接的多个拉结筋来承受。由于混凝土不断浇筑与凝固，拉结

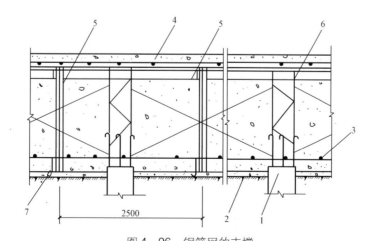

图 4-96 钢筋网的支撑

1—灌注桩；2—垫层；3—底层钢筋；4—顶层钢筋；5—L75mm×6mm 角钢支承架；
6—ϕ25 钢筋支承架；7—垫层上预埋短钢筋头或角钢

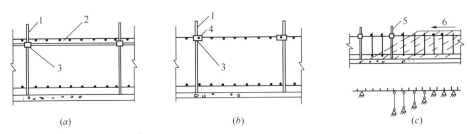

图 4-97 厚片筏上部钢筋网片的钢管临时支撑

（a）绑扎上部钢筋网片时；（b）浇筑混凝土前；（c）浇筑混凝土时

1—垂直钢管；2—水平钢管；3—直角扣件；4—下层水平钢筋；5—待拔钢管；6—混凝土浇筑方向

筋细长比减少，提高了承载力。

（2）钢筋绑扎应注意形状和位置的准确，接头部位应用闪光对焊或套管压接，并严格控制接头位置和数量，混凝土浇筑前须经验收。

（3）钢筋其他施工要点同独立基础这里不再叙述。

4.3.3 筏形模板工程

（1）对于平板式筏形基础，只需支设基础平板侧模、斜撑、木桩即可，侧模的支设见图4-99中的侧模。

（2）对于高板位梁板式筏形基础，一般梁侧模采取在垫层上两侧砌半砖代替钢（或木）侧模与垫层形成一个砖壳子，俗称砖胎膜（图4-98）。

（3）对于低板位梁板式筏形基础，根据结构情况和施工具体条件及要求采用以下两种方法。

1）先在垫层上绑扎底板梁的钢筋和上部柱插筋，先浇筑底板混凝土，待达到25%以上强度后，再在底板上支梁侧模板，浇筑完梁部分混凝土。

2）采用底板和梁钢筋、模板一次同时支好，梁侧模板用混凝土支墩或钢支脚支承，并固定牢固，混凝土一次连续浇筑完成。梁板式筏形基础当梁在底板下时，模板的支设多用组合钢模板，支承在钢支撑架上，用钢管脚手架固定（图4-99）。

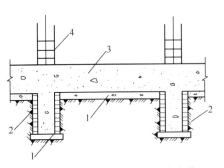

图 4-98 梁板式筏形基础砖胎膜

1—垫层；2—砖胎膜；3—底板；4—柱钢筋

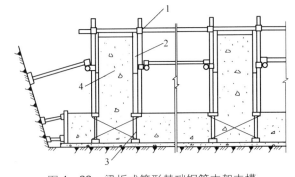

图 4-99 梁板式筏形基础钢管支架支模

1—钢管支架；2—组合钢模版；3—钢支撑架；4—基础梁

4.3.4 筏形基础混凝土工程

(1) 大体积混凝土基础的整体性要求高,一般要求混凝土连续浇筑,一气呵成。施工工艺上应做到分层浇筑、分层捣实,但又必须保证上下层混凝土在初凝之前结合好,不致形成施工缝。

(2) 混凝土浇筑方案应根据整体性要求、结构大小、钢筋疏密、混凝土供应等具体情况,选用如下三种方式:

1) 全面分层(图 4-100a):在整个基础内全面分层浇筑混凝土,要做到第一层全面浇筑完毕回来浇筑第二层时,第一层浇筑的混凝土还未初凝,如此逐层进行,直至浇筑好。这种方案适用于平面尺寸不太大的结构,施工时从短边开始,沿长边进行较适宜。必要时亦可分为两段,从中间向两端或从两端向中间同时进行。

2) 分段分层(图 4-100b):适宜于厚度不太大而面积或长度较大的结构。混凝土从底层开始浇筑,进行一定距离后回来浇筑第二层,如此依次向前浇筑以上各分层。

3) 斜面分层(图 4-100c):适用于结构的长度超过厚度的三倍。振捣工作应从浇筑层的下端开始,逐渐上移,以保证混凝土施工质量。

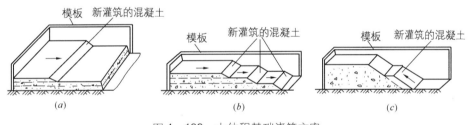

图 4-100 大体积基础浇筑方案
(a) 全面分层;(b) 分段分层;(c) 斜面分层

分层的厚度决定于振动器的棒长和振动力的大小,也要考虑混凝土的供应量大小和可能浇筑量的多少,一般为 20~30cm。

(3) 浇筑混凝土所采用的方法,应使混凝土在浇筑时不发生离析现象。混凝土自高处自由倾落高度超过 2m 时,应沿串筒、溜槽、溜管等下落,以保证混凝土不致发生离析现象。串筒布置应适应浇筑面积、浇筑速度和摊平混凝土的能力,但其间距不得大于 3m,布置方式为交错式或行列式。

(4) 当筏板基础长度很长(40m 以上),应考虑在中部适当部位留设贯通后浇带,以避免出现温度收缩裂缝和便于进行施工分段流水作业。

(5) 基础后浇带是指在大体积混凝土基础中预留有一条后浇的施工缝,将整块大体积混凝土分成两块或若干块浇筑,待所浇筑的混凝土经一段时间的养护干缩后,再在预留的后浇带中浇筑补偿收缩混凝土,使分块的混凝土连成一个整体。

(6) 基础后浇带的浇筑,考虑到补偿收缩混凝土的膨胀效应,当后浇带的长度大于 50m 时，混凝土要分两次浇筑，时间间隔为 5~7d。要求混凝土振捣密实，防止漏振，也避免过振。混凝土浇筑后，在硬化前 1~2h，应抹压，以防沉降裂缝的产生。后浇带的有关要求详见箱形基础。

（7）基础浇筑完毕。表面应覆盖和洒水养护，并不少于 7d，必要时应采取保温养护措施，并防止浸泡地基。

（8）在基础底板上埋设好沉降观测点，定期进行观测、分析，做好记录。

4.3.5 大体积混凝土裂缝的防止

4.3.5.1 控制裂缝开展的方法

筏形基础、箱形基础由于结构截面大，水泥用量大，属于大体积混凝土施工。大体积混凝土施工中裂缝的防止与控制是施工中的重点和难点。施工不当会引起裂缝的发生。

相关知识

大体积混凝土由于结构截面大，水泥用量大，水泥水化时释放的水化热会产生较大的温度变化和收缩作用，由此形成的温度收缩应力是导致钢筋混凝土产生裂缝的主要原因。

大体积混凝土浇筑后，水泥水化热很大，使混凝土的温度上升。由于混凝土体积大，聚积在内部的水泥水化热不易散发，混凝土的内部温度将显著升高。混凝土表面则散热较快，这样形成较大的内外温差，使混凝土内部产生压应力，表面产生拉应力，当这个拉应力超过混凝土抗拉强度时，混凝土表面就会产生表面裂缝。

大体积混凝土降温时，由于逐渐降温产生降温差引起的变形，加上混凝土多余水分蒸发时引起的体积收缩变形，受到地基和结构边界条件的约束时，会产生很大的收缩应力（拉应力），当该拉应力超过混凝土抗拉强度时，混凝土整个截面就会产生贯穿裂缝，成为结构性裂缝，带来很大的危害。

为了控制现浇钢筋混凝土贯穿裂缝的开展常采用的方法有如下三种。

（1）"放"的方法

减小约束体与被约束体之间的相互制约，以设置永久性伸缩缝的方法，将超长的现浇钢筋混凝土结构分成若干段，以释放大部分变形，减小约束应力。

我国《混凝土结构设计规范》规定：现浇剪力墙结构、现浇框架结构，处于室内或土中条件下的伸缩缝间距分别为 45m 和 55m。

目前大多数国家也广泛采用设置永久性伸缩缝作为控制裂缝开展的主要方法，其伸缩缝间距为 30~40m，个别为 10~20m。

（2）"抗"的方法

采取措施减小被约束体与约束体之间的相对温差，改善配筋，减少混凝土收缩，提高混凝土抗拉强度等，以抵抗温度收缩变形和约束应力。

（3）"抗"、"放"结合的方法

在施工期间设置作为临时伸缩缝的"后浇带"，将结构分成若干段，可有效削减温度收缩应力。在施工后期,将若干段浇筑成整体,以承受约束应力。

除采用"后浇带"方法外,在某些工程中还采用"跳仓打"的施工方法。即将整个结构按垂直施工缝分段,间隔一段,浇筑一段,经过不少于 5d 的间歇后再浇筑成整体(如条件许可,间歇时间可适当延长,则效果更好),这样可削弱一部分施工初期的温差和收缩作用。

另外还有一种"水平分层间歇"施工方法,当水化热大部分是从上表面散热的情况下,可分几个薄层进行混凝土的浇筑,各层一次浇筑到顶。即以减薄浇筑层高度的方法来减小温度上升,并使浇筑后的温度分布均匀。水平分层厚度可控制在 0.6 ~ 2.0m 范围内,相邻两浇筑层之间的间歇时间,考虑既能散热,又不引起较大的约束应力,取为 5 ~ 7d 宜。

4.3.5.2 防止温度和收缩裂缝的技术措施

1. 控制混凝土温升

(1) 选用中热或低热的水泥品种,可减少水化热,使混凝土减少升温,大体积混凝土施工常用矿渣硅酸盐水泥。为减少水泥用量,降低水化热,利用混凝土的后期强度,并专门进行混凝土配合比设计,征得设计单位同意,混凝土可采用后期 45d、60d 或 90d 强度替代 28d 设计强度,这样可使每立方米混凝土的水泥用量减少 40 ~ 70kg/m^3 左右,混凝土的水化热温升相应减少 4 ~ 7℃。

(2) 外掺剂。在混凝土中可掺加复合型外加剂和粉煤灰,以减少绝对用水量和水泥用量,改善混凝土和易性与可泵性,延长缓凝时间。

(3) 粗细骨料选择。采用以自然连续级配的粗骨料配制混凝土,因其具有较好的和易性、较少的用水量和水泥用量以及较高的抗压强度。优先选用 5 ~ 40mm 石子,减少混凝土收缩。含泥量小于 1%,符合筛分曲线要求,骨料中针状和片状颗粒含量小于 15%(重量比)。细骨料的采用以中粗砂为宜,含泥量小于 2%,这样可减少用水量,水泥用量可相应减少,这样就降低了混凝土的温升和减少了混凝土的收缩。

(4) 控制新鲜混凝土的出机温度。混凝土中的各种原材料,尤其是石子与水,对出机温度影响最大。在气温较高时,宜在砂石堆场设置简易遮阳棚,必要时可采用向骨料喷水等措施。

(5) 控制浇筑入模温度。土建工程的大体积钢筋混凝土施工中,浇筑温度对结构物的内外温差影响不大,因此对主要受早期温度应力影响的结构物,没有必要对浇筑温度控制过严。但是考虑到对混凝土有利的养护温度,温度过高会引起较大的干缩,会给混凝土的浇筑带来不利的影响,因此,适当限制浇筑温度是合理的。建议最高浇筑温度控制在 40℃ 以下为宜。

提 示

夏季施工时,在泵送时宜采取降温措施,防止混凝土入模温度升高。如在搅拌筒上搭设遮阳棚，在水平输送管道上加铺草包喷水。冬期施工时，对结构厚度在 1.0m 以上的大体积混凝土，一般宜在正温搅拌好正温浇筑，并靠自身的水化热进行蓄热保温。

2. 延缓混凝土降温速率

大体积混凝土浇筑后，为了减少升温阶段内外温差，防止产生裂缝，给予正当的保温养护和潮湿养护很重要。在潮湿条件下可防止混凝土表面脱水产生干缩裂缝，使水泥顺利进行水化，提高混凝土的极限拉伸值。对混凝土进行保湿和保温养护，可使混凝土的水化热降温速率延缓，减小结构内外温差，防止产生过大的温度应力和产生温度裂缝。

对大面积的底板面，一般可采用先铺一层塑料薄膜后铺两层草帘作保温保湿养护。草帘应叠缝。养护必须根据混凝土内表温差和降温速率，及时调整养护措施。

蓄水养护亦是一种较好的方法，但水温应是混凝土中心最高温度减去允许的内外温差。

根据工程的具体情况，尽可能多养护一段时间，拆模后应立即用土或再覆盖草帘保护，同时预防近期骤冷气候影响，以便控制内表温差，防止混凝土早期和中期裂缝。

3. 减少混凝土收缩，提高混凝土的极限拉伸值

(1) 混凝土配合比

采用集料泵送混凝土，砂率应在 40%~45% 之间，在满足可泵性前提下，尽量降低砂率。坍落度在满足泵送条件下尽量选用小值，以减少收缩变形。

(2) 混凝土的施工

混凝土浇筑顺序的安排，采用薄层连续浇筑，以利散热，不出现冷缝为原则；采用二次振捣工艺，以提高混凝土密实度和抗拉强度，对大面积的板面要进行拍打振实，去除浮浆，实行二次抹面，以减少表面收缩裂缝；混凝土在浇筑振捣过程中的泌水应予以排除，根据土建工程大体积混凝土的特点和施工经验，监测混凝土中心与表面的温差值，用测温技术进行信息化施工，全面了解混凝土在强度发展过程中内部的温度场分布状况，并且根据温度梯度变化情况，定性、定量地指导施工，控制降温速率，控制裂缝的出现。

4. 设计构造上的改善

在底板外约束较大的部位应设置滑动层，在结构应力集中的部位，宜加抗裂钢筋，做局部加强处理，在必须分段施工的水平施工缝部位增设暗梁，防止裂缝开展等。

5. 施工监测

为了解大体积混凝土水化热造成不同深度处温度场的变化规律，随时监测混凝土内部温度情况，以便有效地采取相应技术措施确保工程质量，采用在混凝土内不同部位埋设温度传感器，用混凝土温度监测仪，进行施工全过程的跟踪和监测。

4.4 箱形基础施工

学习目标

1. 了解箱形基础平法标注及施工构造
2. 了解箱形基础钢筋工程施工要点
3. 了解箱形基础模板工程施工要点
4. 掌握施工缝和后浇带留设及施工处理
5. 掌握箱形基础混凝土施工要点

关键概念

施工缝、后浇带、分层分段循环浇筑法、分层分段一次浇筑法、泌水

4.4.1 箱形基础图纸交底

4.4.1.1 箱形基础构造

箱形基础是由钢筋混凝土底板、顶板、外墙和一定数量的内隔墙构成一封闭空间的整体箱体（图4-101），基础中空部分可在内隔墙开门洞作地下室。它具有整体性好，刚度大，不均匀沉降能力及抗震能力强等特点。适用于地基土软弱，建筑平面形状简单、荷载较大或上部结构分布不均的高层建筑。目前在城市高层建筑中应用较为广泛。箱形基础有关构造如下：

（1）箱形基础外墙一般沿建筑物四周布置，内墙一般沿上部结构柱网和剪力墙纵横墙均匀布置。为保证箱形基础的整体刚度，平均每平方米基础面积上墙体长度应不小于40cm，或墙体水平截面积不得小于基础面积的1/10。

（2）箱形基础一般最小埋置深度在3.0~5.0m，在地震区，埋深不宜小于建筑物总高度的1/10。

（3）箱形基础高度一般为建筑物高度的1/12~1/8，不宜小于箱

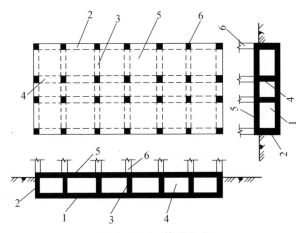

图4-101 箱形基础
1—底板；2—外墙；3—内横隔墙；
4—内纵隔墙；5—顶板；6—柱

形基础长度的 1/18～1/16，且不小于 3m。

（4）箱形基础底板厚度一般取隔墙间距的 1/10～1/8，约为 300～1500mm，顶板厚度约为 200～400mm，内墙厚度不宜小于 200mm，通常为 200～300mm，外墙厚度不应小于 250mm，通常外墙厚度为 250～400mm。

（5）箱形基础墙体一般双向、双面配筋，横、竖向钢筋都不宜小于 $\phi10@200$，但外墙竖向钢筋不宜小于 $\phi12@200$，内外墙的墙顶处宜配置 $2\phi20$ 的通长构造钢筋。箱形基础的底板、顶板钢筋按照双向弯曲计算，但不宜小于 $\phi14@200$，除此以外，纵横向方向的支座钢筋尚应有 1/3～1/2 贯通全跨。

（6）箱形基础混凝土强度等级不应低于 C20，桩箱基础不宜低于 C30，当有防水要求时，抗渗等级不应低于 P6。

4.4.1.2　箱形基础平法标注

箱型基础构件分为箱型基础底板（JB）、顶板（DB）、中层楼板（LB）、箱基外墙（WQ）、内墙（NQ）、悬挑墙梁（XQL）、箱基底层洞口下过梁（XGL）、洞口上过梁（SGL）等。

1. 箱形基础板的平面注写方式

箱形基础底板（JB）、顶板（DB）、中层楼板（LB）的平面注写包括集中标注和原位标注。集中标注注写板编号、厚度、贯通筋。原位标注注写附加非贯通筋。

提　示

箱基底板（JB）与筏形基础平板的表达相同，为"反板"；箱形基础顶板（DB）、中层楼板（LB）的表达与楼板相同，为"正板"。

对于原位标注的附加非贯通筋，箱形基础底板（JB）标注时以 B 打头表示的是板与墙体相交的底部附加非贯通筋，而箱形基础顶板（DB）、中层楼板（LB）则以 T 打头表示的是板顶部附加非贯通筋，对于非贯通筋分布范围的注写除了采用筏板的形式外，还可以直接注写轴线范围，如注写为（xxA）或（xx～xx 轴 A）。

2. 箱形基础墙体的平面注写方式

箱基外墙（WQ）、内墙（NQ）类似于剪力墙，它们的平面注写，包括集中标注墙体编号、厚度、贯通筋、拉筋等和原位标注附加非贯通筋两部分。当没有附加非贯通筋时，仅做集中标注。

箱基外墙的集中标注和原位标注见图 4-102、4-103 所示。其中墙体中拉筋布置形式有双向或梅花双向两种方式，见图 4-104。

内墙的集中标注见图 4-105 所示。

3. 箱形基础洞口过梁与悬挑墙梁的平面注写方式

箱形基础底层洞口下过梁集中标注见图 4-106。洞口上过梁集中标注除编号为 SGL 外其余相同。

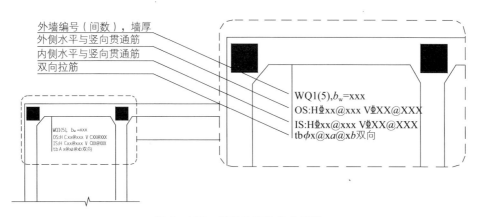

图 4-102 箱基外墙的集中标注

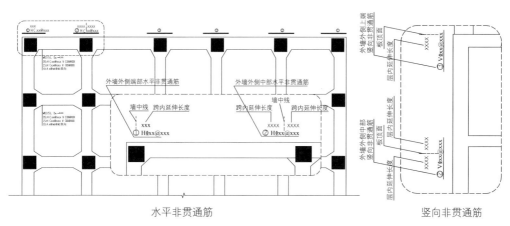

图 4-103 箱基外墙外侧非贯通筋原位标注

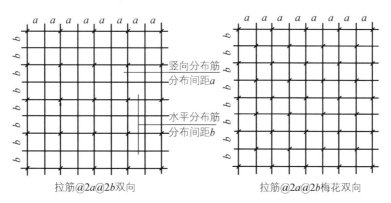

图 4-104 双向拉筋与梅花双向拉筋示意

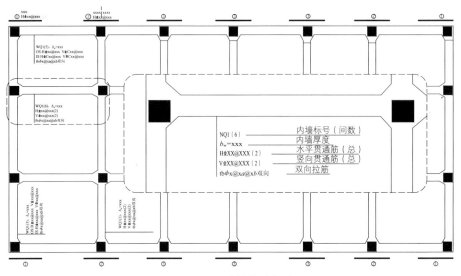

图 4-105 内墙集中标注

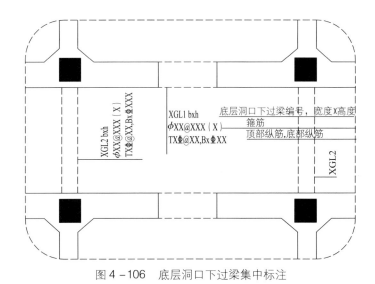

图 4-106 底层洞口下过梁集中标注

需要说明的是，对于过梁的截面尺寸标注，当 XGL 凸出箱基底板顶面时，注写为 $b_w \times h$，其中 b_w 为梁腹板的宽度同墙厚，h 为过梁的总高度。

提 示

洞口下过梁可看做基础梁对待，按"反梁"考虑，洞口上过梁可看做楼层梁对待，按"正梁"考虑。

悬挑墙梁的平面注写方式见图 4-107。

4.4.1.3 箱基施工构造

(1) 上部贯通钢筋能通则通，不能满足钢筋足尺要求时，可在距墙中心距 1/4 跨度（$l_0/4$）范围内进行连接。箱基底板 JB 下部贯通钢筋可在跨中 1/3（$l_0/3$）范围内进行连接。需注意的是,其中的跨度按照实际跨度进行取值,与前面取相邻两跨的大值不同。当底部贯通纵筋经原位注写修正出现两种不同配置的底部贯通纵筋时,配置较大一跨的底部贯通纵筋须延伸至毗邻跨的跨中连接区域。支座下部非贯通钢筋向跨内的延伸长度自支座中心算起取 $l_0/3$。

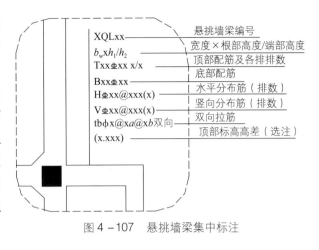

图 4-107 悬挑墙梁集中标注

提 示

箱基底板 JB 因为看做"反板",其有关构造与基础梁类似。

(2)顶板上部贯通钢筋可在跨中 1/3($l_0/3$)范围内进行连接。下部贯通钢筋可在距墙中心线 1/4 跨度($l_0/4$)范围内进行连接。支座上部非贯通钢筋向跨内的延伸长度自支座中心算起取 $l_0/3$。跨度的取值方法同上面。

提 示

箱基顶板 DB 因为看做"正板",其有关构造与楼层梁类似。

(3)箱基外墙与底板钢筋连接的端部构造见图 4-108(08G101-5 P41)。外墙与顶板钢筋连接的端部构造见图 4-109(08G101-5 P41)。箱基内墙与顶板钢筋连接的端部构造见图 4-110(08G101-5 P41)。内墙与底板及内墙端部和转角钢筋构造见图 4-111(08G101-5 P41)。

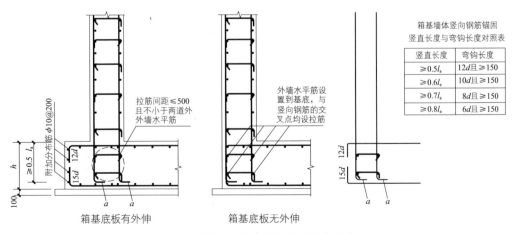

图 4-108 箱基外墙与底板钢筋构造

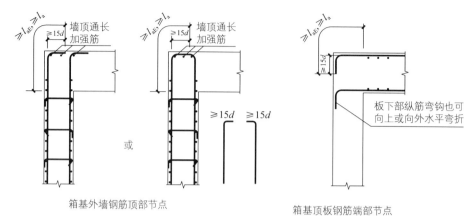

图 4-109 箱基外墙与顶板钢筋构造

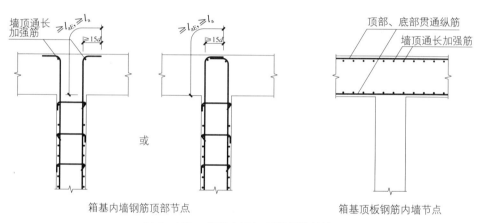

图 4-110 箱基内墙与顶板钢筋构造

(4) 箱基中层楼板的上部贯通钢筋在跨中 1/2 ($l_0/2$) 范围内进行连接,见图 4-112 (08G101-5 P36、37)。下部贯通钢筋可锚入墙支座,长度为 max ($5d$,墙厚/2),也可在距墙中心线 1/4 跨度 ($l_0/4$) 范围内进行连接,支座上部非贯通钢筋向跨内的延伸长度自支座中心算起取 $l_0/4$。

(5) 箱基外墙外侧水平贯通钢筋能通则通,不能满足钢筋定尺要求时,可在跨中 1/3 ($l_0/3$) 范围内进行连接。内侧水平贯通钢筋在距柱中心线 1/4 跨度 ($l_0/4$) 范围内进行连接。外墙外侧原位标注的非贯通钢筋长度自柱中心线算起长度为 $l_0/3$,如图 4-113 (08G101-5 P38) 所示。拉筋可采用两边为 135°,也可以是一边 135°,一边是 90°,但 90°直角边必须两边来回错开放置。其中的跨度各跨按照实际跨度进行取值。箱基外墙转角构造见图 4-111。

箱基外墙竖向钢筋构造见图 4-114 (08G101-5 P38) 所示。其中外墙与底板、顶板构造见图 4-108、图 4-109。

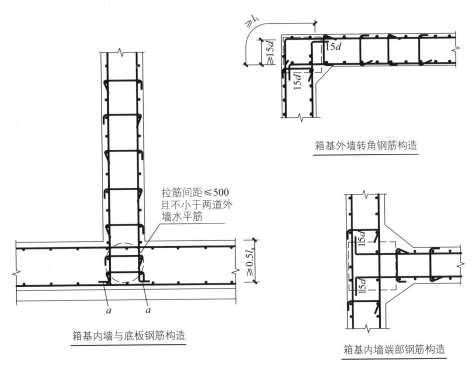

图 4-111 箱基内墙与底板及端部转角钢筋构造

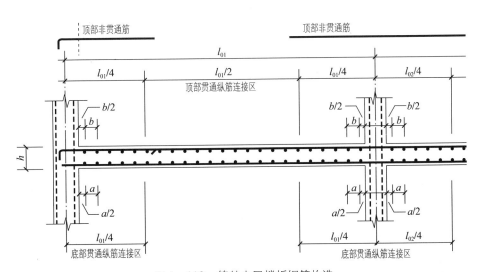

图 4-112 箱基中层楼板钢筋构造

提 示

箱基外墙外侧的竖向钢筋通常设置在外层,这与地上剪力墙水平钢筋在外不同。

(6) 箱基内墙水平分布筋在外,竖向分布筋在内。水平分布筋可在任意部位分两批进行连接,竖向分布筋可在任意高度一次性连接。如果采用搭接连接时,搭接长度为 $1.2l_a$ 或 $1.2l_{aE}$,见图 4-115。

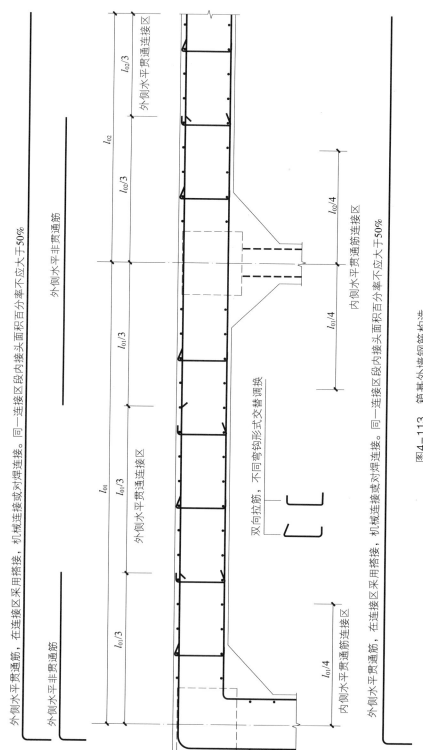

图4-113 箱基外墙钢筋构造

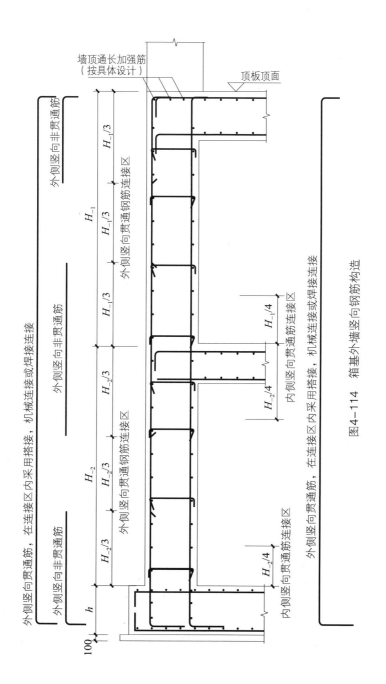

图4-114 箱基外墙竖向钢筋构造

(7) 洞口下过梁构造见图 4-116（08G101-5 P40）。由图可知，当过梁箱基底板内为暗梁时，过梁纵筋（底部与顶部）从与其相交的横墙边缘起与底板纵筋的搭接长度取值为 l_l；若过梁凸出箱基底板，底部纵筋从洞边起与板底部纵筋搭接长度为 l_l，顶部纵筋从洞边起锚固长度为 $40d$。

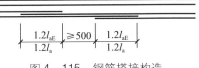

图 4-115 钢筋搭接构造

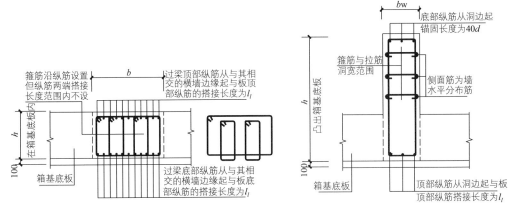

图 4-116 洞口下过梁构造

(8) 洞口上过梁构造见图 4-117（08G101-5 P40）。梁底部纵筋从洞边起锚固长度为 $40d$，顶部纵筋从洞边起与板顶部纵筋搭接长度为 l_l，侧面筋为墙水平分布筋。

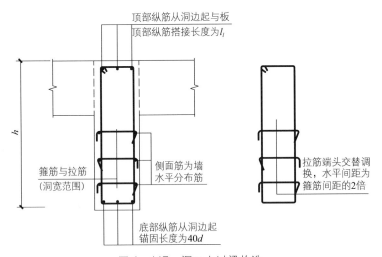

图 4-117 洞口上过梁构造

4.4.2 施工缝及后浇带施工

4.4.2.1 施工缝的留设位置及形式

施工缝的位置应设置在结构受剪力较小且便于施工的部位。留缝应符合下列规定：

提 示

由于施工技术和施工组织上的原因，不能连续将结构整体浇筑完成，并且间歇的时间预计将超出规定的时间时，应预先选定适当的部位设置施工缝。设置施工缝应该严格按照规定，认真对待。如果位置不当或处理不好，会引起质量事故，轻则开裂渗漏，影响寿命；重则危及结构安全，影响使用。

（1）柱的施工缝留置在基础的顶面、梁或吊车梁牛腿的下面、吊车梁的上面、无梁楼板柱帽的下面（图4-118）。

（2）单向板的施工缝留置在平行于板的短边的任何位置。

（3）有主次梁的楼板施工缝宜顺着次梁方向浇筑，施工缝应留置在次梁跨度的中间三分之一范围内（图4-119）。

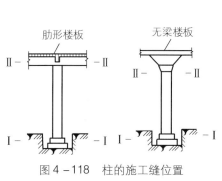

图4-118 柱的施工缝位置
注：Ⅰ-Ⅰ、Ⅱ-Ⅱ表示施工缝位置

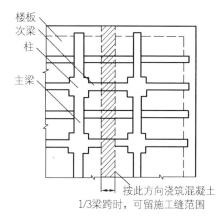

图4-119 主次梁楼板的施工缝位置

（4）墙施工缝宜留置在门洞口过梁跨中1/3范围内，也可留在纵横墙的交接处。

（5）楼梯施工缝留设在楼梯段跨中1/3跨度范围内无负弯矩的范围部位。

（6）圈梁施工缝留设在非砖墙交接处、墙角、墙垛及门窗洞范围内。

箱形基础的施工缝如图4-120，基础底板、顶板与外墙的水平施工缝应在底板上部300~500mm范围内和无梁楼板下部30~50mm处，接缝宜设钢板、橡胶止水带或凸形企口缝或在水平施工缝外贴防水层；底板与内墙的施工缝宜设在底板与内墙交接处；顶板与内墙的水平施工缝位置应视剪力墙插筋的长短而定，一般在1000mm以内即可；水平施工缝形式见图4-121。

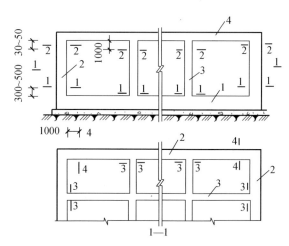

图4-120 箱形基础施工缝位置留设
1—底板；2—外墙；3—内隔墙；4—顶板
1—1、2—2…施工缝位置

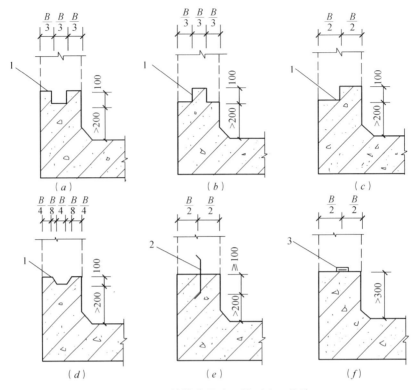

图 4-121 外墙水平施工缝形式及构造

(a) 凹缝;(b) 凸缝;(c) 阶梯缝;(d) 楔形缝;(e) 嵌止水带平缝;(f) 嵌 BW 条平缝

箱形基础外墙垂直施工缝可设在离转角 1000mm 处；内隔墙可在内墙与外墙交接处留设施工缝，内墙本身一般不再留垂直施工缝。外墙垂直施工缝宜用凹缝，内墙水平与垂直缝多用平缝。

4.4.2.2 施工缝的处理

(1) 所有水平施工缝应保持水平，并做成毛面，垂直缝处应支模浇筑，施工缝处的钢筋均应留出，不得截断。

(2) 施工缝位置附近回弯钢筋时，要做到钢筋周围的混凝土不受松动和损坏。钢筋上的油污、水泥砂浆及浮锈等杂物也应清除。

(3) 在施工缝处继续浇筑混凝土时，已浇筑的混凝土抗压强度不应小于 $1.2N/mm^2$。混凝土达到 $1.2N/mm^2$ 的时间，可通过试验决定，同时，必须对施工缝进行必要的处理。

(4) 在已硬化的混凝土表面上继续浇筑混凝土前，应清除垃圾、水泥薄膜、表面上松动砂石和软弱混凝土层，同时还应加以凿毛，用水冲洗干净并充分湿润，一般不宜少于 24h，残留在混凝土表面的积水应予清除。

(5) 在浇筑前，水平施工缝宜先铺上 10~15mm 厚的水泥砂浆一层，其配合比与混凝土内的砂浆成分相同。

(6) 从施工缝处开始继续浇筑时，要注意避免直接靠近缝边下料。机械振捣前，宜向施缝处逐渐推进，并距 80~100cm 处停止振捣，但应加强对施工缝接缝的捣实工作，使其紧密结合。

（7）承受动力作用的设备基础的施工缝处理，应遵守下列规定：

1）标高不同的两个水平施工缝，其高低接合处应留成台阶形，台阶的高度比不得大于1。

2）在水平施工缝上继续浇筑混凝土前，应对地脚螺栓进行一次观测校正。

3）垂直施工缝处应加插钢筋，其直径为 12~16mm，长度为 50~60cm，间距为 50cm。在台阶式施工缝的垂直面上亦应补插钢筋。

4.4.2.3　后浇带的设置

（1）后浇带是为在现浇钢筋混凝土结构施工过程中，克服由于温度、收缩而可能产生有害裂缝而设置的临时施工缝。

（2）当箱形基础长度超过 40m 时，为避免出现温度收缩裂缝或减轻浇灌强度，宜在中部设置贯通后浇缝带，缝带宽度为 800~1000mm，并从两侧混凝土内伸出贯通主筋，主筋按原设计连续安装而不切断，后浇带的形式见图 4-122，经 30~40d 后，

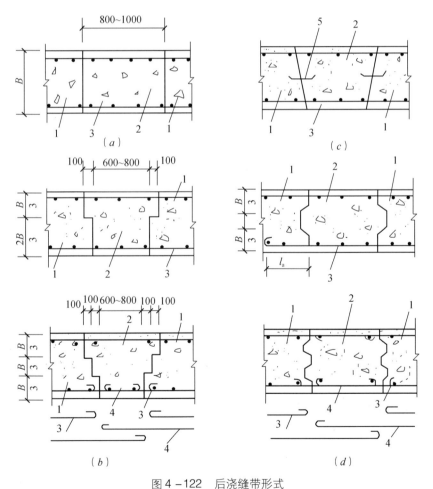

图 4-122　后浇缝带形式

(a) 平直缝；(b) 阶梯缝；(c) 楔形缝；(d) 企口缝

1—先浇混凝土；2—后浇混凝土；3—主筋；4—附加钢筋；5—金属止水带

再在预留的中间缝带用高于两侧强度等级的半干硬性混凝土或微膨胀混凝土（掺水泥用量 12% 的 U 型膨胀剂，简称 UEA）灌筑密实，使连成整体并加强养护，养护时间一般至少 14d。

（3）箱形基础后浇带必须是在底板、墙壁和顶板的同一位置上部留设，使形成环形（图 4-123），以利释放早、中期温度应力。若只在底板和墙壁上留后浇缝带，而在顶板上不留设，将会在顶板上产生应力集中，出现裂缝，且会传递到墙壁后浇带，也会引起裂缝。

（4）后浇带施工时两侧宜用钢筋支架铅丝网或单层钢板网隔断，网眼不宜太大，防止漏浆。若网眼过大，可在网外粘贴一层塑料薄膜，并支挡固定好，保证不跑浆，待混凝土凝固后，薄膜可撕去，钢筋支架亦可拆除，铅丝网留在混凝土内。

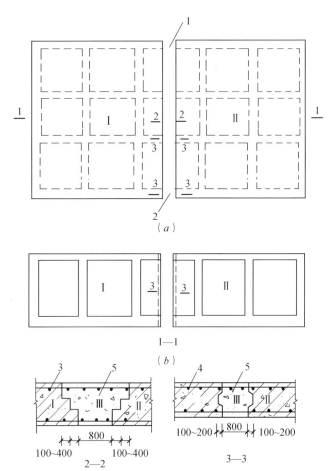

图 4-123 箱形基础分段及环形后浇缝带设置
(a) 平面图；(b) 剖面图
1—底、顶板后浇缝；2—墙后浇缝；3—底板钢筋；
4—墙钢筋；5—混凝土后浇缝带；
Ⅰ、Ⅱ、Ⅲ……混凝土浇筑次序

（5）底板后浇带处的垫层应加厚，局部加厚范围可采用 800mm+2 倍钢筋最小锚固长度，垫层顶面可作二毡三油或沥青麻布两层等防水层，外墙外侧在上述范围内应作二毡三油防水层，并用强度等级为 M5 的砂浆砌半砖厚保护；当有管道穿过箱形基础外墙时，应加焊止水片防漏。

4.4.3 箱形基础模板工程

（1）箱基一般采用底板先支模施工。模板一般宜横排。接缝错开布置。当高度符合主钢模板块（即长度为 1500mm、1200mm）时，模板亦可竖排。要特别注意施工缝止水带及对拉螺栓的处理，一般不宜采用可回收的对拉螺栓（图 4-124）。

（2）基础墙外部模板宜采用大块模板组装，内壁用定型模板；墙采用穿墙对拉螺栓控制墙体截面尺寸，应优先采用组合式对拉螺栓。基础墙模板支撑见图 4-125。

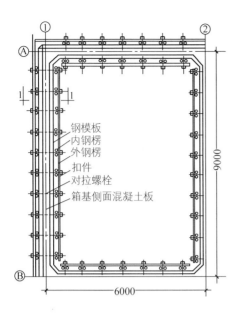
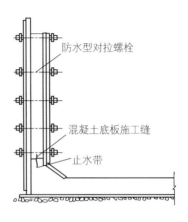

图 4-124 箱形基础底板模板支设

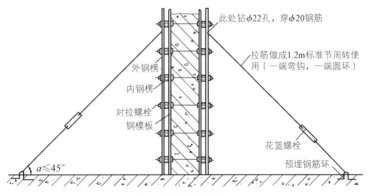

4m 以上单墙模板支撑图

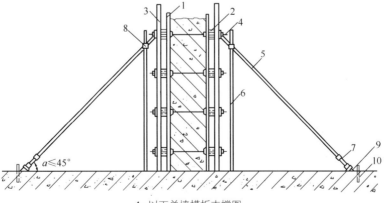

4m 以下单墙模板支撑图

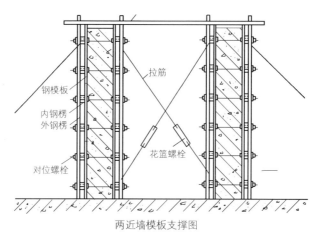

图4-125 墙模板支撑图（续）

(3) 基础的顶板往往与墙和基础形成整体，厚度较大，因此要根据空间、板厚和荷载情况选用不同的支顶方法。一般顶板厚度超过0.5m时，可采用四管支柱支顶（图4-126），间距在1500~2000mm。柱结系杆可采用 $\phi 48 \times 3.5$ 钢管。主次梁可采用型钢，其规格根据计算确定。

4.4.4 箱形基础混凝土工程

(1) 箱形基础开挖深度大，挖土卸载后，土中压力减小，土的弹性效应有时会使基坑坑面土体回弹变形，基坑开挖到设计基底标高经验收后，应随即浇筑垫层和箱形基础底板，防止地基土被破坏。冬期施工时，应采取有效措施，防止坑底土的冻胀。

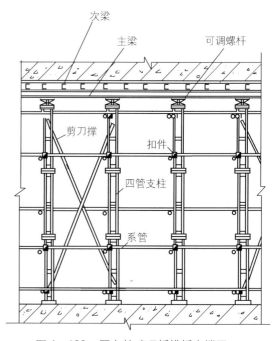

图4-126 厚大基础顶板模板支撑图

(2) 箱形基础混凝土的浇筑有多种输送和浇筑方式，国内现大多采用混凝土泵车、混凝土泵车与水平管相结合和混凝土泵送浇筑三种方式，如图4-127、图4-128和图4-129所示，可根据基础面积大小和施工设备条件进行选择。

底板混凝土浇筑，按照大体积混凝土施工。一般应在底板钢筋和墙壁钢筋全部绑扎完毕、柱子插筋就位后进行，可沿长方向分2~3个区，由一端向另一端分层推进，分层均匀下料。当底面积大或底板呈正方形，宜分段分组浇筑，当底板厚度小于50cm，可不分层，采用斜面赶浆法浇筑（图4-130a），表面及时整平；当底板厚度不小于50cm，宜水平分层或斜面分层（图4-130b）浇筑，每层厚25~

30cm，分层用插入式或平板式振捣器捣固密实，同时应注意各区、组搭接处的振捣，防止漏振，每层应在水泥初凝时间内浇筑完成，以保证混凝土的整体性和强度，提高抗裂性。

（3）墙体浇筑应在墙全部钢筋绑扎完，包括顶板插筋、预埋铁件、各种穿墙管道敷设完毕、模板尺寸正确、支撑牢固安全、经检查无误后进行。一般先浇外墙，后浇内墙，或内外墙同时浇筑，分支流向轴线前进，各组兼顾横墙左右宽度各半范围。

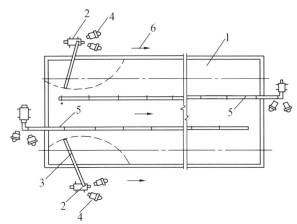

图4-127 泵车与水平管相结合浇筑法
1—大体积箱（筏）形基础；2—混凝土输送泵车；
3—泵车布料杆；4—混凝土拌输送车；
5—输送管道；6—浇筑方向

外墙浇筑可采取分层分段循环浇筑法（图4-131a），即将外墙沿周边分成若干段，分段的长度应由混凝土的搅拌运输能力、浇灌强度、分层厚度和水泥初凝时间而定。一般分3~4个小组，绕周长循环转圈进行，周而复始，直至外墙体浇筑完成。本法能减少混凝土浇筑时产生的对模板的侧压力，各小组循环递进，有利于提高工效，但要求混凝土输送和浇筑过程均匀连续，劳动组织严密。

当周边较长，工程量较大，亦可采取分层分段一次浇筑法（图4-131b），即由2~6个浇筑小组从一点开始，混凝土分层浇筑，每两组相对应向后延伸浇筑，直至同边闭合。本法每组有固定的施工段，有利于提高质量，对水泥初凝

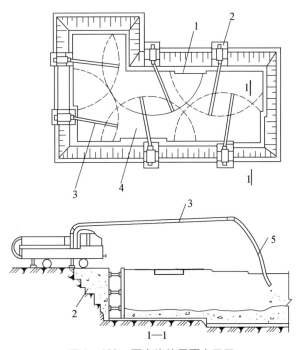

图4-128 泵车浇筑平面布置图
1—箱（筏）形基础底板外轮廓；2—泵车架设平台；
3—混凝土输送泵车布料杆；4—布料杆覆盖范围；5—软管

时间控制没有什么要求，但混凝土一次浇到墙体全高，模板侧压力大，要求模板牢固。

箱形基础顶板（带梁）混凝土浇筑方法与基础底板浇筑基本相同。

（4）混凝土入模分层浇筑振捣后，由于水泥的析水和骨料的沉降，其表面常聚积

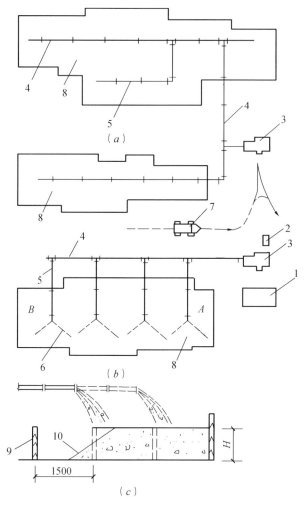

图 4-129 混凝土泵送分层分块浇筑
(a) 纵向布置浇筑；(b) 横向布置浇筑；(c) 泵送支设临时隔挡模板
1—搅拌站或受料台；2—主控室；3—混凝土输送泵；4—输送主管；5—输送支管；6—软管；7—自卸翻斗汽车；
8—大体积箱（筏）形基础底板；9—临时隔挡模板；10—拆除临时隔挡模板后混凝土自流平坡度

一层游离水（浮浆层），它对混凝土危害极大，不但会损害各层之间的粘结力，造成混凝土强度不均，影响混凝土强度，而且极易出现夹层、沉降缝和表面塑性裂缝，因此在浇筑过程中必须妥善处理，排除泌水，以提高混凝土质量，常用处理方法如图 4-132。

(5) 对特厚、超长的钢筋混凝土箱形基础底板，应按大体积混凝土施工要求执行。

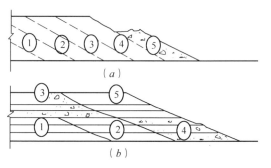

图 4-130 混凝土斜面分层浇筑
(a) 斜面分层；(b) 分段斜面分层
①、②、③……浇筑次序

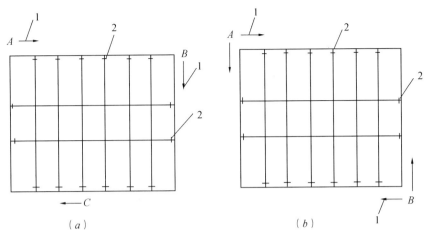

图 4-131 外墙混凝土浇筑方法
(a) 分层分段循环浇筑法；(b) 分层分段一次浇筑法
1—浇筑方向；2—施工缝

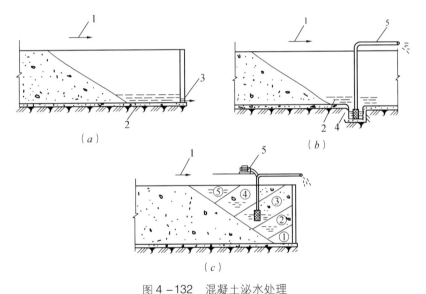

图 4-132 混凝土泌水处理
(a) 模板留孔排除泌水；(b) 设集水坑用泵排除泌水；(c) 用软轴水泵排除泌水
1—浇筑方向；2—泌水；3—模板留孔；4—集水坑；5—软轴水泵
①、②、③、④、⑤—浇筑次序

(6) 箱形基础混凝土浇筑完后，要加强覆盖，并浇水养护；冬期施工要保温，防止温差过大出现裂缝，以保证结构使用和防水性能。

(7) 箱形基础施工完毕后，应防止长期暴露，要抓紧基坑的回填土。回填时要在相对的两侧或四周同时均匀进行，分层夯实；停止降水时，应验算箱形基础的抗浮稳定性；地下水对基础的浮力，一般不考虑折减，抗浮稳定系数不宜小于 1.20，如不能满足时，必须采取有效措施，防止基础上浮或倾斜，地下室施工完成后，才可停止降水。

4.5 基础施工方案编制案例

学习目标

1. 掌握基础施工方案编制内容
2. 掌握基础施工方案编制方法

关键概念

施工准备、钢筋工程、模板工程、混凝土工程、大体积混凝土

前面我们已经学习了独立基础、条形基础、筏形基础和箱形基础的图纸交底、钢筋工程、模板工程、混凝土工程等内容,如何将这些知识运用到实际工程中去,如何编制基础施工方案以及基础施工方案编制内容有哪些,本项目通过一个具体的案例来学习。

4.5.1 编制依据

1. 某商住楼工程总承包工程合同文件
2. 某商住楼工程地下室施工图
3. 《混凝土结构工程施工质量验收规范》GB 50204—2002
4. 《建筑工程施工质量验收统一标准》GB 50300—2001
5. 《混凝土外加剂应用技术规程》GB 50119—2003
6. 《地下工程防水技术规范》GB 50208—2002
7. 《混凝土质量控制标准》GB 50164—92
8. 《粉煤灰混凝土应用技术规范》GBJ 146—90
9. 《混凝土强度检验评定标准》GBJ 107—87
10. 《钢筋焊接及验收规范》JGJ 18—2003
11. 《钢筋机械连接通用技术规程》JGJ 107—2003
12. 《混凝土泵送施工技术规程》JGJ/T 10—95
13. 《预防混凝土结构工程碱集料反应规程》(DBJ 01—95—2005)
14. 辽宁省《建筑工程施工质量验收实施细则》(DB21/T1234—2003)
15. 《预拌混凝土技术规程》(DB21/T1304—2004)

4.5.2 工程概况

1. 设计概况

本工程为某综合办公商住小区 5 号楼，剪力墙结构。建筑面积 23050m², 30 层, 地下一层车库；1~3 层办公；4~30 层为住宅楼。

基础底板尺寸 41.5m（南北方向）×64.9m（东西方向），底板设 800mm 宽后浇带，将底板分成两部分。基础底板厚 1.6m，其他部分板厚为 0.4m，属于大体积混凝土。主楼底板板底标高为 -7.55m（混凝土约 1400m³），人防部分为 -5.95m（混凝土约 750m³）。

混凝土总量约为 2150m³，基础底板混凝土等级 C30（P8 防水），加强带混凝土 C40，P8，地下室墙、柱 C40，地下室外墙 C40，P8。基础底板和地下室外墙混凝土保护层最小厚度室内面 20mm，迎水面 40mm。

2. 施工概况

本工程位于辽宁省，该地区冬季严寒，难以进行施工。根据总进度计划安排，底板混凝土浇筑时间在 9 月。伸缩后浇带在两侧主体完成 60d 后浇筑，沉降后浇带在结构封顶沉降稳定后进行。

底板施工主要有钢筋工程、模板工程、混凝土工程，其中底板混凝土工程属于大体积混凝土施工，也是本工程施工的重点、难点之一，需要从混凝土施工的部署、混凝土的原材选择和优化配合比、混凝土的供应、搅拌、测温、防裂、控温养护等方面，采取先进的施工技术和措施来确保混凝土的施工质量。

4.5.3 施工部署

根据现场实际情况，本工程底板以后浇带为界限划分为两个流水施工段，详见图 4-133。

1. 施工进度

（1）混凝土工程

合理安排进度计划，将浇筑量较大的 I 段底板混凝土浇筑日期安排在 9 月中旬进行。各段混凝土浇筑计划见表 4-28。

混凝土浇筑计划　　　　　　　　　表 4-28

浇筑区域	施工段面积 (m²)	混凝土量 (m³)	混凝土等级	浇筑时间 (h)	计划投入混凝土泵	浇筑进度 m³/h
I 段	1350	约 1614	C30P8	54	1 台地泵	30~40
II 段	1200	约 490	C30P8	17	1 台地泵	30~40

注：底板总面积约 2550m²，其中后浇带面积约 72m²。

270 / 基础工程施工

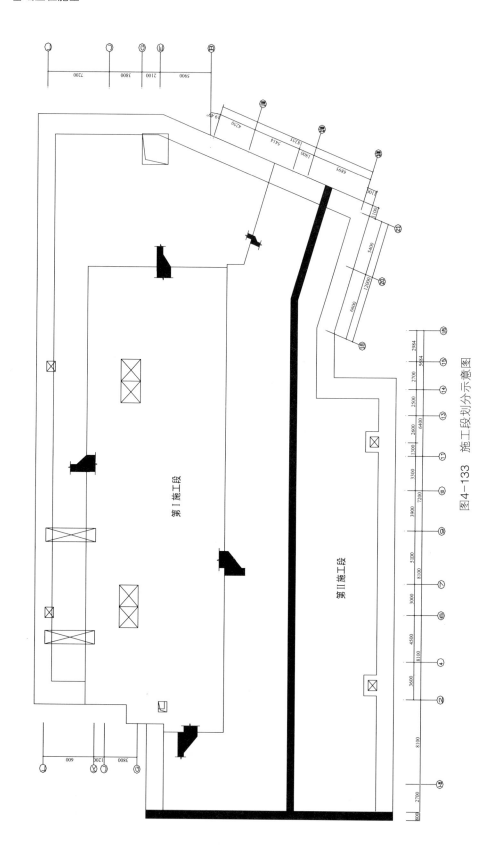

图4-133 施工段划分示意图

(2) 钢筋工程

本工程底板钢筋用量约320t，其中措施钢筋用量约30t。各段钢筋绑扎需按5d考虑。整个底板钢筋绑扎时各段穿插流水施工。

2. 施工安排

(1) 施工段内工序安排

垫层施工→导墙砌筑→防水层施工→防水保护层施工→放线、验线→电梯井、集水坑底部钢筋→底板钢筋→墙柱插筋→钢筋验收→边模、电梯井、集水坑等模板验收→后浇带收口网、施工缝止水带、止水钢板等安装验收→测温导线埋设→混凝土浇筑→底板养护、测温。

(2) 混凝土施工安排

底板大体积混凝土施工采用以后浇带为界限划分施工区，分段连续施工的施工工艺，每段施工区按由深到浅沿同一水平方向进行浇筑，总体浇筑方向由内侧开始，向外侧浇筑。一次浇筑到顶，不留水平施工缝。总浇筑顺序为Ⅰ→Ⅱ。

(3) 原材选择和优化配合比

原材选择：选用低水化热的水泥品种，使用粒径较大、级配良好的粗细骨料，控制砂石含泥量。

优化配合比：掺加粉煤灰等掺合料或掺加相应的减水剂、缓凝剂，改善和易性、降低水灰比，以达到减少水泥用量、降低水化热的目的。

(4) 混凝土的浇筑

底板大体积混凝土采用斜面分层浇筑、分层捣实的施工技术。浇筑时，由混凝土地泵配合布料杆布料，振捣时要保证上下层混凝土在初凝之前结合好，不致形成施工缝。另外设明排水系统抽除泌水。

(5) 混凝土的测温

采用电子测温技术，对混凝土进行温度监测。混凝土的内外温差控制在25℃以内，必须24h进行测温，安排专人负责。

(6) 防裂控温养护

在加强施工中的温度控制。混凝土浇筑后，做好混凝土的保温保湿养护，缓缓降温，减小温度应力。

3. 施工要点

(1) 基础底板混凝土量较大，主楼部分浇筑量约为$1614m^3$，确保混凝土连续浇筑和振捣充分是施工要点之一。

(2) 底板大体积混凝土易受温差影响产生裂缝，故大体积混凝土测温、控制混凝土温差、混凝土的养护和保护等措施是混凝土浇筑完后的要点。

(3) 集水坑、电梯基坑等基础处混凝土的浇筑。此处底板比其他底板标高低，结合处浇筑难度较大，必须控制混凝土冷缝的产生，同时由于存在底板厚度不一致的情况，因此在混凝土浇筑过程中，这些区域是施工控制的重点区域。

(4) 基础底板预留了后浇带，后浇带处的防水措施、混凝土浇筑时后浇带处的

"快易"收口网隔挡措施、后浇带浇筑后的保护都要重点控制。

4.5.4 施工准备

1. 技术准备

（1）材料要求

1）提前与材料供应商联系，对混凝土所用材料提出要求，采用低碱原料，控制混凝土的碱含量小于 $3kg/m^3$，减少碱骨料反应。

2）水泥：满足强度和耐久性等要求的前提下，选用低热水泥，严禁使用安定性不合格的水泥；由于水泥用量大，因此要加强水泥进场的检验和试配工作。本工程选用低碱 P·O42.5 水泥。

3）骨料：粗骨料用碎石，应采取连续级配或合理的掺配比例，粒径为 5~20mm，不得含有有机杂质，其含泥量应不大于 1%，含泥块量不大于 0.5%。细骨料选用中砂，含泥量应不大于 2%，含泥块量不大于 1%。其细度控制在 2.6~2.8 为宜；细砂 0.3mm 筛孔的通过率为 15%~30%；0.15mm 筛孔的通过率为 5%~10%。

4）粉煤灰：为了增加混凝土的和易性降低水化热，可掺入取代水泥用量不大于 20% 左右的粉煤灰取代水泥。粉煤灰烧失量应小于 15%，SO_3 应少于 3%，SiO_2 应大于 40%；不得使用高钙灰，水泥体积安定性应符合要求。

5）外加剂：为了满足和易性和减缓水泥早期水化热发热量的要求，宜在混凝土中掺入适量的缓凝型减水剂，如 NF-4 泵送剂等。同时为满足混凝土抗渗要求，必须掺加防水剂、膨胀剂等，防水剂要求低碱无氯，与水泥适应性良好，质量稳定。

6）每一段的混凝土原材料必须一致。必须统一协调，原材料统一进货、统一配合比，确保混凝土拌合料一致。

7）材料检验：对所使用材料应严格按照有关规范要求进行检验和试验，把好材料质量关。

（2）混凝土试配

1）底板浇筑前搅拌站必须进行混凝土的试配，重点解决混凝土施工中粉煤灰、外加剂掺量控制和降低混凝土水化热问题。混凝土配料的比例应以减少水化热为原则。

2）应加入适量的缓凝剂和减水剂以减缓水化热的集中释放。加入大掺量粉煤灰（PFA）替代部分的水泥，通过试配，混凝土必须在 28d 内达到其设计强度。

3）混凝土配合比应根据使用的材料通过多次试配确定。水泥用量不得少于 $280kg/m^3$，水灰比应不大于 0.5。砂率应控制在 35%~45%，坍落度应根据配合比要求严加控制，达到混凝土泵送坍落度的要求，坍落度的增加应通过调整砂率和掺用减水剂或高效减水剂解决，严禁在现场随意加水以增大坍落度。混凝土初凝时间应为 4~6h；终凝时间 7~8h；坍落度 120±20mm。

（3）技术交底

1）提前组织技术、施工人员审核图纸，并向施工班组做技术交底。预先与现场混凝土搅拌站办理混凝土申请，申请单的内容包括：混凝土强度及抗渗等级、混凝土的特殊要求、使用部位、方量、坍落度、初凝终凝时间、掺合料和浇筑时间等。搅拌站需提前对操作工人进行配合比交底，当因原料改变等原因而导致配合比变化时需立即通知操作人员。

2）在施工前责任工程师必须对施工人员准备及任务的划分进行详细的、有针对性的交底。交底的内容包括施工方案和设计规范确定的混凝土浇筑平面布置、浇筑方向、操作要点、施工注意事项及混凝土施工质量、安全、工期、文明施工等要求。还应根据实际情况具体分析，包括下列内容：如何分班交接，另外注意混凝土工人不要过于疲劳，在交底中交代清楚每班工作多长时间、多少工作量、什么时间交班等。

2. 资源准备

（1）混凝土搅拌站管理

搅拌站供应混凝土时必须满足以下要求：

混凝土搅拌站需提前把试配结果报送到项目部。混凝土用料、掺合料和外加剂等的性能或种类，必须是经权威检测机构认可的厂家生产的已检测合格的产品。混凝土配合比、原材技术指标必须符合设计、规范及现场施工要求，必须经过项目部认可后方可使用。

在每次浇筑混凝土前，必须提前准备好浇筑的原材料，因现场场地有限不能满足一次囤足底板浇筑所需原料，项目合约物资等部门应提前与原料供应商联系，现场设专人调度，保证在底板浇筑过程中原材料及时供应。

为保证混凝土的供应，底板混凝土浇筑时，搅拌站要在现场设专人调度，并且项目部设专人到搅拌站，监督搅拌站的供应情况。

（2）管理人员安排

大体积混凝土施工由于施工难度较大，协调管理要求很高，必须做好施工管理的组织安排，明确每个管理成员在施工准备、混凝土场内外运输、混凝土布料、浇筑、养护、测温、试验等各阶段、各方面的职责，使职责明确，责任到位，使每一个施工环节都有人管理协调。

项目部安排包括分包单位在内的白班、夜班两套人员，管理、监督控制混凝土的施工过程、施工顺序、底板混凝土的施工质量，保证混凝土24h不间断作业。管理人员安排见表4-29、底板混凝土指挥机构及部门职责分工见表4-30。

管理人员安排表 表4-29

序号	管理职责	值班时间（白班）	值班时间（夜班）
1	现场协调	2人	2人
2	技术	1人	1人
3	质检	1人	1人
4	试验	1人	1人
5	测温记录	2人	2人

续表

序号	管理职责	值班时间（白班）	值班时间（夜班）
6	标高、轴线测量	2人	2人
7	现场临电	1人	1人
8	安全	2人	2人
9	外访接待	1人	1人

底板混凝土指挥机构及部门职责分工　　　　　表4-30

序号	职责分工	检查内容	部门
1	现场总指挥	总体负责浇筑的指挥和协调	项目经理
2	技术保障	总体负责浇筑过程的技术保障	项目总工
3	现场生产	总体负责浇筑过程的组织安排	生产经理
4	机电保障	总体负责浇筑过程的水、电保障	机电经理
5	现场临时水电检查	检查电源线，电箱，明确各配电箱线路走向，供应部位；检测电箱，用电设备的电阻情况；停水、停电时的应急准备工作	机电部
6	现场机械检查	地泵泵管架搭设完毕，立向泵管搭设完成，泵司就位；塔式起重机钢筋丝绳备用，灰斗完成，信号工、塔司到位；振动棒准备到位，提前试运转，振动棒与手提箱配套	工程部
7	混凝土养护材料	检查塑料布、保温材料、养护用水管现场准备情况，浇筑完成混凝土覆盖养护材料	物资部
8	现场照明	现场使用镝灯照明，并准备好备用镝灯，确保夜间正常照明	机电部
9	内业	各种材料及试验合格证的收集报验；过程资料的收集整理	技术部
10	混凝土浇筑协调指挥	混凝土浇筑顺序的控制；注意检查导墙浇筑时间；及时安排电梯井浇筑；绘制平面图显示各部位浇筑时间；落实供灰、下灰、浇筑各岗位人员及混凝土振捣、摊铺工具到位情况	工程部
11	看模	跟踪检查后浇带、集水坑、电梯井、导墙模板；注意观察砖胎模变形状况；安排专人清除混凝土泌水	工程部 质量部
12	看筋	检查钢筋定位措施；扶正钢筋，柱筋保护，插筋保护；测温元件的保护，钢结构地脚螺栓	工程部 质量部
13	安全巡视	检查塔式起重机丝绳，吊具；检查现场用电情况；清理基坑边物料，防止物体坠落伤人；检查工人劳保用品安全帽、绝缘靴、绝缘手套等	安全部
14	后勤保证工作	检查工人、管理人员伙食；严禁工人疲劳作业；申请夜施证；确定民扰事件出现时的应急措施；通过报纸、电视了解近期本地区的重大活动，是否对浇筑混凝土有影响；收集一周内的天气预报，便于混凝土浇筑的统一安排	办公室

续表

序号	职责分工	检查内容	部门
15	混凝土搅拌站	检查混凝土搅拌站砂石、粉煤灰、外加剂、水泥和水等备料情况和材料来源,并保证原材的及时复试。搅拌能力,保养状况,易损件备用情况,搅拌机械操作人员数量,熟练程度,搅拌站供电情况是否有备用电源,计量称量是否经过校核。与施工现场随时沟通	搅拌站专职管理人员、物资部
16	测量控制	检查复核混凝土的标高、轴线及插筋的位置线	技术部
17	外访接待	负责处理、接待外访人员及社会相关单位	办公室
18	试验室	普通试模,抗渗试模准备情况;检查振动台,标养室湿温度,自动温控仪;检查坍落度,并做好记录;按要求成型试块和备用试块	技术部
19	分包	负责劳动力及施工机具的保障及组织协调完成混凝土浇筑、测温	分包项目经理

(3) 劳动力准备

底板施工需配备的劳动力包括有:

钢筋工、模板工、测温工、混凝土工等。其中底板混凝土浇筑时需要:混凝土搅拌人员、运输人员、泵工、拆接泵管工、摊铺工、振动棒操作工、混凝土面收光抹面工、卸料工、钢筋维护工、模板维护工、预留预埋件维护工等,另外配备焊工、水工、电工、机械工、抽水工等。

底板施工是本工程的关键,必须对所有工人做好入场教育,特殊工种持证上岗,施工前做好思想动员等工作。

(4) 材料准备

提前提出各专业详细材料计划,以保证底板的顺利施工。除混凝土原材料外措施用材也需提前考虑,特别是混凝土养护所需的塑料薄膜、阻燃草帘、洒水胶皮管和其他材料进场,要提前准备好防雨物资和排水设备,并在混凝土浇筑前到场。

3. 混凝土浇筑现场准备

(1) 隐蔽验收

做好底板钢筋的隐蔽验收以及预留与预埋设施的检查,并办理验收手续,隐蔽验收通过方可进行混凝土施工。

做好测量准备:测量仪器有全站仪、经纬仪,水准仪,50m钢卷尺,5m标尺等(以上仪器应进行检验并合格)。依据现场引入的水准点用水平仪和钢尺引测至基坑内,基础底板施工的标高控制点引至距底板结构上标高500mm,以便混凝土浇筑时控制标高。预先弹出轴线和墙柱边线、电梯基坑线、集水井坑线等,墙柱插筋和地脚螺栓预埋前将其边线用红漆标于底板上层筋,以保证其位置正确。

(2) 交通供电

设专人疏导交通,要考虑各种因素对施工的影响,防止交通原因造成混凝土原材供应不畅,提前与交管、城管及供水供电部门沟通联系,避免临时停水停电对混凝土浇筑造成影响。

(3) 输送泵的布置

根据现场实际情况,合理规划现场浇筑平面图。

(4) 泵管的布置

泵管从输送泵接出,沿基坑边坡向下接至底板面,再沿底板钢筋网片水平接至浇筑区。按确定好的浇筑路线布置好泵管,检查输送泵的性能情况,确保处于良好状态。

4.5.5 施工测量

1. 标高的测设

依据现场引入的水准点用水准仪和标尺将底板标高引测至基坑边,用红三角标识,标出绝对标高和相对标高,基础底板施工的标高控制点引至基坑内侧护坡桩表面,以便于引测。

2. 轴线投测

待细石混凝土防水保护层凝固能上人后,将电子经纬仪架设在基坑边上的轴线控制桩位上,经对中、整平后,后视同一方向桩(轴线标志),将控制轴线投射到作业面上,然后以投射到作业面上的控制轴线为基准。按施工图纸,架仪器或丈量放出其他轴线并以轴线放出内外墙、柱基、基础梁、集水坑、电梯坑、洞口边线及其他细部线。丈量放细部线前,架仪器复测基坑内作业面的轴线控制桩精度,确认准确无误后再放细部线。当平面或每一施工段测量放线完后,测量责任师必须进行自检,再由质量责任师查验合格后,填写楼层平面放线记录表报请监理验线,以便能及时验证各轴线的正确。

4.5.6 钢筋工程

1. 钢筋绑扎流程图

钢筋绑扎流程见图4-134。

2. 钢筋加工

本工程底板钢筋连接采用滚轧直螺纹连接形式(钢筋直径不小于18mm)。

(1) 钢筋连接套筒

进场的钢筋连接套筒应有产品检验合格证,外径、长度、螺纹牙型及精度等重要的尺寸应满足规范要求,钢筋连接套筒不得有表面裂纹及内纹、不得有严重的锈蚀,套筒应有保护端盖,严禁套筒内进入杂物。

(2) 钢筋滚压直螺纹接头

1) 工艺流程

钢筋下料 → 钢筋套丝 → 直螺纹检验 → 戴保护帽 → 分类堆放 → 现场钢筋连接 → 连接质量检查 → 施工现场的检验与验收

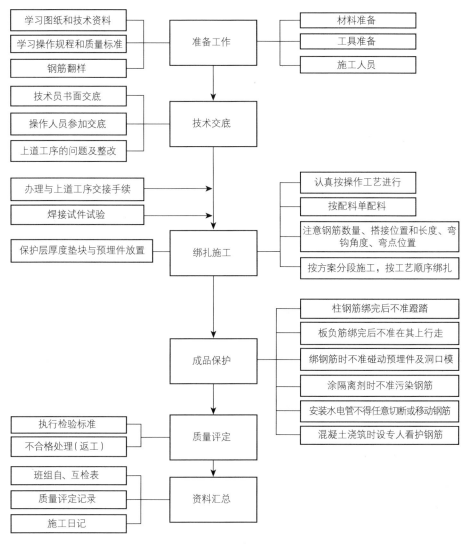

图 4-134 钢筋绑扎流程图

2) 操作要点

钢筋下料：钢筋下料应根据钢筋下料单进行，钢筋下料采用切割机断料，不得用热加工方法切断，钢筋端面宜平整并与钢筋轴线垂直，不得有马蹄形或扭曲；钢筋端部不得有弯曲，出现弯曲时应调直。

钢筋直螺纹加工：加工钢筋直螺纹时，应采用水溶性切削润滑液；当气温低于0℃时，应掺入15%~20%亚硝酸钠，不得用机油做润滑液或不加润滑液套丝。加工钢筋直螺纹丝头的锥度、牙螺距等必须与连接套的锥度、牙形、螺距一致，且经配套的量规检测合格。

直螺纹检验：操作工人应相对固定，按要求用螺纹规检查，逐个检查钢筋丝头的外观质量，并对已自检合格的丝头按要求进行批量随机抽检10%且不少于10个，用螺纹规检查。如有一个丝头不合格，即对该批全数检查，不合格的丝头应重新加工，合格后方可使用。

检验合格的丝头应加以保护，在其头加带保护帽或用套筒拧紧，按规格分类堆放整齐。

钢筋连接：把装好连接套筒的一端钢筋拧到被连接钢筋上，然后用扳手拧紧钢筋，使两根钢筋对顶紧，使套筒两端外露的丝扣不超过1个完整扣，连接即告完成，随后立即画上记号，以便质检人员抽查，并做好抽查记录。连接时，钢筋的规格和连接套的规格应一致，并确保钢筋和连接套的丝扣完好无损；必须用力矩扳手拧紧接头；连接钢筋时应对正轴线将钢筋拧入连接套，然后用力矩扳手拧紧，拧紧后的接头应做好标记。

3. 底板钢筋绑扎

本工程基础底板为筏形基础，板厚：主楼部分1600mm，车库部分400mm。钢筋直径主要有18mm、25mm。

（1）工艺流程见图4-135

（2）钢筋绑扎要点

1）绑扎顺序 底板钢筋绑扎时应先绑电梯井及集水坑钢筋，后绑扎大面积底板筋，待板筋绑扎完后，将墙、柱、楼梯线引至上层钢筋表面进行插筋固定。

2）弹线 绑扎之前，根据结构底板钢筋网的间距，先在防水混凝土保护层上弹出黑色墨线，放出集水坑、墙、柱、楼梯基础梁、暗梁位置线和后浇带的位置边线。为了醒目便于日后定位插筋方便，在各边线每隔2.0m划上红色油漆三角。墙柱拐角处各划一个红三角，并将边线延长。

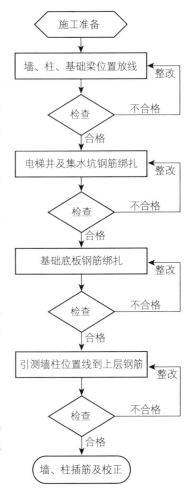

图4-135 钢筋绑扎工艺流程

3）铺筋顺序 无论是集水坑、电梯井，还是大面积筏板，下层钢筋网应先铺短向、后铺长向，上层钢筋网则刚好相反，其他未注明位置铺筋顺序参见《混凝土结构施工钢筋排布规则与构造详图》。

4）接头位置 底板钢筋直径18mm以上（含18mm）接头采用直螺纹连接，直径小于18mm的钢筋采用搭接，下层钢筋接头设在跨中上层钢筋接头设在支座处。

5）垫块制作

底板垫块均采用与底板混凝土同强度无石子混凝土制作，垫块规格为：100mm×100mm×40mm，内设火烧丝方便固定于钢筋网片上。垫块应提前30d制作完成，养护强度达到C30后，方可使用。

6) 墙柱插筋

①将门洞口、暗柱、柱边线、梯段板起始位置线投测到上网钢筋上,按图纸要求的规格、间距插筋。

②插筋限位固定:柱、墙插筋拐角与下网钢筋网片或限位筋绑扎固定。墙插筋在板内设置两道限位水平筋,下层钢筋网一道,上层钢筋网上皮一道,直径同墙筋。另外再在混凝土面上设置两道临时限位水平筋及水平梯子筋;柱插筋在板内设置四道限位箍筋,上下层钢筋网各一道,中间板高范围内等间距设置两道,另外再在混凝土面上设置两道临时限位箍筋及柱定距框,所有限位筋均与底板网片筋及墙柱插筋绑扎牢固,为保证墙体钢筋不位移,人防墙体及所有外墙,采用筏板下预埋钢筋马凳,板上用架子管双层双向固定。墙柱插筋固定见图4-136。

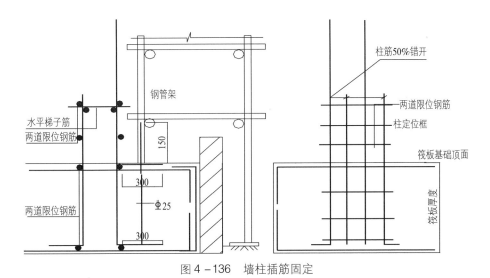

图4-136 墙柱插筋固定

7) 网片绑扎

①摆放钢筋除按线摆放外,起始钢筋端部应满足设计、规范所要求的最小锚固要求。

②下网钢筋绑扎时应边绑扎边垫垫块,垫块采用混凝土垫块,垫块间距1.5m,梅花型布置。

③上网钢筋绑扎前,用石笔在支架上按钢筋间距画线分档,然后按间距线摆放上层网片钢筋。

④底板钢筋网片的所有交点均要全部绑扎牢固,相邻绑扎点成八字形。所有绑扎丝头均朝向混凝土内部。

⑤底板下保护层使用C30无石子混凝土块控制,上网使用钢筋马凳控制。马凳采用三角形支撑的直径25HRB335级钢筋制成,马凳与受力筋垂直通长布置,1.6m板厚部分排距均为1500mm,0.4m板厚部分排距为1800mm。上铁绑扎前摆好马凳,马凳下横筋必须放在下层钢筋网上并绑扎牢固,马凳见图4-137。

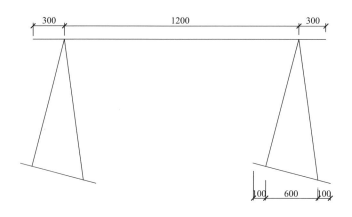

垂直高度=板厚-上下保护层-上铁两层网片下铁下层网片厚度

图4-137 马凳示意图

4.5.7 模板工程

1. 基础模板和导墙模板的处理

基础底板以后浇带为界线，把基础底板分成两个区域，高跨为1.7m、低跨为0.4m。

本工程基础垫层为150mm厚C15混凝土，为满足砖胎模砌筑需要垫层浇筑宽度为底板外边线外扩300mm，为防止垫层边下方土体被集水沟流水冲失，垫层边缘处节点做法如图4-138。

污水坑靠近基坑边坡处垫层边缘无法形成明沟时，在垫层外边缘做200mm×300mmC15素混凝土梁，以保证明排水畅通和砖胎膜砌体稳定。

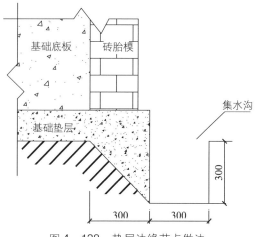

图4-138 垫层边缘节点做法

砌筑240mm厚灰砂砖墙作为底板侧模，砖胎模砌筑于基础垫层之上，采用1:2.5水泥砂浆砌筑（P·O42.5水泥），砖胎膜使用木方支顶于边坡加固，砖胎模内侧抹20mm厚1:2.5水泥砂浆（P·O42.5水泥）。砖胎膜防水处理完后立面防水卷材应用胶合板防护，待底板钢筋绑扎完后混凝土建筑前撤出。

地下室外墙和消防水池墙采用随底板同时浇筑导墙，施工缝处安放止水钢板的方法克服渗水问题，导墙高500mm，采用吊模处理（图4-139），面板采用12mm厚多层胶合板，次肋采用50mm×100mm的木方，用钢管三脚架进行加固，钢管三脚架间距1000mm，三脚架立杆支撑在锥接头上，锥接头底部与螺杆连接，螺杆焊接在型钢支架或钢筋马凳上或者直接采用十字钢筋与型钢支架焊接。钢板止水带采用搭接50mm焊接的方式接长。

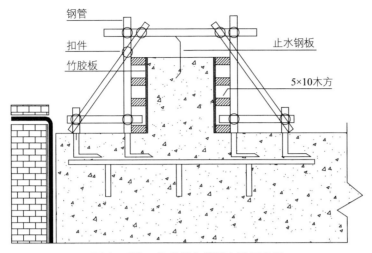

图4-139 基础板木模板支设示意图

2. 集水坑、电梯井坑等模板处理

基础底板集水坑、电梯井坑等部位土体坑洼不平部分以C15混凝土浇筑，由于泥岩大块脱落无法用C15混凝土大量浇筑的部位在浇筑筏板时以同强度等级的混凝土浇筑。内壁模板面板用12mm胶合板，此肋用50mm×100mm木方，顶撑用钢管、"U"托和木方一起配合使用；模板现场根据施工图纸尺寸进行制作，为了保证在浇筑混凝土时模板上浮，模板上面配置配重或用铅丝与下面钢筋拉接在一起，模板示意见图4-140。

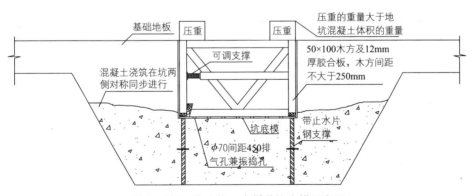

图4-140 集水坑、电梯井坑支模示意图

3. 基础底板后浇带的处理

基础后浇带宽为800mm，为了方便后期施工，采用"快易"收口网和木方骨架，作为永久性模板和施工缝的接缝处理（图4-141）。后浇带两侧的快易收口网，需要采用木方和钢管"U"托对顶。木方水平间距300mm，1000mm厚底板每根木方垂直方向上均布3根钢管"U"托，1700mm厚底板每根木方垂直方向上均布5根钢管"U"托。

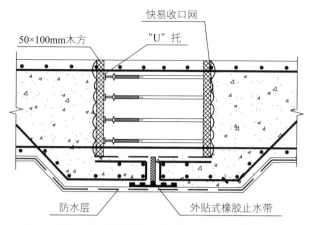

图 4-141 底板后浇带"快易"收口网支模示意图

(1) 后浇带支撑的拆除

为了后浇带支撑系统的拆除,在绑扎后浇带钢筋时,要预先在后浇带的两端向内(总长的1/4位置)和中间各预留一个洞口,洞口尺寸为 600mm×800mm,断开的钢筋连接可采用正反丝套筒连接也可采用焊接连接。

(2) 基础底板处后浇带防护

在后浇带两侧砌筑三皮砖,砖上覆盖木龙骨、多层板及防水薄膜,砖外侧抹防水砂浆,防止上部雨水及垃圾进入后浇带而腐蚀钢筋,减少日后对后浇带处垃圾清理的难度。

(3) 后浇带内积水处理

在沉降后浇带和温度后浇带内垫层分别向两端找坡以便后浇带内积水外排,坡度3‰,必要时可设小集水坑,底板浇筑完成后在集水坑内设水泵,根据情况需要随时抽水。

(4) 后浇带施工时间

后浇带一(沉降后浇带):主楼主楼结构封顶后两个月浇筑。

后浇带二(施工后浇带):待 -0.01m 梁、板施工完后两个月再浇筑。

4.5.8 混凝土工程

1. 混凝土搅拌

本工程混凝土采用现场搅拌的方式供应,选用 HZS50Z 型搅拌站,主搅拌机型号为 JS1000,混凝土搅拌的关键在于混凝土各组成材料的计量准确。在混凝土搅拌过程中我方与搅拌站租赁方要定时抽检混凝土材料用量,每工作台班检查不应少于两次,每盘混凝土各组成材料计量结果的偏差应符合表 4-31 要求,且每盘搅拌时间不得少于 2min。

材料计量结果偏差 　　　　　　　　　　　　　　　　表 4 – 31

混凝土组成材料	每盘计量	累计计量
水泥、掺合料	±2	±1
粗、细骨料	±3	±2
水、外加剂	±2	±1

2. 混凝土运输与泵送

本工程采用现场搅拌混凝土，混凝土从搅拌机出口流出后直接用溜槽引至地泵进料口，同时设置溜槽可将混凝土引至预制的塔吊混凝土吊斗内，对于柱等不易布置泵管部位采用塔吊协助浇筑混凝土。

本工程地处交通较为便利，但需考虑砂石料车进场便利性，防止因砂石料进场不及时导致混凝土供应不足。底板混凝土施工前需提前根据混凝土连续浇注速度计算砂石料需用量，确定砂石料车供应频率。

由于场地狭小，要设专人对场内交通进行疏导指挥，可以有效避免砂石料车倒车、掉头时互相干扰，影响浇筑效率。

3. 底板混凝土浇筑安排

（1）机具、材料安排

机具、设备见表 4 – 32。保温养护用材料见表 4 – 33。

基础底板混凝土设备机具配置一览表 　　　　　　　　　　表 4 – 32

序号	名称	数量	备注
1	混凝土搅拌站设备	1 套	HZS50Z
2	混凝土输送泵	1 台	HBT90
3	高压泵管	200m	D125
4	插入式振捣器	10 套	φ50、φ30
5	布料杆	1 台	HG18

保温养护用材料 　　　　　　　　　　　　　　　　　　表 4 – 33

序号	名称	数量	备注
1	塑料薄膜	2800m²	按满覆盖一层考虑
2	保温草帘被	5000m²	考虑局部温差较大双层覆盖
3	塑料水管	200m	养护洒水

（2）混凝土泵送

混凝土从搅拌机中出料时应使用溜槽转接，防止混凝土直接从搅拌机出料口冲进地泵进料口后产生离析，浇筑过程时时监控混凝土熟料质量，当出现离析等现象时应立即停止泵送，检查原因。

混凝土泵机料斗上要加装一个隔离大石块的筛网，其筛网规格与混凝土骨料最大粒径相匹配，并安排专人值班监视物料情况，当发现大块物料时，应立即拣出。

混凝土应保证连续供应，以确保泵送连续进行。不能连续供料时，宁可放慢泵送速度，以确保连续泵送。当混凝土供应脱节时，泵机不能停止工作，应每隔 4~5min 使泵机反转两个冲程，把物料从管道内抽回重新拌合，再泵入管道，以免管道内拌合料结块或沉淀发生堵管现象。

泵管铺设：必须坚持"路线短、弯道少、接头严密"的原则。

泵管由地面向下布置时，大坍落度的混凝土拌合物就有可能在倾斜管段内产生因自重向下滑流。此时，应在倾斜管的上端设排气阀，当向下倾斜管段内有空气段时，先将排气阀打开，压送排气，在下倾斜管段内充满混凝土拌合物，从排气阀排出砂浆时，再关闭排气阀进行正常压送，图 4-142。

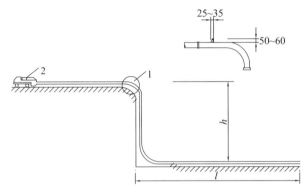

图 4-142 泵管侧斜向下布置示意图
1—排气阀；2—混凝土泵

在向下泵送，地上水平管段轴线应与 Y 形管出料轴线垂直。

接管：泵管必须架设牢固，输送管线宜直，转弯宜缓，接头加胶圈，以保证其严密，泵出口处要设一定长度的水平管。泵管在底板上层钢筋网片上布置时，不允许直接放在钢筋网片上，必须搭设专门的支架。基坑边坡有腰梁位置泵管垂直架参照图 4-143 施工。泵管水平架设见图 4-144。

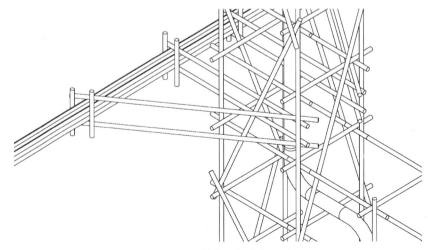

图 4-143 泵管与腰梁架设示意图

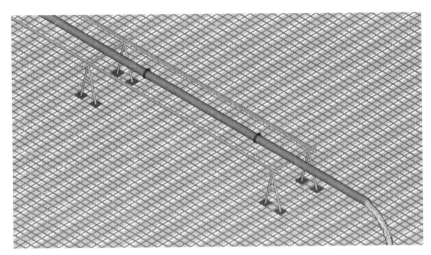

图 4-144 泵管水平架设示意图

泵送前应先用适量水泥砂浆润滑混凝土输送管内壁。

泵送过程中，受料斗内应有足够的混凝土，以防止吸入空气产生阻塞。

在现场随时抽查坍落度，若发现坍落度超过规定要求则立即停止泵送。

4. 混凝土浇筑

(1) 浇筑方式

采用泵送，人工浇筑的施工工艺和斜向推进、分层浇筑的方法。边浇筑边拆泵管。外墙根部与底板面交接处不设施工缝，设在离板面高 500mm 墙体上，500mm 高导墙与底板一起浇筑混凝土（由于本工程中墙体与底板混凝土强度等级不一致，因而施工时要特别注意区分）。混凝土浇筑分层厚度为 300mm，考虑混凝土最不利自由流淌长度为高度的 9~12 倍，混凝土坍落度控制在 120mm±20mm，实际流淌长度将为 15~20m 左右。浇筑分层示意见图 4-145。

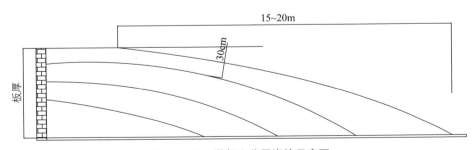

图 4-145 混凝土分层浇筑示意图

(2) 混凝土浇筑要求

混凝土浇筑要加强现场调度管理，确保已浇混凝土在初凝前被上层混凝土覆盖，不出现"冷缝"。

使用插入式振捣器快插慢拔，插点要均匀排列，逐点移动，顺序进行，不得遗漏，做到均匀振实。移动间距不大于振动棒作用半径的 1.5 倍（一般为 300~

400mm）。振捣上一层应插入下层50mm，以消除两层间的接缝。每一次振点的延续时间一般为20~30s，以表面呈现浮浆和不再沉落为准。横向振捣界面的振捣搭接至少500mm宽，以防止交界处的漏振。

底板板面上的板面粗钢筋，在振捣后、初凝前容易出现早期塑性裂缝—沉降裂缝的部位，必须通过控制下料和二次振捣予以消除，以免成为混凝土的缺陷，导致应力集中，影响温度收缩裂缝的防治效果。混凝土头次振捣后，间隔一段时间（要控制在混凝土初凝前）进行二次复振。复振可增加混凝土的密实度，消除混凝土骨料沉落带来的收缩裂缝。板面振捣时要避免过振，过振会造成表面浮浆过多，产生干缩裂缝。

凡板面上有导墙部位应控制下料，在板浇平振实后，稍作停歇，在混凝土初凝前再浇板面上导墙，浇筑墙体并振捣之后需进行二次复振，保证混凝土不产生孔洞、麻面、蜂窝。

有埋管部位及表面有粗大钢筋部位，振捣之后、初凝之前易在混凝土表面出现沉缩裂缝，应及时采用人工二次压抹予以消除。处理之后，为防止水分继续蒸发使混凝土表面干缩，在混凝土终凝时，应立即用塑料膜进行表面覆盖，终凝后进行覆盖草帘补水养护。

在钢筋密集处，混凝土振捣应仔细进行。因钢筋间隙小，应保证竖直插拔，必要时可用 $\phi 30$ 棒振捣，或用圆头钢棒辅以人工插捣。振捣应随下料均匀有序的进行，不可振漏，亦不可过振。对于有柱墙插筋的部位，亦必须遵循上述原则，保证其位置正确，在混凝土浇筑完毕后，应及时复核轴线，若有异常，应在混凝土初凝之前及时校正。

混凝土板面标高控制采用每隔2m设标筋找平。

混凝土浇筑时，防止混凝土进入后浇带内，以免影响设置效果。拆管、排除故障或其他原因造成废弃混凝土严禁进入工作面，严禁混凝土散落在尚未浇筑的部位，以免形成潜在的冷缝或薄弱点，对作业面散落的混凝土、拆管倒出的混凝土、润管浆等应用吊斗吊出，按照固体废弃物处理。

（3）泌水和浮浆的处理

在进行大体积混凝土配合比试配时，要减少混凝土的泌水，防止泌水的产生；混凝土浇筑时，由于采取分层浇筑，上下层施工的间隔时间较长，因此各浇筑层易产生泌水层和浮浆，故采取以下措施处理：

流向基坑周边的泌水用污水泵抽走；流向坑井底部和后浇带的泌水，用真空泵抽到地面，图4-146，经过沉淀后再排入市政污水管道。

（4）混凝土表面处理

混凝土复振后，即可进行板面处理。大体积混凝土表面水泥浆较厚，在浇筑4~8h内按标高用长刮尺刮平，先用铁磙子碾压一遍后，用木抹子搓平，最后用软毛刷子横竖扫一道。板面处理要在混凝土初凝前完成。经过板面处理，可以有效减少混凝土细裂纹的产生，减少收缩裂缝。

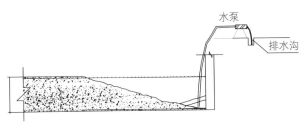

图 4-146 泌水处理示意图

5. 大体积混凝土测温

(1) 测温目的

为了随时了解和掌握大体积混凝土各部位混凝土在硬化过程中水泥水化热产生的温度变化情况,防止混凝土在浇筑、养护过程中出现内外温差过大而产生裂缝,以便于采取有效技术措施,使混凝土的内外温差控制在25℃以内及降温速率小于3℃/d,特对本底板基础混凝土做温度监测。

(2) 测试设备

测温仪:采用北京建筑工程研究生产院的便携式 JDC-2 建筑电子测温仪建筑电子测温仪及配套的测温导线。

(3) 底板大体积混凝土的测温工作

1) 测温点布置

竖向测温点布置,按照顶表面温度、中心温度、底表面温度的检测要求进行布设。

平面测温点布置于结构具有代表性的部位,另外重点对集水坑、电梯井基坑范围内较深处加设测温点进行测温,重点进行控制。基础底板测温平面布置见图4-147。

测温点上点距混凝土表面100mm,下点距底面100mm,中间点取纵向几何中心,由带测温感应片的测温导线将内部温度情况反映至仪器里,固定钢筋采用φ12,见图4-148。

2) 温度监测

测温从混凝土浇筑至表面开始,连续不间断进行温度监测。温度上升过程中每4h测一次,温度达到最高点并且稳定时每8h测一次。温度开始下降后,每12h测一次至测试结束,特殊情况可以随时检测。如上表面与中心温度差接近25℃时,及时通知现场值班人员,并及时采取保温措施。在混凝土的内外温差值基本稳定,并与外界温度基本相同时,停止测温。

测温工作应指派专人负责,24h连续测温,尤其是夜间当班的测温人员,更要认真负责,因为温差峰值往往出现在夜间。测温结果应填入测温结果记录表。每次测温结束后,应立刻整理、分析测温结果并给出结论。在混凝土浇筑的7d以内,测温员应每天向监理、技术部报送测温记录表,7d以后可每2d报送一次。在测温过程中,温差大于25℃属于异常,应及时报告技术部。

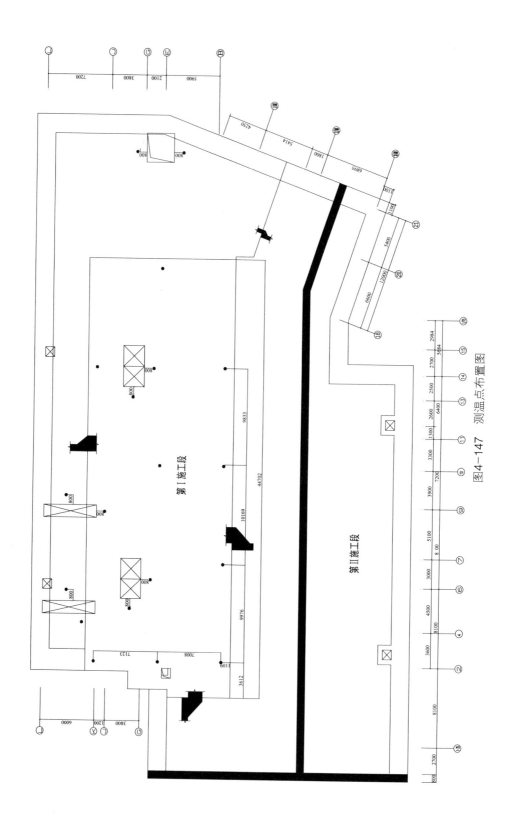

图4-147 测温点布置图

测温导线照片

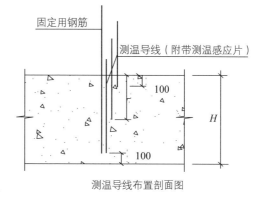
测温导线布置剖面图

图 4-148 测温导线布置示意图

6. 混凝土养护和保护

（1）养护时间

为了保证新浇混凝土有适宜的硬化条件，防止在早期由于干缩而产生裂缝，大体积混凝土浇筑完毕后，应在 12h 内加以覆盖和补水养护，养护时间不少于 14d。

（2）养护方法

本工程基础底板采用保温法养护，在混凝土完成板面处理 2h 后，覆盖一层塑料布，将混凝土表面盖严，以减少水分的损失，保温保湿，塑料薄膜上覆盖两层草帘保温材料。保温材料夜间要覆盖严密，防止混凝土暴露，中午气温较高时可以揭开保温材料适当散热。外墙导墙及导墙外采用覆盖阻燃草帘被，然后浇水养护。

蓄水或保温措施在混凝土达到要求强度并表面温度与环境温度差要小于 20℃ 时方可解除，并在中午气温比较高时才可安排进行。

7. 大体积混凝土应急措施

（1）堵泵措施

底板混凝土采用性能优良的混凝土泵，在浇筑前进行试泵，保证混凝土泵运转正常。如有堵泵，反复进行反泵和正泵，逐步吸出混凝土至料斗中，重新搅拌后再进行泵送。

可用木槌敲击等方法，查明堵塞部位，确定部位后，可在管外击松混凝土后，重复进行反泵和正泵，排除堵塞。

若上述方法无效时，应在混凝土泵卸压后，拆除堵塞部位的输送管，排出混凝土堵塞物后，再接通管道。重新泵送前，应先排除管内空气，拧紧接头。

在混凝土泵送过程中，若需要有计划中断泵送时，应预先考虑确定的中断浇筑部位，停止泵送；并且中断时间不要超过 1h。同时采取以下措施：

利用混凝土搅拌运输车内的料进行慢速间歇泵送，或利用料斗内的混凝土拌合物进行间歇反泵和正泵；慢速间歇泵送时，应每隔 4～5min 进行四个行程的正、反泵。

泵送完毕，应将混凝土泵和输送管清洗干净。在排除堵物，重新泵送或清洗混凝土泵时，布料设备的出口应朝安全方向，以防堵塞物或废浆高速飞出伤人。

(2)停水、停电措施

由于混凝土泵采用电泵,停电影响比较大,底板混凝土浇筑前项目部提前与相关电力部门联系确保连续供电,为防意外现场备有发电机可临时供电,发电机的功率不小于500kW,以满足搅拌站、两台地泵和振捣棒的用电需求。现场使用的生产用水均采用地下水,通过消防泵房给水到各个生产用水位置。

(3)温差过大措施

测温过程中,混凝土的温差应控制在25℃内,测温过程中,如温差超过25℃,测温员应首先报告项目技术部,技术部根据情况采取措施。一般采取加厚覆盖层的做法,对于本工程,可在原草帘被上加盖一层草帘被。在8h后如果温差还是异常,应会同搅拌站和监理单位,共同分析原因,寻求对策。

8. 检测试验

在本工程施工过程中必须保证结构混凝土的强度等级符合设计要求。用于检查结构构件混凝土强度的试件,应在混凝土的浇筑地点随机抽取。取样与试件留置应符合下列规定:

大体积混凝土按照每200m^3留置标养试件一组,每班留现场同条件养护试块一组。

所有试件随机取样,成型后用塑料膜严密覆盖,脱膜时写好编号、日期及部位,除同条件养护外,其余强度试件及抗渗试件立即送入标养室,以免因试件养护不利出现对工程质量误判。

抗渗混凝土每500m^3应留置一组抗渗试块且不得少于两组抗渗试块。试块应在浇筑地点制作,其中至少一组应在标准条件下养护,其余试块与构件相同条件养护;留置抗渗试块的同时需留置抗压强度试件并应取自同一混凝土拌合物中。

4.5.9 质量保证措施

1. 钢筋工程

(1)钢筋的品种和质量必须符合设计要求和有关标准的规定。每次绑扎钢筋时,由钢筋技术人员对照施工图确认。

(2)钢筋表面应保持清洁。如有油污则必须用棉纱蘸稀料擦拭干净。

(3)钢筋的规格、形状、尺寸、数量、锚固长度、接头设置必须符合设计要求和施工规范规定。

(4)钢筋机械连接接头性能必须符合钢筋施工及验收规定。

(5)弯钩的朝向要正确。箍筋的间距数量应符合设计要求,弯钩角度为135°,弯钩平直长度保证$10d \sim 10.5d$。

(6)为了防止墙柱钢筋位移,在振捣混凝土时严禁碰动钢筋,浇筑混凝土前检查钢筋位置是否正确,设置定位箍以保证钢筋的稳定性、垂直度。混凝土浇筑时设专人看护钢筋,一旦发现偏位及时纠正。

(7)钢筋保护层间距根据钢筋的直径、长度、随时做调整,确保钢筋保护层厚度满足设计要求。

（8）在钢筋加工期间，应不间断的抽检成型钢筋尺寸，发现超出钢筋加工的允许偏差值时，及时纠正，以确保钢筋安装质量。

（9）在地下室主楼主楼、裙房底板、柱基、基础梁、集水坑、电梯基坑、墙柱插筋等钢筋绑扎安装过程中，对照图纸，在现场重点检查钢筋的安放位置，保证墙柱插筋位置的正确并采取办法固定，预控墙柱插筋位移。底板下部加强钢筋安装范围必须检查到位。

（10）钢筋加工允许偏差见表 4-34，钢筋绑扎允许偏差见表 4-35。

钢筋加工允许偏差　　　　　表 4-34

项　目	允许偏差（mm）
受力钢筋顺长度方向全长的净尺寸	±10
弯起钢筋的弯折位置	±20
箍筋内净尺寸	±5

钢筋绑扎允许偏差（mm）　　　　　表 4-35

项次	项　目		允许偏差	检查方法
1	骨架的宽度、高度		±3	尺量检查
2	骨架的长度		±8	
3	受力钢筋	间距	±8	尺量两端、中间各一点取其最大值
		排距	±5	
4	绑扎箍筋、构造筋间距		±8	尺量连续三档取其最大值
5	钢筋弯起点位移		10	
6	焊接预埋件	中心线位移	3	
		水平高差	+3，0	尺量检查
7	受力钢筋保护层	梁柱	±3	
		墙板	±3	
		基础	±8	

2. 模板工程

（1）模板检查以轴线检查外墙导墙基础梁砖胎模、电梯坑、集水坑、后浇带钢或木模板安装位置、标高、截面尺寸、外墙导墙上口平直度。提前检查模板与混凝土接触面的清理和隔离剂是否涂刷到位情况。

（2）检查模板的支撑系统是否牢固，万无一失，转角处支撑有无薄弱点，发现后立即加固整改。

（3）在办理模板预检前，检查模板的拼缝、平整度、垂直度、模板清理和模板清扫口的封堵。

（4）检查确认，在保证混凝土表面和棱角不受损伤的情况下，方可拆除外导墙侧模。

(5) 防粘模措施：模板表面和边沿残余砂浆、混凝土必须清理干净；覆膜胶合板二次周转使用时刷水质隔离剂；优选混凝土配合比，严格控制混凝土的各组分含量，并严格控制混凝土的初凝和终凝时间；混凝土浇筑前，用水湿润混凝土接缝时，不能用水管直接冲向模板；严格控制混凝土的拆模时间，不得过早拆模。

(6) 现浇结构模板安装的允许偏差见表 4-36。

现浇结构模板安装的允许偏差　　　　　　　　　表 4-36

项　　目		允许偏差（mm）
轴线位移		3
底模上表面标高		±3
截面内部尺寸	基础	±5
	柱、墙	±3
相邻两板高低差		2
表面平整度		2

注：检查轴线时，应沿纵、横两个方向量测，并取其中较大值。

3. 混凝土工程

(1) 浇筑混凝土前，应对模板和钢筋进行互检，清净底板钢筋内的所有杂物，检查和安装保护层垫块、铁马凳。钢筋骨架上应铺设马道跳板，严防踩压钢筋骨架。

(2) 混凝土振捣，应依据振捣棒的长度和振动作用有效半径，有次序地分层振捣，振捣棒移动距离一般在 40cm 左右（小截面结构和钢筋密集点以振实为度）。振捣棒插入下层已振捣混凝土深度不小于 5cm，严格控制振捣时间，一般在 20~30s 左右。振捣棒应快插慢拔，防止漏振。

(3) 大体积混凝土应设测温点，安排专人按时测温记录。

(4) 混凝土工程允许偏差及检查方法见表 4-37。

混凝土工程允许偏差及检查方法　　　　　　　　　表 4-37

序号	项　　目		允许偏差值（mm）	检查方法
1	轴线位移	基础	15	钢尺检查
		独立柱基	10	
		墙、柱、梁	8	
		剪力墙	5	
		全高	±30	
2	截面尺寸		+8，-5	钢尺检查
3	表面平整度		8	2m 靠尺、塞尺
4	预埋设施中心线	预埋件	10	钢尺检查
		预埋螺栓	5	
		预埋管	5	
5	预留洞中心线位置		15	钢尺检查

4. 保证措施

(1) 确保原材料符合规范、规定要求

混凝土所用的水泥、水、骨料、外加剂、掺合料等必须符合规范规定，检查出厂合格证或试验报告是否符合质量要求，派人时时监控混凝土原材质量。对于防水混凝土的原材更要进行优选，严格控制骨料碱含量、规格、级配、含泥量以及其他影响混凝土性能的指标，保证所用外加剂与选用水泥相适应。

加强对现场混凝土坍落度检测，混凝土拌制过程中每台班坍落度检查不少于2次，根据实际情况加大检验次数，由试验员对坍落度进行测试，并做好测试记录。凡是混凝土坍落度不符合要求的，严禁使用。

(2) 混凝土裂纹控制

混凝土产生裂纹容易导致渗漏水，严重的甚至影响结构正常工作，因此施工中应加强控制裂纹的产生，除设计上加强构造措施外，在施工方面应做好以下几点，更好地遏制裂纹的产生。

1) 严把材料关，优化配合比设计

选用收缩率、水化热、碱含量较低的水泥，低活性骨料且级配合理、含泥量在规范内，混凝土配合比在满足施工和易性的条件下，通过掺加减水剂降低 W/C 比提高混凝土的密实度，掺加粉煤灰减少水泥用量、加入膨胀剂增加混凝土的抗裂性等，总之，混凝土的配合比应根据混凝土的强度等级、不同部位、不同性能有针对性地选择一些外加剂及掺合料，并通过试配确定最佳掺量。

2) 控制好钢筋位置，减少受力产生裂纹

钢筋间距不均匀、位置不准确，保护层偏大偏小，容易导致构件受力不当而使混凝土表面容易拉裂。因此，施工中应确保钢筋保护层到位、钢筋位置符合设计受力要求，在应力变化较大的变截面及转折处应严格按设计要求加设构造钢筋，浇筑前做好隐蔽检查。

3) 强化浇筑工艺，减少塑性收缩

采用二次抹压技术，减少塑性收缩。底板混凝土终凝前用木抹子再次抹压，可以很好地愈合沉缩、干缩引起的裂纹。

控制混凝土的浇筑速度、下料厚度、振捣时间，消除操作不当产生的裂纹。

混凝土振捣时间过长，不仅容易产生过振现象，而且骨料下沉、混凝土表面砂浆层过厚，容易导致裂纹产生，因此应采用分层下料、分层振捣，振捣时间以混凝土表面泛浆、骨料不再沉落为宜。

4) 控制好大体积的温度裂缝

通过合理选择原材料及外加剂、优化混凝土配合比、控制入模温度、施工中分段分层浇筑、做好测温监测、加强养护等一系列措施减少内外温差过大而使混凝土表面拉裂。

5. 成品保护

(1) 钢筋工程

钢筋应按总平面布置图指定地点摆放，用垫木垫放整齐，防止钢筋变形、锈蚀、油污。

底板上下层钢筋绑扎时，支撑马凳绑牢固，防止操作时蹬踩变形。严格控制马凳加工精度在3mm以内，防止底板上部混凝土保护层偏差过大。

严禁随意割断钢筋。当预埋套管必须切断钢筋时，按设计要求设置加强钢筋。

绑扎钢筋时禁止碰动预埋件及洞口模板。

钢模板内面涂隔离剂，要在地面事先刷好，防止污染钢筋。

埋设于混凝土中的预埋件，必须按施工方案进行严格保护，防止其受到损伤。绝对禁止预埋件部位不采取任何防护措施。

（2）模板工程

模板安拆时轻起轻放，不准碰撞，防止模板变形。

拆模时不得用大锤硬砸或撬棍硬撬，以免损伤混凝土表面和棱角。

模板在使用过程中加强管理，及时涂刷隔离剂。

支完模板后，保持模内清洁。

应保护钢筋不受扰动。

（3）混凝土工程

在混凝土浇筑后应及时进行抹压和养护。

为确保商品混凝土的质量，混凝土严禁加水。每车配备液体外加剂，当坍落度过小时，可对混凝土进行二次流化，以满足施工坍落度的要求。

夜间施工时，应安装足够的照明灯具；同时施工现场准备水源，用以冲洗搅拌运输车罐筒和泵车等。

泵送混凝土时，准备足够的塑料薄膜和草帘等保温材料对混凝土进行保温蓄热，防止水分和热量散失，提高混凝土的早期强度，确保混凝土内部温度降低到外加剂设计温度前混凝土强度达到早期允许受冻临界强度。

泵送混凝土系流态混凝土，相对于干硬性混凝土，坍落度较大，胶凝材料用量较多。因此极易发生沉陷及干缩裂缝，应按照国家标准和要求，对浇筑后的混凝土在终凝前，派专人对混凝土对浇筑面进行抹压2~3次，以防止产生沉陷干缩裂缝，在混凝土终凝后应及时覆盖塑料薄膜及保温被等其他防护保温措施，以防混凝土受冻，同时也可防止内部与外部温差过大，造成混凝土温差裂缝。

混凝土强度达到$1.2N/mm^2$前，不得在其上踩踏或安装模板及支架。

4.5.10 安全文明施工

1. 安全要求

（1）工人须经安全教育，考试合格后方可上岗。特殊工种持证上岗，有关证件须符合国家或辽宁省有关规定。

（2）不同部位混凝土施工前，应根据不同部位构件特点、施工环境等向施工班组和混凝土运输人员进行有针对性的安全技术交底。

（3）浇筑混凝土前必须检查支撑是否可靠、扣件是否松动。浇筑混凝土时必须设专人看模,随时检查支撑是否变形、松动,并组织及时恢复。

(4) 混凝土施工的作业人员,必须穿胶鞋、戴绝缘手套。

(5) 夜间浇筑混凝土必须有足够的照明设备。

(6) 砂石车离开现场时应在指定洗车池位置,用水清洗干净,不得在道路上遗撒。

(7) 振捣棒有专用开关箱,并接漏电保护器(必须达到两级以上漏电保护),接线不得任意接长。电缆线必须架空,严禁落地。

(8) 施工现场严禁吸烟、追逐、打闹、嬉戏,严禁酒后作业。

(9) 现场临电必须由专业电工配合施工。

(10) 施工机械必须设置防护装置,每台机械必须一机一闸并设漏电保护开关。

(11) 工作场所保持道路通畅,危险部位必须设置明显标志,操作人员必须持证上岗,熟悉机械性能和操作规程。

(12) 传递物料、工具严禁抛掷,以防坠落伤人。

(13) 泵车操作工必须是经培训合格的有证人员,严禁无证操作。

(14) 泵管的质量应符合要求,对已经磨损严重及局部穿孔现象的泵管不准使用,以防爆管伤人。

(15) 泵管架设的支架要牢固,转弯处必须设置井字式固定架。泵管转弯宜缓,接头密封要严。

(16) 泵车安全阀必须完好,泵送时先试送,注意观察泵的液压表和各部位工作正常后加大行程。在混凝土坍落度较小和开始启动时使用短行程。检修时必须卸压后进行。

(17) 当发生堵管现象时,立即将泵机反转把混凝土退回料斗,然后正转小行程泵送,如仍然堵管,则必须经拆管排堵处理后开车,不得强行加压泵送,以防发生炸管等事故。

(18) 混凝土浇筑结束前用压力水压泵时,泵管口前面严禁站人。

2. 环保要求

(1) 现场设置洗车池和沉淀池、污水井,砂石料车在出场前均要用水冲洗,以保证市政交通道路的清洁,减少粉尘污染。

(2) 混凝土泵、振捣棒噪声排放的控制:加强混凝土泵的维修保养,加强对其操作工人的培训和教育,保证混凝土泵平稳运行,选用低噪振捣棒,对超过噪声限制的混凝土泵和振捣棒及时进行更换。

(3) 混凝土施工的废弃物应及时清运,保持工完料尽场地清。

(4) 本工程混凝土内所掺的外加剂,符合国家标准,避免造成不利影响。

单元小结

基础施工方案是指导工程施工，进行资料存档的重要资料。本单元对常见的四种浅基础类型独立基础、条形基础、筏形基础、箱形基础的图纸交底、钢筋工程、模板工程、混凝土工程各分项工程的施工及质量检查验收等内容结合国家标准图集图集（03G101－1、06G101－6、04G101－3、08G101－5）和《建筑地基基础设计规范》（GB 50007—2002）、《建筑地基基础工程施工质量验收规范》（GB 50202—2002）、《高层建筑箱形与筏形基础技术规范》（JGJ 6—99）、《地下工程防水技术规范》（GB 50108—2008）等进行了综合论述，并通过一个实际工程具体阐述了基础施工方案的编制依据、内容、施工方法等，以培养学生理论联系实际、正确编制基础施工方案，以及进行基础施工和质量检查的职业能力。本单元在进行内容阐述时与现行施工规范和施工图集紧密结合，为将来学生走上工作岗位，实现"零距离"就业打下了坚实的基础。

【课后讨论】

1. 基础施工方案编制包括哪些内容，是不是所有工程都一样？如何与具体工程相结合编制实用的技术方案。

2. 钢筋弯曲时进行划线是如何进行的？请到施工现场参观结合施工钢筋弯曲操作进行讨论。

3. 结合施工现场或施工技术实训中心以及图书馆了解模板的类型、配板设计相关知识。

4. 进行施工现场调查，在你了解的施工工地有哪些施工质量问题，如何处理？

【实训】

独立基础的模板支设

1. 实训任务：用组合钢模搭设一个独立基础的模板，基础尺寸如图4－149所示。
2. 操作过程：算料、备料、放线、支设、检查、验收。
3. 模板支设质量标准：见表4－38。
4. 小组划分：每小组人数为5~6人。

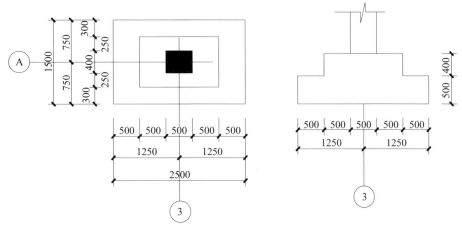

图 4-149 基础大样图

模板支设评定标准　　　　　　　　　表 4-38

项次	内容		允许偏差/mm	实测值				
1	轴线位置		5					
2	底模上表面标高		±5					
3	截面内部尺寸	基础	±10					
		柱、墙、梁	+4, -5					
4	层高垂直度	≤5m	6					
		>5m	8					
5	相邻两板表面高低差		2					
6	表面平整度		5					

思考与练习

1. 钢筋下料长度计算时为什么要考虑弯曲调整值和弯钩增加长度?
2. 独立基础底板钢筋上下位置是怎样布置的?为什么?
3. 当双柱无梁独立基础顶部配置钢筋时,钢筋位置如何?如何计算其下料长度和根数?
4. 当双柱有梁独立基础时,基础底板钢筋从受力角度分析与普通独立基础相比有什么不同？钢筋位置是如何的？

5. 钢筋的连接方式有几种？在进行钢筋连接计算时，如何结合钢筋接头面积百分率确定钢筋下料长度？
6. 在独立基础、条形基础、筏形基础、箱形基础中基础插筋的构造是不是一样？请说出他们的相同点。
7. 请对比地下框架梁、基础连梁、基础梁、基础主梁、基础次梁施工构造，通过画图或列表方式表达他们之间的相同点和不同点。
8. 基础常用的模板有哪些？在进行模板支设时注意什么问题？模板拆除注意什么？
9. 在进行钢筋绑扎时应注意什么问题？钢筋工程施工工艺顺序是怎样的？
10. 如何保证混凝土浇筑质量？
11. 大体积混凝土浇筑方式有哪些？
12. 大体积混凝土防止裂缝开展的方法有哪些？防止裂缝的有哪些技术措施？
13. 为什么要留设施工缝和后浇带？他们的留设位置在哪？施工构造如何？
14. 图 4-150 为某工程独立基础施工图，基础混凝土等级为 C25，基础下设垫层，垫层厚 100mm，C10 混凝土，三级抗震，框架柱纵筋均为直径为 25mm 的 HRB335 级钢筋，框架柱保护层厚度 $c=30\text{mm}$，试（1）计算基础底板及基础插筋、钢筋配料单。（2）绘制基础模板支设示意图。

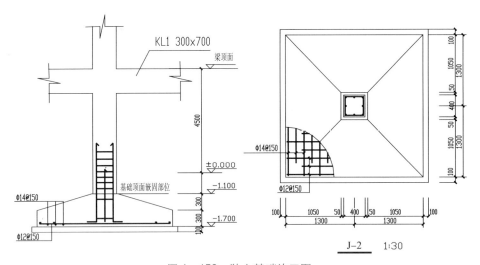

图 4-150 独立基础施工图

15. 结合图 4-151DKL5 平法标注，进行钢筋下料长度计算。已知混凝土 C30，三级抗震，保护层厚度 $c=30\text{mm}$，框架柱截面尺寸 700mm×700mm 纵筋均为 HRB400 级直径为 25mm 的钢筋，试计算该梁钢筋下料长度并制作配料单。
16. 图 4-152 为梁板式条形基础示意图，图中基础混凝土 C30，三级抗震，保护层厚度 $c=35\text{mm}$，框架柱截面尺寸 400mm×400mm，轴线居中，试（1）计算图中基础梁和基础底板钢筋下料长度。（2）绘制该基础模板支设示意图。

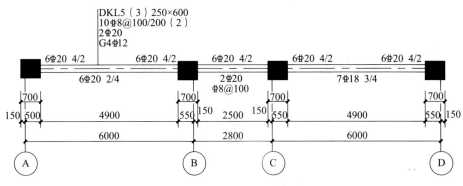

图 4-151 DKL5 平法标注

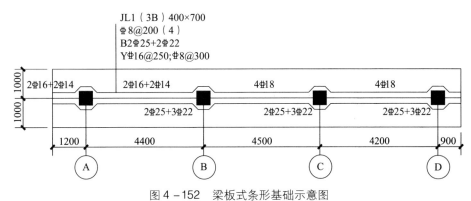

图 4-152 梁板式条形基础示意图

17. 图 4-153 为某筏形基础基础主梁示意图，图中基础混凝土 C35，三级抗震，保护层厚度 $c=35mm$，框架柱截面尺寸 $400mm \times 400mm$，轴线居中，试计算图中钢筋配料单。

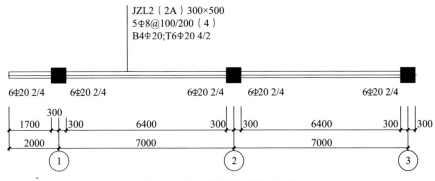

图 4-153 筏形基础基础主梁

18. 结合教材图 4-90，已知条件同前，试进行（1）板底 Y 向底部贯通钢筋和非贯通钢筋计算和（2）板顶 X、Y 向贯通钢筋计算。

19. 绘制梁板式筏形基础高板位和底板位模板支设示意图，对于低板位筏形基础按照梁板一起浇筑进行模板支设。

单元课业

课业名称：基础工程施工方案编制

时间安排：安排在本单元每个项目开课期间，按照讲课顺序循序进行，每个项目结束完成全部任务。

一、课业说明

本课业是为了完成"独立基础、条形基础、筏形基础施工图图纸交底、施工方案编制和基础施工及质量检查"的职业能力而制定的。根据能力要求，需要学生正确识读基础施工图、进行钢筋下料长度计算、编制钢筋工程、模板工程、混凝土工程施工方案和进行质量检查验收等内容。

二、背景知识

教材：本学习单元内容

参考资料：《混凝土结构施工图平面整体表示方法制图规则和构造详图（独立基础、条形基础、桩基承台）》（06G101-6）、《混凝土结构施工图平面整体表示方法制图规则和构造详图（筏形基础）》（04G101-3）、《建筑抗震设计规范》（GB 50011—2001）、《建筑地基与基础工程施工质量验收规范》（GB 50202—2002）、《混凝土结构工程施工质量验收规范》（GB 50204—2002）等。

三、任务内容

选择有代表性的独立基础、条形基础、筏形基础施工图进行分组学习，每5~8人为一组共同完成识读任务、钢筋下料长度计算、施工方案编制、技术交底工作，每小组的课业内容不能相同。

1. 识读工程施工图，进行图纸交底，完成任务单一、二、三
2. 写出详细钢筋下料计算过程，编制工程基础钢筋配料单，完成任务单四
3. 编制基础工程钢筋工程、模板工程、混凝土工程施工方案
4. 根据图纸写出基础施工技术交底和基础施工质量检验评定，完成任务单五

组内每个成员的任务：

1. 正确识读基础施工图纸，能够独立进行图纸交底

2. 独立完成

（1）独立基础：3~5个独立基础底板钢筋、基础插筋下料长度计算、3~5根地下框架梁或连梁钢筋下料长度计算。

（2）条形基础：3~5个条形基础底板钢筋、3~5根基础梁钢筋下料长度计算。

（3）筏形基础：筏板平板钢筋下料长度计算、3~5根基础主梁和基础次梁钢筋下料长度计算。

（4）绘制该工程基础模板支设图。

3. 能独立编制基础钢筋工程、模板工程、混凝土工程施工方案。

四、课业要求

1. 完成任务中小组成员要团结合作、共同工作，以培养团队精神。

2. 完成任务中要运用图书馆教学资源、网上资源进行知识的扩充，不断积累知识，增强自学能力。

3. 结合施工图集正确进行图纸交底，能提出正确合理的意见和建议。

4. 计算正确，满足施工、经济技术性和安全要求。

5. 编制的施工方案技术措施、工艺方法正确合理满足实用性要求。

6. 语言文字简洁、技术术语引用规范、准确。

7. 报告交底工作最好采用PPT进行，增强学生计算机应用能力。

8. 按照教师要求的完成时间、上交时间完成。

五、评价

学生课业成绩评定采用小组自评、小组互评和教师评定三部分完成，小组自评占20%，小组互评占20%，教师评定占60%。具体评定见课业成绩评议表。

课业成绩评定分为优秀、良好、中等、及格、不及格五个等级。

课业综合评定成绩在90分以上为优秀；课业综合评定成绩在80~89分为良好；课业综合评定成绩在70~79分为中等；课业综合评定成绩在60~69分为及格；课业综合评定成绩在59分以下为不及格。

课业成绩评议表

班级		组别		组长		项目名称		成绩	
自评 (20%)	计算正确性经济性（20%）								
	计算满足施工要求性（10%）								
	技术措施、工艺方法正确合理（30%）								
	语言简洁、技术术语规范、准确（10%）								
	施工方案实用性（20%）								
	工作量大小（10%）								
互评 (20%)	组别	计算正确性、经济性	计算满足施工要求性	技术措施、工艺方法正确合理	语言简洁、技术术语规范、准确	施工方案实用性	工作量大小		
	一组								
	二组								
	三组								
	…								
教师评定 (60%)	教师评语及改进意见：								
课业成绩综合评定									
学生对课业成绩反馈意见：									

任务单一　基础工程概况

地基基础							
	埋深			持力层		承载力特征值	
	条基	基底标高		基础高度		垫层厚度	
		底板配筋					
		基础梁尺寸					
	独基	基底标高		基础高度		垫层厚度	
		底板配筋					
		地框梁尺寸					
		连梁尺寸					
	筏基	基底标高		底板厚度		垫层厚度	
		底板配筋					
		顶板配筋					
		基础主梁尺寸					
		基础次梁尺寸					
	箱基	基底标高		底板厚度		垫层厚度	
		顶板厚度		外墙厚度		内墙厚度	
		顶板厚度配筋					
		顶板配筋					
		基础主梁尺寸					
		基础次梁尺寸					
	桩基	桩长		桩径		桩距	

抗震设防等级	
钢筋类别	
钢筋接头方法	
混凝土强度等级及抗渗要求	

其他需要说明的地方

任务单二　图纸交底记录

工程名称		时间	年　月　日
时　间		地点	
序　号	提出图纸问题	图纸修订意见	设计负责人
各单位项目负责人签字	建设单位		（建设单位公章）
	设计单位		
	监理单位		
	施工单位		

任务单三 图纸会审、设计变更、洽商记录

工程名称		时间	年 月 日
内容			

| 施工单位 | 项目经理：

技术负责人：

专职质检员： | 建设监理单位 | 专业技术人员：
(专业监理工程师)

项目负责人：
(总监理工程师) | 设计单位 | 专业设计人员：

项目负责人： |

任务单四　基础钢筋配料单

工程名称　　　　　　　　　　　　　　　　　　　　　　　　　　　共　页，第　页

构件名称	钢筋编号	简图	直径(mm)	钢号	长度(mm)	单位根数	合计根数	质量	备注

任务单五　基础施工技术交底记录

工程名称		时间	年　月　日

交底内容（按照分项工程钢筋工程、模板工程、混凝土工程分别编制）：

1. 施工准备
 (1) 材料准备

 (2) 主要机具

 (3) 作业条件

2. 施工工艺
 (1) 工艺流程

 (2) 操作要点

3. 工程施工质量检测
 (1) 质量标准

 (2) 检验方法和标准

4. 基础施工质量通病防治

单元5
桩基础施工

引 言

当建设场地的浅层地基不能满足承载力和变形的要求，往往可以利用深层坚实土层或岩层作为持力层，采用深基础方案。深基础主要有桩基础、沉井基础、墩基础和地下连续墙等几种类型，其中桩基础以其有效、经济等特点得到最广泛的应用。

学习目标

通过本单元的学习，你将能够：

1. 了解桩基础类型特点和相关构造知识。
2. 掌握钢筋混凝土预制桩的施工要点。
3. 掌握接桩施工、桩头处理方法。
4. 掌握钢筋混凝土灌注桩的施工过程。
5. 掌握桩基验收标准与验收方法。

本单元旨在培养学生进行桩基础施工、桩基质量检查的基本能力。通过课程讲解使学生掌握预制桩、灌注桩施工机具、工艺过程、施工要点、施工质量检查等知识；通过参观、录像、动画等强化学生对桩基施工的认识，增强学生进行桩基施工的职业能力。

当建设场地的浅层地基不能满足承载力和变形的要求，往往可以利用深层坚实土层或岩层作为持力层，采用深基础方案。深基础主要有桩基础、沉井基础、墩基础和地下连续墙等几种类型，其中桩基础以其有效、经济等特点得到最广泛的应用。

桩基础是由基桩和连接于桩顶的承台共同组成，如图 5-1 所示。

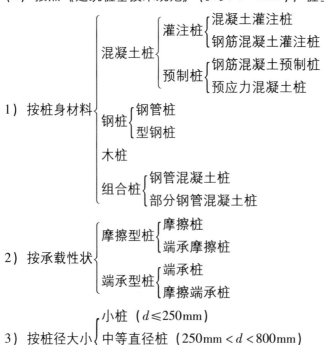

图 5-1　桩基础示意图
1—持力层；2—桩；3—桩基承台；
4—上部建筑物；5—软弱层

提　示

桩基础的作用是将上部结构传来的荷载，通过承台由各基桩传递到较深的地基土层中。桩基施工完成后进行承台施工。桩的类型，随着使用材料、构造形式和施工技术的发展，名目繁多。

相关知识

（1）按照《建筑桩基技术规范》（JGJ 94—2008），桩基分类主要有以下几种：

1）按桩身材料 $\begin{cases} 混凝土桩 \begin{cases} 灌注桩 \begin{cases} 混凝土灌注桩 \\ 钢筋混凝土灌注桩 \end{cases} \\ 预制桩 \begin{cases} 钢筋混凝土预制桩 \\ 预应力混凝土桩 \end{cases} \end{cases} \\ 钢桩 \begin{cases} 钢管桩 \\ 型钢桩 \end{cases} \\ 木桩 \\ 组合桩 \begin{cases} 钢管混凝土桩 \\ 部分钢管混凝土桩 \end{cases} \end{cases}$

2）按承载性状 $\begin{cases} 摩擦型桩 \begin{cases} 摩擦桩 \\ 端承摩擦桩 \end{cases} \\ 端承型桩 \begin{cases} 端承桩 \\ 摩擦端承桩 \end{cases} \end{cases}$

3）按桩径大小 $\begin{cases} 小桩（d \leqslant 250\text{mm}） \\ 中等直径桩（250\text{mm} < d < 800\text{mm}） \\ 大直径桩（d \geqslant 800\text{mm}） \end{cases}$

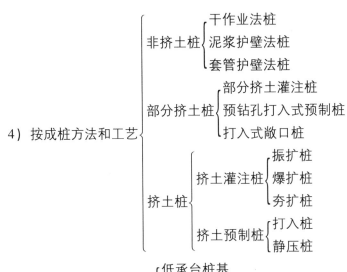

4) 按成桩方法和工艺 $\begin{cases} 非挤土桩 \begin{cases} 干作业法桩 \\ 泥浆护壁法桩 \\ 套管护壁法桩 \end{cases} \\ 部分挤土桩 \begin{cases} 部分挤土灌注桩 \\ 预钻孔打入式预制桩 \\ 打入式敞口桩 \end{cases} \\ 挤土桩 \begin{cases} 挤土灌注桩 \begin{cases} 振扩桩 \\ 爆扩桩 \\ 夯扩桩 \end{cases} \\ 挤土预制桩 \begin{cases} 打入桩 \\ 静压桩 \end{cases} \end{cases} \end{cases}$

5) 按承台底面相对位置 $\begin{cases} 低承台桩基 \\ 高承台桩基 \end{cases}$

(2) 桩基承台

桩基础承台常见形式有矩形多桩承台、等边三桩承台、等腰三桩承台等形式。柱下单排桩在桩顶两个互相垂直的方向上或双排桩承台短向设置承台梁,以利于荷载的传递(图5-2)。

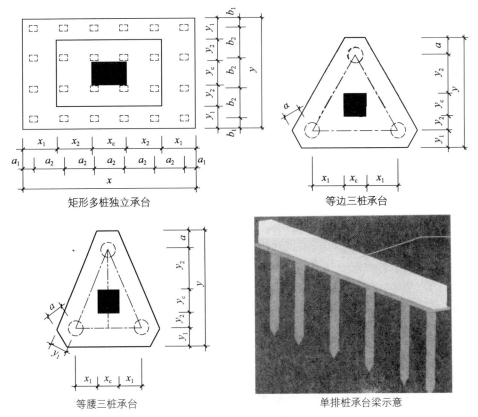

图5-2 桩基承台类型

1) 承台类似于独立基础,承台的混凝土强度等级不应低于 C20,纵向钢筋的混凝土保护层厚度不应小于 70mm,当有混凝土垫层时不应小于 50mm;此外尚不应小于桩头嵌入承台内的长度垫层的混凝土强度等级宜为 C10,垫层的厚度宜为 100mm。

2) 承台的最小厚度不应小于 300mm;承台的宽度不应小于 500mm;边桩中心至承台边缘的距离不宜小于桩的直径 d 或者边长 b,并且桩的外边缘至承台边缘的距离不小于 150mm。

3) 承台的配筋 矩形承台的钢筋应该双向均匀通长布置,钢筋的直径不应小于 12mm,间距不应大于 200mm,类似于独立基础底板配筋;对于三桩承台,钢筋应按三向板带均匀布置,且最里面的三根钢筋围成的三角形应在柱截面范围内,如图 5-3 所示。

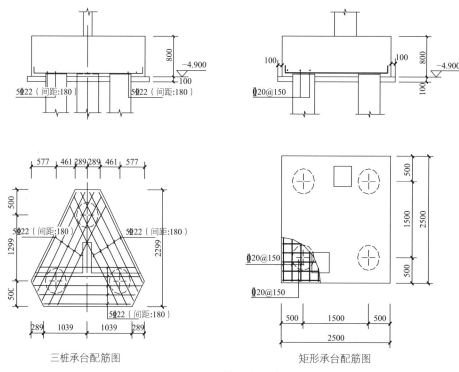

图 5-3 桩承台配筋图

4) 桩顶嵌入承台施工构造 当桩直径或桩截面边长小于 800mm 时,桩顶嵌入承台不应小于 50mm;当桩直径或截面边长大于 800mm 时,桩顶嵌入承台不宜小于 100mm;桩顶纵筋深入承台要满足锚固要求,当承台厚度小于纵筋直锚长度时,桩顶纵筋可伸至承台顶部后弯直钩,使总锚固长度为 l_{aE}(l_a);承台底端部钢筋锚固要求见图 5-4 所示。

5) 承台之间的连接符合以下要求:单桩在两个互相垂直的方向上设置承台梁,两桩承台宜在短向设置承台梁,有抗震要求的柱下独立承台,宜在两方向设置承台梁。条形承台梁桩的外边缘至承台梁边缘的距离不小于 75mm,承台梁的宽度不宜小

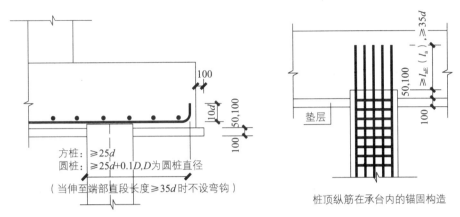

图 5-4 桩顶嵌入承台构造

于 200mm，高度取承台中心矩的 1/10~1/15，承台梁配筋不宜小于 $4\phi12$，承台梁的主筋直径不应小于 12mm，架立筋直径不应小于 10mm，箍筋直径不应小于 6mm，图 5-5（a）所示为承台梁配筋示意，承台梁端部钢筋构造见图 5-5（b）。

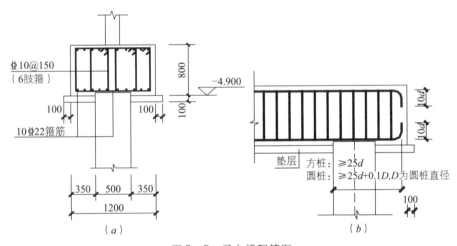

图 5-5 承台梁配筋图
（a）承台梁配筋示意；（b）承台梁端部钢筋构造

5.1 钢筋混凝土预制桩施工

学习目标

1. 根据地质堪察报告及工程特点正确确定打桩顺序
2. 了解打桩设备类型、特点

3. 了解打桩施工工艺过程、施工要点
4. 了解静压桩施工工艺过程、施工要点
5. 掌握钢筋混凝土预制桩、静压桩验收标准及验收方法

关键概念

预制桩、静压桩

混凝土预制桩是在工厂或现场预制成型后，用锤击、振动打入、静力压桩等方式送入土中的桩。钢筋混凝土预制桩截面可做成正方形、圆形等形状，为减轻自重，可做成空心。

5.1.1 施工准备

(1) 整平场地，清除桩基范围内的高空、地面、地下障碍物；架空高压线距打桩架不得小于10m；修设桩机进出、行走道路，做好排水措施。

(2) 按图纸布置进行测量放线，定出桩基轴线，先定出中心，再引出两侧，并将桩的准确位置测设到地面，每一个桩位打一个小木桩；并测出每个桩位的实际标高，场地外设 2~3 个水准点，以便随时检查之用。

(3) 检查桩的质量，将需用的桩按平面布置图堆放在打桩机附近，不合格的桩不能运至打桩现场。

提 示

预制桩的制作、运输和堆放都要按照规范进行，否则影响桩的质量。

相关知识

(1) 预制桩制作程序

现场制作场地压实、整平→场地地坪作三七灰土或浇筑混凝土→支模→绑扎钢筋骨架、安设吊环→浇筑混凝土→养护至30%强度拆模→支间隔端头模板、刷隔离剂、绑钢筋→浇筑间隔桩混凝土→同法间隔重叠制作第二层桩→养护至70%强度起吊→达100%强度后运输、堆放。

(2) 预制桩制作方法

1) 混凝土预制桩可在工厂或施工现场预制。现场预制多采用工具式木模板或钢模板，支在坚实平整的地坪上，模板应平整牢靠，尺寸准确。用间隔重叠法生产，桩头部分使用钢模堵头板，并与两侧模板相互垂直，桩与桩间用塑料薄膜、油毡、水泥袋纸或刷废机油、滑石粉隔离剂隔开，邻桩与上层桩的混凝土须待邻桩或下层桩的混凝土达到设计强度的30%以后进行，重叠层数一般不宜超过四层。混凝土空心管桩采用成套钢管模胎在工厂用离心法制成。

2) 长桩可分节制作，单节长度应满足桩架的有效高度、制作场地条件、运输与装卸能力等方面的要求，并应避免在桩尖接近硬持力层或桩尖处于硬持力层中接桩。

3) 桩中的钢筋应严格保证位置的正确,桩尖应对准纵轴线,钢筋骨架主筋连接宜采用对焊或电弧焊,主筋接头配置在同一截面内的数量不得超过50%;相邻两根主筋接头截面的距离应不大于$35d_g$(d_g为主筋直径),且不小于500mm。桩顶1m范围内不应有接头。桩顶钢筋网的位置要准确,纵向钢筋顶部保护层不应过厚,钢筋网格的距离应正确,以防锤击时打碎桩头,同时桩顶面和接头端面应平整,桩顶平面与桩纵轴线倾斜不应大于3mm。

4) 混凝土强度等级应不低于C30,粗骨料用5~40mm碎石或卵石,用机械拌制混凝土,坍落度不大于6cm,混凝土浇筑应由桩顶向桩尖方向连续浇筑,不得中断,并应防止另一端的砂浆积聚过多,并用振捣器仔细捣实。接桩的接头处要平整,使上下桩能互相贴合对准。浇筑完毕应护盖洒水养护不少于7d,如用蒸汽养护,在蒸养后,尚应适当自然养护30d方可使用。

(3) 起吊、运输和堆放

1) 当桩的混凝土达到设计强度标准值的70%后方可起吊,吊点应系于设计规定之处,如无吊环,可按图5-6所示位置设置吊点起吊。在吊索与桩间应加衬垫,起吊应平稳提升,采取措施保护桩身质量,防止撞击和振动。

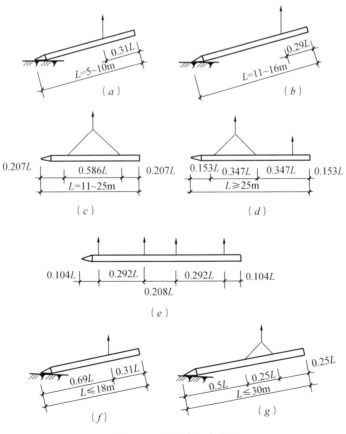

图5-6 预制桩吊点位置

(a)、(b) 一点吊法;(c) 二点吊法;(d) 三点吊法;(e) 四点吊法;
(f) 预应力管桩一点吊法;(g) 预应力管桩两点吊法

2)桩运输时的强度应达到设计强度标准值的100%。长桩运输可采用平板拖车、平台挂车或汽车后挂小炮车运输;短桩运输亦可采用载重汽车,现场运距较近,亦可采用轻轨平板车运输。装载时桩支承应按设计吊钩位置或接近设计吊钩位置叠放平稳并垫实,支撑或绑扎牢固,以防运输中晃动或滑动;长桩采用挂车或炮车运输时,桩不宜设活动支座,行车应平稳,并掌握好行驶速度,防止任何碰撞和冲击。严禁在现场以直接拖拉桩体方式代替装车运输。

3)堆放场地应平整坚实,排水良好。桩应按规格、桩号分层叠置,支承点应设在吊点或近旁处保持在同一横断平面上,各层垫木应上下对齐,并支承平稳,堆放层数不宜超过4层。运到打桩位置堆放,应布置在打桩架附设的起重钩工作半径范围内,并考虑到起吊方向,避免转向。

(4)检查打桩机设备及起重工具;铺设水电管网,进行设备架立组装和试打桩。在桩架上设置标尺或在桩的侧面画上标尺,以便能观测桩身入土深度。

(5)打桩场地建(构)筑物有防震要求时,应采取必要的防护措施。

(6)学习、熟悉桩基施工图纸,并进行会审;做好技术交底,特别是地质情况、设计要求、操作规程和安全措施的交底。

(7)准备好桩基工程沉桩记录和隐蔽工程验收记录表格,并安排好记录和监理人员等。

5.1.2 打(沉)桩施工

1. 工艺过程

桩进入施工作业区后,按图5-7的顺序施工。

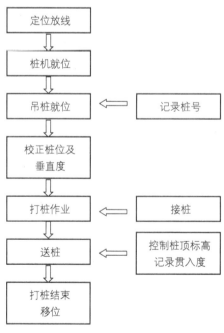

图5-7 打桩施工工艺

2. 施工要点

(1) 定位放线：将基准点设在施工场地外，并用混凝土加以固定保护，依据基准点利用全站仪或钢尺配合经纬仪测量放线，桩位测量放线误差控制在 20mm 以内，放线经自检合格，报监理单位联合验收合格后方可施工（图 5-8）。同时根据基准点 ±0.000 位置过程，以水准仪按区域测量场地地面标高，并换算出桩入土深度。

图 5-8　定位放线

(2) 桩机就位：打桩机就位后，检查桩机的水平度及导杆的垂直度，桩机须平稳，控制导杆垂直度不大于 0.5% 的高度，通过基准点或相邻桩位校核桩位。

提　示

桩机就位前要根据土质情况、桩身尺寸、桩间距离、方便桩架移动以及施工区域周边情况等因素确定打桩顺序。

相关知识

根据土质情况、桩身尺寸、桩间距离、方便桩架移动以及施工区域周边情况等因素确定打桩顺序。

(1) 若桩距不小于 4 倍桩直径，则与打桩顺序无关。

(2) 若桩距小于 4 倍桩直径，对于密集群桩，自中间向两个方向或向四周对称施打，当一侧毗邻建筑物时，由毗邻建筑物处向另一方向施打。当基坑较大时，应将基坑分为数段，而后在各段范围内分别进行（图 5-9e、f、g），但打桩应避免自外向内，或从周边向中间进行，以避免中间土体被挤密，桩难打入，或虽勉强打入，但使邻桩侧移或上冒。

(3) 对桩底标高不一的桩，宜先深后浅，对不同规格的桩，宜先大后小，先长后短，如此可使土层挤密均匀，以防止位移或偏斜；在粉质黏土及黏土地

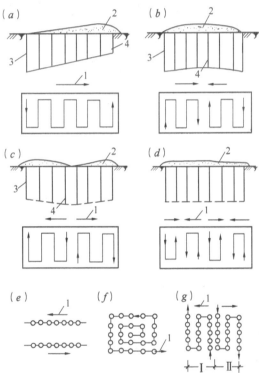

图 5-9　打桩顺序和土体挤密情况
(a) 逐排单向打设；(b) 两侧向中心打设；
(c) 中部向两侧打设；(d) 分段相对打设；
(e) 逐排打设；(f) 自中部向边没打设；(g) 分段打设
1—打设方向；2—土壤挤密情况；
3—沉陷量小；4—沉陷量大

区，应避免朝着一个方向进行，使土方一边挤压，造成入土深度不一，土体挤密程度不均，导致不均匀沉降。

（3）吊桩就位：用副勾吊桩，或配一台起重机送桩就位，根据桩长选择合适的吊点将桩吊起，并使其垂直对准桩位，徐徐松下桩锤套在桩顶，解除吊钩，检查并使桩锤、桩帽和桩身在同一直线上，然后慢慢将桩插入土中。

（4）校正垂直度：用两台经纬仪或垂球从两个方向检查桩的垂直度，并及时纠正，确保桩垂直度偏差小于0.5%（图5－10）。

（5）开捶打（沉）桩：按照要求进行打（沉）桩（图5－11）。

图5－10 校正垂直度

图5－11 开捶打（沉）桩

打桩应用适合桩头尺寸的桩帽和弹性垫层，以缓和打桩时的冲击。桩帽（图5－12）用钢板制成，并用垫木或绳垫承托。落锤式打桩机垫木亦可用尼龙浇铸件（规格 $\phi 260mm \times 170mm$，重10kg），既经济又耐用。一个尼龙桩垫可打600根桩而不损害。桩帽与桩周围的间隙应为5~10mm。

提　示

图5－12 安装桩帽

打桩施工要选择合适的打桩机械设备。

相关知识

打桩机械设备一般由桩架、桩锤和为桩锤提供动力的附属设备等三部分组成。

（1）桩架为打桩起重和导向设备，按行走方式的不同，桩架可分为滚筒式、履带式、步履式、轨道式。桩架主要由底盘、导杆、斜杆、滑轮组和动力设备等组成。桩架的高度可按桩长需要分节组装，每节长3~4m。桩架的高度一般等于桩长+滑轮组高+桩锤长度+桩帽长度+起锤移位高度（取1~2m）。

（2）桩锤有落锤、柴油锤、振动锤等，其使用条件、使用范围和适用条件见表5-1。

桩架适用范围参考表　　　　　　　　　表5-1

桩锤种类	优缺点	适用范围
落锤 （用人力或卷扬机拉起桩锤，然后自由下落，利用锤重夯击桩顶，将桩打入土中）	构造简单，使用方便，冲击力大，能随意调整落距；但锤击速度慢（每分钟约6~20次），效率较低	1. 适于打木桩及细长尺寸的混凝土桩 2. 在一般土层及黏土、含有砾石的土层均可使用
柴油锤 （利用燃油爆炸，推动活塞，上下往复运动，引起锤头跳动夯击桩顶）	附有桩架、动力等设备；不需要外部能源；机架轻、移动便利；打桩快，但桩架高度低，桩长受到限制	1. 最适于打钢板桩、木桩 2. 在软弱地基打12m以下的混凝土桩 3. 不宜用于坚硬土层和软土地基
振动锤 （利用偏心轮引起激振力，通过刚性联结的桩帽传到桩上）	沉桩速度快，适用性强；施工操作简易安全，能打各种桩并能帮助卷扬机拔桩；但不适于打斜桩	1. 适于打钢板桩、钢管桩、长度在15m以内的打入式套管灌注桩 2. 适于粉质黏土、松散砂土、黄土和软土，不宜用于岩石、砾石和密实的黏性土地基

1）落锤打桩

用钢制桩架，0.5~1.5t的铸铁锤，卷扬机提升，利用脱钩装置或松开卷扬机刹车而放落，使锤落到桩顶上，把桩逐渐打入土中。一般采用重锤低击，开始时控制油门处于很小的位置，待桩入土一定深度稳定后，逐渐加大油门按要求落距沉桩，最大落距控制一般不超过2~3m。落距一般控制在1m左右，每分钟约打6~20次。

2）柴油锤打桩

打桩机有导杆式、筒式、活塞式三种，如图5-13所示。

柴油锤的工作原理是当冲击部分落下时，压缩汽缸里的空气，柴油以雾状射入汽缸，由于冲击作用点燃柴油，引起爆炸，给已向下移动的桩施以附加的冲击力，同时推动冲击部分向上运动。柴油锤本身附有机架，不需附属其他的动力设备，机架轻便，打桩迅速。桩的吊起定位，可利用桩架本身卷扬机进行，桩架纵横向移动可铺设轨道，桩锤重一般大于桩重的1.5~2倍，每分钟锤击40~70次，不适合在松软土中打桩。

3）振动法沉桩是将振动锤借桩架上的卷扬机吊到就位的预制桩顶上，使桩头套入与振动箱连接的桩帽或液压夹桩器内夹紧，开动振动箱，借助于振动锤所产生的激振力，使得桩与土颗粒间的摩阻力大大减小，桩在自重和机械力的作用下逐渐沉入土中（图5-14）。

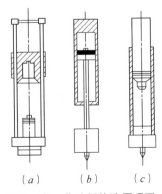

图5-13　柴油锤构造原理图
(a)导杆式；(b)活塞式；(c)筒式

沉桩时,如遇硬土下沉过慢,可利用卷扬机采取加压下沉或将桩略提高0.6~1.0m,然后重新快速振动冲下。沉桩机需要的激振力根据土的性质、含水率及桩种类、构造而定,约100~400kN。

沉桩时应注意以下几点:

①桩身、桩帽和桩锤三者必须在一条中心线上,以防锤击时打偏。

②开始时桩身入土快,贯入度很大,应随时调整激振力,使均速缓慢下沉。

图5-14 振动沉桩

(6) 接桩形式和方法

混凝土预制长桩,受运输条件和打(沉)桩架高度限制,一般分成数节制作,分节打入,现场接桩。常用接头方式有焊接、法兰接及硫磺胶泥锚接等几种(图5-15)。前两种可用于各类土层;硫磺胶泥锚接适用于软土层。焊接接桩,钢板宜用低碳钢。

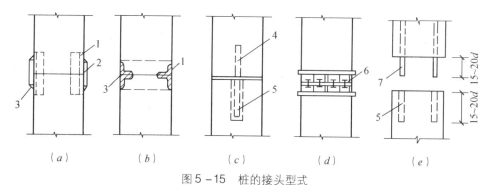

图5-15 桩的接头型式
(a)、(b) 焊接接合;(c) 管式接合;(d) 管桩螺栓接合;(e) 硫磺胶泥锚筋接合
1—角钢与主筋焊接;2—钢板;3—焊缝;4—预埋钢管;5—浆锚孔;
6—预埋法;7—预埋锚筋

焊接时应先将四角点焊固定,然后对称焊接,并确保焊缝质量和设计尺寸。法兰接桩钢板和螺栓亦宜用低碳钢并紧固牢靠;硫磺胶泥锚接桩使用的硫磺胶泥配合比应通过试验确定,其物理力学性能应符合表5-2要求,其施工参考配合比见表5-3。硫磺胶泥锚接方法是将熔化的硫磺胶泥注满锚筋孔内并溢出桩面,然后迅速将上段桩对准落下,胶泥冷硬后,即可继续施打,比前几种接头形式接桩简便快速。锚接时应注意以下几点:①锚筋应刷净并调直;②锚筋孔内应有完好螺纹,无积水、杂物和油污;③接桩时接点的平面和锚筋孔内应灌满胶泥,灌注时间不得超过2min;④灌注后停歇时间应满足表5-4要求;⑤胶泥试块每班不得少于一组。

硫磺胶泥的主要物理力学性能指标　　表 5-2

项次	项目	物理力学性能
1	物理性能	1. 热变性：60℃以内强度无明显变化；120℃变液态；140～145℃密度最大且和易性最好；170℃开始沸腾；超过180℃开始焦化，且遇明火即燃烧 2. 密度：2.28～2.32t/m³ 3. 吸水率：0.12%～0.24% 4. 弹性模量：5×10^5 kPa 5. 耐酸性：常温下能耐盐酸、硫酸、磷酸、40%以下的硝酸、25%以下铬酸、中等浓度乳酸和醋酸
2	力学性能	1. 抗拉强度：4MPa 2. 抗压强度：40MPa 3. 握裹能力：与螺纹钢筋为11MPa；与螺纹孔混凝土为4MPa 4. 疲劳强度：对照混凝土的试验方法，当疲劳应力比值 P 为0.38时，疲劳修正系数大于0.8

硫磺胶泥配合比　　表 5-3

项次	硫磺	水泥	石墨粉	石英砂	磺砂	聚硫胶	聚硫甲胶
1	44	11	—	—	—	1	—
2	60	—	5	34.3	34.1	—	0.7

硫磺胶泥灌注后的停歇时间　　表 5-4

项次	柱截面 (mm)	不同温度下的停歇时间（min）									
		0～10℃		11～20℃		21～30℃		31～40℃		41～50℃	
		打桩	打桩	打桩	打桩	打桩	打桩	打桩	打桩	打桩	打桩
1	400×400	6	4	8	5	10	7	13	9	17	12
2	450×450	10	6	12	7	14	9	17	11	21	14
3	500×500	13	—	15	—	18	—	21	—	24	—

（7）送桩

建筑工程中的桩基多为低承台形式，承台需埋入地面一定深度，因此，桩体一般均需打入到桩架导杆以下。此时可采用与所打预制桩截面尺寸相同的送桩进行，送桩可用钢筋混凝土或钢材制作（图5-16），长度应视桩顶标高而定。

当已打入的桩由于某种原因需拔出时，长桩可用拔桩机进行。一般桩可用人字桅杆借卷扬机拔起或钢丝绳捆紧桩头部，借横梁用液压千斤顶抬起；采用汽锤打桩可直接用蒸汽锤拔桩，将汽锤倒连在桩上，当锤的动程向上，桩受到一个向上的力，即可将桩拔出。

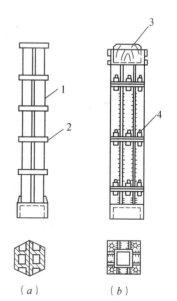

图5-16　钢送桩构造
(a) 钢轨送桩；(b) 钢板送桩
1—钢轨；2—15mm厚钢板箍；3—硬木垫；4—连接螺栓

提　示

打预制钢筋混凝土桩的设计质量控制，通常是以贯入度和设计标高两个指标来检验，桩贯入度的检验，一般是以桩最后 10 击的平均贯入度不大于通过荷载试验（或设计规定）确定的控制数值。

相关知识

（1）桩端（指桩的全截面）位于一般土层时，以控制桩端设计标高为主，贯入度可作参考。

（2）桩端达到坚硬、硬塑的黏性土，中密以上粉土、砂土、碎石类土、风化岩时，以贯入度控制为主，桩端设计标高可作参考。

（3）当贯入度已达到，而桩端标高未达到时，应继续锤击 3 阵，按每阵 10 击的贯入度不大于设计规定的数值加以确认。

（4）振动法沉桩是以振动箱代替桩锤，其质量控制是以最后 3 次振动（加压），每次 10min 或 5min，测出每分钟的平均贯入度，以不大于设计规定的数值为合格，而摩擦桩则以沉到设计要求的深度为合格。

（8）截桩 桩打桩完成并验收后，即开挖基坑进行桩头处理。由于建筑场地土层分布的不均匀性，桩的打入深度可能不同。当桩顶标高高于设计标高时要截断（图 5 - 17）。

图 5 - 17　截桩

5.1.3　静力压桩施工

5.1.3.1　静力压桩机械设备

静力压桩机分机械式和液压式两种，其中液压式压桩机应用较为广泛。图 5 - 18 为全液压式静力压桩机。液压式压桩机由压拔装置、行走机构及起吊装置等组成，采用液压操作，自动化程度高，结构紧凑，行走方便快速，施压部分不在桩顶面，而在桩身侧面，它是当前国内广泛采用的一种新型压桩机械。国内常用的有 YZY 系列和 ZYJ 系列液压静力压桩机，YZY 型系列液压静力压桩机主要技术参数见表 5 - 5。

图 5-18 全液压式静力压桩机

YZY 系列液压静力压桩机主要技术参数　　　　表 5-5

参数		型号		200	280	400	500	600	650
最大压入力			kN	2000	2800	4000	5000	6000	6500
边桩距离			m	3.9	3.5	3.5	4.5	4.2	4.2
接地压强（长船/短船）			MPa	0.08/0.09	0.094/0.120	0.097/0.125	0.090/0.137	0.100/0.136	0.108/0.147
适用桩截面	方桩	最小	m×m	0.35×0.35	0.35×0.35	0.35×0.35	0.40×0.40	0.35×0.35	0.35×0.35
		最大	m×m	0.50×0.50	0.50×0.50	0.50×0.50	0.60×0.60	0.50×0.50	0.50×0.50
	圆桩最大直径		m	0.50	0.50	0.60	0.60	0.60	0.50
配电功率			kW	96	112	112	132	132	132
工作吊机	起重力矩		kN·m	460	460	480	720	720	720
	用桩长度		m	13	13	13	13	13	13
整机重量	自重		t	80	90	130	150	158	165
	配重		t	130	210	290	350	462	505
拖运尺寸（宽×高）			m×m	3.38×4.20	3.38×4.30	3.39×4.40	3.38×4.40	3.38×4.40	3.38×4.40

5.1.3.2 静压桩施工

1. 压桩原理

系以桩机本身的重量和桩机上的配重作为反作用力，以克服压桩过程中的桩侧摩阻力和桩端阻力。当预制桩在竖向静压力作用下沉入土中时，桩周土体发生急速而激烈的挤压，土中孔隙水压力急剧上升，土的抗剪强度大大降低，从而使桩身很快下沉。该法主要应用于软土、一般黏性土地基。

2. 施工工艺要点

施工程序为：测量定位→压桩机就位→吊桩、插桩→桩身对中调直→静压沉桩→接桩→再静压沉桩→送桩→终止压桩→切割桩头，如图 5-19 所示。

（1）桩机就位　压桩时，桩机就位系利用行走装置完成，它是由横向行走（短船行走）和回转机构组成。把船体当作铺设的轨道，通过横向和纵向油缸的伸程和回程使桩机实现步履式的横向和纵向行走。

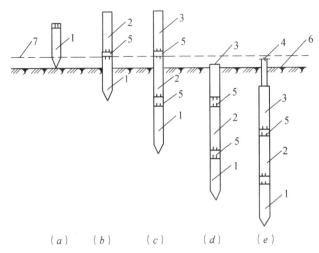

图 5-19 静压桩工艺程序示意图
(a) 准备压第一段桩；(b) 接第二段桩；(c) 接第三段桩；
(d) 整根桩压至地面；(e) 采用送桩压桩完毕
1—第一段桩；2—第二段桩；3—第三段桩；4—送桩；
5—桩接头处；6—地面线；7—压桩架操作平台线

(2) 吊桩、插桩　静压预制桩每节长度一般在 12m 以内，插桩时先用起重机吊运或用汽车运至桩机附近，再利用桩机上自身设置的工作吊机将预制混凝土桩吊入夹持器中，夹持油缸将桩从侧面夹紧，即可开动压桩油缸。

(3) 静压沉桩　压桩时先将桩压入土中 1m 后停止，调整桩在两个方向的垂直度后，压桩油缸继续伸程把桩压入土中，伸长完后，夹持油缸回程松夹，压桩油缸回程，重复上述动作可实现连续压桩操作，直至把桩压入预定深度土层中。

在压桩过程中要认真记录桩入土深度和压力表读数的关系，以判断桩的质量及承载力。当压力表读数突然上升或下降时，要停机对照地质资料进行分析，判断是否遇到障碍物或产生断桩现象等。

(4) 接桩　压桩应连续进行，如需接桩，可压至桩顶离地面 0.8～1.0m 用硫磺砂浆锚接，一般在下部桩留 ϕ50mm 锚孔，上部桩顶伸出锚筋，长 (15～20)d，硫磺砂浆接桩材料和锚接方法同锤击法，但接桩时避免桩端停在砂土层上，以免再压桩时阻力增大压入困难。再用硫磺胶泥接桩间歇不宜过长（正常气温下为 10～18min）；接桩面应保持干净，浇筑时间不超过 2min；上下桩中心线应对齐，节点矢高不得大于 1‰桩长。

(5) 送桩　当压力表读数达到预先规定值，便可停止压桩。如果桩顶接近地面，而压桩力尚未达到规定值，可以送桩。静力压桩情况下，只需用一节长度超过要求送桩深度的桩，放在被送的桩顶上便可送桩，不必采用专用的钢送桩。如果桩顶高出地面一段距离，而压桩力已达到规定值时则要截桩，以便压桩机移位。

(6) 终止压桩　压桩应控制好终止条件，一般可按以下进行控制：

1) 对于摩擦桩，按照设计桩长进行控制，但在施工前应先按设计桩长试压几根桩，待停置 24h 后，用与桩的设计极限承载力相等的终压力进行复压，如果桩在复压时几乎不动，即可以此进行控制。

2) 对于端承摩擦桩或摩擦端承桩，按终压力值进行控制：

①对于桩长大于 21m 的端承摩擦桩，终压力值一般取桩的设计极限承载力。当桩周土为黏性土且是敏度较高时，终压力可按设计极限承载力的 0.8～0.9 倍取值；

②当桩长在 14～21m 之间时，终压力按设计极限承载力的 1.1～1.4 倍取值；或桩的设计极限承载力取终压力值的 0.7～0.9 倍；

③当桩长小于 14m 时，终压力按设计极限承载力的 1.4～1.6 倍取值；或设计极限承载力取终压力值 0.6～0.7 倍，其中对于小于 8m 的超短桩，按 0.6 倍取值。

5.1.4 桩基质量检查与验收

(1) 施工结束后应对承载力进行检查。桩的静荷载实验根数应不小于总桩数的 1%，且不小于 3 根；当总桩数少于 50 根时，应不少于 2 根；当施工区域地质条件单一，又有足够的实际经验时，可根据实践情况由设计人员酌情而定。

(2) 桩身质量应进行检验，对多节打入桩不应少于桩总数的 15%，且每个柱子承台不得少于 1 根。

(3) 施工中对桩体垂直度、沉桩情况、桩顶完整状况、桩顶质量等进行检查，对电焊接桩，重要工程应做 10% 的焊缝探伤检查。

(4) 钢筋混凝土预制桩的质量检验标准见表 5-6。

钢筋混凝土预制桩的质量检验标准　　　　　表 5-6

项	序	检查项目	允许偏差或允许值		检查方法
			单位	数值	
主控项目	1	桩体质量检验	按基桩检测技术规范		按基桩检测技术规范
	2	桩位偏差	见表 5-7		用钢尺量
	3	承载力	按基桩检测技术规范		按基桩检测技术规范
一般项目	1	砂、石、水泥、钢筋等原材料（现场预制时）	符合设计要求		查出厂质保文件或抽样送检
	2	混凝土配合比及强度（现场预制时）	符合设计要求		检查称量及查试块记录
	3	成品桩外形	表面平整，颜色均匀，掉角深度小于 10mm，蜂窝面积小于总面积 0.5%		直观
	4	成品桩裂缝（收缩裂缝或起吊、装运、堆放引起的裂缝）	深度小于 20mm，宽度小于 0.25mm，横向裂缝不超过边长的一半		裂缝测定仪，该项在地下水有侵蚀地区及锤击数超过 500 击的长桩不适用
	5	成品桩尺寸： 横截面边长 桩顶对角线差 桩尖中心线 桩身弯曲矢高 桩顶平整度	mm mm mm mm	±5 <10 <10 <1/1000l <2	用钢尺量 用钢尺量 用钢尺量 用钢尺量（l 为桩长） 水平尺量

续表

项	序	检查项目	允许偏差或允许值		检查方法
			单位	数值	
一般项目	6	电焊接桩：焊缝质量 电焊结束后停歇时间 上下节平面偏差 节点弯曲矢高	 min mm 	无气孔、无焊瘤、无裂缝 >1.0 <10 <1/1000l	直观 直观 秒表测定 用钢尺量 尺量（l 为两桩节长）
	7	硫磺胶泥接桩： 胶泥浇筑时间 浇筑后停歇时间	 min min	 <2 >7	 秒表测定 秒表测定
	8	桩顶标高	mm	±50	水准仪
	9	停锤标准	设计要求		现场实测或查沉桩记录

（5）打（沉）入桩的桩位偏差按表 5-7 控制，桩顶标高允许偏差为 -50~100mm；斜桩倾斜度的偏差不得大于倾角正切值的 15%。

预制桩（RHC 桩、钢桩）桩位的允许偏差　　　　表 5-7

项次	项目	允许偏差（mm）
1	盖有基础梁的桩： 1. 垂直基础梁的中心线 2. 沿基础梁的中心线	100 + 0.01H 150 + 0.01H
2	桩数为 1~3 根桩基中的桩	100
3	桩数为 4~16 根桩基中的桩	1/2 桩径或边长
4	桩数大于 16 根桩基中的桩： 1. 最外边的桩 2. 中间桩	1/3 桩径或边长 1/2 桩径或边长

注：H 为施工现场地面标高与桩顶设计标高的距离。

（6）静力压桩质量检验标准见表 5-8。

静力压桩质量检验标准　　　　表 5-8

项	序	检查项目	允许偏差或允许值		检查方法
			单位	数值	
主控项目	1	桩体质量检验	按基桩检测技术规范		按基桩检测技术规范
	2	桩位偏差	见表 5-7		用钢尺量
	3	承载力	见表 5-7		按基桩检测技术规范

续表

项	序	检查项目	允许偏差或允许值		检查方法
			单位	数值	
一般项目	1	成品桩质量：外观 外形尺寸 强度		表面平整，颜色均匀，掉角深度小于10mm，蜂窝面积小于总面积0.5% 见表5-6 满足设计要求	直观 见表5-6 查出厂质保证明或钻芯试压
	2	硫磺胶泥质量（半成品）		设计要求	查出厂质保证明或抽样送检
	3	接桩 电焊接桩：焊缝质量 电焊结束后停歇时间	min	见钢桩质检标准 >1.0	见钢桩施工质量检验标准 秒表测定
		硫磺胶泥接桩： 胶泥浇筑时间 浇筑后停歇时间	min min	<2 >7	秒表测定 秒表测定
	4	电焊条质量		设计要求	查产品合格证书
	5	压桩压力（设计有要求时）	%	±5	查压力表读数
	6	接桩时上下节平面偏差 接桩时节点弯曲矢高	mm	<10 <1/1000l	用钢尺量 尺量（l为两节桩长）
	7	桩顶标高	mm	±50	水准仪

5.2 混凝土灌注桩施工

学习目标

1. 了解泥浆护壁成孔灌注桩施工工艺过程、施工要点
2. 了解干作业成孔灌注桩工艺施工过程、施工要点
3. 了解套管护壁成孔灌注桩工艺施工过程、施工要点
4. 了解人工挖孔法灌注桩工艺施工过程、施工要点
5. 了解灌注桩成孔设备
6. 掌握混凝土土灌注桩验收标准及验收方法

关键概念

灌注桩、泥浆护壁成孔灌注桩、干作业成孔灌注桩、套管护壁成孔灌注桩、人工挖孔灌注桩

混凝土土灌注桩是直接在施工现场桩位上成孔，然后在孔内安放钢筋笼、浇筑混凝土成桩。与预制桩相比，具有施工低噪声、低振动、桩长和直径可按设计要求变化自如、桩端能可靠地进入持力层或嵌入岩层、挤土影响小、含钢量低等特点。

根据成孔方法不同，混凝土土灌注桩一般可分为钻孔灌注桩、沉管灌注桩和人工挖孔灌注桩三类。其中钻孔灌注桩又分为干作业成孔灌注桩和泥浆护壁成孔灌注桩。

5.2.1 泥浆护壁成孔法施工

泥浆护壁成孔法施是在成孔机械成孔时，用泥浆保护孔壁防止塌孔，并利用泥浆的循环带出部分土。成孔机械有冲击钻机、回转钻机、潜水钻机等。

5.2.1.1 施工工艺程序

场地平整→桩位放线，开挖浆池、浆沟→护筒埋设→钻机就位，孔位校正→冲击造孔，泥浆循环，清除废浆、泥渣→清孔换浆→终孔验收→下钢筋笼和钢导管→灌筑水下混凝土→成桩养护。

5.2.1.2 成孔施工

1. 冲击钻成孔

冲击钻成孔是用冲击式钻机或卷扬机悬吊冲击钻头（又称冲锤）上下往复冲击，将硬质土或岩层破碎成孔，部分碎渣和泥浆挤入孔壁中，大部分成为泥渣，用掏渣筒掏出，然后再灌筑混凝土成桩。

冲击钻成孔适用于黄土、黏性土或粉质黏土和人工杂填土，特别适于有孤石的砂砾石层、漂石层、坚硬土层、岩层中使用，对流砂层亦可克服，但对淤泥及淤泥质土，则要十分慎重，对地下水大的土层，会使桩端承载力和摩阻力大幅度降低，不宜使用。

其特点是：设备构造简单，适用范围广，操作方便，所成孔壁较坚实、稳定，塌孔少，不受施工场地限制，无噪声和振动影响等，因此被广泛地采用。但存在掏泥渣较费工费时，不能连接作业，成孔速度较慢，泥渣污染环境，孔底泥渣难以掏尽，使桩承载力不够稳定等问题。

（1）机具设备

主要设备为 CZ-22、CZ-30 型冲击钻机（图 5-20）或简易的冲击钻机（图 5-21），它由钻架、冲锤、转向装置、护筒、掏渣筒（图 5-22）以及卷扬机等组成。所用钻头有一字形、工字形、圆形和十字形等多种，以十字形应用最广，其形状尺寸如图 5-23 所示。钻头和钻机用钢丝绳连接，钻头重 1.0~1.6t，钻头直径 60~150cm。

（2）施工要点

1）成孔时应先在孔口设圆形 6~8mm 钢板护筒或砌砖护圈，它的作用是保护孔口、定位导向，维护泥浆面，防止塌方。护筒（圈）内径应比钻头直径大 200mm，深一般为 1.2~1.5m，如上部松土较厚，宜穿过松土层，以保护孔口和防止塌孔。然后使冲孔机就位，冲击钻应对准护筒中心，要求偏差不大于 ±20mm，开始低锤（小冲程）

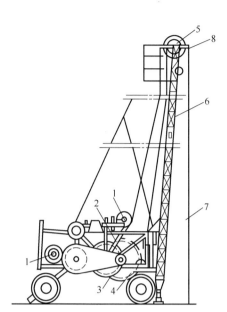
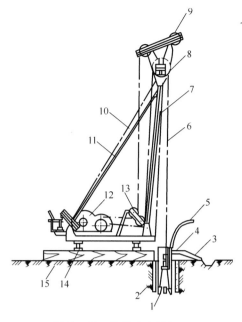

图 5-20 CZ-22 型冲击钻机
1—电动机；2—冲击机构；3—主轴；
4—压轮；5—钻具滑轮；6—桅杆；
7—钢丝绳；8—掏渣筒滑轮

图 5-21 简易冲击钻机
1—钻头；2—护筒回填土；3—泥浆渡槽；
4—溢流口；5—供浆管；6—前拉索；7—主杆；
8—主滑轮；9—副滑轮；10—后拉索；11—斜撑；
12—双筒卷扬机；13—导向轮；14—钢管；15—垫木

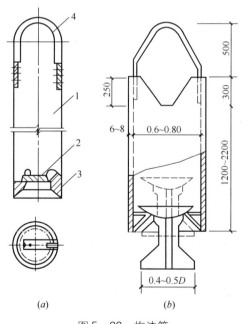
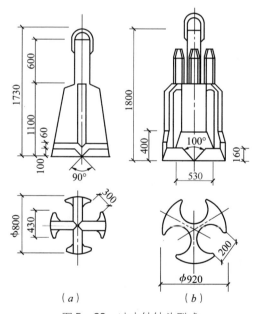

图 5-22 掏渣筒
(a) 平阀掏渣筒；(b) 碗形活门掏渣筒
1—筒体；2—平阀；3—切削管袖；4—提环

图 5-23 冲击钻钻头型式
(a) φ800mm 十字钻头；(b) φ920mm 三翼钻头

密击，锤高 0.4~0.6m，并及时加块石与黏土泥浆护壁，使孔壁挤压密实，直至孔深达护筒下 3~4m 后，才加快速度，加大冲程将锤提高至 1.5~2.0m 以上，转入正常连续冲击,在造孔时要及时将孔内残渣排出孔外,以免孔内残渣太多,出现埋钻现象。

2)冲孔时应随时测定和控制泥浆密度。每冲击 1~2m 应排渣一次,并定时补浆,直至设计深度。排渣方法有泥浆循环法和抽渣筒法两种。前者是将输浆管插入孔底泥浆在孔内向上流动,将残渣带出孔外。本法造孔工效高,护壁效果好,泥浆较易处理,但孔深时,循环泥浆的压力和流量要求高,较难实施,故只适于浅孔应用。抽渣筒法是用一个下部带活门的钢筒,将其放到孔底,做上下来回活动,提升高度在 2m 左右,当抽筒向下活动时,活门打开,残渣进入筒内;向上运动时,活门关闭,可将孔内残渣抽出孔外。排渣时,必须及时向孔内补充泥浆,以防亏浆造成孔内坍塌。

在钻进过程中每 1~2m 要检查一次成孔的垂直度情况。如发现偏斜应立即停止钻进,采取措施进行纠偏。对于变层处和易于发生偏斜的部位,应采用低锤轻击,间断冲击的办法穿过,以保持孔形良好。

提　示

泥浆的作用是将孔内不同深度土层中的孔隙渗填密实,使孔内漏水减少到最低程度,保持孔内维持较稳定的液体压力,以防塌孔。

相关知识

护壁用的泥浆:在砂土和较厚的夹砂层中,泥浆密度应控制在 $1.1~1.3t/m^3$ 之间;在穿过夹卵石层或容易塌孔的土层中,应控制在 $1.3~1.5t/m^3$ 之间;在黏土和粉质黏土中成孔时,可注入清水,以原土造浆护壁,排渣时泥浆密度控制在 $1.1~1.2t/m^3$ 之间。泥浆可就地选择塑性指数 $I_p \geqslant 17$ 的黏土调制。

3)在冲击钻进阶段应注意始终保持孔内水位高过护筒底口 0.5m 以上,以免水位升降波动造成对护筒底口处的冲刷,同时孔内水位高度应大于地下水位 1m 以上。

4)成孔后,应用测绳下挂重 0.5kg 的铁砣测量检查孔深,核对无误后,进行清孔。可使用底部带活门的钢抽渣筒,反复掏渣,将孔底淤泥、沉渣清除干净。密度大的泥浆借水泵用清水置换使密度控制在 $1.15~1.25t/m^3$ 之间。

5)钢筋笼的吊放　清孔后应立即放入钢筋笼,并固定在孔口钢护筒上,使其在浇筑混凝土过程中不向上浮起,也不下沉。钢筋笼下完并检查无误后应立即浇筑混凝土,间隔时间不应超过 4h,以防泥浆沉淀和塌孔。

提　示

灌注桩的钢筋工程一般在孔外先绑成钢筋笼,如钢筋笼高度高、重量重,可以分节制作。为防止钢筋吊放时扭曲、变形,一般可将主筋与箍筋之间进行点焊,或在主筋内侧每隔一定距离设一道加强箍。钢筋笼可通过人力、人字架或履带吊等吊放到桩孔内。另外在吊放钢筋笼之前一定要做好清孔工作,防止吊脚桩出现。

相关知识

(1) 混凝土灌注桩钢筋笼制作应按照设计要求，主筋环向均匀布置，接头采用对焊；箍筋和主筋点焊，控制平整度误差不大于50mm，钢筋笼四侧主筋上每隔5m设置耳环，控制保护层为70mm，钢筋笼外形尺寸比孔小11~12cm。直径大于1.2m桩钢筋笼一般在主筋内侧每隔2.5m加设一道直径25~30mm的加强箍，每隔一箍在箍内设一井字加强支撑，与主筋焊接牢固组成骨架，钢筋笼就位用小型吊运机具或履带式起重机进行，上下节主筋采用帮条双面焊接。

(2) 吊脚桩出现原因：清孔后泥浆相对密度过低，孔壁坍塌或孔底涌进泥砂，或未立即灌筑混凝土；清渣未净，残留沉渣过厚；沉放钢筋骨架、导管等物碰撞孔壁，使孔壁坍落孔底。

6) 混凝土浇筑

对桩孔内有地下水且不能抽水灌筑混凝土时，可用导管法浇灌混凝土，对无水桩孔可直接浇筑。

提　示

水下混凝土应按配合比通过试验确定，并满足相关要求，否则会影响桩基质量。

相关知识

(1) 混凝土配合比　灌注桩混凝土强度等级不得小于C25，预制桩尖强度不得小于C30。水下混凝土必须具备良好的和易性，配合比宜通过实验确定，坍落度应控制在180~220mm间。其中，水泥用量应不小于360kg/m³，粗骨料最大粒径应小于40mm，细骨料宜采用中粗砂。为改善和易性和缓凝，水下混凝土可掺入减水剂、缓凝剂和早强剂等外加剂。

(2) 主要机具　水下混凝土灌筑的主要机具有导管、漏斗和隔水栓。

灌筑混凝土用导管一般由无缝钢管制成，壁厚不小于3mm，直径宜为200~250mm，直径制作偏差不应超过2mm。导管的分节长度视工艺要求确定，底管长度不宜小于4m，两导管接头宜采用法兰或双螺纹方扣快速接头，接头连接要求紧密，不得漏浆、漏水。如图5-24所示。

为方便混凝土灌筑，导管上方一般设有漏斗。漏斗可用4~6mm钢板制作，要求不漏浆、不挂浆。

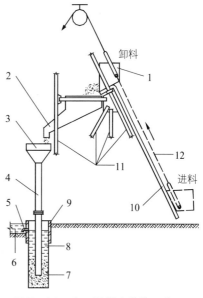

图5-24　水下混凝土灌筑示意图
1—进料斗；2—贮料斗；3—漏斗；
4—导管；5—护筒溢浆孔；6—泥浆池；
7—混凝土；8—泥浆；9—护筒；
10—滑道；11—桩架；12—进料斗上行轨迹

隔水栓为设在导管内阻隔泥浆和混凝土直接接触的构件。隔水栓常用混凝土制作，呈圆柱形，直径比导管内径小20mm高度比直径大50mm顶部采用橡胶垫圈密封。

混凝土灌筑前，先宜将安装好的导管吊入桩孔内，导管顶部应高出泥浆面，且于顶部连接好漏斗；导管底部至孔底距离0.3~0.5m，管内安设隔水栓，通过细钢丝悬吊在导管下口。

灌筑混凝土时，先在漏斗中贮藏足够数量的混凝土，剪断隔水栓提吊钢丝后，混凝土在自重作用下同隔水栓一起冲出导管下口，并将导管底部埋入混凝土内，埋入深度应控制在0.8m以上。然后连续灌筑混凝土，相应的不断提升导管和拆除导管，提升速度不宜过快，应保证导管底部位于混凝土面以下2~6m，以免断桩。

当灌筑接近桩顶部位时，应控制最后一次灌筑量，使得桩顶的灌筑标高高出设计标高0.5~0.8m，以满足凿除桩顶部泛浆层后桩顶标高能达到其设计值。凿桩头后，还必须保证暴露的桩顶混凝土强度达到其设计值。

2. 回转钻成孔

回转钻成孔又称正反循环成孔，是用一般地质钻机、在泥浆护壁条件下，慢速钻进排渣成孔，为国内最为常用和应用范围较广的成桩方法之一。

（1）机具设备

主要机具设备为回转钻机，多用转盘式。钻架多用龙门式（高6~9m），钻头常用三翼或四翼式钻头、牙轮合金钻头或钢粒钻头，以前者使用较多；配套机具有钻杆、卷扬机、泥浆泵（或离心式水泵）、空气压缩机（6~9m^3/h）、测量仪器以及混凝土配制、钢筋加工系统设备等。

（2）施工要点

1）钻机就位前，先平整场地，铺好枕木并用水平尺校正，保证钻机平稳、牢固。在桩位埋设6~8mm厚钢板护筒，内径比孔口大100~200mm，埋深1~1.5m，同时挖好水源坑、排泥槽、泥浆池等。

2）钻进时应根据土层情况加压，开始应轻压力、慢转速，逐步转入正常。

3）成孔一般多用正循环工艺，但对于孔深大于30m的端承桩宜用反循环工艺成孔。钻进时如土质情况良好，可采取清水钻进，自然造浆护壁，或加入红黏土或膨润土泥浆护壁，泥浆密度为1.3t/m^3。

4）钻进程序，根据场地、桩距和进度情况，可采用单机跳打法（隔一打一或隔二打一）、单机双打（一台机在两个机座上轮流对打）、双机双打（两台钻机在两个机座上轮流按对角线对打）等。

5）钻孔钻定，应用空气压缩机清孔，可将30mm左右石块排出，直至孔内沉渣厚度小于100mm。

6）浇筑水下混凝土。

3. 潜水钻成孔

潜水电钻成孔系用潜水电钻机构中的密封电动机、变速机构直接带动钻头在泥浆中旋转削土，同时用泥浆泵压送高压泥浆（或用水泵压送清水），使从钻头底端射出，与切碎的土颗粒混合，以正循环方式不断由孔底向孔口溢出，将泥渣排出，或用砂石泵或空气吸泥机用反循环方式排除泥渣，如此连续钻进，直至形成需要深度的桩孔。

(1) 机具设备

由潜水电机、齿轮减速器、钻头、密封装置绝缘电缆、卷扬机、泥浆制配系统设备、砂石泵等组成（图5-25）。

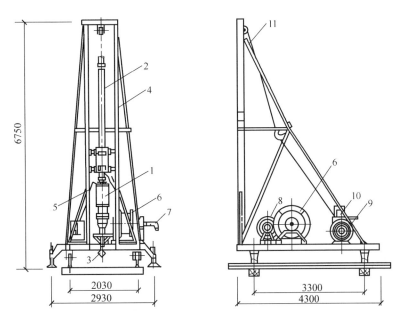

图5-25 GZQ-800型潜水钻机构造

1—潜水电钻；2—钻杆；3—钻头；4—钻孔台车；5—电缆；6—水管卷筒；
7—接泥浆泵；8—电缆卷筒；9—卷扬机；10—配电箱；11—钢丝绳

(2) 施工要点

1) 潜水电钻成孔灌注桩施工工艺如图5-26所示。

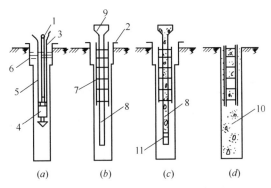

图5-26 潜水电钻成桩工艺

(a) 潜水电钻水下成孔；(b) 下钢筋笼、导管；(c) 浇筑水下混凝土；(d) 成桩

1—钻杆（或吊挂绳）；2—护筒；3—电缆；4—潜水电钻；5—输水胶管；
6—泥浆；7—钢筋骨架；8—导管；9—料斗；10—混凝土；11—隔水栓

2) 钻孔前，孔口应埋设钢板护筒，用以固定桩位，防止孔口坍塌，护筒与孔壁间的缝隙用黏土填实，以防止漏水。护筒内径应比钻头直径大 200mm；埋入土中深度：在砂土中不宜小于 1.5m；黏土中不宜小于 1.0m。上口高出地面 30~40cm 或高出地下水位 1.5m 以上，使保持孔内泥浆面高出地下水位 1.0m 以上。

3) 将电钻吊入护筒内，应关好钻架底层的铁门。启动砂石泵，使电钻空转，待泥浆输入钻孔后，开始钻进。钻进中应根据钻速进尺情况及时放松电缆线及进浆胶管，并使电缆、胶管和钻杆下放速度同步进行。

提　示

泥浆循环流动方式有正循环和反循环两种。

相关知识

(1) 正循环排渣法：如图 5-27 (a) 所示，当设在泥浆池中的潜水泥浆泵，将泥浆和清水从位于钻机中心的送水管射向钻头后，下放钻杆至土面钻进，钻削下的土屑被钻头切碎，与泥浆混合在一起，待钻至设计深度后，潜水电钻停转，但泥浆泵仍继续工作，因此，泥浆携带土屑不断溢出孔外，流向沉淀池，土屑沉淀后，多余泥浆再溢向泥浆池，形成正循环过程。

正循环过程，需孔内泥浆密度达到 $1.1 \sim 1.15 t/m^3$ 后，方可停泵提升钻机，然后钻机迅速移位，再进行下道工序。

(2) 反循环排渣法：如图 5-27 (b) 所示，排泥浆用砂石泵与潜水电钻连接在一起。钻进时先向孔中注入泥浆，采用正循环钻孔，当钻杆下降至砂石泵叶轮位于孔口以下时，启动砂石泵，将钻削下的土屑通过排渣胶管排至沉淀池，土屑沉淀后，多余泥浆溢向泥浆池，形成反循环过程。

钻机钻孔至设计深度后，即可关闭潜水电钻，但砂石泵仍需继续排泥，直至孔内泥浆密度达到 $1.1 \sim 1.15 t/m^3$ 为止。与正循环法相比，反循环法无需借助钻头将土屑

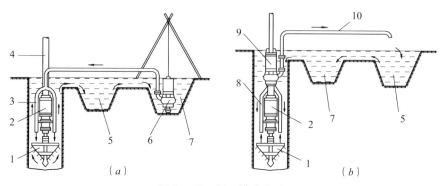

图 5-27　循环排渣方式
(a) 正循环排渣；(b) 反循环排渣
1—钻头；2—潜水电钻；3—送水管；4—钻杆；5—沉淀池；6—潜水泥浆泵；
7—泥浆池；8—抽渣管；9—砂石泵；10—排渣胶管

切碎搅拌成泥浆，而直接通过砂石泵排土，因此钻孔效率更高。对孔深大于 30m 的端承型桩，宜采用反循环排渣法。

4) 钻孔达设计深度后，应立即进行清孔放置钢筋笼。

提 示

清孔可采用循环换浆法、泥浆循环清孔进行。

相关知识

清孔可采用循环换浆法，即让钻头继续在原位旋转，继续注水，用清水换浆（系原土造浆），使泥浆密度控制在 $1.1t/m^3$ 左右；如孔壁土质较差时，则宜用泥浆循环清孔，使泥浆密度控制在 $1.15 \sim 1.25t/m^3$，清孔过程中，必须及时补给足够的泥浆，并保持浆面稳定；如孔壁土质较好不易塌孔时，则可用空气吸泥机清孔。

清孔后，孔底 500mm 内泥浆密度应小于 $1.25t/m^3$，含砂率不大于 8%，孔底残留沉渣厚度应符合下列规定：

(1) 端承桩不大于 50mm。

(2) 摩擦端承桩、端承摩擦桩不大于 100mm。

(3) 摩擦桩不大于 300mm。

5.2.2 干作业成孔法施工

干作业成孔是指不用泥浆和套管护壁情况下，用钻具成孔。适用于地下水位以上的一般黏性土、粉土、黄土以及密实的黏性土、砂土层中使用。

5.2.2.1 螺旋钻成孔

系利用电动机带动钻杆转动，使钻头螺旋叶片旋转削土，土块随螺旋叶片上升排出孔口，至设计深度后，进行孔底清理。清孔的方法是在原深处空转，然后停止回转，提钻卸土或用清孔器（图 5-28）清土。目前使用比较广泛的为长螺旋钻，钻孔直径 350~400mm；孔深可达 10~20m。

5.2.2.2 钻孔压浆

钻孔压浆系用长臂螺旋钻机钻孔，在钻杆纵向设有一个从上到下的高压灌筑水泥浆系统，钻孔深度达到设计深度后，开动压浆泵，使水泥浆从钻头底部喷出，借助水泥浆的压力，将钻杆慢慢提起，直至出地面后，移开钻杆，在孔内放置钢筋笼，再另外放入一根直通孔底的压力注浆塑料管或钢管，

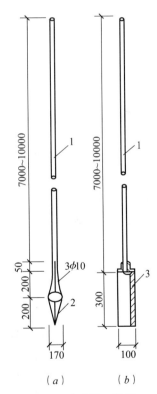

图 5-28 清孔器及探锤
(a) 旋转取土器；(b) 冲击取土器
1—$\phi25 \sim \phi32$mm 钢管；2—2mm 厚钢板；3—$\phi100$mm 钢管

与高压浆管接通，同时向桩孔内投放粒径 2~4cm 碎石或卵石直至桩顶，再向孔内胶管进行二次补浆，把带浆的泥浆挤压干净，至浆液溢出孔口，不再下沉，桩即告全部完成。

5.2.3 沉管灌注桩施工

5.2.3.1 锤击沉管灌注桩

用锤击打桩机，将带活瓣桩尖或设置钢筋混凝土预制桩尖（靴）的钢管锤击沉入土中，然后边灌筑混凝土边用卷扬机拔管成桩。适于黏性土、淤泥、淤泥质土、稍密的砂土及杂填土层中使用，但不能用于密实的中粗砂、砂砾石、漂石层中使用。

1. 锤击沉管灌筑桩成桩工艺如图 5-29。

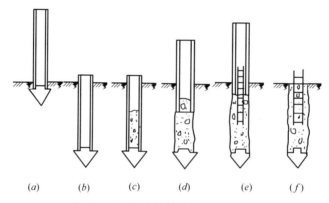

图 5-29 锤击沉管灌注桩成桩工艺
（a）就位；（b）沉入套管；（c）开始浇筑混凝土；（d）边锤击边拔管，并继续浇筑混凝土；（e）下钢筋笼，并继续浇筑混凝土；（f）成型

2. 锤击成桩过程为：

（1）桩机就位：就位后吊起桩管，对准预先埋好的预制钢筋混凝土桩尖（图 5-30），放置麻（草）绳垫于桩管与桩尖连接处，作为缓冲层并防地下水进入，然后缓慢放入桩管，套入桩尖压入土中。

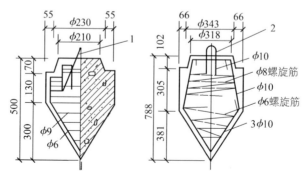

图 5-30 钢筋混凝土预制桩尖构造
1—吊钩 1ϕ6mm；2—吊环 1ϕ10mm

（2）沉管：上端扣上桩帽先用低锤轻击，观察无偏移，才正常施打，直至符合设计要求深度，如沉管过程中桩尖损坏，应及时拔出桩管，用土或砂填实后另安桩尖重新沉管。

提　示

锤击沉管灌注桩施工方法一般有单打法和复打法。

相关知识

（1）单打法。先将桩机就位，利用卷扬机吊起桩管，垂直套入预先埋设在桩位上的预制钢筋混凝土桩尖上（采用活瓣桩尖时，需将活瓣合拢），借助桩管自重将桩尖垂直压入土中一定深度。预制桩尖与桩管接口处应垫以稻草绳或麻绳垫圈，以防地下水渗入桩管。检查桩管、桩锤和桩架是否处于同一垂线上，在桩管垂直度偏差不大于5‰后，即可于桩管顶部安设桩帽，起锤沉管。锤击时，宜先低锤轻击，观察桩管无偏差后，方进入正式施打，直至将桩管沉至设计标高或要求的贯入度。

（2）复打法。单打法施工的沉管灌注桩有时易出现颈缩和断桩现象。颈缩是指桩身某部位进土，致使桩身截面缩小；断桩常见于地面下1~3m内软硬土层交界处，系由打邻桩时土侧向外挤造成。因此，为保证成桩质量，避免颈缩和断桩现象产生，常采用复打法扩大灌注桩桩径，并可提高桩的承载力。

复打法施工，是在单打法施工完毕并拔出桩管后，清除粘在桩管外壁上和散落在桩孔周围地面上的泥土，立即在原桩位上再次埋设桩尖，进行第二次沉管，使第一次灌筑的混凝土向四周挤压扩大桩径，然后灌筑混凝土，拔管成桩。施工中应注意前后两次沉管轴线应重合，复打施工必须在第一次灌筑的混凝土初凝之前完成。

（3）上料：桩管沉至设计标高后，应先检查桩管内有无泥浆和水进入，并确保桩尖未被桩管卡住，然后立即灌筑混凝土，混凝土应灌满桩管。桩身配置钢筋时，第一次灌筑混凝土应浇至钢筋笼底标高处，而后放置钢筋笼，继续灌筑混凝土。

（4）拔管：当混凝土灌满桩管后，即可上拔桩管，一边拔管，一边锤击混凝土。拔管速度应均匀，拔管过程中，应继续向桩管内灌筑混凝土，保持管内混凝土量略高于地面，直至桩管全部拔出地面为止。

5.2.3.2　振动沉管灌注桩

系用振动沉桩机将带有活瓣式桩尖或钢筋混凝土桩预制桩靴的桩管（上部开有加料口），利用振动锤产生的垂直定向振动和锤、桩管自重对桩管进行加压，使桩管沉入土中，然后边向桩管内灌筑混凝土，边振边拔出桩管，使混凝土留在土中而成桩。

振动沉管灌注桩施工方法有单振法、反插法和复振法三种。

（1）单振法。单振法施工宜采用预制桩尖，施工方法与锤击沉管灌注桩单打法基本相同。施工时，先将振动桩机就位，埋设好桩尖，起吊桩管并缓慢下沉，利用桩管自重将桩尖压入土中，当桩管垂直度偏差经检验不大于5‰后，即可启动激振器沉管。

桩管沉至设计深度后,便停止振动,立即灌筑混凝土,混凝土灌筑需连续进行。当混凝土灌满桩管时,先启动激振器5~10s,然后开始拔管,应边振动边拔管。拔管速度,一般土层中宜为1.2~1.5m/min,软弱土层中宜控制在0.6~0.8m/min。拔管过程中,每拔起0.5~1.0m,应停5~10s时间,但保持振动,如此反复进行,直至桩管全部拔出地面为止。

(2) 反插法。反插法施工的沉管方法与单振法相同,在桩管灌满混凝土后,亦应先振动后拔管,但拔管速度应小于0.5m/min,且每拔起0.5~1.0m,需向下反插0.3~0.5m,拔管过程中,应分段添加混凝土,保持管内混凝土面始终不低于地面或高于地下水位1.0~1.5m以上,如此反复进行,直至桩管全部拔出地面成桩。

(3) 复振施工方法与锤击沉管灌注桩的复打法相同。

5.2.3.3 液压全套管钻孔灌注桩(贝诺特桩)

液压全套管钻孔灌注桩(贝诺特桩)是目前国外应用最广的钻孔灌注桩施工技术,也是国内外钻孔灌注桩最为先进的一种大直径(直径1.2~2.0m,深度可达70m)灌注桩形式。它适用于各类土质,在风化岩层、卵石层及砂土层中也可使用,特别适用于狭窄场地,还可打斜桩,但不宜用于有地下水或承压水,以及厚度超过5m的细砂层。

(1) 贝诺特钻机主要工作机构(图5-31)。

贝诺特桩施工工艺程序为:放线定桩位→钻机就位→立第一节套管→挖掘、推进、连接套管(成孔)→测量孔深→钻机移至下一桩位→安放引拔机→清孔→吊放钢筋笼→浇筑混凝土、提升导管→成桩。

(2) 钻机就位后,在自重力、夹持机构回转力及压力的复合作用下,先将第一节套管沉入土中,然后在上边连接第二节套管,利用落锤抓斗将套管内的土体抓出孔外卸在地面上,用装载机装入翻斗车运出场外、随着套管的下沉不断连接套管,直至钻到要求深度。其中最为重要的是保持第一、二节套管的垂直度,它是保证质量的关键。

(3) 对不同土层应采用不同的挖掘方式。对于软弱土层,应使套管超前下沉,使其超出孔内开挖面1~1.5m,以使落锤抓斗仅在套管内挖土(图5-32a),以便于控制孔壁质量和开挖方向;对于一般土层,开挖应使套管超前下沉300mm(图5-32b);对于坚实砂土、大卵石层,应超前下挖200~300mm(图5-32c),以便于套管下沉;对于特坚硬土层及强风化岩层,应先用十字冲击锤将硬土层或岩层破碎,再用落锤抓斗将碎块抓出孔外,使超挖1.5m左右;但以不超过十字锤本身高度为宜,以避免造成桩孔偏斜。

(4) 管内挖土应连续进行,必须中断挖掘时,

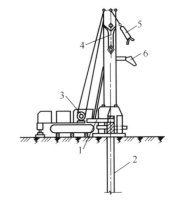

图5-31 贝诺特钻机主要工作机构
1—液压摇管装置;2—套管;
3—卷扬机;4—下落时的落锤抓斗;
5—卸土时的落锤抓斗;6—溜槽

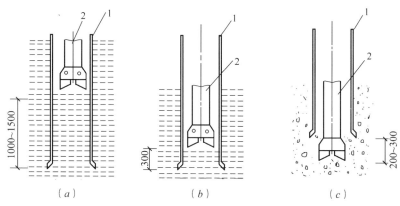

图 5-32 液压全套管灌注桩挖掘方法
(a) 在软弱土层中；(b) 在一般土层中；(c) 在坚实砂层及大卵石层中
1—第一节套管；2—落锤抓斗

应用液压摇管装置继续摇动套管，防止套管外侧土壤因重塑固结而将套管挤紧，给继续下套管造成困难。对一般土层摇动压力控制在 $0.3 \sim 0.5 \text{kN/cm}^2$。

5.2.4 人工挖孔灌注桩施工

人工挖孔灌筑桩系用人工挖土成孔，浇筑混凝土成桩；在挖孔灌注桩的基础上，扩大桩底尺寸形成挖孔扩底灌筑桩。

人工挖孔灌注桩用于桩直径 800mm 以上，无地下水或地下水较少的黏土、粉质黏土，含少量的砂、砂卵石的黏土层采用，特别适于黄土层使用。对有流砂、地下水位较高、涌水量大的冲积地带及近代沉积的含水量高的淤泥、淤泥质土层，不宜采用。

人工挖孔灌注桩构造如图 5-33 所示。桩内径一般为 $800 \sim 2000 \text{mm}$，最大直径可达 3500mm；桩长一般在 20m 左右，最深可达 40m。扩底灌注桩桩底扩大端尺寸应满足 $D \leq 3d$，$(D-d)/2 : h = 0.33 \sim 0.5$，$h_1 \geq (D-d)/4$，$h_2 = (0.10 \sim 0.15)D$ 的要求。

5.2.4.1 施工程序

场地整平→放线、定桩位→挖第一节桩孔土方→支模浇筑第一节混凝土护壁→在护壁上二次投测标高及桩位十字轴线→安装活动井盖、垂直运输架、起重挂链或卷扬机、活底吊土桶、排水、通风、照明设施等→第二节桩身挖土→清理桩孔四壁、校核垂直度和直径→拆上节模板、支第二节模板，浇筑第二节混凝土护壁→重复挖土、支模、浇筑混凝土护壁工序等循环作业直至设计深

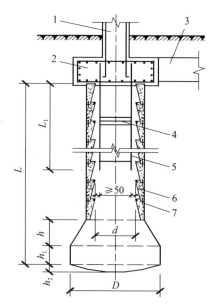

图 5-33 人工挖孔桩构造图
1—柱；2—承台；3—地梁；4—箍筋；
5—主筋；6—护壁；7—护壁插筋；
L_1—钢筋笼长度；L—桩长

度→检查持力层→清理虚土、检查尺寸→吊放钢筋笼→浇筑混凝土。

5.2.4.2 施工要点

(1) 为防止塌孔和保证操作安全,直径1.2m以上桩孔多设混凝土支护,每节高0.9~1.0m,厚8~15cm;直径1.2m以下桩孔,井口做1/4砖或1/2砖护圈高1.2m,下部遇不良土壤用半砖护砌。对于直径600~800mm的桩孔,亦可采用钢筋网护壁法,做法是用ϕ6mm钢筋,按桩孔直径作成圆形钢筋圈,随挖桩孔土方,随将钢筋圈以100mm的间距固定在孔壁上,亦用1:2快硬早强水泥砂浆抹孔壁,厚度约30mm,形成钢筋网护壁。

(2) 护壁施工采取一节组合式钢模板拼装而成,拆上节支下节,循环周转使用,模板用U形卡连接,上下设两半圆组成的钢圈顶紧,不另设支撑,混凝土用吊桶运输人工浇筑,上部留100mm高作浇灌口,拆模后用砌砖或混凝土堵塞,混凝土强度达1MPa即可拆模。

(3) 挖孔由人工从上而下逐层用镐、锹进行,遇坚硬土层,用锤、钎破碎,挖土次序为先挖中间,后挖周边,允许尺寸误差30mm,扩底部分采取先挖桩身圆柱体,再按扩底尺寸从上到下削土修成扩底形。为防止扩底时扩大头处的土方坍塌,宜采取间隔挖土措施,留4~6个土肋条作为支撑,待浇筑混凝土前再挖除。弃土装入活底吊桶或箩筐内。垂直运输,在孔上口安支架、工字轨道、捯链或搭三木搭,用1~2t慢速卷扬机提升(图5-34图),吊至地面上后,用机动翻斗车或手推车运出。人工挖孔桩底部如为基岩,一般应伸入岩面150~200mm。

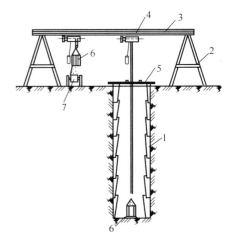

图5-34 挖孔灌注桩成孔设备及工艺
1—混凝土护壁;2—钢支架;3—钢横梁;
4—捯链;5—安全盖板;6—活底吊桶;
7—机动翻斗车或双轮手推车

(4) 桩中线控制是在第一节混凝土护壁上设十字控制点,每一节设横杆吊大线锤作中心线,用水平尺杆找圆周。

(5) 钢筋笼就位用小型吊运机具或履带式起重机进行,上下节主筋采用帮条双面焊接,整个钢筋笼用槽钢悬挂在井壁上借自重保持垂直度正确。

(6) 混凝土用粒径小于50mm石子,水泥用42.5级普通或矿渣水泥,坍落度4~8cm,用机械拌制。混凝土用翻斗汽车、机动车、手推车向桩孔内灌筑。混凝土下料采用串桶,深桩孔用混凝土溜管;如地下水大(孔中水位上升速度大于6mm/min)应采用混凝土导管水中灌筑工艺。混凝土要垂直灌入桩孔内,并应连续分层灌筑,每层厚不超过1.5m。小直径桩孔,6m以下利用混凝土的大坍落度和下冲力使之密实;6m以内分层捣实。大直径桩应分层捣实,或用卷扬机吊导管上下插捣。对直径小,深度大的桩,下井人工振捣有困难时,可在混凝土中掺水泥用量0.25%木钙减水剂,使混凝土坍落度增至13~18cm。利用混凝土大坍落度下沉力使之密实,但在桩上部有钢筋部位仍应用振捣器振捣密实。

5.2.5 质量检查与验收

(1) 灌注桩在沉桩后的桩位偏差应符合表 5-9 规定，桩顶标高至少要比设计标高高出 0.5m。

灌注桩的平面位置和垂直度的允许偏差　　　　表 5-9

序号	成孔方法		桩径允许偏差（mm）	垂直度允许偏差（%）	桩位允许偏差（mm）	
					1~3 根、单排桩基垂直于中心线方向和群桩基础的边桩	条形桩基沿中心线方向和群基础的中间桩
1	泥浆护壁钻孔桩	$D \leq 1000mm$	±50	<1	$D/6$ 且不大于 100	$D/4$ 且不大于 150
		$D > 1000mm$	±50		$100 + 0.01H$	$150 + 0.01H$
2	套管成孔灌筑桩	$D \leq 500mm$	-20	<1	>0	150
		$D > 500mm$			100	150
3	干作业成孔灌注桩		-20	<1	70	150
4	人工挖孔桩	混凝土护壁	+50	<0.5	50	150
		钢套管护壁	+50	<1	100	200

注：1. 桩径允许的负值是指个别断面。
　　2. 采用复打、反插法施工的桩径允许偏差不受上表限制。
　　3. H 为施工现场地面标高与桩顶设计标高的距离，D 为设计桩径。

(2) 灌注桩的沉渣厚度：当以摩擦桩为主时，不得大于 150mm；当以端承力为主时，不得大于 50mm；套管成孔的灌注桩不得有沉渣。

(3) 灌注桩每灌筑 $50m^3$ 应有一组试块，小于 $50m^3$ 的桩应每根桩有一组试块。

(4) 桩的静载荷载试验根数应不少于总桩数的 1%，且不少于 3 根，当总桩数少于 50 根时，应不少于 2 根。

(5) 桩身质量应进行检验，检验数不应少于总数的 20%，且每个柱子承台下不得少于 1 根。

(6) 对砂子、石子、钢材、水泥等原材料的质量，检验项目、批量和检验方法，应符合国家现行有关标准的规定。

(7) 施工中应对成孔、清渣、放置钢筋笼，灌筑混凝土等全过程检查；人工挖孔桩尚应复验孔底持力层土（岩）性。嵌岩桩必须有桩端持力层的岩性报告。

(8) 施工结束后，应检查混凝土强度，并应做桩体质量及承载力检验。

(9) 混凝土灌注桩的质量检验标准见表 5-10 和表 5-11。

混凝土灌注桩钢筋笼质量检验标准　　　　表 5 – 10

项目	序号	检查项目	允许偏差或允许值		检查方法
			单位	数值	
主控项目	1	主筋间距	mm	±10	用钢尺量
	2	长度	mm	±100	用钢尺量
一般项目	1	钢筋材质检验	设计要求		抽样送检
	2	箍筋间距	mm	±20	用钢尺量
	3	直径	mm	±10	用钢尺量

混凝土灌注桩质量检验标准　　　　表 5 – 11

项	序	检查项目	允许偏差或允许值		检查方法
			单位	数值	
主控项目	1	桩位	见表 5 – 9		基坑开挖前量护筒，开挖后量桩中心
	2	孔深	mm	+300	只深不浅，用重锤测，或测钻杆、套管长度，嵌岩桩应确保进入设计要求的嵌岩深度
	3	桩体质量检验	按基桩检测技术规范，如岩芯取样，大直径嵌岩桩应钻至桩尖下 50cm		按基桩检测技术规范
	4	混凝土强度	设计要求		试块报告或钻芯取样送检
	5	承载力	按基桩检测技术规范		按基桩检测技术规范
一般项目	1	垂直度	见表 5 – 9		测套管或钻杆，或用超声波探测。在施工时吊垂球
	2	桩径	见表 5 – 9		井径仪或超声波检测，在施工时用尺量，人工挖孔桩不包括内衬厚度
	3	泥浆比重（黏土或砂性土中）	t/m³	1.15 ~ 1.20	用比重计测，清孔后在距孔底 50cm 处取样
	4	泥浆面标高（高于地下水位）	m	0.5 ~ 1.0	目测

单元小结

目前当建设场地的浅层地基不能满足承载力和变形的要求，往往采用桩基础。按照施工方法不同，桩基有预制桩和灌注桩。本单元对目前常见桩基类型、桩基承台连接、打桩施工、静压桩施工，以及泥浆护壁钻孔灌注桩、干作业成孔灌注桩、套管护壁灌注桩、人工挖孔灌注桩等施工方法、施工工艺、施工要点和质量检查结合《建筑桩基技术规范》（JGJ 94—2008）、《建筑基桩检测技术规范》（JGJ 106—2003）、《建筑地基基础工程施工质量验收规范》（GB 50202—2002）等进行了详细阐述和讲解，以培养学生具有一定的桩基施工能力。

【课后讨论】

1. 现场参观桩基施工，根据桩基施工中出现的质量问题，讨论如何预防？
2. 现场参观桩基施工，调查在混凝土预制桩施工中，打桩对周围环境有哪些影响？如何预防？
3. 通过网上资料查找桩基施工引发工程事故案例，讨论如何防止桩基工程事故的发生。

思考与练习

1. 摩擦型桩和端承型桩受力上有何区别？施工中应如何控制桩的入土深度？
2. 预制桩的吊点应如何确定？
3. 如何确定桩架的高度和选择桩锤？
4. 打桩顺序与哪些因素有关？常见的打桩顺序有哪几种？如何确定打桩顺序？
5. 接桩方法有哪些？各适用于什么情况？
6. 试述预制桩锤击法沉桩的施工工艺过程？
7. 试述锤击沉管灌注桩的施工工艺？
8. 人工挖孔桩有何优缺点？施工中应注意哪些安全问题？

单元6
地基处理

引 言

在工程中遇到软弱土和特殊土时,考虑施工技术以及经济性要求,常常需要进行地基处理。地基处理是指通过物理、化学或生物等处理方法,改善软弱地基及特殊性土的工程性质,提高地基承载力,改善变形特性或渗透性质,达到满足建筑物上部结构对地基稳定和变形的要求。

学习目标

通过本单元的学习,你将能够:

1. 了解地基处理的分类和适用范围。

2. 了解换填垫层法的材料要求、施工工艺方法、施工要点、质量检验标准和检查方法。

3. 了解强夯法的施工技术参数、施工工艺方法、施工要点、质量检验标准和检查方法。

4. 了解水泥土搅拌桩材料要求、施工工艺方法、施工要点、质量检验标准和检查方法。

5. 了解高压旋喷桩材料要求、施工工艺方法、施工要点、质量检验标准和检查方法。

本学习单元旨在培养学生初步掌握各类地基处理方法，能根据工程地质条件、施工条件、资金情况等因素因地制宜地选择合适的地基处理方案，提高理论联系实际，分析与解决问题的基本能力。

软弱地基是指主要由淤泥（$w>w_L$、$e\geqslant1.5$ 的黏性土）、淤泥质土（$w>w_L$、$1.0\leqslant e<1.5$ 的黏性土）、冲填土、杂填土或其他高压缩性土层（可液化土如饱和粉细砂与粉土）以及湿陷性黄土（含大孔隙和易溶盐类，有湿陷性特点）、膨胀土（吸水膨胀、失水收缩的高塑性黏土）、盐渍土、红黏土等特殊土层构成的地基。这类土压缩性高、强度低，用作建筑物的地基时，不能满足地基承载力和变形的基本要求，因此需要进行地基处理。

地基处理方法按照地基处理的原理和作用可分为换土垫层法、深层挤密法、排水固结法、化学加固法、加筋处理、热学处理等方法。常见地基处理方法的分类和适用范围见表 6-1。这些方法都有各自的特点和作用机理，在不同的土类中产生不同的加固效果和局限性。所以，在考虑地基处理的设计与施工时，必须注意坚持因地制宜的原则，不可盲目从事。

表 6-2 列出了地基处理方法的适用土质情况、加固效果和所能达到的最大有效处理深度，可供在确定地基处理方案时参考。

本单元仅介绍目前常用的几种地基处理方法：换填垫层法、强夯法、高压喷射注浆法和水泥土搅拌桩法。

地基处理的方法分类、原理、适用范围　　　　　表 6-1

分类	处理方法	原理及作用	适用范围	备注
换填垫层法	机械碾压	以砂石、粉质黏土、灰土、三合土、粉煤灰、矿渣等较硬材料作为垫层置换表层软弱土，分层夯实，以提高持力层承载力，减少沉降量，消除或部分消除土的湿陷性和胀缩性，防止土的冻胀作用以及改善土的抗液化性，提高地基的稳定性	常用于基坑面积宽大和开挖土方量较大的回填土工程，一般适用于处理浅层软弱地基、湿陷性黄土、膨胀土、季节性冻土、素填土和杂填土等地基	简单易行，仅限于浅层，一般不大于 3m，湿陷性黄土不大于 5m
	重锤夯实		一般适用于地下水位以上稍湿的黏性土、砂土、湿陷性黄土、杂填土以及分层填土地基	
	平板振动		适用于处理无黏性土或黏粒含量少和透水性好的杂填土地基	

续表

分类	处理方法	原理及作用	适用范围	备注
深层挤密法	强夯法 强夯置换法	强夯法利用强大的夯击能，迫使深层土液化和排水固结压密，以提高地基承载力，降低其压缩性；强夯置换法是指对厚度小于6m的软弱土层，边夯边填碎石，形成深度为3~6m、直径为2m左右的碎石柱体，与周围土形成复合地基，兼具挤密和加快土固结的作用	适用于碎石土、砂土、素填土、杂填土、低饱和度的粉土和黏性土、湿陷性黄土；强夯置换法适用于高饱和度的粉土与软塑~流塑的黏性土等对变形控制不严的建筑	施工速度快，质量容易保证，处理后土性较为均匀，造价较低，适用于处理大面积场地。施工时对周围有很大振动和噪声，不宜在闹市区施工
深层挤密法	挤密法 砂桩挤密法 振动水冲法 灰土桩、二灰桩或土桩挤密法、石灰桩挤密法	挤密法系通过挤密或振动使深层土密实，并在振动挤密过程中，回填砂、砾石、灰土、土或石灰等形成砂桩、碎石桩、灰土桩、二灰桩或土桩、石灰桩，与桩间土组成复合地基，从而提高地基承载力，减少沉降量，消除或部分消除土的湿陷性或液化性	砂桩挤密法和振动水冲法一般适用于杂填土和松散砂土，对软土地基经试验证明加以有效时方可使用。灰土桩、二灰桩、土桩挤密法一般适用于地下水位以上、深度为5~10m的湿陷性黄土和人工填土、杂填土地基	经振冲处理后，地基土性较为均匀
化学加固法	水泥注浆法 硅化注浆法 碱液注浆法	通过注入水泥浆液成化学浆液的措施，使土粒胶结，用以改善土的性质，提高地基土承载力，增加稳定性，减少沉降，防止渗透	适用于处理岩基、砂土、粉土、淤泥、淤泥质黏土、粉质黏土、黏土、黄土、碎石土和一般填土层	
化学加固法	高压喷射注浆法 粉体喷射注浆法	将带有特殊喷嘴的注浆管通过钻孔置入要处理的土层的预定深度，然后将浆液（常用水泥浆）以高压冲切土体。在喷射浆液的同时，以一定速度旋、提升，即形成水泥土圆柱体；若喷嘴提升不旋转，则形成墙状固化体。可用以提高地基承载力，减少沉降，防止砂土液化、管涌和基坑隆起，建成防渗帷幕	适用于软弱地基、黏性土、粉土、黄土、砂土、碎石土等采用粉体喷射注浆法时土的含水量宜大于23%	高压喷射注浆法施工时水泥浆冒出地面流失量较大
化学加固法	水泥土搅拌法	分湿法（深层搅拌法）和干法（粉体喷射搅拌法）两种。湿法是利用深层搅拌机，将水泥浆与地基土在原位拌合；干法是利用喷粉机将水泥粉（或石灰粉）与地基土在原位拌合，搅拌后形成柱状水泥土体，可提高地基承载力，减少沉降量，防止渗透，增加稳定	适用于软弱地基、粉土和含水量较高且地基承载力不大于120kPa的黏性土。当用于处理泥炭土或地下水具有侵蚀性时，宜通过试验确定其适用程度	

续表

分类	处理方法	原理及作用	适用范围	备注
排水固结法	堆载预压法 砂井预压法 真空预压法 降水预压法 电渗预压法	通过布置垂直排水和排水垫层,改善地基排水条件,及采取加压、抽气、抽水和电渗等措施,以加速地基土的固结和强度增长,提高地基土的稳定性,并使沉降提前完成	适用于处理厚度较大的饱和淤泥质土、淤泥和冲填土地基	需要有预压时间及荷载条件及土石方搬运机械;对真空预压,真空泵需长时间抽气,耗电量大
加筋法	加筋土、土锚、土钉	人工填土的路堤或挡墙内,铺设土工聚合物、钢带、钢条、尼龙绳或玻璃纤维等作为拉筋,或在软弱土层上设置树根桩或碎石柱等,使这种人工复合土体,可承受抗拉、抗压、抗剪和抗弯作用,借以提高地基承载力、增加地基稳定性和减少沉降	适用于加筋土、土锚适用于人工填土的路堤或挡墙结构;土钉适用于边坡稳定	
	土工合成材料法		适用于黏性土、砂土和软土	
	树根桩		适用于各类土	
	碎石桩		适用于黏性土,对软土试验证明有效时采用	
热学法	热加固法	热加固法是通过渗入压缩的热空气和燃烧物,并依靠热传导,而将细颗粒土加热到适当温度(如温度在100℃以上),则土的强度就会增加,压缩性随之降低	适用于非饱和黏性土、粉土和湿陷性黄土	
	冻结法	冻结法是采用液体氮或二氧化碳膨胀的方法,或采用普通的机械制冷设备与一个封闭式液压系统相连接,而使冷却液在里面流动,从而使软而湿的土进行冻结,以提高土的强度和降低土的压缩性	适用于各类土。对于临时性支撑和地下水控制,特别是软土地质条件,开挖深度在7~8m,以及低于地下水位的情况下,是一种十分有效的施工措施	

地基各种地基处理方法的主要适用范围和加固效果 表6-2

按处理深浅分类	序号	处理方法	适用情况					加固效果					最大有效处理深度(m)
			淤泥质土	人工填土	黏性土		无黏性土	湿陷性黄土	降低压缩性	提高抗剪性	形成不透水性	改善动力特性	
					饱和	非饱和							
浅层加固	1	换土垫层法	*	*	*	*			*		*		3
	2	机械碾压法		*		*	*		*	*		*	3
	3	平板振动法		*		*	*		*	*		*	1.5
	4	重锤夯实法		*		*	*	*	*	*		*	1.5
	5	土工合成材料	*		*				*	*			
深层加固	6	强夯法		*		*	*	*	*	*		*	30
	7	砂桩挤密法	慎重	*		*	*		*	*		*	20
	8	振动水冲法	慎重	*		*	*		*	*		*	18

续表

按处理深浅分类	序号	处理方法	适用情况					加固效果					最大有效处理深度(m)
			淤泥质土	人工填土	黏性土饱和	黏性土非饱和	无黏性土	湿陷性黄土	降低压缩性	提高抗剪性	形成不透水性	改善动力特性	
深层加固	9	灰土（土、灰土）桩挤密法		*		*		*	*	*		*	20
	10	石灰桩挤密法	*		*	*			*	*			20
	11	砂井（袋装砂井、塑料排水带）堆载预压法	*		*				*	*			15
	12	真空预压法	*		*				*	*			15
	13	降水预压法	*		*				*	*			30
	14	电渗预压法	*		*				*				20
	15	水泥注浆法	*		*	*	*		*	*	*	*	20
	16	硅化注浆法			*	*	*	*	*	*	*	*	20
	17	电动硅化法	*		*				*	*	*		
	18	高压喷射注浆法	*	*	*	*	*		*	*	*	*	20
	19	深层搅拌法	*		*				*	*			18
	20	粉体喷射搅拌法	*		*				*	*			13
	21	热加固法				*		*	*	*			15
	22	冻结法	*	*	*	*	*		*	*			

6.1 换填垫层法

学习目标

1. 了解灰土垫层地基处理的材料要求、施工工艺方法、施工要点、质量检验标准和检查方法

2. 了解砂和砂石垫层地基的材料要求、施工工艺方法、施工要点、质量检验标准和检查方法

关键概念

换填垫层法、灰土垫层地基、砂和砂石垫层地基、最优含水量

换填垫层法是指将基础底面以下一定范围内的软弱土层挖去,然后以质地坚硬、强度较高、性能稳定、具有抗侵蚀性的砂石、粉质黏土、灰土、粉煤灰、矿渣等材料分层充填,并分层压实。

6.1.1 灰土垫层

灰土地基是将基础底面下要求范围内的软弱土层挖去,用一定比例的石灰与土,在最优含水量情况下,充分拌合,分层回填夯实或压实而成。灰土地基具有一定的强度、水稳性和抗渗性,施工工艺简单,费用较低,是一种应用广泛、经济、实用的地基加固方法。适于加固深1~4m厚的软弱土、湿陷性黄土、杂填土等,还可用作结构的辅助防渗层。

6.1.1.1 材料要求

1. 土料

采用就地挖出的黏性土,也可以选用$I_p>4$的粉土,不宜使用块状黏土和砂质粉土,土内有机质含量不得超过5%。土料应过筛,土粒小于15mm。土料要送实验室检验。

2. 石灰

应用Ⅲ级以上新鲜的块灰,含氧化钙、氧化镁愈多愈好,使用前1~2d消解并过筛,其颗粒不得大于5mm,且不应夹有未熟化的生石灰块粒及其他杂质,也不得含有过多的水分。石灰应送实验室进行复试,其CaO、MgO含量要满足规范规定。

除了有特殊要求外,一般石灰与土按3:7或2:8的体积比配合。多用人工翻拌(工程较大用机械拌合如铲运机),不少于3遍,使达到均匀,颜色一致,并适当控制含水量,现场以手握成团,两指轻捏即散为宜,一般最优含水量为14%~18%;如含水分过多或过少时,应稍晾干或洒水湿润,如有球团应打碎,要求随拌随用。

6.1.1.2 施工工艺方法要点

(1)施工工艺流程:清表验槽→原土压实→灰土拌合→摊铺第一层→压实→验收合格→后铺第二层→压实→第三次……整体验收合格。

(2)对基槽(坑)应先验槽,并做隐蔽验收记录。消除松土,并打两遍底夯,要求平整干净。如有积水、淤泥应晾干;局部有软弱土层或孔洞,应及时挖除后用灰土分层回填夯实。

(3)铺灰应分段分层夯筑,每层虚铺厚度可参见表6-3,夯实机具可根据工程大小和现场机具条件用人力或机械夯打或碾压,夯压遍数按设计要求的干密度由试夯(或碾压)确定,一般不少于4遍。人工打夯应一夯压半夯,夯夯相接,行行相接,纵横交叉。

灰土最大虚铺厚度　　　　　表 6-3

夯实机具种类	重量（t）	虚铺厚度（mm）	备注
石夯、木夯	0.04~0.08	200~250	人力送夯，落距 400~500mm，一夯压半夯，夯实后约 80~100mm 厚
小型夯实机械	0.12~0.4	200~250	蛙式夯机、柴油打夯机，夯实后约 100~150mm 厚
压路机	6~10	200~300	双轮（工程较大的灰土地基采用 6~12t 压路机，带振动为 4~6t）

（4）灰土分段施工时，不得在墙角、柱基及承重窗间墙下接缝，上下两层的接缝距离不得小于 500mm，接缝处应夯压密实，并做成直槎，见图 6-1（a）。当灰土地基高度不同时，应做成阶梯形，每阶宽不少于 500mm，见图 6-1（b）；对作辅助防渗层的灰土，应将地下水位以下结构包围，并处理好接缝，同时注意接缝质量，每层虚土从留缝处往前延伸 500mm，夯实时应夯过接缝 300mm 以上；接缝时，用铁锹在留缝处垂直切齐，再铺下段夯实。

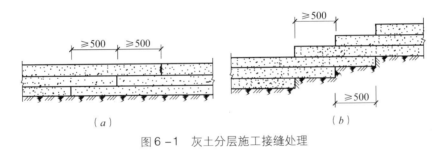

图 6-1　灰土分层施工接缝处理
(a) 分层平接法；(b) 阶梯式接缝方法

（5）灰土应当日铺填夯压，入槽（坑）灰土不得隔日夯打。夯实后的灰土 3d 内不得受水浸泡，并及时进行基础施工与基坑回填，或在灰土表面做临时性覆盖，避免日晒雨淋。

雨期施工时，应采取适当防雨、排水措施，以保证灰土在基槽（坑）内无积水的状态下进行。刚打完的灰土，如突然遇雨，应将松软灰土除去，并补填夯实；稍受湿的灰土可在晾干后补夯。

（6）冬期施工，必须在基层不冻的状态下进行，土料应覆盖保温，冻土及夹有冻块的土料不得使用；已熟化的石灰应在次日用完，以充分利用石灰熟化时的热量，当日拌合灰土应当日铺填夯完，表面应用塑料面及草帘覆盖保温，以防灰土垫层早期受冻降低强度。

6.1.1.3　质量验收与质量检查方法

1. 灰土地基的质量验收标准（表 6-4）。

灰土地基质量检验标准 表 6-4

项	序	检查项目	允许偏差或允许值		检查方法
			单位	数值	
主控项目	1	地基承载力	设计要求		载荷试验或按规定方法
	2	配合比	设计要求		按拌合时的体积比
	3	压实系数	设计要求		现场实测
一般项目	1	石灰粒径	mm	≤5	筛分法
	2	土料有机质含量	%	≤5	试验室焙烧法
	3	土颗粒粒径	mm	≤15	筛分法
	4	含水量（与要求的最优含水量比较）	%	±2	烘干法
	5	分层厚度偏差（与设计要求比较）	mm	±50	水准仪

2. 质量控制

（1）施工前应检查原材料，如灰土的土料、石灰以及配合比、灰土拌匀程度。

（2）施工过程中应检查分层铺设厚度，分段施工时上下两层的搭接长度，夯实时加水量、夯压遍数等。

（3）每层施工结束后检查灰土地基的压实系数。

相关知识

灰土应逐层用贯入仪检验，以达到控制（设计要求）压实系数所对应的贯入度为合格，或用环刀取样检测灰土的干密度，除以试验的最大干密度求得。采用环刀法检验垫层的施工质量时，取样点应位于每层厚度的 2/3 深度处。检验点数量，对大基坑每 50～100m² 不应少于 1 个检验点；对基槽每 10～20m 不应少于 1 个点；每个独立柱基不应少于 1 个点。采用贯入仪或动力触探检验垫层的施工质量时，每分层检验点的间距应小于 4m。

施工结束后，应检验灰土地基的承载力，每单位工程不应少于 3 点，1000m² 以上工程，每 100m² 至少应有 1 点，3000m² 以上工程，每 300m² 至少应有 1 点。每一独立基础下至少应有 1 点，基槽每 20 延米应有 1 点。

6.1.2 砂和砂石垫层

砂和砂石垫层地基是用夯实的砂或砂砾石（碎石）混合物替换基础下部一定厚度的软土层，以提高基础下部地基强度、承载力、减小沉降量的作用，砂和砂石垫层如图 6-2。由于垫层材料透水性好，软土层受压后，垫层可作为良好的排水面，使水迅速排出；另外不易产生毛细现象，可以防止寒冷地区土中结冻造成冻胀，也可消除膨胀土的胀缩作用。

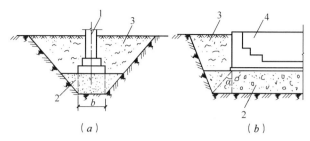

图 6-2 砂或砂石垫层
(a) 柱基础垫层；(b) 设备基础垫层
1—柱基础；2—砂或砂石垫层；3—回填土；4—设备基础
α—砂或砂石垫层自然倾斜角（休止角）；b—基础宽度

砂和砂石垫层适于处理 3.0m 以内的软弱土、水性强的黏性土地基；不宜用于加固湿陷性黄土地基及渗透系数小的黏性土地基。

6.1.2.1 材料要求

(1) 砂和砂石垫层为砂或砂石混合物。宜选用碎石、卵石、角砾、圆砾、砾砂、粗砂、中砂或石屑（粒径小于 2mm 的部分不应超过总重的 45%），应级配良好，不含植物残体、垃圾等杂质，含泥量小于 5%。

(2) 砂宜用颗粒级配良好、质地坚硬的中砂或粗砂。砂石的最大粒径不宜大于 50mm。当使用粉细砂或石粉（粒径小于 0.075mm 的部分不超过总重的 9%）时，应掺入不少于总重 30% 的碎石或卵石，但要分布均匀。砂中有机质含量不超过 5%，含泥量应小于 5%，兼作排水垫层时，含泥量不得超过 3%。

6.1.2.2 构造要求

(1) 垫层的厚度一般为 0.5~2.5m，不宜大于 3.0m，具体根据作用在垫层顶面的土的自重应力和附加应力之和应不大于软弱土层的承载力设计，设计方法同软弱下卧层设计。

(2) 垫层顶面每边宜超出基础底边 400~500mm 或从垫层底面两侧向上按当地经验的要求放坡。大面积整片垫层的底面宽度，常按自然倾斜角控制适当加宽。

(3) 在碎石或卵石垫层底部宜设置 150~300mm 厚的砂垫层或铺一层土工织物，以防止软弱土层表面的局部破坏，同时必须防止基坑边坡塌土混入垫层。

6.1.2.3 施工机具要求

根据所选用的施工方法不同，采用的施工机具及要求也不同。砂和砂石垫层的施工方法主要有三种：机械碾压法、重锤夯实法和平板振动法。

1. 机械碾压法

机械碾压法是采用压路机、推土机、羊足碾或其他压实机械来压实地基土。对于采用各种施工机具，在分层回填碾压的每层铺填厚度及压实遍数，可按表 6-5 选用。

当地基下是以黏性土为主的软弱土时，宜采用平碾或羊足碾，对于狭窄场地、边角及接触带可用蛙式夯实机。

垫层的每层铺填厚度及压实遍数　　　　表 6-5

施工设备	平碾 (8~12t)	羊足碾 (5~16t)	蛙式夯 (200kg)	振动碾 (8~15t)	振动压实机 (2t，振动力98kg)
每层铺填厚度（mm）	200~300	200~350	200~250	600~1300	1200~1500
每层压实遍数	6~8	8~16	3~4	6~8	10

2. 重锤夯实法

重锤夯实法是用起重机械将夯锤提升到一定高度，然后自由落锤，不断重复夯击以加固地基。其施工机具主要有起重机、夯锤、吊钩等。

重锤夯实法适用于地下水位距地表 1.2m 以上稍湿的黏性土、砂土、湿陷性黄土、杂填土和分层填土。重锤夯实厚度一般在 1.2~2.0m。

起重机的起重能力，当直接用钢丝绳悬吊夯锤时，吊车的起重能力一般应大于锤重的 3 倍，采用脱钩夯锤时，起重能力应大于夯锤重量的 1.5 倍。夯锤宜采用圆台形，直径 1.0~1.5m，C20 钢筋混凝土制成。如图 6-3 所示，锤重宜为 2.0~3.0t，锤底单位静压力宜为 15~20kPa。

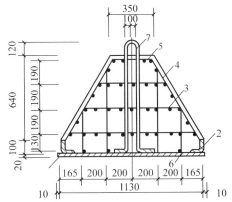

图 6-3　钢筋混凝土夯锤构造
1—20mm 厚钢板；2—L100×10mm 角钢；
3、4、5—φ8mm 钢筋@100mm 双向；
6—φ10mm 锚筋；7—φ30mm 吊环

夯实法施工前，应检查基坑中土的含水量，并根据试验结果决定是否需要加水；还要在建筑物场地附近试夯以确定最少夯实遍数及总下沉量。

3. 平板振动法

平板振动法是用振动压实机来处理无黏性土、透水性好的地基的方法。采用这种方法进行施工时，要先进行试振，得出稳定下沉量与时间的关系，确定振实时间。振实范围是从基础边缘放出 0.6m 左右，先振基槽两边后振中间。

6.1.2.4　施工工艺方法要点

（1）铺设垫层前应验槽，将基底表面浮土、淤泥、杂物清除干净，两侧应设一定坡度，防止振捣时塌方。

（2）人工级配的砂砾石，应先将砂、卵石拌合均匀后，再铺夯压实。当地下水位较高或在饱和的软弱地基上铺设垫层时，应在基坑内及外侧四周排水工作，防止砂垫层泡水引起砂流失；或将地下水降至坑底 500mm 以下。

（3）垫层底面标高不同时，土面应挖成阶梯或斜坡搭接，并按先深后浅的顺序施工，搭接处应夯压密实。分段铺设时，接头应做成斜坡或阶梯形搭接，每层错开 0.5~1.0m，并注意充分捣实。

（4）垫层铺设时，严禁扰动垫层下卧层及侧壁的软弱土层，防止被践踏、受冻或受浸泡，降低其强度。如垫层下有厚度较小的淤泥或淤泥质土层，在碾压荷载下抛石能挤入该层底面时，可采取挤淤处理。先在软弱土面上堆填块石、片石等，然后将其压入以置换和挤出软弱土，再做垫层。

（5）垫层应分层铺设，分层捣实，基坑内预先安好5m×5m网格标桩，控制每层砂垫层的铺设厚度。每层铺设厚度、砂石最优含水量控制及施工机具、方法的选用参见表6-6。振夯法要做到交叉重叠1/3，防止漏振、漏压。夯实、碾压遍数、振实时间应通过试验确定。用细砂作垫层材料时，不宜使用振捣法或水撼法，以免产生液化现象。

砂垫层和砂石垫层铺设厚度及施工最优含水量　　　表6-6

捣实方法	每层铺设厚度（mm）	施工时最优含水量（%）	施工要点	备注
平振法	200~250	15~20	1. 用平板式振捣器往复振捣，往复次数以简易测定密实度合格为准 2. 振捣器移动时，每行应搭接三分之一，以防振动面积不搭接	不宜使用干细砂或含泥量较大的砂铺筑砂垫层
插振法	振捣器插入深度	饱和	1. 用插入式振捣器 2. 插入间距可根据机械振捣大小决定 3. 不用插至下卧黏性土层 4. 插入振捣完毕，所留的孔洞应用砂填实 5. 应有控制地注水和排水	不宜使用干细砂或含泥量较大砂铺筑砂垫层
水撼法	250	饱和	1. 注水高度略超过铺设面层 2. 用钢叉摇撼捣实，插入点间距100mm左右 3. 有控制地注水和排水 4. 钢叉分四齿，齿的间距30mm，长300mm，木柄长900mm	湿陷性黄土、膨胀土、细砂地基上不得使用
夯实法	150~200	8~12	1. 用木夯或机械夯 2. 木夯重40kg，落距400~500mm 3. 一夯压半夯，全面夯实	适用于砂石垫层
碾压法	150~350	8~12	6~10t压路机往复碾压；碾压次数以达到要求密实度为准，一般不少于4遍，用振动压实机械，振动3~5min	适用于大面积的砂石垫层，不宜用于地下水位以下的砂垫层

（6）当地下水位较高或在饱和的软弱地基上铺设垫层时，应加强基坑内及外侧四周的排水工作，防止砂垫层泡水引起砂的流失，保持基坑边坡稳定；或采取降低地下水位措施，使地下水位降低到基坑底500mm以下。

（7）当采用水撼法或插振法施工时，以振捣棒振幅半径的1.75倍为间距（一般为400~500mm）插入振捣，依次振实，以不再冒气泡为准，直至完成；同时应采取措施做到有控制地注水和排水。垫层接头应重复振捣，插入式振动棒振完所留孔洞应用砂填实；在振动首层的垫层时，不得将振动棒插入原土层或基槽边部，以避免使软土混入砂垫层而降低砂垫层的强度。

(8) 垫层铺设完毕,应立即进行下道工序施工,严禁小车及人在砂层上面行走,必要时应在垫层上铺板行走。

6.1.2.5 质量验收与质量检查方法

1. 砂及砂石垫层的质量验收标准如表 6-7 所示。

砂及砂石地基质量检验标准　　　表 6-7

项	序	检查项目	允许偏差或允许值		检查方法
			单位	数值	
主控项目	1	地基承载力	设计要求		载荷试验或按规定方法
	2	配合比	设计要求		检查拌合时的体积比或重量比
	3	压实系数	设计要求		现场实测
一般项目	1	砂石料有机质含量	%	≤5	焙烧法
	2	砂石料含泥量	%	≤5	水洗法
	3	石料粒径	mm	100	筛分法
	4	含水量(与最优含水量比较)	%	±2	烘干法
	5	分层厚度(与设计要求比较)	mm	±50	水准仪

2. 质量控制

(1) 施工前应检查砂、石等原材料质量及砂、石拌合均匀程度。

(2) 施工过程中必须检查分层厚度,分段施工时搭接部分的压实情况、加水量、压实遍数、压实系数。

(3) 砂垫层每层夯(振)实后,用环刀取样试验或贯入仪测试时,取样点应位于每层厚度的 2/3 深度处,密实度应达到设计要求或中密标准,及孔隙比不应小于 0.65,干密度不小于 $1.55 \sim 1.60 \text{t/m}^3$。测定方法采用容积不小于 200cm^3 的环刀取样,如为砂砾(卵)石垫层,则在其中设纯砂检验点,在同样条件下,用环刀取样检验。通过环刀取样,检验夯实后每层的平均压实系数符合设计要求后才能铺上一层。

贯入度测定方法应先将垫层表面的砂刮去 3cm 左右,并用贯入仪、钢筋或钢叉等以贯入度大小检查砂垫层的质量。钢筋贯入是用直径 20mm、长 1250mm 的平头钢筋,距离砂面 700mm 自由落下,检验点距离不得大于 4m,插入深度以不大于通过试验所确定的贯入度数值为合格。用水撼法使用的钢叉,距离砂层面 500mm 自由落下,插入深度不大于根据该砂的控制干密度测定的深度为合格。每层测定完毕应绘制成图,把每个检验点的贯入数据记于图上。检测点数量同灰土地基要求。

(4) 施工结束后,应检查砂及砂石地基的承载力。

6.1.3 工程实例

【工程案例 6-1】 内蒙古包头军分区新营区工程,该工程由 1 座办公楼(高度为

11层）及 A、B 2 座附属建筑（6层）3 部分组成，均设有一层地下室。总占地面积 3500m²，总建筑面积 32460m²。采用砂垫层换填地基，以砾砂层为持力层，垫层厚度为 2.0m。

（1）地质条件：施工场地地貌单元属昆仑河冲、洪积扇中部。勘探深度范围内所揭露的地层为第四系地层，据其成因及岩性不同，由上而下可分为 6 层：

第①层：杂填土，主要由生活垃圾组成。第②层：粉砂，暗黄色，长石、石英质、稍湿、松散状态，含植物根系。第③层：湿陷性粉土，黄褐色，稍湿、中密状态，含云母，混少量砂粒，局部有白色钙质条纹，砂感强，具有非自重湿陷性。第④层：砾砂，杂色，饱和、中密—密实状态。混粒结构，混卵石、碎石及少量漂石、长石、石英质。第⑤层：粉砂与粉土互层，黄绿—灰绿色，含云母及氧化铁，湿、中密状态，具明显的层理结构。第⑥层：为有机质粉质黏土，灰黑—黑色，饱和、可塑状态，含云母，有光泽，略带腥臭味，含少量有机质土。

地下水埋深 10.5～11.6m，属潜水，赋存于 ④层砾砂层中，主要以大气降水渗入和侧向径流补给，以开采和径流为主要排泄途径。

（2）设计方案：因第③层粉土具有湿陷性，且承载力不能满足建筑物基底压力的要求，需将第③层湿陷性粉土挖除，用天然级配的混砂回填，换填厚度为 2.0m，分层虚铺厚度控制在 0.5m，并用 14t 振动碾进行碾压，使压实系数达到 0.97，回填碾压完毕进行静力载荷试验。

该工程采用静力载荷试验法，在办公楼基础范围内共进行了 2 板静力载荷试验，压板面积为 2500cm²，经检测，砂垫层的承载力特征值 $f_{ak}=301.5$ kPa，满足设计要求的承载力 290kPa，满足要求。

6.2 强夯法

学习目标

了解强夯法地基处理的施工技术参数、施工工艺方法、施工要点、质量检验标准和检查方法

关键概念

强夯法、单位夯击能

强夯法是用起重机械（起重机或起重机配三脚架、龙门架）将大吨位（一般为 8～30t）夯锤起吊到 6～30m 高度后，自由落下，给地基土以强大的冲击能量的夯击，

使土中出现冲击波和很大的冲击应力,迫使土层孔隙压缩,土体局部液化,在夯击点周围产生裂隙,形成良好的排水通道,孔隙水和气体逸出,使土粒重新排列,经时效压密达到固结,从而提高地基承载力,降低其压缩性的一种有效的地基加固方法,也是我国目前最为常用和最经济的深层地基处理方法之一。

强夯地基适用土质范围广;加固效果显著,可取得较高的承载力,一般地基强度可提高 2~5 倍;变形沉降量小,压缩性可降低 2~10 倍,加固影响深度可达 6~10m。

6.2.1 强夯主要机具设备

6.2.1.1 夯锤

强夯法用夯锤有混凝土和装配式夯锤两种,如图 6-4、图 6-5 所示。锤重一般不宜小于 8t,常用的为 10t、12t、17t、18t、25t。落距一般不小于 6m,多采用 8m、10m、12m、13m、15m、17m、18m、20m、25m 等几种。夯锤底面有圆形和方形两种,圆形应用较广;锤底面积宜按土的性质或锤重确定,对于砂质土和碎石类土宜为 3~4m²,对于黏性土或淤泥质土不宜小于 6m²。夯锤中宜设 1~4 个直径 250~300mm 上下贯通的排气孔,以利夯击时空气排出和减小坑底吸力。

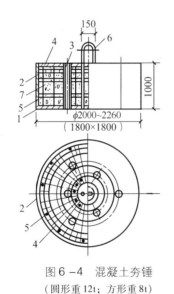

图 6-4 混凝土夯锤
(圆形重 12t;方形重 8t)
1—30mm 厚钢板底板;2—18mm 厚钢板外壳;3—6×φ159mm 钢管;4—水平钢筋网片 φ16@200mm;5—钢筋骨架 φ14@400mm;6—φ50mm 吊环;7—C30 混凝土

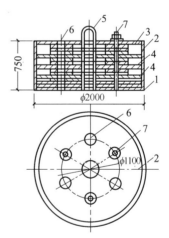

图 6-5 装配式钢夯锤
(可组合成 6t、8t、10t、12t)
1—50mm 厚钢板底盘;2—15mm 厚钢板外壳;3—30mm 厚钢板顶板;4—中间块(50mm 厚钢板);5—φ50mm 吊环;6—φ200mm 排气孔;7—M48mm 螺栓

6.2.1.2 起重设备

起重设备多使用起重量为 15t、20t、25t、30t、50t 的履带式起重机(带摩擦离合器)(图 6-6)。也可用专用三角起重架和龙门架作起重设备。当履带式起重机起重能力不足时,可也采用加钢辅助桅杆的方法以加大起重能力。起重机的起重能力,当直接用钢丝绳悬吊夯锤时,吊车的起重能力一般应大于锤重的 3 倍,采用脱钩夯锤时，起重能力应大于夯锤重量的1.5倍。

6.2.1.3 脱钩装置

采用履带式起重机作强夯起重设备，国内目前使用较多的是通过动滑轮组用脱钩装置来起落夯锤。脱钩装置要求有足够的强度，使用灵活，脱钩快速、安全。常用的工地自制自动脱钩器由钢板焊接而成，由吊环、耳板、销环、吊钩等组成（图6-7）。

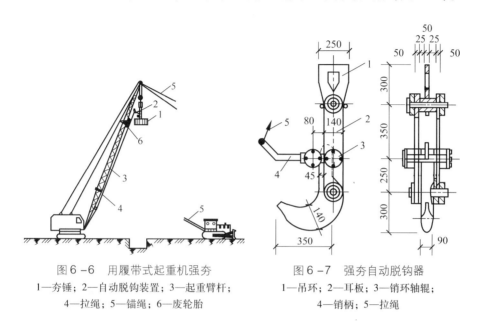

图6-6 用履带式起重机强夯
1—夯锤；2—自动脱钩装置；3—起重臂杆；
4—拉绳；5—锚绳；6—废轮胎

图6-7 强夯自动脱钩器
1—吊环；2—耳板；3—销环轴辊；
4—销柄；5—拉绳

6.2.1.4 锚系设备

当用起重机起吊夯锤时，为防止夯锤突然脱钩使起重臂后倾和减小对臂杆的振动，应用推土机一台设在起重机的前方作地锚（图6-6），在起重机臂杆的顶部与推土机之间用两根钢丝绳连系锚旋。钢丝绳与地面的夹角不大于30°，推土机还可用于夯完后作表土推平、压实等辅助性工作。

当用起重三脚架、龙门架或起重机加辅助桅杆起吊夯锤时，可不设锚系设备。

6.2.2 施工技术参数

6.2.2.1 单位夯击能

锤重M（t）与落距h（m）是影响夯击能和加固深度的重要因素。锤重M与落距h的乘积称为夯击能。单位面积上所施加的总夯击能（锤重、落距、夯击坑数、每一夯击点的夯击次数计算）称为单位夯击能。

一般情况下，对于粗颗粒土单位夯击能取$1000\sim3000\text{kN}\cdot\text{m}/\text{m}^2$；细颗粒土取$1500\sim4000\text{kN}\cdot\text{m}/\text{m}^2$。夯击能过小，加固效果差；夯击能过大，既浪费能源，对饱和黏性土又会形成橡皮土，降低强度。

6.2.2.2 夯击点布置及间距

夯击点对大面积地基，一般采用等边三角形、等腰三角形或正方形（图6-8）；

对条形基础，夯点可成行布置；对独立柱基础，可按柱网设置单点或成组布置。

夯击点间距通常取夯锤直径的 3 倍，一般第一遍夯击点间距为 5~15m，第二遍夯击点间距位于第一遍夯击点之间，以后各遍夯击点可与第一遍相同，也可适当减小。对于加固土层厚、土质差、透水性弱、含水率高的黏性土，夯点间距宜大，加固土层薄、透水性强、含水量低的砂质土，间距宜小。

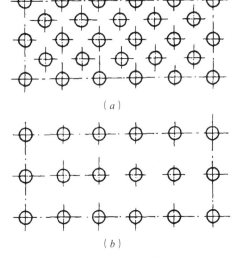

图 6-8 夯点布置
(a) 梅花形布置；(b) 方形布置

6.2.2.3 单点的夯击数与夯击遍数

夯击遍数在一般情况下，可采用 2~3 遍，最后再以低能量（前几遍能量的 1/4~1/5，锤击数为 2~4 击）满夯一遍，以加固前几遍之间的松土和被振松的表土层。单点的夯击数一般为 3~10 击。开始两遍夯击数宜多些，以后各遍逐渐减小，最后一遍锤击数为 2~4 击。

6.2.2.4 两遍间隔时间

为有利于土中孔隙水压力的消散，两遍夯击之间应有一定的时间间隔，一般两遍之间间隔 1~4 周。对黏性土不少于 3~4 周；若无地下水或地下水在 5m 以下，含水量较低的碎石类土，透水性强的砂性土，可只间隔 1~2d 或连续夯击。

6.2.2.5 处理范围

强夯处理范围应大于建筑物基础范围，每边超出基础外缘的宽度宜为设计处理深度的 1/2~2/3，并且不小于 3m。

6.2.3 施工工艺方法要点

(1) 强夯法施工工艺流程如下：场地平整→布置夯点→机械就位→夯锤起吊至预定高度→夯锤自由下落→按设计要求重复夯击→低能量夯实表层松土→验收。

(2) 强夯时，首先应检验夯锤是否处于中心，若为偏心时，应采取在锤边焊钢板或增减混凝土等办法使其平衡，防止夯坑倾斜。夯击时，落锤应保持平稳，夯位正确。如错位或坑底倾斜度过大，应及时用砂土将坑整平，予以补夯后再进行下一道工序。每夯击一遍后，应测量场地平均下沉量，然后用土将夯坑填平，方可进行下一遍夯实，施工平均下沉量必须符合设计要求。

(3) 强夯前应平整场地，周围做好水沟，按夯点布置测量放线确定夯位。地下水位较高时，应在表面铺 0.5~2.0m 中（粗）砂或砂砾石、碎石垫层，以防设备下陷和便于消散强夯产生的孔隙水压，或采取降低地下水位后再强夯。

(4) 强夯应分段进行，顺序从边缘夯向中央（图 6-9）。对厂房柱基亦可一排一排夯，起重机直线行驶，从一边向另一边进行，每夯完一遍，用推土机整平场地，放线定位后即可接着进行下一遍夯击。

(5) 强夯法的加固顺序是：先深后浅，即先加固深层土，再加固中层土，最后加固表层土。最后一遍夯完后，再以低能量满夯一遍，如有条件以采用小夯锤夯击为佳。

(6) 对于高饱和度的粉土、黏性土和新饱和填土，进行强夯时，难以控制最后两击的平均夯沉量在规定的范围内可采取：①适当将夯击能量降低；②将夯沉量差适当加大；③填土采取将原土上的淤泥清除，挖纵横盲沟，以排除土内的水分，同时在原土上铺50cm的砂石混合料，以保证强夯时土内的水分排除，在夯坑内回填块石、碎石或矿渣等粗颗粒材料，进行强夯置换等措施。通过强夯将坑底软土向四周挤出，使在夯点下形成块（碎）石墩，并与四周软土构成复合地基，一般可取得明显的加固效果。

16	13	10	7	4	1
17	14	11	8	5	2
18	15	12	9	6	3
18′	15′	12′	9′	6′	3′
17′	14′	11′	8′	5′	2′
16′	13′	10′	7′	4′	1′

图 6-9 强夯顺序

(7) 雨期填土区强夯，应在场地四周设排水沟、截洪沟，防止雨水流入场内；填土应使中间稍高；土料含水率应符合要求；认真分层回填，分层推平、碾压，并使表面保持1%~2%的排水坡度；当班填土当班推平压实；雨后抓紧排除积水，推掉表面稀泥和软土，再碾压；夯后夯坑立即推平、压实，使高于四周。

(8) 冬期施工应清除地表的冻土层再强夯，夯击次数要适当增加，如有硬壳层，要适当增加夯次或提高夯击功能。

(9) 做好施工过程中的监测和记录工作，包括检查夯锤重和落距，对夯点放线进行复核，检查夯坑位置，按要求检查每个夯点的夯击次数和每击的夯沉量等，并对各项参数及施工情况进行详细记录，作为质量控制的根据。

(10) 夯击点宜距现有建筑物15m以上，否则，可在夯点与建筑物之间开挖隔振沟带，其沟深要超过建筑物的基础深度，并有足够的长度，或把强夯场地包围起来。

6.2.4 质量验收与质量检查

6.2.4.1 强夯地基质量检验标准（表6-8）

强夯地基质量检验标准　　　　　　表6-8

项	序	检查项目	允许偏差或允许值		检查方法
			单位	数值	
主控项目	1	地基强度	设计要求		按规定方法
	2	地基承载力	设计要求		按规定方法
一般项目	1	夯锤落距	mm	±300	钢索设标志
	2	锤重	kg	±100	称重
	3	夯击遍数及顺序	设计要求		计数法
	4	夯点间距	mm	±500	用钢尺量
	5	夯击范围（超出基础范围距离）	设计要求		用钢尺量
	6	前后两遍间歇时间	设计要求		

6.2.4.2 质量检查

(1) 施工前应检查夯锤重量、尺寸、落锤控制手段、排水设施及被夯地基的土质。

(2) 施工中应检查落距、夯击遍数、夯点位置、夯击范围。

(3) 施工结束后,检查被夯地基的强度并进行承载力检验。检查点数,每一独立基础至少有一点,基槽每 20 延米有一点,整片地基 50~100m² 取一点。强夯后的土体强度随间歇时间的增加而增加,检验强夯效果的测试工作,宜在强夯之后 1~4 周进行,不宜在强夯结束后立即进行测试工作,否则测得的强度偏低。

6.2.5 工程实例

【工程案例 6-2】宣城市某洁具厂工程 2 栋厂房为轻钢结构厂房,设计要求厂区场地地基承载力特征值达到 120kPa;轻钢结构厂房柱基要求地基承载力特征不小于 200kPa,根据核算设计要求单墩竖向承载力特征值 750kN。

1. 工程地质概况

场地上属山间沟谷地貌单元,根据工程地质勘探资料揭示,地层情况自上而下简述如下。

第①层:素填土,层厚 3~4m,灰黄色,松散,高压缩性。为近期人工回填土,主要成分为紫红色泥质粉砂岩块、黏土块等,欠压实。

第②层:耕土,层厚 0.50~0.8m,灰褐色,含少量植物根茎,承载力标准值 95kPa。

第③层:粉质黏土,层厚 0.50~1.20m,紫红色,含少量砂砾,承载力标准值 180kPa。

第④层:强风化泥质粉砂岩,层厚 0.4~1.0m,紫红色,岩石稍破碎,岩芯多呈碎块状,承载力标准值 450kPa。

第⑤层:中风化泥质粉砂岩,紫红色,岩石稍破碎,岩芯多呈短柱状、柱状,岩质较坚硬,厚度未揭穿。该层为理想的持力层,承载力标准值可达 600kPa。

2. 地基处理方案的确定

该工程①层土为新近填土,厚度 3.0~4.0m,成分复杂,均匀性较差,结构松散,欠固结,不能作为基础持力层,其下③层粉质黏土厚度 0.50~1.2m,且地基承载力特征值 90kPa,不能满足设计要求,④、⑤层为较好的持力层,可作为柱基理想持力层,但埋深较大经综合分析,其处理方法为:

①场地采用重型碾压设备碾压,柱基采用人工挖孔墩基础;②采用强夯法进行处理,柱基采用置换墩基。经过讨论分析,方法①碾压施工影响深度有限,3.0m 以下填土很难碾压密实,且人工挖孔墩造价较高;方法②强夯法处理方法较适宜,经现场全方位调查和研究,最终决定采用强夯法对整个场地普夯,柱下基础采用强夯置换墩进行地基加固处理。

3. 处理范围及夯点布置

处理范围为基础周边 3.0m,深度为地表下 4~5m,影响深度为 5~6m,场地处后地基承载力特征值 $f_{ak} \geq 120\text{kPa}$，整片强夯夯点中心距 3.0m，梅花状等边布置，对于柱基位置逐点强夯置换，每个柱基位置为一个夯点。

4. 施工参数

场地满夯采用圆形锤直径 1.2m，夯锤重量 150kN，夯击能量 2250kN·m，根据试夯数据要求点夯每点夯 8~12 击，最后 2 击平均夯沉量小于 10cm/击，更换直径 2.0m，夯锤重量 150kN 的排平夯锤，每点 4 击，搭接 1/3 锤径进行拍平。柱基采用直径 1m 小直径夯锤点夯，夯锤重量 120kN，夯击能量 1800kN·m，夯击深度 3m 左右，填卵石等填料，经过 8 试夯，强夯置换。最后 2 击平均夯沉量 2~8cm/击，每点夯点逐点夯击最后 2 击夯击的平均沉降量不大于 5cm 击，击数 40~60 之间，置换填料 43~73m。

5. 地基处理效果评价

采用强夯法和强夯置换法处加固地基具有设备简单、施工方便、快捷节约等优点。经测算该工程强夯置换法加固地基与传统的人工挖孔桩或人工挖孔墩节约基础造价 40% 以上。该工程交付使用 4 年，场地地面及柱基工程未出现沉降不均匀的现象。

6.3 水泥土搅拌桩

学习目标

了解水泥土搅拌桩地基处理的材料要求、施工工艺方法、施工要点、质量检验标准和检查方法

关键概念

水泥土搅拌桩地基、湿法、干法

水泥土搅拌桩地基系利用水泥作为固化剂，通过深层搅拌机在地基深部就地将软土和固化剂（浆体或粉体）强制拌合，利用固化剂和软土发生一系列物理、化学反应，使凝结成具有整体性、水稳性好和较高强度的不同形状的桩、墙体或块体等，与天然地基形成复合地基，改善地基的承载力和变形模量。

水泥土搅拌法分为深层搅拌法（以下简称湿法）和粉体喷射搅拌法（以下简称干法）。湿法是利用深层搅拌机，将水泥浆与地基土在原位拌合；干法是利用喷粉机将水泥粉（或石灰粉）与地基土在原位拌合，搅拌后形成柱状水泥土体。

水泥土搅拌桩适用于处理正常固结的淤泥与淤泥质土、粉土、饱和黄土、素填土、黏性土以及无流动地下水的饱和松散砂土等地基。当地基土的天然含水量小于 30%（黄土含水量小于 25%）、大于 70% 或地下水的 pH 值小于 4 时不宜采用干法。

水泥土搅拌桩多用于墙下条形基础、大面积堆料厂房地基;在深基坑开挖时用于防止坑壁及边坡侧滑、坑底隆起等,以及作地下防渗墙等工程。

6.3.1 材料和机具要求

6.3.1.1 材料

1. 固化剂

水泥土搅拌桩地基加固软土的固化剂可选用强度等级为 32.5 级以上的普通硅酸盐水泥,也可用其他有效的固化材料。掺入量除块状加固是可用被加固湿土质量的 7%~12%,其余宜为 12%~20%。

2. 水灰比

湿法的水泥浆水灰比可选用 0.45~0.55。为增强流动性,利于泵送,可掺入水泥重量 0.2%~0.25% 的木质素磺酸钙减水剂,但它有缓凝性,为此,用硫酸钠(掺量为水泥用量的 1%)和石膏(掺量为水泥用量的 2%)与之复合使用,以促进速凝、早强。

3. 外加剂

可根据工程需要选用具有早强、缓凝、减水、节省水泥等性能的材料,但应避免污染环境。

6.3.1.2 机具设备

机具设备包括:深层搅拌机、起重机、水泥制配系统、导向设备及提升速度量测设备等。SJB 型深层搅拌机构造如图 6-10,机体属双搅拌头、中心输浆方式的中心机,制成的桩外形是"8"字形,轮廓尺寸和搅拌翼片外形相当,纵向最大处为 1.3m,横向最大处为 0.8m。其配套设备见图 6-11。

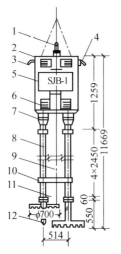

图 6-10 SJB 型深层搅拌机
1—输浆管;2—外壳;3—出水口;
4—进水口;5—电动机;6—导向滑块;
7—减速器;8—搅拌轴;9—中心管;
10—横向系统;11—球形阀;12—搅拌头

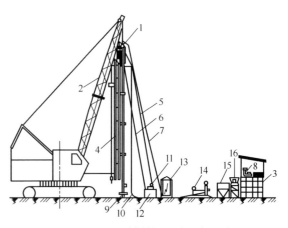

图 6-11 深层搅拌机配套设备及布置
1—深层搅拌机;2—履带式起重机;3—工作平台;4—导向架;
5—进水管;6—回水管;7—电缆;8—磅秤;9—搅拌头;
10—输浆压力胶管;11—冷却泵;12—储水池;13—电气
控制柜;14—灰浆泵;15—集料斗;16—灰浆搅拌机

6.3.2 施工工艺方法要点

(1) 深层搅拌桩施工工艺流程如图6-12。施工程序为深层搅拌机定位→预搅下沉→配制水泥砂浆（或砂浆）→喷浆搅拌、提升→重复搅拌下沉→重复搅拌提升直至孔口→关闭搅拌机、清洗→移至下一根桩、重复以上工序。

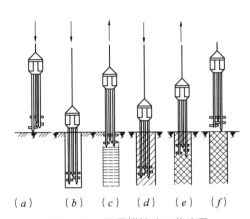

图6-12 深层搅拌法工艺流程

(a) 定位下沉；(b) 沉入到设计深度；(c) 喷浆搅拌提升；
(d) 原位重复搅拌下沉；(e) 重复搅拌提升；(f) 搅拌完成形成加固体

(2) 施工使用水泥，必须经强度试验和安定性试验合格后才能使用。砂应严格控制含泥量，外加剂必须没有变质。

(3) 场地应先整平，清除桩位处地上、地下一切障碍物（包括大块石、树根和生活垃圾等），场地低洼处用黏性土料回填夯实，不得用杂填土回填。基础底面以上宜留500mm厚的土层，搅拌桩施工到地面，开挖基坑时，应将上部质量较差桩段挖去。

(4) 施工前，应标定搅拌机械的灰浆泵输送量、灰浆经输送管到达搅拌机喷浆口的时间和起吊设备提升速度等施工工艺参数，并根据设计要求通过试验确定搅拌桩的配合比和施工工艺。

(5) 施工时，先将深层搅拌机用钢丝绳吊挂在起重机上，用输浆胶管将贮料罐砂浆泵与深层搅拌机接通，开动电动机，搅拌机叶片相向而转，借设备自重，以0.38~0.75m/min的速度沉至要求加固深度；再以0.3~0.5m/min的均匀速度提起搅拌机，与此同时开动砂浆泵将砂浆从深层搅拌中心管不断压入土中，由搅拌叶片将水泥浆与深层处的软土搅拌，边搅拌边喷浆直到提至地面（近地面开挖部位可不喷浆，便于挖土），即完成一次搅拌过程。用同法再一次重复搅拌下沉和重复搅拌喷浆上升，即完成一根柱状加固体。水泥土桩外形呈"8"字形，一根接一根搭接，相搭接宽度宜大于100mm，以增强其整体性，即成壁状加固体，几个壁状加固体连成一片，即成块状。

(6) 施工使用固化剂和外加剂必须通过加固土室内试验检验，方能使用。固化剂应严格按预定的配合比拌制，制备好的浆液不得离析，泵送必须连续，拌制浆液罐数、固化剂与外掺剂的用量以及泵送浆液的时间等应有专人记录。

（7）起吊时，应保证起吊设备的平整度和导向架的垂直度。成桩要控制搅拌机的提升速度和次数，使连续均匀，以控制注浆量，保证搅拌均匀，同时泵送必须连续。搅拌桩的垂直度偏差不得超过1%，桩位偏差不得大于50mm。

（8）搅拌机预搅下沉时不宜冲水；当遇到较硬土层下沉太慢时，方可适量冲水，但应考虑冲水成桩对桩身强度的影响。

（9）搅拌机喷浆提升的速度和次数必须符合施工工艺的要求，应有专人记录搅拌机每米下沉或提升的时间，深度记录误差不得大于50mm，时间记录误差不得大于5s，施工中发现的问题及处理情况均应注明。

（10）每天加固完毕，应用水清洗贮料罐、砂浆泵、深层搅拌机及相应管道，以备再用。

6.3.3 质量验收及质量控制

6.3.3.1 水泥搅拌桩质量检验标准（表6-9）

水泥土搅拌桩质量检验标准　　表6-9

项目类别	序	检查项目	允许偏差或允许值		检查方法
			单位	数值	
主控项目	1	水泥及外加剂质量	设计要求		查产品合格证书或抽样复验
	2	水泥用量	参数指标		查看流量计
	3	桩体强度	设计要求		按规定办法
	4	地基承载力	设计要求		按规定办法
一般项目	1	机头提升速度	m/min	≤0.5	量机头上升距离及时间
	2	桩底标高	mm	±200	量机头下降总尺寸
	3	桩顶标高	mm	100；-50	水准仪（最上部500mm不计入）
	4	桩位偏差	mm	<50	用钢尺量
	5	垂直度	%	≤1.5	经纬仪
	6	桩径	mm	<0.04D	用钢尺量，D为桩径
	7	搭接	mm	>200	用钢尺量

6.3.3.2 质量控制

（1）水泥搅拌桩所用材料必须符合设计要求，并严格按规定抽样检验。

（2）搅拌桩应在成桩7d内用轻便触探器钻取桩身加固土样，观察搅拌均匀程度，同时根据轻便触探击数用对比法判断桩身强度。检验桩的数量应不少于已完成桩数的2%。

（3）如经触探检验对桩身强度有怀疑的桩，应钻取桩身芯样，制取试块并测定桩身强度。

（4）对场地复杂或施工有问题的桩应进行单桩试验，检验其承载力。

（5）对相邻桩搭接要求严格的工程，应在桩养护到一定龄期时选取数根桩体进行开挖，检查桩顶部分外观质量。

（6）基坑开挖后，应检验桩位、桩数与桩顶质量，如不符合规定要求，应采取有效补救措施。

6.3.4 工程实例

【工程案例6-3】 粉喷桩在住宅楼软弱地基加固中的应用。

1. 工程概况

郑州市明鸿新城22座7层点式豪华住宅楼工程，砖混结构，现浇钢筋混凝土楼板和屋面，建筑面积13.2万m^2，由于结构荷载较大（160kPa），上部地基强度较低（平均120kPa左右），经多方案比较，设计采用水泥粉喷桩加固地基，桩直径0.5m，长8.8~9.3m，共计18950根，桩顶距自然地面1.0m，在墙基下均匀布置，间距1.0m，经粉喷桩加固后，要求复合地基承载力达到170kPa。

2. 地质状况

该工程地质变化较大，自地面由上而下为：耕植土（厚0.6~1.0m），分布均匀，较松散；粉土（厚3.5~6.3m），可塑~软塑状态，中等压缩性，承载力特征值f_{ak}=100kPa，压缩模量Es=5.1MPa；粉质黏土（厚2.2~3.9m），软塑状态，中等压缩性，f_{ak}=80kPa，Es=4.8MPa；粉土（厚1.0~2.7m），软塑状态，中等压缩性，分布不匀，局部有尖灭现象，f_{ak}=110kPa，Es=7.2MPa；粉质黏土（厚1.4~2.3m），软塑~可塑状态，中等压缩性，分布不匀，局部存在尖灭现象，f_{ak}=90kPa，Es=4.1MPa；细砂（厚9.7~21.3m），上部稍密，下部中密至密实，f_{ak}=180~250kPa，Es=15~24MPa。地下水埋深由-2.2~-2.7m，属潜水型。

3. 施工工艺

采用5台粉喷桩机钻孔、喷粉、搅拌。先按楼层进行严格放线定位，根据基础埋置深浅情况，采取先成桩后开挖基坑和先挖基坑至基底以上500mm再成桩清土两种方式。为避免桩机管路过长，采取由中间向两端进行，喷粉量控制为45~50kg/m，由专人操纵，至比设计桩顶面高500mm停止，同时在每根桩上部1m范围内复喷一次，以防在桩顶部出现松散层。每根桩保持连续作业，防止漏喷或堵管，每日可完成桩50根，效率较高。

4. 桩基测试

每栋楼粉喷桩基完工后7d，随机取桩总数1%，8根进行动测检验桩的承载力情况；取桩总数的15%进行桩质量情况检验。对检测后发现有问题时，取加倍数量的桩进行复检；承载力采用低应变动力试验及附加质量法检验，并作三组静载作对比试验，静载与动测承载力最大误差为5.6%，最小误差为-1%，两者比较接近。经检验承载力为171~212kPa，均满足设计承载力要求。同时应用应力波反射法对桩体质量进行检验，所测桩中绝大部分测试信号正常，有较明显的桩底反射，波速范围在150m/s左右，认为桩身较为密实均匀，质量良好，个别桩测试信号异常，是因破桩头时,桩受激烈水平力造成断桩所致,截面以下测试信号恢复正常,采取复喷补桩处理。

5. 效果评价

本工程原拟采用普通混凝土灌注桩,后经试验研究,改为用粉喷桩加固使用复合地基,充分挖掘地基潜力。该工程已有12栋楼建成,投入使用五年多未发现房屋地基不均匀沉和砖墙裂缝等问题,加固效果良好;采用粉喷桩(25元/m左右)比混凝土灌注桩地基处理费用降低65%,工期缩短2倍以上,与一般水泥旋喷法加固地基比较,设备简单,施工快速、安全,费用低30%~40%。实践表明,采用粉喷桩加固软弱地基,技术经济上是可行和合理的,使用上是可靠的,在郑州地区已成为较广泛应用的软土地基加固。

6.4 高压喷射注浆地基

学习目标

了解高压喷射注浆地基处理的施材料要求、施工工艺方法、施工要点、质量检验标准和检查方法

关键概念

高压喷射注浆地基、单管法、双重管法、三重管法

高压喷射注浆地基是利用钻机把带有特殊喷嘴的注浆管钻进至土层的预定位置或预先钻孔后将注浆管放至预定位置,在钻杆旋转徐徐上升时,将预先配置的浆液用一定压力从喷嘴喷出,冲击土体,把浆液与土体搅拌后形成固结体,从而达到加固土体和防水的目的。

高压喷射注浆地基适于淤泥、淤泥质土、黏性土、粉土、砂土、湿陷性黄土、人工填土及碎石土等的地基加固;可用于既有建筑和新建筑的地基处理,深基坑侧壁挡土或挡水,基坑底部加固防止管涌与隆起,坝的加固与防水帷幕等工程。但对含有较多大粒块石、坚硬黏性土、大量植物根基或含过多有机质的土以及地下水流过大、喷射浆液无法在注浆管周围凝聚的情况下,不宜采用。

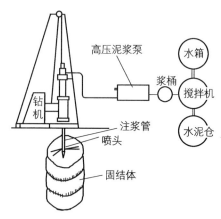

图6-13 单管法高压喷射注浆示意图

高压喷射注浆法有旋喷注浆、定喷注浆和摆喷注浆三种类别,加固形状可分为柱状、壁状和块状等。

旋喷法根据使用机具设备的不同又分为单管法(成桩直径一般为 0.3～0.8m)、二重管法(成桩直径 1.0m 左右)、三重管法(成桩直径 1.0～2.0m,成桩强度较低),它们的加固原理是一样的。图 6-13～图 6-15 分别为单管法、二重管法、三重管法高压喷射注浆示意图。

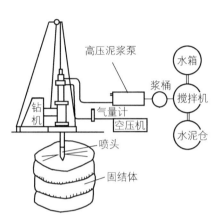

图 6-14 二重管法高压喷射注浆示意图

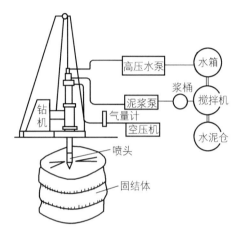

图 6-15 三重管法高压喷射注浆示意图

6.4.1 材料要求

(1) 高压喷射注浆的主要材料为水泥,设计无特殊要求,水泥应用强度等级为 32.5 级及以上普通硅酸盐水泥。水泥应具有出厂合格证,抽样送检合格后方可使用。

(2) 一般单管和双管泥浆水灰比为 1∶1～1.5∶1,三管水灰比宜采用为 1∶1。为消除离析,一般再加入水泥用量 3% 的陶土、0.9‰ 的碱。浆液宜在旋喷前 1h 以内配制,使用时滤去硬块、砂石等,以免堵塞管路和喷嘴。

(3) 根据需要可加入适量的外加剂及掺合料,常用外加剂有水玻璃、氯化钙、亚硝酸钠等,常用掺合料有膨润土、粉煤灰、矿渣等,产品必须检验合格后使用。

6.4.2 施工工艺要点

(1) 旋喷桩施工程序为:机具就位→贯入注浆管、试喷射→喷射注浆→拔管及冲洗等。单管和三重管旋喷桩施工工艺流程如图 6-16、图 6-17 所示。

(2) 施工前先进行场地平整,挖好排浆沟,做好钻机定位。要求钻机安放保持水平,钻杆保持垂直,其倾斜度不得大于 1.5%。

(3) 单管法和二重管法可用注浆管射水成孔至设计深度后,再一边提升一边进行喷射注浆。三重管法施工须预先用钻机或振动打桩机钻成直径 150～200mm 的孔,然后将三重注浆管插入孔内,按旋喷、定喷或摆喷的工艺要求,由下而上进行喷射注浆,注浆管分段提升的搭接长度不得小于 200mm。

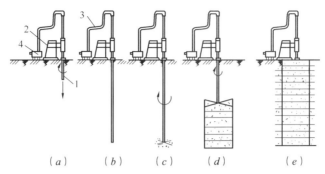

图 6-16 单管旋喷桩施工工艺流程
(a) 钻机就位钻孔；(b) 钻孔至设计标高；(c) 旋喷开始；
(d) 边旋喷边提升；(e) 旋喷结束成桩
1—旋喷管；2—钻孔机械；3—高压胶管；4—超高压脉冲泵

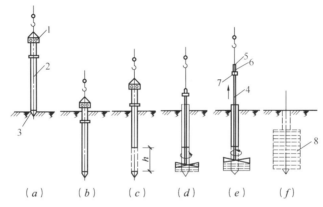

图 6-17 三重管旋喷法施工工艺流程
(a) 振动沉桩机就位，放桩靴，立套管，安振动锤；(b) 套管沉入设计深度；
(c) 拔起一段套管，卸上段套管，使下段露出地面（使 $h >$ 要求的旋喷长度）；
(d) 套管中插入三重管，边旋、边喷、边提升；(e) 自动提升旋喷管；
(f) 拔出旋喷管与套管，下部形成圆柱喷射桩加固体
1—振动锤；2—钢套管；3—桩靴；4—三重管；5—浆液胶管；
6—高压水胶管；7—压缩空气胶管；8—旋喷桩加固体

（4）在插入旋喷管前先检查高压水与空气喷射情况，各部位密封圈是否封闭，插入后先作高压水射水试验，合格后方可喷射浆液。如因塌孔插入困难时，可用低压（0.1~2MPa）水冲孔喷下，但须把高压水喷嘴用塑料布包裹，以免泥土堵塞。

（5）当采用三重管法旋喷，开始时，先送高压水，再送水泥浆和压缩空气，在一般情况下，压缩空气可晚送 30s。在桩底部边旋转边喷射 1min 后，再边旋转、边提升、边喷射。

（6）喷射时，先应达到预定的喷射压力、喷浆量后再逐渐提升注浆管。中间发生故障时，应停止提升和旋喷，以防桩体中断，同时立即进行检查排除故障；如发现有浆液喷射不足，影响桩体的设计直径时，应进行复核。

（7）当处理既有建筑地基时，应采取速凝浆液或大间隔孔旋喷和冒浆回灌等措施，以防旋喷过程中地基产生附加变形和地基与基础间出现脱空现象，影响被加固建

筑及邻近建筑。

（8）在喷浆工程中，往往有一定数量的土粒随着一部分浆液沿着注浆管壁冒出地面。旋喷过程中，冒浆量应小于注浆量的20%。对需要扩大加固范围或提高强度的工程，可采取复喷措施，即先喷一遍清水，再喷一遍或两遍水泥浆。

（9）喷到桩高后应迅速拔出注浆管，用清水冲洗管路，防止凝固堵塞。相邻两桩施工间隔时间应不小于48h，间距应不小于4~6m。

6.4.3 质量验收与质量检查

6.4.3.1 旋喷注浆地基质量检验标准（表6-10）

旋喷（高压喷射）注浆地基质量检验标准　　　表6-10

项	序	检查项目	允许偏差或允许值		检查方法
			单位	数值	
主控项目	1	水泥及外掺剂质量	符合出厂要求		查产品合格证书或抽样送检
	2	水泥用量	设计要求		查看流量表及水泥浆水灰比
	3	桩体抗压强度及完整性检验	设计要求		按规定方法
	4	地基承载力	设计要求		按规定的方法
一般项目	1	钻孔位置	mm	≤50	用钢尺量
	2	钻孔垂直度	%	≤1.5	经纬仪测钻杆或实测
	3	孔深	mm	±200	用钢尺量
	4	注浆压力	按设定参数指标		查看压力表
	5	桩体搭接	mm	>200	用钢尺量
	6	桩体直径	mm	≤50	开挖后用钢尺量
	7	桩身中心允许偏差		≤0.2D	开挖后桩顶下500mm处用尺量，D为设计桩径

6.4.3.2 质量检查

（1）施工前应检查水泥、外加剂等的质量，桩位、压力表、流量表的精度和灵敏度、高压喷射设备的性能等。

（2）施工中应检查施工参数（压力、水泥浆量、提升速度、旋转速度等）的应用情况及施工程序。

（3）施工结束后28d，高压喷射注浆可采用开挖检验、钻孔取芯、标准贯入、载荷试验等方法进行检验。

1）开挖检验　施工完毕，待固结体凝固具有一定强度后，即可开挖直接检验。由于固结体完全暴露出来，因此，能全面检验固结体的垂直度和固结形状。

2）钻孔取芯　在已凝固的固结体中钻取岩芯，并将其做成标准试件进行室内物理力学性能试验，检查内部桩体的均匀程度是否符合设计要求；也可在现场进行钻孔，做压力注水和抽水两种试验，测定其抗渗能力。

3）标准贯入试验　在固结体的中部进行标准贯入试验，每隔一定深度作一个标准贯入 N 值试验。

6.4.4　工程实例

【工程案例 6-4】山东威海市威海大厦地基高压喷射注浆法加固。

1. 地质情况

地表以下土层大致分为四层。第一层：人工填土，厚 0.6~1.4m；第二层：砂、砾或碎石透水层，厚 5m；第三层：粉质黏土层，厚 7~8m，软塑~流塑状态，高压缩性，地基承载力特征值 110~130kPa；第四层：基岩层，深 30m，属强风化带。

2. 设计与施工

该工程主楼 17 层，地下室 1 层，采用箱形基础，埋深 4m，基底压力 250kPa，占地面积 1100m²。根据地基处理方案比较，决定采用单管旋喷注浆法加固地基，以提高地基承载力，减少地基沉降。

加固体设计为桩径 ϕ0.6m，间距 2m，等边三角形布置，桩长分 20m 和 10m 两种，短桩布设于长桩间。机具采用 SNC-300 水泥车和 76 型振动钻。施工时，旋喷 20m 长桩 250 根，10m 短桩 186 根，由于水泥质量不佳，又补喷 395 根。

3. 加固效果

旋喷后，对加固体采用了开挖、钻孔取芯、标准贯入和平板载荷试验等方法进行检测。结果表明，加固体平均抗压强度无黏性土中为 14.79MPa，黏性土中为 9.4MPa，地基平均沉降仅为 8~13mm，满足了设计要求。

单元小结

在工程中遇到软弱土和特殊土时，考虑施工技术以及经济性要求，常常需要进行地基处理。本单元按照常见地基处理方法结合《建筑地基处理技术规范》JGJ 79—2002、《建筑地基基础工程施工质量验收规范》GB 50202—2002，对换填垫层法、强夯法、水泥土搅拌桩、高压旋喷桩的材料要求、施工工艺方法、施工要点、质量检验标准和检查方法等进行了详细阐述和讲解。本学习单元还安排四个实际工程案例介绍地基处理的加固方法、加固效果，以培养学生理论联系实际、分析与解决实际问题的基本能力。

【课后讨论】

1. 土木工程中建筑物对地基的要求表现在哪些方面？
2. 查找有关资料，讨论地基处理规划必要程序是怎样的。

思考与练习

1. 软土有哪些工程特点？常见的软土类型有哪些？
2. 地基处理的目的是什么？常用地基处理方法有哪些？
3. 采用灰土换填垫层处理地基时，对垫层材料有哪些要求？施工要点是什么？
4. 简述深层搅拌桩（湿法）的施工工艺。
5. 强夯法的原理是什么？适用于处理哪些地基？
6. 高压注浆法施工的要点有哪些？
7. 深层搅拌法在我国工程应用主要有哪些方面？
8. 简述高压旋喷桩的质量检验方法。

单元7
地基基础分部工程验收

引 言

一个具体的工程项目一般划分为几个分部工程,每个分部工程又划分为若干个子分部工程,每一个子分部又可划分为若干个分项工程。地基基础工程是一个分部工程。

学习目标

通过本单元的学习,你将能够:

1. 填写分部、分项工程检验批质量验收记录表。
2. 划分子分部工程和分项工程。
3. 组织地基基础分部工程验收。

本学习单元旨在培养学生具有地基基础分部工程验收资料整理的基本能力，通过课程讲解使学生掌握地基基础分部分项工程验收、分部工程验收的程序、方法等知识；通过案例教学进一步培养学生进行地基基础施工的综合职业能力。

地基基础工程是一个分部工程，若基础工程规模大、作业专业多，可进一步划分为子分部工程。《建筑工程施工质量验收统一标准》GB 50300—2001 中将基础分部划分为无支护土方、有支护土方、地基处理、桩基、地下防水、混凝土基础、砌体基础、劲钢（管）混凝土、钢结构等九个子分部工程，而每一个子分部又可划分为若干个分项工程。如无支护土方又分为土方开挖、土方回填两个分项工程（对于规模很小的工程也可直接划分为分项工程），详见《建筑工程施工质量验收统一标准》附录 B 表 B.0.1。

但对于一个具体的工程项目，一般不会 9 个子分部都有，编列的原则是涉及的就编入，未涉及的就不列入，有几个子分部就列几个子分部。

7.1 分项工程质量验收

学习目标

能够填写分项工程检验批记录单

关键概念

检验批、分部工程、分项工程

7.1.1 基础分部检验批划分

分项工程可由一个或若干个检验批组成，检验批可根据施工需要按楼层、施工段、变形缝等进行划分。一般情况下，对基础分部来说，一个分项工程划分为一个检验批，但对工程规模较大的基础工程，也可根据基底标高的不同划分若干个检验批。有地下室的工程可根据地下室的层数划分检验批。

7.1.2 分项工程验收

基础分部包括多个分项工程，教材中已列入了部分分项工程的质量检查标准和方法，其填写示例以土方开挖和土方回填两个分项工程为例，如表 7-1、表 7-2。

土方回填工程检验批质量验收记录表   表 7-1

工程名称	××工程	检验批部位	①~⑧轴	施工执行标准名称及编号	建筑地基基础工程施工工艺标准（QB××-2005）
施工单位	××建设集团有限公司	项目经理	××	专业工长	××
分包单位	/	分包项目经理	/	施工班组长	/

		GB 50202—2002 的规定				施工单位检查评定记录	监理（建设）单位验收记录
	项目	允许偏差或允许值（mm）					
		柱基基坑基槽	场地平整 人工 / 机械√	管沟	地(路)面基层		
主控项目	1 标高	-50	±30 / ±50	-50	-50	-15 -45 29 37 43 35 42 30 37 44	经检查，标高、分层压实系数符合规范要求
	2 分层压实系数	设计要求				压实系数 0.96，符合设计要求	
一般项目	1 回填土料	设计要求				回填土为 3:7 灰土，符合设计要求	经检查，回填土料、分层厚度及含水率、表面平整度符合规范要求
	2 分层厚度及含水量	设计要求				分层厚度为 20cm，含水率为 13%，符合设计要求	
	3 表面平整度	20	20 / 30	20	20	20 7 13 25 20 18	

施工单位检查评定结果	该回填工程采用分层回填，机械夯实，经取样试验和实际检查主控项目、一般项目均符合设计和《建筑地基基础工程施工质量验收规范》（GB 50202—2002）的规定，评定合格。 项目专业质量检查员：×××　　　　　　　　　　　　　　　　　　　　　×年×月×日
监理（建设）单位验收结论	经旁站监理，回填土料符合设计要求，施工中抽样分层厚度、压实系数均合格；完工后实测标高、表面平整度均符合规范规定，验收合格，同意进行下道工序施工。 专业监理工程师： (建设单位项目专业技术负责人)：　　　　　　　　　　　　　　　　　　　　年　月　日

土方开挖工程检验批质量验收记录表　　　　表7-2

工程名称	××工程	检验批部位	①~⊗轴	施工执行标准名称及编号	建筑地基基础工程施工工艺标准（QB××-2005）
施工单位	××建设集团有限公司	项目经理	××	专业工长	××
分包单位	/	分包项目经理	/	施工班组长	/

	项目	GB 50202—2002 的规定					施工单位检查评定记录											监理（建设）单位验收记录
		允许偏差或允许值（mm）																
		柱基基坑基槽	挖方场地平整		管沟	地（路）面基层												
			人工	机械 √														
主控项目	1 标高	-50	±30	±50	-50	-50	20	25	-10	-15	40	48	30	20	20	30		经检查，标高、长度、宽度、边坡符合规范要求
	2 长度宽度	由设计中心线向两边量	+200 -50	+300 -100	+500 -150	+10	—	100	58	150	120							
								100	79	150	115							
	3 边坡	设计要求					1:0.5，符合设计要求											
一般项目	1 表面平整度	20	20	50	20	20	26	15	30	35	12	23						经检查，表面平整度、基底土性符合规范要求
	2 基底土性	设计要求					土性为××，与地质勘察报告相符											

施工单位检查评定结果	经检查，工程主控项目、一般项目均符合设计和《建筑地基基础工程施工质量验收规范》（GB 50202—2002）的规定，评定合格。 项目专业质量检查员：×××　　　　　　　　　　　　　　　　　　×年×月×日
监理（建设）单位验收结论	同意施工单位评定结果，验收合格。 专业监理工程师：××× （建设单位项目专业技术负责人）：　　　　　　　　　　　　　×年×月×日

7.2 分部工程质量验收

学习目标

1. 掌握基础分部工程质量验收的程序、方法
2. 能够填写地基与基础分部（子分部）工程验收记录单

关键概念

观感质量

7.2.1 基础分部工程质量验收规定

基础分部工程质量验收合格应符合下列规定：

（1）地基分部所涉及的各分项工程的质量均应验收合格。

（2）质量控制资料应完整。

（3）地基与基础分部工程有关的安全及功能的检验和抽样检测结果应符合有关规定。

（4）观感质量验收应符合要求。

7.2.2 验收程序

应在施工单位自检合格的基础上，由施工单位提出工程验收申请，由总监工程师（或建设单位项目专业技术负责人）组织施工项目经理和有关勘察、设计单位负责人、质量监督部门共同进行验收，并填写地基与基础分部工程验收记录表，如表7-3所示。

7.2.3 验收方法

7.2.3.1 基础分部所包含的分项工程验收方法

实际验收中，这项内容主要是统计工作，应注意以下几点：

（1）检查每个分项工程验收是否正确。

（2）查对分项工程有无漏缺或有无进行验收。

（3）检查分项工程的资料完整不完整，每个验收资料的内容是否有缺漏项，以及分项验收人员的签字是否齐全，是否符合规定。

7.2.3.2 质量控制资料的检查

基础分部所涉及的质量控制资料：

（1）图纸会审、设计变更、洽商记录。
（2）工程定位测量、放线记录。
（3）原材料出厂合格证书及进场检（试）验报告。
（4）施工试验报告等见证检测报告。
（5）隐蔽工程验收记录。
（6）施工记录。
（7）预制构件（如桩、钢筋笼）、预拌混凝土合格证。
（8）地基或基础工程质量事故及事故调查处理资料。

此项内容也是统计、归纳和核实，主要是对其准确性、完整性、规范性进行检查验收。

7.2.3.3 地基与基础分部有关的安全及功能的检测和抽样检测结果检查验收

一般地基与基础工程需检测的项目和检测方法如表 7-4。

7.2.3.4 观感质量验收

主要通过"看"、"摸"进行检查，由检查人员客观掌握，如果没有明显达不到要求的，就可以评一般；如果某些部位质量较好，细部处理到位，就可以评好；如果有的部位达不到要求，或有明显的缺陷，但不影响安全或使用功能的，则评为差。

地基与基础分部（子分部）工程验收记录　　表 7-3

工程名称	××工程	结构类型	框架剪力墙	层数	地上16层 地下2层
施工单位	××建设集团有限公司	技术部门负责人	×××	质量部门负责人	×××
分包单位	/	分包单位负责人	/	分包技术负责人	/

序号	子分部（分项）工程名称	分项工程（检验批）数	施工单位检查评定	验收意见
1	无支护土方	2	√	基础分部各子分部工程验收均符合有关规范规定要求，各种原材料合格证及进场复试报告符合要求，混凝土强度试验报告符合设计要求
2	地基及基础处理	1	√	
3	混凝土基础	5	√	
4	砌体基础	1	√	
5	地下防水	4	√	
质量控制资料		√		各子分部工程质量控制资料齐全
安全和功能检验（检测）报告		地下防水渗漏检查记录合格，无渗漏现象		同意施工单位评定

续表

结构实体检验报告 （混凝土子分部验收发生）	混凝土强度实体检测（墙试验报告编号 2006－02609 等效养护龄期强度达到设计要求的 149%；板试验报告编号 2006－03216 等效养护龄期强度达到设计要求的 152%）		同意施工单位评定
观感质量要求	混凝土表面平整度、截面尺寸、标高及洞口尺寸、位置均符合设计要求和 GB 50204—2002 的规定，观感质量为"好"		同意施工单位评定
验收单位	分包单位	项目经理	年　月　日
	施工单位	项目经理	年　月　日
	勘察单位	项目负责人	年　月　日
	设计单位	项目负责人	年　月　日
	监理（建设）单位	各子分部工程均符合施工质量验收规范要求，质量控制资料及安全和功能检验（检测）报告齐全，合格，观感质量为好，同意施工单位评定结果，验收合格。 专业监理工程师：××× （建设单位项目专业技术负责人）：	×年×月×日

一般地基与基础工程检测项目和检测方法　　　表 7－4

项目	方法	备注
基槽检验	触探或野外鉴别	隐蔽验收
地下室防水效果	放水试验	每 8h 检查有无渗漏水记录
填土的干密度及含水率	环刀取样等	$50\sim100m^2$ 一个点
复合地基竖向增强体及周边土密实度	触探、贯入、水泥土试块试压	
复合地基承载力	载荷板	
预制桩打（压）入偏差	现场实测	隐蔽验收
灌注桩原材料力学性能、混凝土强度	试验室（力学）试验	包括水泥、钢材、钢筋笼等
人工挖孔桩桩端持力层	现场静压或取芯样	
工程桩身质量检验	钻孔抽芯或声波透射	不少于总桩的 10%
工程桩竖向承载力	静载荷试验或大应变检测	
地下连续墙身质量	钻孔抽芯或声波透射	不少于 20% 槽段数
抗浮锚杆拉拔力	现场拉力试验	不少于 3% 且不少于 6 根

单元小结

本单元结合《建筑工程施工质量验收统一标准》GB 50300—2001 对地基基础分部、分项工程质量检查程序、内容、方法和资料填写等内容进行了简单阐述，以引导学生理论与实际工程的结合，增强学生地基基础施工综合职业能力。

【课后讨论】

1. 通过现场参观或网上资源，掌握基础分部各分项工程检验批质量验收记录表的填写要求。

2. 通过现场参观或网上资源，讨论一栋建筑工程的基础分部一般划分为哪些分项工程和检验批。

思考与练习

1. 什么是分部工程？什么是分项工程？什么是检验批？
2. 基础分部工程包含有哪些分项工程？
3. 基础分部工程质量验收的程序方法是怎样的？

附录A

土工试验指导书

土工试验是学习地质勘察报告识读的一个重要的教学环节。它不仅起着巩固课堂理论、增强对土的各种工程性质的理解等重要作用，而且是学习科学的试验方法和培养实践技能的重要途径。根据高等职业教育《建筑工程技术专业》教育标准和培养方案以及职业核心课程《基础工程施工》的课程标准要求，安排下列基本试验，并且各项试验完全遵照国家颁布的《土工试验方法标准》GB/T 50123—1999 规定的土工试验方法进行。

试验一　土的基本物理指标的测定
一、天然密度试验
二、天然含水量试验
三、土粒相对密度试验
四、试验成果计算
试验二　黏性土的液限和塑限测定
一、锥式仪液限试验
二、滚搓法塑限试验
三、试验成果计算
试验三　土的压缩（固结）试验
试验四　直接剪切试验

试验一　土的基本物理指标的测定

一、天然密度试验

单位体积土的质量，即为土的天然密度。

密度的测定，对于一般黏性土采用环刀法，如土样易碎或难以切削成有规则形状时可采用蜡封法，这里仅介绍环刀法。

1. 试验目的

测定黏土的密度。

2. 仪器设备

（1）环刀：内径 61.8mm ± 0.15mm 或 79.8mm ± 0.15mm，高 20mm ± 0.016mm，体积 60cm^3，100cm^3。

（2）天平：称量 500g 以上，感量 0.4g；或称量 200g，感量 0.01g。

（3）其他：钢丝锯、削土刀、玻璃片、凡士林等。

3. 试验步骤

（1）取原状土或取按工程需要制备的重塑土，用切土刀整平其上、下两端，将环刀内壁涂一薄层凡士林，刃口向下放在土样整平的面上。

（2）用切土刀将土样上部修削成略大于环刀口径的土柱，然后将环刀垂直均匀下压，边压边削，至土样伸出环刀上口为止，削去环刀两端余土，并修平土面使其环刀口平齐。

（3）擦净环刀外壁，称环刀加土的质量 m_2，精确至 0.1g。

（4）记录 m_2，环刀号码以及由实验室提供的环刀质量 m_1（或天平称量）和环刀体积 V（即试样体积，见表试 -1）。

密度试验记录　　　　　　　　　　　　　　　　　　表试 -1

试验日期_____　试验者_____

环刀号	环刀质量 m_1 (g)	试样体积 V (cm³)	环刀加试样总质量 m_2 (g)	试样质量 m (g)	密度 ρ (g/cm³)	平均密度 $\bar{\rho}$ (g/cm³)

4. 计算

按下式进行计算：

$$\rho = \frac{m}{V} = \frac{m_2 - m_1}{V}$$

式中　ρ——土的密度（g/cm³）；

　　　m——试样质量（g）；

　　　V——试样体积（即环刀内净体积）（cm³）；

　　　m_1——环刀质量（g）；

　　　m_2——环刀加土的质量（g）。

5. 有关问题说明

（1）用环刀切试样时，环刀应垂直均匀下压，以防环刀内试样的结构被扰动。

（2）夏季室温高，为防止称质量的试样中水分被蒸发，可用两块玻璃片盖住环刀上、下口称取质量，但计算时应扣除玻璃片的质量。

（3）需进行两次平行测定，要求平行差值不大于 0.03g/cm³，结果取两次试验结果的平均值。

二、天然含水量试验

含水量是指土中水的质量与土粒质量之比，土在天然状态时的含水量称为土的天然含水量。

测定土的含水量常用的方法有烘干法和酒精燃烧法。

（一）烘干法

1. 试验目的

测定原状土的天然含水量。

2. 仪器设备

(1) 电烘箱。

(2) 天平：感量 0.01g。

(3) 称量盒：每一盒的质量都已称过，并登记备查。

(4) 干燥器。

3. 试验步骤

(1) 选取有代表性的试样不少于 15g（砂土或不均匀的土应不少于 50g），放入称量盒内立即盖紧，称湿土和称量盒总质量 m_1，精确至 0.01g，记录 m_1、称量盒号码、称量盒质量 m_0（由实验室提供或天平称量）。

(2) 打开称量盒盖，放入电烘箱中在 105～110℃ 恒温下烘至恒重（烘干时间一般自温度达到 105～110℃ 算起不少于 6h），然后取出称量盒，加盖后放进干燥器中，使冷却至室温。

(3) 从干燥器中取出称量盒，称烘干土加称量盒的质量 m_2，精确至 0.01g，并记入表格内（见表试-2）。

含水量试验记录　　　　　　　　　　表试-2

试验日期_____　试验者_____

盒号	称量盒质量 m_0 (g)	湿土加盒总质量 m_1 (g)	干土加盒总质量 m_2 (g)	含水量 w (%)	平均含水量 $\bar{w}$ (%)

4. 本试验需进行两次平行测定。

按下式计算含水量 w：

$$w = \frac{m_w}{m_s} = \frac{m_1 - m_2}{m_2 - m_0} \times 100\% \quad （精确至 0.1\%）$$

式中　w——含水量（%）；

　　　m_0——称量盒质量（g）；

　　　m_1——湿土加盒总质量（g）；

　　　m_2——干土加盒总质量（g）；

　　　m_w——试样中所含水的质量，$m_w = m_1 - m_2$（g）；

　　　m_s——试样中土颗粒质量，$m = m_2 - m_0$（g）。

5. 有关问题说明

(1) 含水量试验用的土应在打开土样包装后立即采取，以免水分改变，影响结果。

(2) 本试验需要进行两次平行测定，每个学生取两次试样测定含水量，取其平均值，作为最后成果，但两次试验的平均差值不得大于下列规定：含水量 $w<40\%$ 时，平均差值不大于 1%；含水量 $w \geqslant 40\%$ 时，平均差值不大于 2%。

（二）酒精燃烧法

若无电烘箱设备或要求快速测定含水量，可用酒精燃烧法，取 5~10g 试样，装入称量盒内，称湿土加盒总质量 m_1，将无水酒精注入放有试样的称量盒中，至出现自由液面为止，点燃盒中酒精，烧至火焰熄灭，一般烧 2~3 次，待冷却至室温后称干土加盒总质量 m_2，计算含水量 w。

三、土粒相对密度试验

土粒相对密度是试样在 105~110℃下烘至恒重时、土粒质量与同体积 4℃时的水质量之比。

1. 试验目的

测定土粒相对密度，它是土的物理性质基本指标之一，为计算土的孔隙比、饱和度以及为其他土的物理力学试验（如颗粒分析的比重计法试验、压缩试验等）提供必需的数据。

2. 试验方法

通常采用比重瓶法测定粒径小于 5mm 的颗粒组成的各类土。

用比重瓶法测定土粒体积时，必须注意所排除的液体体积确能代表固体颗粒的实际体积。土中含有气体，试验时必须把它排尽，否则影响测试精度，可用沸煮法或抽气法排除土内气体。所用的液体为纯水。若土中含有大量的可溶盐类、有机质、胶粒时，则可用中性溶液，如煤油、汽油、甲苯等，此时，必须采用抽气法排气。

3. 仪器设备

（1）比重瓶：容量 100mL 或 50mL，分长径和短径两种。

（2）天平：称量 200g，最小分度值 0.001g。

（3）砂浴：应能调节温度的（或可调电加热器）。

（4）恒温水槽：准确度应为 ±1℃。

（5）温度计：测定范围刻度为 0~50℃，最小分度值为 0.5℃。

（6）真空抽气设备。

（7）其他：烘箱、纯水、中性液体、小漏斗、干毛巾、小洗瓶、磁钵及研棒、孔径为 2mm 及 5mm 筛、滴管等。

4. 操作步骤

（1）试样制备：取有代表性的风干的土样约 100g，碾散并全部过 5mm 的筛。将过筛的风干土及洗净的比重瓶在 100~110℃下烘干，取出后置于干燥器内冷却至室温称量后备用。

（2）将比重瓶烘干，冷却后称得瓶的质量。

（3）称烘干试样 15g（当用 50mL 的比重瓶时，称烘干试样 10g）经小漏斗装入 100mL 比重瓶内，称得试样和瓶的质量，准确至 0.001g。

（4）为排出土中空气，将已装有干试样的比重瓶，注入半瓶纯水，稍加摇动后放在砂浴上煮沸排气。煮沸时间自悬液沸腾时算起，砂土应不少于 30min，黏土、粉土不得少于 1h。煮沸后应注意调节砂浴温度，比重瓶内悬液不得溢出瓶外。然后，将比重瓶取下冷却。

（5）将事先煮沸并冷却的纯水（或排气后的中性液体）注入装有试样悬液的比重瓶中，如用长颈瓶，用滴管注水恰至刻度处，擦干瓶内、外刻度上的水，称瓶、水、土总质量。如用短颈比重瓶，将纯水注满瓶并塞紧瓶塞，使多余水分自瓶塞毛细管中溢出。将瓶外水分擦干后，称比重瓶、水和试样总质量，准确至 0.001g。然后立即测出瓶内水的温度，准确至 0.5℃。

（6）根据测得的温度，从已绘制的温度与瓶、水总质量关系曲线中查得各试验比重瓶、水总质量。

（7）用中性液体代替纯水测定可溶盐、黏土矿物或有机质含量较高的土的土粒密度时，常用真空抽气法排除土中空气。抽气时间一般不得少于 1h，直至悬液内无气泡逸出为止，其余步骤同前。

5. 注意事项

（1）用中性液体，不能用煮沸法。

（2）煮沸（或抽气）排气时，必须防止悬液溅出瓶外，火力要小，并防止煮干。必须将土中气体排尽，否则影响试验成果。

（3）必须使瓶中悬液与纯水的温度一致。

（4）称量必须准确，必须将比重瓶外水分擦干。

（5）若用长颈式比重瓶，液体灌满比重瓶时，液面位置前后几次应一致，以弯液面下缘为准。

（6）本试验必须进行两次平行测定，两次测定的差值不得大于 0.02g/cm³，取两次测值的平均值，精确至 0.01g/cm³。

6. 计算公式

土粒相对密度 d_s 应按下式计算：

$$d_s = \frac{m_d}{m_{bw} + m_d - m_{bws}} \times G_{iT}$$

式中　m_d——试样的质量（g）；

　　　m_{bw}——比重瓶、水总质量（g）；

　　　m_{bws}——比重瓶、水、试样总质量（g）；

　　　G_{iT}——T ℃时纯水或中性液体的比重。

水的密度见表试-3，中性液体的比重应实测，称量准确至 0.001g。

不同温度时水的密度　　　　　　　　　表试-3

水温（℃）	4.0~5	6~15	16~21	22~25	26~28	29~32	33~35	36
水的密度（g/cm³）	1.000	0.999	0.998	0.997	0.996	0.995	0.994	0.993

7. 比重瓶法测定土粒相对密度试验记录见表试-4。

土粒相对密度试验记录　　　　　　　表试 -4

试验日期_____　试验者_____

试样编号	比重瓶号	温度（℃）	液体比重查表	比重瓶质量（g）	干土质量（g）	瓶+液体质量（g）	瓶+液+干土总质量（g）	与干土同体积的液体质量（g）	比重	平均值
		①	②	③	④	⑤	⑥	⑦=④+⑤-⑥	⑧	⑨

四、试验成果计算

1. 由试验结果计算下列各项指标：

孔隙比 e

饱和度 S_r

干土重量 γ_d

饱和土重度 γ_{sat}

2. 画出三相简图（附计算数字）

试验二　黏性土的液限和塑限测定

一、锥式仪液限试验

液限是指黏性土从流动状态转变到可塑状态的界限含水量。

1. 试验目的

测定黏性土的液限 w_L。

2. 仪器设备

（1）锥式液限仪：该仪器的主要部分是用不锈钢制成的精密圆锥体，顶角30°，高约25mm，距锥尖10mm处刻有一环形刻线，有两个金属键通过一半圆形钢丝固定在圆锥体上部,作为平衡装置,锥式液限仪的标准质量是76g(精确度±0.2g),另外还配备有试杯和台座各一个。

(2) 天平:感量0.01g。

(3) 电烘箱。

(4) 烘土盒。

(5) 盛土器皿、调土板、调土刀、滴管、凡士林等。

3. 试验步骤

(1) 土样的制备,原则上采用天然含水量的土样进行制备,若土样相当干燥,允许用烘干土进行制备。其方法是:取有代表性的天然含水量的土样,在橡皮垫上将土碾散(切勿压碎颗粒),然后将土放入调土皿中,加纯水调成均匀浓糊状,若土中含有大于0.5mm颗粒时,应将粗粒剔出或过0.5mm筛。

(2) 用调土刀取制备好的土样放在调土板上彻底拌均匀,填入试杯中,填土时注意勿使土内留有空气,然后刮去多余的土,使土面与杯口平齐,将试杯放在台座上,注意在刮去余土时,不得用刀在土面上反复涂抹。

(3) 用纸或布揩净锥式液限仪,并在锥体上抹一薄层凡士林,用拇指和食指提住上端手柄,使锥尖与试样中部表面接触,放开手指,使锥体在重力作用下沉入土中。

(4) 若锥体约经15s沉入土中的深度大于或小于10mm时,则表示试样的含水量高于或低于液限,这时应先挖出粘有凡士林的土不要,再将试杯中的试样全部放回调土板上,或铺开使多余水分蒸发,或加入少量纯水,重新调拌均匀,重复(2)、(3)、(4)的操作,直至当锥体约经15s沉入土中深度恰为10mm时为止,此时土样的含水量即为液限。

(5) 取出锥体,挖出粘有凡士林的土后,在沉锥附近取土约10g左右放入烘土盒中,按含水量试验方法测定含水量。

将上述试验中测得的数据记入表试 – 5 中。

锥式仪液限试验记录　　　　　　　　　　　　　　　表试 – 5

试验日期_____　试验者_____

烘干盒盒号	烘土盒质量 m_0(g)	湿土加盒总质量 m_1(g)	干土加盒总质量 m_2(g)	干土质量 m_s(g)	水质量 m_w(g)	液限 w_L(%)	平均含水量 $\overline{w_L}$(%)

4. 计算液限 ω_L

$$w_L = \frac{m_w}{m_s} \times 100\% = \frac{m_1 - m_2}{m_2 - m_0} \times 100\% \quad (计算至0.1\%)$$

式中　w_L——液限(%);

m_w——试样中所含水的质量,$m_w = m_1 - m_2$(g);

m_s——试样中土颗粒质量,$m = m_2 - m_0$(g);

m_1——湿土加盒总质量（g）；

m_2——干土加盒总质量（g）；

m_0——称量盒质量（g）。

5. 有关问题说明

（1）在制备好的试样中加水时不能一次加得太多，特别是初次宜少。

（2）试验前应校验锥式液限仪的平衡性能。

（3）每人取两次试样进行测定，取其平均值，以整数表示，其平均差值：液限小于40%时，不大于1%；液限不小于40%时，不大于2%。

二、滚搓法塑限试验

塑限是黏性土的可塑性状态与半固体状态的界限含水量。

1. 试验目的

测定黏性土的塑限 w_p，并根据 w_L 和 w_p 计算土的塑性指数 I_P，进行黏性土的定名，判别黏性土的软硬程度。

2. 仪器设备

（1）毛玻璃板：尺寸 200mm×300mm。

（2）天平：感量 0.001~0.01g。

（3）直径为 3mm 的钢丝、卡尺。

（4）称量盒、滴管、蒸馏水、吹风机、烘箱等。

3. 试验步骤

（1）由液限试验制备好的试样中取出一小部分放在毛玻璃板上用手掌搓滚；搓压时手掌要均匀地压土条。

（2）若土条搓压至直径达 3mm 时仍没有出现裂纹和断裂，或者直径大于 3mm 土条就出现裂纹和断裂，遇有这两种情况，均应重新取试样搓滚直到土条直径达到 3mm 时，表面恰好开始裂纹并断裂成数段，此时土条的含水量即为塑限。

（3）将已达到塑限的断裂土条立即放入称量盒盖紧，再取试样采用同样方法做试验，等称量盒中合格的断土条积累有 3~5 条时，即可测定其含水量，此含水量值即为塑限 w_p。

将上述试验中测得的数据记入表试-6 中。

4. 计算黏性土塑限 w_p

$$w_p = \frac{m_w}{m_s} \times 100\% = \frac{m_1 - m_2}{m_2 - m_0} \times 100\% \quad （计算至0.1\%）$$

式中符号同液限计算公式。

5. 有关问题说明

（1）搓条法测塑限时需要耐心反复地实践，才能到试验标准。

（2）搓条时要用手掌全面地施加轻微的压力搓滚。

（3）做两次平行试验，取其平均值，若塑限小于40%时，允许差值不大于1%；

若塑限不小于40%时，允许差值不大于2%。

由液限、塑限试验测得的 w_L 和 w_p 可计算塑性指数 I_P，并进行土的定名，即 $I_P = w_L - w_p$，$I_P > 17$ 为黏土，$10 < I_P < 17$ 为粉质黏土。

滚搓法塑限试验记录　　　　　　　　　　表试 – 6

试验日期_____　试验者_____

称量盒盒号	称量盒质量 m_0（s）	湿土加盒总质量 m_1（g）	干土加盒总质量 m_2（g）	塑限 w_p（%）	平均值 $\overline{w_p}$（%）

三、试验成果计算

1. 塑性指数 I_P

　液性指数 I_L

2. 对土进行分类并确定土的状态

3. 试验过程中发现和发生的问题

试验三 土的压缩（固结）试验

土的压缩试验通过测定土样在各级压力 P_i 作用下产生的压缩变形值，计算在 P_i 作用下土样相对的孔隙比 e_i，绘制土的压缩曲线，计算土的压缩系数 a 和压缩模量 Es 等。

1. 试验目的

测定土的压缩性指标 a 和 Es。

2. 仪器设备

(1) 杠杆式压缩仪：由环刀、护环、透水石、水槽、加压盖板等组成。

(2) 环刀：内径 79.8mm 或 61.8mm，高 20mm，截面积 $50cm^2$、$30cm^2$。

(3) 透水石：当用固定式容器时，顶部透水石直径小于环刀内径 0.2~0.5mm；当用浮环式容器时，上下端透水石直径相同。

(4) 量表：量程 10mm，最小分度 0.01mm。

(5) 天平、刮刀、钢丝锯、玻璃片、秒表等。

3. 试验步骤

(1) 环刀取土：按密度试验方法用环刀切取原状土样，切土的方向应与天然地层中的方向一致，同时，取少量余土测定含水量和土粒相对密度。

(2) 称出环刀加土总质量，当扣除环刀质量后，即得试样质量，并计算出密度。

(3) 在压缩仪容器底座内放置一块略大于环刀的洁净而湿润的透水石，将切取的试样连同环刀一起（注意刀口向下）放在透水石上，再在试样上加护环以及与试样面积相同的洁净而湿润的透水石，并加压盖板，置于加压框架上，对准加压框架横梁正中，安装量表。

(4) 施加 1kPa（即 $0.001N/mm^2$）的预压力，使试样与压缩容器内的各部分接触良好，然后调整量表，使其指针读数为 0 或某一整数。

(5) 轻轻施加第一级荷载，同时开动秒表，开始计时，按下列时间顺序记下量表读数：6″、15″、1′、2′15″、4′、6′15″、9′、12′15″；16′、20′15″、25′、30′15″、36′、42′15″、49′、45′、64′、100′、200′、400′、23h、24h，至沉降稳定为止，沉降稳定的标准为每级压力下压缩 24h，对于某些高压缩性土，若 24h 后尚有较大的压缩变形时，以量表读数的变化不超过 0.01mm/h 认为稳定。因时间关系，可按教师指定时间读数。

若试样为饱和土，施加第一级压力后应立即向水槽中注水浸没试样；若试样为非饱和土，则需用棉花围在传压塞和透水石四周，以避免水分蒸发。

（6）记下稳定读数后，用同样的方法依次试加第二级压力、第三级压力……重复上述试验步骤，记录各级压力下试样变形稳定的量表读数（见表试-7），一般加压等级为 $0.0125N/mm^2$、$0.025N/mm^2$、$0.05N/mm^2$、$0.1N/mm^2$、$0.2N/mm^2$、$0.4N/mm^2$、$0.8N/mm^2$、$1.6N/mm^2$、$3.2N/mm^2$，最后一级压力应比土层的计算压力大 $0.1 \sim 0.2N/mm^2$。

（7）若需做回弹试验，可在某一级压力下压缩稳定后卸荷，在每级压力下待达到稳定后记下量表读数，至压力完全卸完为止，稳定标准同前。

（8）试验结束后，必须先卸去量表；然后卸掉砝码，升起加压框架，移出压缩仪，取出试样，并测定试验后土样的含水量。

压缩试验记录　　　　　　　　　　　　表试-7

试验日期_____　试验者_____

含水量（%）		试样面积 A（mm^2）	
密　度		试样起始高度 H_0（mm）	
土粒相对密度		试样起始孔隙比 e_0	
		试样颗粒净高（mm）	
各级加荷时间	各级荷重下量表读数（mm）		
总变形量			
仪器变形			
试样变形量			
试样变形后高度			
孔隙比			

4. 试验成果计算

(1) 绘图压缩曲线

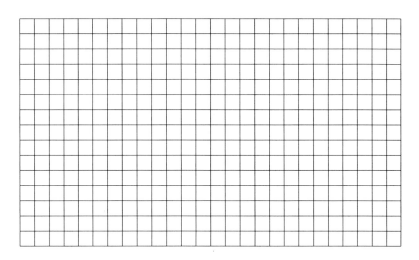

(2) 计算压缩系数 a、压缩模量 Es。

$a_{1-2} =$

$Es =$

(3) 对试验压缩性评价

试验四　直接剪切试验

直接剪切试验是测定土体抗剪强度指标（即内摩擦角 ϕ 和黏聚力 c）的一种常用方法，通常采用四个试样，在直接剪切仪上分别在不同的垂直压力 P 下施加水平剪力至土样破坏，求得此时的剪应力 τ_f，然后绘制了 τ_f 和 P 的关系曲线（即抗剪强度曲线），在整个试验过程中不容许土样排水。

1. 试验目的

测定土体抗剪强度指标 ϕ 和 c。

2. 仪器设备

(1) 应变控制式直剪仪。

(2) 百分表：量程 10mm，精度 0.01mm。

(3) 秒表、环刀（内径 61.8mm，高 20mm）、削土刀、钢线锯、玻璃片、蜡纸、天平。

3. 试验步骤

(1) 制备土样，按环刀取土方法从原状土中用环刀切取试样，同时取少量余土测定含水量，称出环刀加土的总质量，计算密度，按同样方法共制备四个以上试样，要求各试样的密度差不大于 0.03g/cm^2，含水量差不大于 2%。

(2) 在下盒内顺次放入透水石和蜡纸，然后用插销将上、下剪切盒固定好。

(3) 将试样的环刀刃口向上，对准剪切盒口，把试样从环刀内推入剪切盒中，依次放上蜡纸和透水石各一块，然后加上活塞、钢球、装上垂直加压设备（暂勿加砝码）。

(4) 在量力环上安装百分表，百分表的测杆应平行于量力环受力的直径方向，调整百分表使其指针在某一整数（即长针指零，并作为起始零读数）。

(5) 慢慢转动手轮，至上盒支腿与量力环钢球之间恰好接触时（即量力环中百分表指针刚开始触动时）为止。

(6) 施加垂直压力，立即拔出固定插销，开动秒表，同时以每分钟 0.8mm 的剪切速度均匀地转动手轮，每转一圈记下量表读数（表试 -8），直到土样剪损为止，土样剪损的标志为：量力环的量表读数有显著后退或量表读数不再增大。

(7) 反转手轮，卸除垂直荷载和加压设备，取出已剪损的试样，刷净剪切盒，装入第二个试样。

(8) 依次将四个试样施加不同的垂直压力进行剪切试验，试验步骤相同，四个试样施加的垂直压力分别取 $0.1\text{N}/\text{mm}^2$、$0.2\text{N}/\text{mm}^2$、$0.3\text{N}/\text{mm}^2$、$0.4\text{N}/\text{mm}^2$。

直接剪切试验记录 表试 –8

试验日期_____ 试验者_____

手轮转数 \ 量表读数 \ 垂直压力	$0.1\text{N}/\text{mm}^2$	$0.2\text{N}/\text{mm}^2$	$0.3\text{N}/\text{mm}^2$	$0.4\text{N}/\text{mm}^2$
抗剪强度				
剪切历时				

4. 试验成果计算

（1）计算剪应力（N/mm²）

$$\tau = KR$$

式中　K——量力环系数（N·mm^{-2}/0.01mm）；

　　　R——剪损时量力环中量表读数（0.01mm）。

（2）绘制剪切强度和垂直压力关系曲线

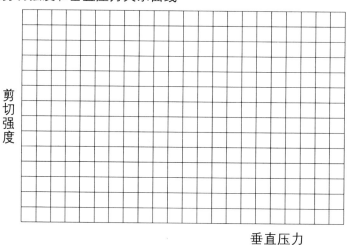

$c =$

$\phi =$

（3）试验中发现的问题

附录B
钢筋弯曲调整值和弯钩增加长度证明

一、钢筋弯曲调整值

（1）钢筋弯折 135°时的弯曲调整值如图附录 B-1 所示，弯曲部分的量度尺寸是 AB 和 DE，而弯曲部分的实际长度尺寸是 $\widehat{A°D°}$，这两者之间的差值就是弯折 135°弯时的弯曲调整值，用 Δ 表示。

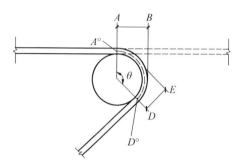

图附录 B-1　钢筋弯曲 135°时弯曲调整值

如上所述：
$$\Delta = AB + DE - \widehat{A°D°}$$

其中：
$$AB = DE = \frac{D}{2} + d$$

$$\widehat{A°D°} = \left(\frac{D+d}{2}\right) \cdot \theta$$

所以有：
$$\Delta = 2\left(\frac{D}{2} + d\right) - \left(\frac{D+d}{2}\right) \cdot \theta$$

将 $D = 4d$；$\theta = \dfrac{135°}{180°} \cdot \pi$ 代入上式得：

$$\Delta = 0.1095d$$

（2）钢筋弯 90°时的弯曲调整值　如图附录 B-2 所示，弯曲部分的量度尺寸是 $A'B'$ 和 $B'D'$，而弯曲部分的实际长度尺寸 $\widehat{A°B°}$，这两者之间的差值就是弯折 90°时的弯曲调整值，用 Δ 表示。

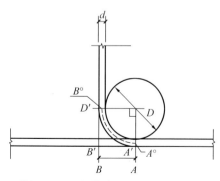

图附录 B-2　钢筋弯曲 90°时弯曲调整值

如上所述：
$$\Delta = A'B' + B'D' - \widehat{A°B°}$$

其中：
$$A'B' = B'D' = \frac{D}{2} + d$$

$$\widehat{A°B°} = \left(\frac{D+d}{2}\right) \cdot \theta$$

所以有：
$$\Delta = 2\left(\frac{D}{2} + d\right) - \left(\frac{D+d}{2}\right) \cdot \theta$$

将 $D = 5d$；$\theta = \frac{\pi}{2}$ 代入上式得：

$$\Delta = 2.2876d$$

（3）钢筋弯折 30°、45°、60°时的弯曲调整值如图附录 B-3 所示，弯曲部分的量度尺寸是 AB 和 $B'D$，弯曲部分的实际长度尺寸是 $\widehat{mn}$，同样弯曲调整值用 Δ 表示。

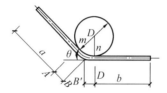

图附录 B-3　钢筋弯曲小于 90°时弯曲调整值

因为：
$$\Delta = AB + B'D - \widehat{mn}$$

其中：
$$AB = B'D = \left(\frac{D}{2} + d\right)\tan\frac{\theta}{2}$$

$$\widehat{mn} = \left(\frac{D+d}{2}\right) \cdot \theta\frac{\pi}{180°}$$

所以有：
$$\Delta = 2\left(\frac{D}{2} + d\right)\tan\frac{\theta}{2} - \left(\frac{D+d}{2}\right) \cdot \theta\frac{\pi}{180°}$$

将 $D = 5d$ 代入上式得：

$$\Delta = \left(7 \cdot \tan\frac{\theta}{2} - 3\theta\frac{\pi}{180°}\right)d$$

再分别将 $\theta = 30°$、$\theta = 45°$、$\theta = 60°$ 代入上式得：

$$\Delta_{30°} = 0.3048d$$
$$\Delta_{45°} = 0.5433d$$
$$\Delta_{60°} = 0.9d$$

二、钢筋弯钩增加长度

（1）180°弯钩增加长度　即半圆弯钩增加长度。如图附录 B-4 所示，成型钢筋的量度端点为 F，弯钩的起始位置是 A 点，则半圆增加长度为 FE'，即：从量度端点 F 到下料长度端点 E' 的尺寸。用 l 表示。

如上所述：
$$l = AE' - AF$$

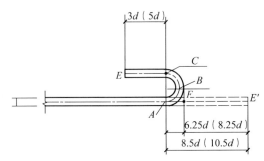

图附录 B-4　180°弯钩增加长度计算简图

注：括号内位箍筋末端180°弯钩长度增加值

其中：
$$AE' = \widehat{AC} + CE = \left(\frac{D+d}{2}\right) \cdot \theta + 3d$$

$$AF = \frac{D}{2} + d$$

所以有：
$$l = \left(\frac{D+d}{2}\right) \cdot \theta + 3d - \left(\frac{D}{2} + d\right)$$

将 $D = 2.5d$；$\theta = \pi$ 代入上式得：

$$l = 6.25d$$

(2) 135°弯钩增加长度　即斜弯钩增加长度。如图附录 B-5 所示，成型钢筋的量度端点为 B，弯钩的起始位置是 A 点，则斜弯钩的增加长度为 BF，即：从量度端点 B 到下料长度端点 F 的尺寸，用 l 表示。

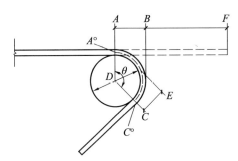

图附录 B-5　箍筋端部135°弯钩增加长度计算简图

如上所述：
$$l = AF - AB$$

其中：
$$AF = \widehat{A°C°} + l_p = \left(\frac{D+d}{2}\right) \cdot \theta + l_p$$

式中　l_p——弯钩平直部分长度。

$$AB = \frac{D}{2} + d$$

所以有：
$$l = \left(\frac{D+d}{2}\right) \cdot \theta + l_p - \left(\frac{D}{2} + d\right)$$

将 $\theta = \dfrac{135°}{180°}\pi$ 代入上式得：

$$l = 0.678D + 0.178d + l_p$$

(3) 90°弯钩增加长度 即直弯钩增加长度。如图附录 B-6 所示，成型钢筋的量度端点为 B，弯钩的起始位置是 A 点，则斜弯钩的增加长度为 BC，即；从量度端点 A 到下料长度端点 C 的尺寸，用 l 表示。

计算公式仍可用 135°弯钩的增加长度计算公式，即：

$$l = \left(\frac{D+d}{2}\right) \cdot \theta + l_p - \left(\frac{D}{2} + d\right)$$

将 $\theta = \frac{\pi}{2}$ 代入得：

$$l = 0.285D - 0.215d + l_p$$

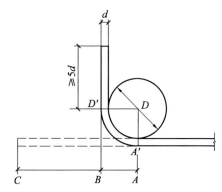

图附录 B-6 箍筋端部 90°弯钩增加长度计算简图

附录C
箍筋下料长度证明

一、箍筋下料长度证明

箍筋下料长度 = 箍筋外皮周长（或箍筋内皮周长）直段长度 + 箍筋调整值

箍筋调整值是弯钩增加长度和弯曲调整至两项之差或和。

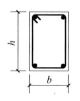

图附录 C-1　箍筋下料长度

在实际工程操作中，箍筋弯曲直径有 $D=2.5d$，$D=4d$，$D=5d$ 三种情况，现对三种不同的弯曲内径分别进行求解。

图附录 C-1，梁截面尺寸为 $b\times h$，设保护层厚度为 c，箍筋直径为 d，计算箍筋下料长度。

1. 弯曲内直径 $D=2.5d$。

根据附录 B，90°弯曲调整值计算为 $1.75d$，查表 4-8，135°钢筋弯钩增加长度为 $11.876d$（抗震结构）和 $6.876d$（非抗震结构），则箍筋下料长度为：

箍筋下料长度 L = 箍筋外皮周长 + 弯钩增加长度 - 弯曲调整值

$= (b-2c+h-2c+4d)\times 2 +$ 弯钩增加长度 $-$ 90°弯曲调整值

（1）一般结构

$$L = 2b+2h-8c+8d+2\times 6.873d - 3\times 1.75d$$
$$\approx 2b+2h-8c+16d$$

（2）抗震结构

当 $10d>75\mathrm{mm}$ 时，$L=2b+2h-8c+8d+2\times 11.873d-3\times 1.75d$
$$\approx 2b+2h-8c+26d$$

当 $75\mathrm{mm}>10d$ 时，$L=2b+2h-8c+8d+2\times(1.873d+75)-3\times 1.75d$
$$\approx 2b+2h-8c+150+6d$$

2. 弯曲内直径 $D=4d$。

查表 4-7，90°弯曲调整值为 $2.08d$，查表 4-8，135°钢筋弯钩增加长度为 $12.89d$（抗震结构）和 $7.89d$（非抗震结构）则箍筋下料长度为：

箍筋下料长度 L = 箍筋外皮周长 + 弯钩增加长度 - 弯曲调整值

$= (b-2c+h-2c+4d)\times 2 +$ 弯钩增加长度 $-$ 90°弯曲调整值

（1）一般结构

$$L = 2b+2h-8c+8d+2\times 7.89d - 3\times 2.08d$$
$$\approx 2b+2h-8c+17d$$

（2）抗震结构

当 $10d>75\mathrm{mm}$ 时，$L=2b+2h-8c+8d+2\times 12.89d-3\times 2.08d$
$$\approx 2b+2h-8c+27d$$

当 $75\mathrm{mm}>10d$ 时，$L=2b+2h-8c+8d+2\times(2.89d+75)-3\times 2.08d$
$$\approx 2b+2h-8c+150+7d$$

3. 弯曲内直径 $D = 5d$

查表 4-7，90°弯曲调整值为 $2.29d$，查表 4-8，135°钢筋弯钩增加长度为 $13.568d$（抗震结构）和 $8.568d$（非抗震结构），则箍筋下料长度为：

箍筋下料长度 L = 箍筋外皮周长 + 弯钩增加长度 - 弯曲调整值
$$= (b - 2c + h - 2c + 4d) \times 2 + 弯钩增加长度 - 90°弯曲调整值$$

（1）一般结构
$$L = 2b + 2h - 8c + 8d + 2 \times 8.568d - 3 \times 2.29d$$
$$\approx 2b + 2h - 8c + 18d$$

（2）抗震结构

当 $10d > 75\text{mm}$ 时，$L = 2b + 2h - 8c + 8d + 2 \times 13.568d - 3 \times 2.29d$
$$\approx 2b + 2h - 8c + 28d$$

当 $75\text{mm} > 10d$ 时，$L = 2b + 2h - 8c + 8d + 2 \times (3.568d + 75) - 3 \times 2.29d$
$$\approx 2b + 2h - 8c + 150 + 8d$$

二、箍筋下料长度公式

1. 一般结构
$$L = 2b + 2h - 8c + (16 \sim 18)d = 箍筋内包尺寸 + (16 \sim 18)d$$

2. 抗震结构

当 $10d > 75\text{mm}$ 时，$L = 2b + 2h - 8c + (26 \sim 28)d$
$$= 箍筋内包尺寸 + (26 \sim 28)d$$

当 $75\text{mm} > 10d$ 时，$L = 2b + 2h - 8c + 150 + (16 \sim 18)d$
$$= 箍筋内包尺寸 + 150 + (16 \sim 18)d$$

主要参考文献

[1] 王秀兰,王玮,韩家宝主编. 地基与基础. 第1版. 北京:人民交通出版社,2007.
[2] 黄林青主编. 地基基础工程. 第1版. 北京:化学工业出版社,2003.
[3] 《地基基础设计规范》(GB 5007—2002),北京:中国建筑工业出版社,2002.
[4] 《岩土工程勘查规范》(GB 50021—2001),北京:中国建筑工业出版社,2001.
[5] 《建筑抗震设计规范》(GB 50011—2001),北京:中国建筑工业出版社,2001.
[6] 《建筑地基基础工程施工质量验收规范》(GB 50202—2002),北京:中国建筑工业出版社,2002.
[7] 《高层建筑箱形与筏形基础技术规范》(JGJ 6—99),北京:中国建筑工业出版社,1999.
[8] 《地下工程防水技术规范》(GB 50108—2001),北京:中国建筑工业出版社,2001.
[9] 《建筑桩基技术规范》(JGJ 94—2008),北京:中国建筑工业出版社,1994.
[10] 《建筑基桩检测技术规范》(JGJ 106—2003),北京:中国建筑工业出版社,2003.
[11] 《建筑地基基础工程施工质量验收规范》(GB 50202—2002),北京:中国建筑工业出版社,2002.
[12] 《建筑地基处理技术规范》(JGJ 79—2002),北京:中国建筑工业出版社,2002.
[13] 国家建筑标准设计图集(03G101—1),北京:中国计划出版社,2003.
[14] 国家建筑标准设计图集(06G101—6),北京:中国计划出版社,2006.
[15] 国家建筑标准设计图集(04G101—3),北京:中国计划出版社,2004.
[16] 国家建筑标准设计图集(08G101—5),北京:中国计划出版社,2008.
[17] 土工试验方法(GB/T 50123—1999),北京:中国计划出版社,1999.